"十四五"时期
国家重点出版物出版专项规划项目

北京理工大学"双一流"建设精品出版工程

TERAHERTZ
TECHNOLOGY AND APPLICATIONS

太赫兹技术与应用

司黎明　汤鹏程　著

北京理工大学出版社
BEIJING INSTITUTE OF TECHNOLOGY PRESS

内容简介

本书主要介绍了太赫兹科学技术的理论、技术、系统和应用,强调了多学科交叉、新材料应用、新技术开发和高质量的系统创新在太赫兹技术的突破中的重要性。全书分为 11 章,涵盖了太赫兹波的基本概念、源技术、探测器技术、无源器件、有源器件与集成芯片、超材料、微纳集成工艺、多模复合技术,以及太赫兹在通信、成像、遥感和生物医学等领域的应用。

本书可作为电子信息类专业及其他专业的本科生或者研究生教材,也可供从事太赫兹技术与应用领域的科研院所和高校相关专业的学生和科研人员参考和使用。

版权专有　侵权必究

图书在版编目（CIP）数据

太赫兹技术与应用 / 司黎明, 汤鹏程著. -- 北京：北京理工大学出版社, 2024.5.
ISBN 978-7-5763-4115-7

Ⅰ. O441.4

中国国家版本馆 CIP 数据核字第 20242BM357 号

责任编辑：曾　仙　　**文案编辑**：曾　仙
责任校对：周瑞红　　**责任印制**：李志强

出版发行 / 北京理工大学出版社有限责任公司
社　　址 / 北京市丰台区四合庄路 6 号
邮　　编 / 100070
电　　话 / (010) 68944439（学术售后服务热线）
网　　址 / http://www.bitpress.com.cn
版 印 次 / 2024 年 5 月第 1 版第 1 次印刷
印　　刷 / 廊坊市印艺阁数字科技有限公司
开　　本 / 787 mm × 1092 mm　1/16
印　　张 / 22.75
彩　　插 / 6
字　　数 / 530 千字
定　　价 / 99.00 元

图书出现印装质量问题, 请拨打售后服务热线, 负责调换

PREFACE 序

在当今科学技术飞速发展的时代，太赫兹科学技术作为一门新兴且前沿的学科，正逐渐成为全球科技竞争的焦点。太赫兹科学技术不仅是重大的基础科学问题，也是国家的重大需求，其发展对于提高国家科技创新能力，促进经济社会发展和国家安全具有前瞻性、战略性和全局性的重大意义。2005 年，我国举行了以"太赫兹科学技术的新发展"为主题的香山科学会议，明确了我国太赫兹科学技术的发展方向。此后，在我国科技部等部门的引导下，多个太赫兹相关研究计划陆续启动，我国的太赫兹研究探索开始全面提速。尤其是近 10 年来，科技部和国家自然科学基金委等重大项目稳步推进，我国开始取得一系列技术成果，并在一些技术领域实现了弯道超车。

北京理工大学毫米波与太赫兹技术北京市重点实验室司黎明教授团队通过十多年的研究积累和教学实践，在深刻理解太赫兹技术的复杂性和前沿性的基础上，撰写此书。本书基于作者多年的研究与教学经验，系统化地阐述了太赫兹的概念、理论、技术、系统和应用，对这一领域做出全面而系统的总结。书中介绍了太赫兹源和探测器的工作机理，详细讨论了太赫兹功能器件的设计原理、加工工艺及实现方法，全面展示了太赫兹技术在国防和民用领域的应用前景。

我相信，《太赫兹技术与应用》一书的出版，不仅能为太赫兹技术领域的研究者和工程师提供重要指导，还能激发更多的学术讨论和创新探索，必将对推动太赫兹科学技术的发展起到积极的作用。愿更多的有志之士加入太赫兹科学技术的研究，进一步探索这一交叉学科领域的新理论、新方法与新应用，为推动这一领域的学术进步和技术创新做贡献。

中国科学院院士
东南大学教授

前 言

太赫兹波指的是频率范围在 0.1~10 THz，波长在 30~3 000 μm 的电磁辐射。其位于毫米波与红外光波之间，在长波段与微波重合，在短波段与红外波重合，是宏观经典理论向微观量子理论的过渡区。太赫兹波的长波方向主要属于电子学范畴，其短波方向则主要属于光子学范畴，从而在电子学与光子学之间形成相对落后的"空白"，被称为电磁波谱的"太赫兹空白"(THz gap)。太赫兹波被国际上公认为具有很多独特优点的频段资源。长期以来，受限于太赫兹源和探测技术的发展，人们对该频段的认识还很有限。太赫兹波的产生、传输、控制、调制、解调、探测和应用，构成了太赫兹科学技术这门新的学科。太赫兹科学技术既是重大的基础科学问题，也是国家的重大需求，在短距离宽带无线通信、星间太赫兹组网、生物传感、医疗诊断、材料特性检测，以及高分辨率探测成像等多个方面具有巨大的应用价值，其独特的优越性已普遍被人们所认识。作为一个非常重要的交叉前沿领域，太赫兹科学技术的发展对提高国家科技创新能力，促进经济社会发展和国家安全具有前瞻性、战略性和全局性的重大意义。太赫兹科学技术已成为国际上优先发展的学科领域和争相抢占的科技制高点，是当前最受关注的国际学术前沿领域之一。

太赫兹科学技术具有前沿性和交叉性的双重特质，涉及电子学、微电子、通信、雷达、光学、材料学、物理学、生物医学、微纳集成技术等多个学科。太赫兹技术的突破，必须通过多学科交叉、新材料应用、新技术开发和高质量的系统创新。太赫兹技术最终走向实际应用，离不开对太赫兹理论的深入探索、高效实用的太赫兹功能器件设计和制备工艺，包括太赫兹源、探测器、无源器件、有源器件与集成芯片、超材料/超表面、微纳集成工艺等。

本书基于笔者十多年关于研究生课程"太赫兹技术与应用"的教学经验，其核心源于笔者对该课程的教案，并在此基础上补充了关于太赫兹前沿技术的介绍。从日常教学工作来看，笔者认为亟需一部能系统化覆盖太赫兹基本概念、理论、技术、系统和应用的书籍。笔者希望读者能通过本书了解太赫兹波的特点和科技前沿，掌握太赫兹源和探测器的工作机理，掌握太赫兹功能器件的设计原理、加工工艺及实现方法，了解太赫兹技术在国防和民用领域的应用。本书共分为 11 章，第 1 章介绍了太赫兹的基本概念，重点描述了太赫兹技术的战略意义以及国内外研究现状，并给出了常用的太赫兹理论，包括电磁场理论、微波网络理论、准光理论、光学设计原理及太赫兹量子电磁学。第 2 章介绍了太赫兹辐射源的产生方法，分为基于电子学的太赫兹辐射源和基于光学的太赫兹辐射源，并对这两种产生方法进行了对比分析。第 3 章介绍了太赫兹探测器技术，分为非相干太赫兹探测器和相干太赫兹探测器，并对两种探测方法进行了对比分析。第 4 章和第 5 章分别介绍了太赫兹无源器件、太赫兹有源器件与集成芯片。第 6 章为太赫兹超材料，结合笔者课题组在这方面的研究成果，进行了较为详细的理论分析、建模、优化与实验描述。第 7 章介绍了微纳集成工艺在太赫兹器件制备中的应用，重点介绍了太赫兹硅基 CMOS 工艺、MEMS 工艺、Ⅲ－Ⅴ族化合物半导体集成工艺等。第 8 章介绍了太赫兹多模复合技术，模复合技术使得不同频段电磁波的功能实现互补，可以发挥更强大的效能。第 9～11 章分别介绍了太赫兹通信系统、太赫兹成像系统、太赫兹生物医学等当前极具发展前景的系统应用领域。

本书有关研究得到国家自然科学基金、国家重大基础研究计划、国家高技术研究发展计划（863 计划）、北京市自然科学基金、中国科学院知识创新工程等的资助，本书的出版得到了北京理工大学出版社的大力支持，在此一并致谢。

我们感谢所有曾经在一起工作和正在一起工作的合作者，包括毫米波与太赫兹技术北京市重点实验室课题组老师：吕昕教授、孙厚军教授、胡伟东教授、刘埔副教授、于伟华副教授、邓长江副教授、吴昱明副教授、李斌副教授等，以及学生张庆乐、庄亚强、程功、吴根昊、董琳、沈琦涛、郑雪琪、张航、牛荣、董芳会、夏勇、魏雨沆、郭大路等。

本书可供从事太赫兹技术与应用领域的科研院所和高校相关专业的学生和科研人员参考和使用。太赫兹科学技术相关新材料、新器件、新方法、新理论、新技术、新架构不断涌现，由于作者水平有限，书中难免会有疏漏之处，恳请各位读者批评指正。

司黎明
2024 年 4 月

目 录
CONTENTS

第 1 章　太赫兹基本概念 · · · · · · 001
1.1　什么是太赫兹波 · · · · · · 001
1.2　太赫兹波辐射特性 · · · · · · 002
1.3　太赫兹理论 · · · · · · 002
1.3.1　电磁场理论 · · · · · · 002
1.3.2　微波网络基础 · · · · · · 006
1.3.3　准光理论 · · · · · · 008
1.3.4　光学设计原理 · · · · · · 011
1.3.5　量子电磁学 · · · · · · 018
1.4　国外太赫兹发展现状 · · · · · · 019
1.4.1　太赫兹雷达成像技术 · · · · · · 020
1.4.2　太赫兹通信技术 · · · · · · 022
1.4.3　太赫兹生物医学技术 · · · · · · 024
1.5　国内太赫兹研究情况 · · · · · · 027
1.5.1　太赫兹安检技术 · · · · · · 028
1.5.2　太赫兹超材料技术 · · · · · · 031
1.5.3　太赫兹天文探测技术 · · · · · · 033
参考文献 · · · · · · 035

第 2 章　太赫兹辐射源 · · · · · · 044
2.1　基于电子学的太赫兹辐射源 · · · · · · 044
2.1.1　太赫兹返波管 · · · · · · 044
2.1.2　太赫兹行波管 · · · · · · 047
2.1.3　太赫兹隧道二极管 · · · · · · 055

2.1.4 太赫兹肖特基二极管 ……………………………………………………… 056
   2.1.5 太赫兹耿氏二极管 ………………………………………………………… 056
   2.1.6 太赫兹三极管 …………………………………………………………… 058
2.2 基于光学的太赫兹辐射源 …………………………………………………… 059
   2.2.1 太赫兹光电导天线 ………………………………………………………… 059
   2.2.2 太赫兹光整流源 ………………………………………………………… 060
   2.2.3 太赫兹气体激光器 ………………………………………………………… 060
   2.2.4 太赫兹非线性光学差频 …………………………………………………… 061
   2.2.5 太赫兹量子级联激光器 …………………………………………………… 062
参考文献 …………………………………………………………………………… 064

第3章 太赫兹探测器 …………………………………………………………… 068

3.1 太赫兹探测器的主要性能参数 ……………………………………………… 068
3.2 太赫兹探测器分类 …………………………………………………………… 069
3.3 太赫兹非相干探测器 ………………………………………………………… 070
   3.3.1 非制冷型探测器 …………………………………………………………… 070
   3.3.2 制冷型探测器 …………………………………………………………… 077
3.4 太赫兹相干探测器 …………………………………………………………… 079
   3.4.1 外差式探测器 …………………………………………………………… 079
   3.4.2 光电导探测器 …………………………………………………………… 084
   3.4.3 电光采样探测器 ………………………………………………………… 086
3.5 太赫兹探测器比较 …………………………………………………………… 087
参考文献 …………………………………………………………………………… 088

第4章 太赫兹无源器件 ………………………………………………………… 091

4.1 太赫兹传输线 ………………………………………………………………… 091
   4.1.1 太赫兹金属波导 ………………………………………………………… 091
   4.1.2 太赫兹平面传输线 ……………………………………………………… 096
   4.1.3 太赫兹光纤 ……………………………………………………………… 104
   4.1.4 太赫兹光子晶体波导 …………………………………………………… 111
4.2 太赫兹透镜 …………………………………………………………………… 114
   4.2.1 太赫兹单介质透镜发展现状 …………………………………………… 116
   4.2.2 太赫兹多级透镜 ………………………………………………………… 117
   4.2.3 梯度折射率透镜 ………………………………………………………… 124
4.3 太赫兹天线 …………………………………………………………………… 127
   4.3.1 太赫兹片上天线 ………………………………………………………… 128
   4.3.2 太赫兹喇叭 ……………………………………………………………… 129
   4.3.3 太赫兹平面对数周期天线 ……………………………………………… 131
   4.3.4 太赫兹缝隙天线 ………………………………………………………… 132

4.3.5　太赫兹反射面天线 ··· 132
　　4.3.6　太赫兹反射阵天线 ··· 134
4.4　太赫兹频率选择表面 ·· 136
参考文献 ·· 143

第5章　太赫兹有源器件与集成芯片 ·· 147

5.1　太赫兹肖特基二极管 ·· 147
　　5.1.1　肖特基二极管机理 ··· 148
　　5.1.2　肖特基二极管发展概述 ·· 149
　　5.1.3　太赫兹肖特基二极管的结构与特征 ··· 150
5.2　太赫兹混频器 ··· 155
　　5.2.1　亚谐波混频器技术的发展 ·· 156
　　5.2.2　亚谐波混频器的发展方向 ·· 159
　　5.2.3　混频器结构与分类 ··· 163
　　5.2.4　太赫兹混频器发展概述 ·· 167
　　5.2.5　太赫兹混频器设计方法 ·· 169
5.3　太赫兹倍频器 ··· 172
　　5.3.1　倍频器机理 ·· 172
　　5.3.2　太赫兹倍频器发展概述 ·· 174
　　5.3.3　太赫兹倍频器设计方法 ·· 177
参考文献 ·· 179

第6章　太赫兹超材料 ··· 184

6.1　太赫兹超材料吸波器 ·· 184
　　6.1.1　吸波器原理 ·· 184
　　6.1.2　仿真实例 ··· 186
6.2　太赫兹超表面极化转换器 ··· 189
　　6.2.1　太赫兹正交极化转换器 ·· 190
　　6.2.2　太赫兹极化转换器工作原理 ··· 194
　　6.2.3　仿真实例 ··· 197
6.3　太赫兹涡旋波超表面 ·· 199
　　6.3.1　涡旋波原理 ·· 199
　　6.3.2　太赫兹涡旋波超表面工作原理 ··· 201
　　6.3.3　太赫兹涡旋波超表面仿真流程 ··· 203
　　6.3.4　仿真结果与分析 ··· 204
6.4　集成石墨烯太赫兹可调谐超表面 ·· 206
　　6.4.1　石墨烯特性 ·· 206
　　6.4.2　石墨烯的表面电导率模型 ·· 207
　　6.4.3　石墨烯的制备方法 ··· 208

  6.4.4 石墨烯超材料最新研究进展 ········· 210
  6.4.5 集成石墨烯的太赫兹智能超表面 ········· 211
  6.4.6 仿真结果与分析 ········· 214
参考文献 ········· 218

第7章 微纳集成工艺在太赫兹器件制备中的应用 ········· 225

7.1 太赫兹硅基 CMOS 工艺 ········· 225
  7.1.1 CMOS 工艺简介 ········· 225
  7.1.2 CMOS 工艺流程 ········· 226
  7.1.3 太赫兹硅基 CMOS 研究进展 ········· 230
  7.1.4 太赫兹 CMOS 工艺发展的难点 ········· 235
7.2 太赫兹硅基 MEMS 工艺 ········· 235
  7.2.1 MEMS 工艺流程 ········· 236
  7.2.2 太赫兹 MEMS 元器件微结构 ········· 236
  7.2.3 太赫兹 MEMS 元器件研究进展 ········· 238
7.3 太赫兹Ⅲ-Ⅴ族化合物半导体集成工艺 ········· 240
  7.3.1 GaAs 集成工艺 ········· 242
  7.3.2 InP 集成工艺 ········· 246
  7.3.3 GaN 集成工艺 ········· 247
参考文献 ········· 249

第8章 太赫兹多模复合制导技术 ········· 252

8.1 多模复合制导技术概述 ········· 253
  8.1.1 单模与多模复合制导技术对比 ········· 253
  8.1.2 多模复合制导原则 ········· 256
  8.1.3 多模复合制导技术国内外研究现状 ········· 257
8.2 高效多模复合策略分析 ········· 259
8.3 太赫兹多模复合 ········· 261
  8.3.1 太赫兹多模复合策略分析 ········· 261
  8.3.2 微波太赫兹广角共口径复合前端实例 ········· 262
  8.3.3 太赫兹多模复合制导技术前景展望 ········· 266
参考文献 ········· 266

第9章 太赫兹通信 ········· 268

9.1 太赫兹通信基本特征 ········· 268
  9.1.1 太赫兹辐射的方向性 ········· 268
  9.1.2 太赫兹辐射的大气衰减特征 ········· 269
  9.1.3 太赫兹辐射的高传播损耗特性 ········· 271
9.2 太赫兹通信关键技术 ········· 272

9.2.1　太赫兹信道研究 272
　　9.2.2　太赫兹通信增强覆盖技术 273
　　9.2.3　太赫兹通信物理层设计 276
　　9.2.4　太赫兹通信关键器件及模块 277
9.3　太赫兹通信应用场景 279
　　9.3.1　宽带通信和高速信息网 279
　　9.3.2　高速短距离无线通信 280
　　9.3.3　太赫兹空间通信 281
　　9.3.4　地面无线通信 282
　　9.3.5　太赫兹空天地一体化通信 284
　　9.3.6　微小尺度通信 285
参考文献 286

第10章　太赫兹成像 289

10.1　太赫兹成像特征 289
10.2　太赫兹成像关键技术 290
　　10.2.1　太赫兹脉冲成像技术 290
　　10.2.2　太赫兹连续波成像技术 292
　　10.2.3　太赫兹层析成像技术 294
　　10.2.4　太赫兹近场成像技术 296
　　10.2.5　太赫兹实时成像技术 299
　　10.2.6　太赫兹共焦扫描成像技术 301
　　10.2.7　太赫兹压缩感知成像技术 304
　　10.2.8　太赫兹被动遥感技术 306
　　10.2.9　太赫兹雷达成像技术 309
10.3　太赫兹成像应用 313
　　10.3.1　无损检测 313
　　10.3.2　公共安全 314
　　10.3.3　生物医学 317
　　10.3.4　天文探测 318
　　10.3.5　军事应用 318
10.4　太赫兹成像技术发展限制因素 319
参考文献 320

第11章　太赫兹生物医学 326

11.1　太赫兹波的生物医学特性 326
　　11.1.1　太赫兹频段生物组织的介电特性 326
　　11.1.2　太赫兹波的生物学效应 328
11.2　太赫兹生物医学应用场景 329

- 11.2.1 在上皮组织癌症诊断中的应用 ………………………………………… 329
- 11.2.2 在离体组织与血液诊断中的应用 ……………………………………… 329
- 11.2.3 太赫兹技术用于药品质量控制 ………………………………………… 331
- 11.2.4 眼角膜等组织的诊断 …………………………………………………… 331
- 11.2.5 牙齿与骨骼组织诊断 …………………………………………………… 332
- 11.2.6 在蛋白质分子检测中的应用 …………………………………………… 333
- 11.2.7 在生物液体检测中的应用 ……………………………………………… 335

11.3 太赫兹生物医学超表面应用实例 …………………………………………… 336
- 11.3.1 太赫兹超表面分子传感的应用背景 …………………………………… 336
- 11.3.2 石墨烯基频率捷变超材料传感器的设计方法及工作原理 …………… 337
- 11.3.3 石墨烯基频率捷变超材料传感器的化学传感应用 …………………… 341
- 11.3.4 总结与展望 ……………………………………………………………… 346

参考文献 ……………………………………………………………………………… 346

第1章
太赫兹基本概念

1.1 什么是太赫兹波

太赫兹（terahertz，THz）中的 tera -（或 T -）是指 10^{12}，Hz（赫兹）是频率的国际单位，太赫兹波一般定义为频率在 0.1~10 THz 范围内的电磁波，有些场合也将频率范围限定在 0.3~3 THz[1-2]。图 1-1 所示的电磁频谱展示了太赫兹在电子频谱中的位置。长期以来，光学研究者将太赫兹波视为远红外光的一个波段，电子学研究者则将其称为亚毫米波（submillimeter wave，SMMW）。频率 f 为 1 THz 的电磁波所对应的振荡周期 T 为 1 ps，角频率 ω 为 6.28 THz，对应的波长 λ 为 300 μm，光子能量 E_e 为 4.14 meV，特征温度 τ 为 48 K。其中，电磁波在真空中的传播速度 $c \approx 3 \times 10^8$ m/s，普朗克常量 $h \approx 6.626 \times 10^{-34}$ J·s，玻尔兹曼常量 $k_B \approx 1.38 \times 10^{-23}$ J/K。太赫兹波段处于红外光子学和微波电子学的交叉领域，是电磁波谱中最后一个有待全面研究的重要频段。

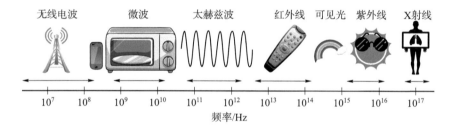

图 1-1 电磁频谱

微波和红外线已经在通信、雷达、成像、光谱分析等领域应用得较为成熟。但是，由于缺乏高效率的太赫兹发射源和灵敏的太赫兹波探测器[3-5]，相比于其他频段，太赫兹技术与应用有待进一步提升。在近几十年的发展过程中，随着新一代半导体技术、超快光电子技术以及新材料、新工艺的发展[6-11]，一些效率较高的太赫兹源及太赫兹探测器陆续出现，太赫兹技术与应用处于蓬勃发展的关键时期。当前，太赫兹技术与应用已经成为科学界的"热点"领域。占有和利用太赫兹波电磁频谱资源已经成为新的军备竞赛的焦点之一，美国、俄罗斯、法国、英国、德国、日本等国家纷纷投入巨资，太赫兹技术与应用已经成为国民经济和军事电子技术领域新的制高点。可以预期，太赫兹技术在太空高速无线通信、地面高速保密通信、高分辨率雷达探测、深空探测、大气探测、安全成像、生物医学等方面必将发挥重要作用。

1.2　太赫兹波辐射特性

从频率上看，太赫兹波处于从宏观经典理论到微观量子理论的过渡区，也是从电子学到光子学的过渡领域，该频率的电磁信号兼具电信号和光信号的特性。太赫兹波具有许多特殊的电磁特性：与低频微波相比，其具有更高的通信数据容量和图像分辨率；与高频光波相比，其可以穿透低衰减的非极性介质，如墙壁、纸箱、塑料、织物和陶瓷等。太赫兹波段包含大量的光谱信息。大量分子由于旋转和振动跃迁而在该频段具有强烈的吸收和色散特性，太赫兹波表现出良好的光谱分辨率，因此太赫兹波可用于识别物体的成分[12-14]，如用于检测毒品和爆炸物，以及在生产过程中监控产品的质量。

太赫兹波与物质的相互作用受到广泛关注。这是因为，宇宙背景辐射中有近50%光子能量在太赫兹频段，以及大量分子转动和原子精细结构谱线集中在太赫兹频段。从光与物质的相互作用来看，太赫兹与物质相互作用后可以产生以下七种效应：①衰减/吸收——改变波的幅度/能量；②反射——在不同阻抗材料的接触面上波的反弹；③折射——改变波的方向和相位；④衍射——波偏离几何路径传播；⑤散射——波的方向由单一变为多个；⑥色散——在介质里面，不同频率的波具有不同的速度；⑦多普勒——由物体变化而引起的频移。

一般来说，太赫兹波辐射具有以下六大特性：

（1）相干性。太赫兹波的良好相干性源于其各种产生方法利用了电流或激光脉冲的相干特性。太赫兹波的相干性有助于测量样品特性，如吸收系数和折射率[15]。

（2）低能量。太赫兹光子的能量只有10^{-3}量级，远小于X射线的10^3量级，不易对被测物质造成电离破坏，适用于研究生物大分子和活性物质的结构[16]，且不会对生物体造成电离损伤，因此可用于人体检测。

（3）穿透性。太赫兹波可以轻松穿透纸板、布料等非极性材料，因此可以检测可见光和红外线无法检测到的材料内部缺陷和障碍物，可用于国家安全检测或其他非接触式成像[17]。太赫兹检测还得到反恐、安检、海关等检查机构的重视，在环境管控方面也能发挥有效作用。

（4）指纹谱性。生物大分子或极性分子的能级跃迁过程和振动过程包含丰富的物理化学信息，通常位于太赫兹频段。因此，利用该特性可以实现物质组成成分和特性的分析与识别[18]。

（5）瞬态性。与其他频段的电磁波相比，太赫兹波的脉冲宽度处于皮秒量级，因此可以通过时间分辨光谱更有效地研究和分析各种材料。

（6）宽带性。太赫兹脉冲辐射源通常包含多个电磁振荡周期，脉冲的带宽较宽，这使得在大频率范围内实现被测物质的光谱信息分析成为可能[19]。

1.3　太赫兹理论

1.3.1　电磁场理论

太赫兹波是电磁频谱中的一部分，仍可采用电磁场理论来描述。麦克斯韦方程组是描述宏观电磁场现象的基本方程组，共包含四个方程，分别为安培回路定律（表明传导电流和变化的电场能产生磁场）、法拉第电磁感应定律（表明变化的磁场能产生电场）、电场高斯定律（表明电荷以发散的方式产生电场）和磁场高斯定律（表明磁场是无散源场/磁力线总是闭合曲线）。时域麦克斯韦方程组的积分形式为

$$\begin{cases} \oint_l \boldsymbol{H} \cdot \mathrm{d}\boldsymbol{l} = \int_S \left(\boldsymbol{J} + \frac{\partial \boldsymbol{D}}{\partial t}\right) \cdot \mathrm{d}\boldsymbol{S} \\ \oint_l \boldsymbol{E} \cdot \mathrm{d}\boldsymbol{l} = -\int_S \frac{\partial \boldsymbol{B}}{\partial t} \cdot \mathrm{d}\boldsymbol{S} \\ \oint_S \boldsymbol{D} \cdot \mathrm{d}\boldsymbol{S} = \int_V \rho \mathrm{d}V \\ \oint_S \boldsymbol{B} \cdot \mathrm{d}\boldsymbol{S} = 0 \end{cases} \quad (1-1)$$

时域麦克斯韦方程组的微分形式为

$$\begin{cases} \nabla \times \boldsymbol{H} = \boldsymbol{J} + \frac{\partial \boldsymbol{D}}{\partial t} \\ \nabla \times \boldsymbol{E} = -\frac{\partial \boldsymbol{B}}{\partial t} \\ \nabla \cdot \boldsymbol{D} = \rho \\ \nabla \cdot \boldsymbol{B} = 0 \end{cases} \quad (1-2)$$

按照傅里叶理论，随时间变化的任何形式的电磁波，都可以通过傅里叶级数或者傅里叶变换得到。因此，也可以用复数形式的麦克斯韦方程组分析电磁现象，其复数形式的微分方程组为

$$\begin{cases} \nabla \times \boldsymbol{H} = \boldsymbol{J} + \mathrm{j}\omega \boldsymbol{D} \\ \nabla \times \boldsymbol{E} = -\mathrm{j}\omega \boldsymbol{B} \\ \nabla \cdot \boldsymbol{D} = \rho \\ \nabla \cdot \boldsymbol{B} = 0 \end{cases} \quad (1-3)$$

在时域（或复数形式的）麦克斯韦方程组中，磁场高斯定律都可以通过法拉第电磁感应定律导出，因此仅有三个矢量微分方程独立，故无法求解出电磁场的 16 个标量自变量。为此，还需要引入三个辅助方程：

$$\begin{cases} \boldsymbol{D} = \varepsilon \boldsymbol{E} \\ \boldsymbol{B} = \mu \boldsymbol{H} \\ \boldsymbol{J} = \sigma \boldsymbol{E} \end{cases} \quad (1-4)$$

直接求解时域麦克斯韦方程组获得瞬时场量，称为时域方法。利用复数形式的麦克斯韦方程组求解电磁场问题，称为频域方法，一般是先得到所求的复矢量，再利用瞬时矢量与复矢量的关系式得到瞬时场量。

通过对上述方程的进一步分析，可以得到电磁波的矢量波动方程，即矢量亥姆霍兹方程：

$$\begin{cases} \nabla^2 \boldsymbol{E} + k^2 \boldsymbol{E} = 0 \\ \nabla^2 \boldsymbol{H} + k^2 \boldsymbol{H} = 0 \end{cases} \quad (1-5)$$

式中，$k^2 = \omega^2 \mu \varepsilon - \mathrm{j}\omega \mu \sigma$。

根据该波动方程，麦克斯韦预言了时变的电磁场将以波的形式按光速 c 传播。1888 年，

物理学家赫兹首次用实验验证了该预言的正确性。

因为磁场高斯定律 $\nabla \cdot \boldsymbol{B} = 0$，故可以引入磁矢位 $\boldsymbol{A}$，它是一种可观测量，满足下式：

$$\boldsymbol{B} = \nabla \times \boldsymbol{A} \qquad (1-6)$$

结合法拉第电磁感应定律，可再引入一个标量位 φ，使得下式成立：

$$\boldsymbol{E} = -\nabla\varphi - j\omega \boldsymbol{A} \qquad (1-7)$$

根据洛伦兹规范：

$$\nabla \cdot \boldsymbol{A} = -j\omega\mu\varepsilon\varphi \qquad (1-8)$$

电场也可以通过磁矢位 $\boldsymbol{A}$ 表示：

$$\boldsymbol{E} = \frac{\nabla(\nabla \cdot \boldsymbol{A})}{j\omega\mu\varepsilon} - j\omega \boldsymbol{A} \qquad (1-9)$$

至此，电场和磁场均可以由磁矢位表示，通过进一步推导，磁矢位 $\boldsymbol{A}$ 满足达朗贝尔方程：

$$\nabla^2 \boldsymbol{A} + \omega^2\mu\varepsilon\boldsymbol{A} = -\mu\boldsymbol{J} \qquad (1-10)$$

根据求解方式的不同，电磁学领域中的分析方法可以分为四种：解析法、近似法、数值法、混合法。

（1）解析法主要包括基于分离变量和本征值问题的各种经典方法（如模式展开法[20]等），其主要特点是理论严谨，所求得的解是某种闭合的显式解，这种解更便于较全面地分析各种电气参数及特性的变化。但是，该方法仅适用于某些较简单和规则边界形状问题的求解，因此其实际应用范围严重受到局限。

（2）近似法即近似解析法，它仍然保持了（严格）解析法的特点，即给出问题的闭合显式解。这类方法涉及的范围较广，它包含所有引入适当近似条件时的解析解法，例如目前常用的各种分析电大尺寸问题的高频近似法，即几何光学法（GO）[21]、几何绕射理论（GTD）[22]、物理光学法（PO）[23]和物理绕射法（PTD）[24]等。近似法扩展了解析法的应用范围，能够有效地处理具有更为复杂形状和结构的问题，其应用主要受制于其理论建模过程中所引入的近似条件。

（3）数值法是伴随着计算机技术的迅猛发展而产生并逐步得到完善的一类现代分析方法，其主要特点是理论建模严格，原则上适用于分析任意复杂形状和结构的问题。该方法的主要缺陷是受制于计算机处理能力（如存储量和计算速度等），目前还无法有效计算电大尺寸的问题。在电磁边值问题分析中，目前常用的数值方法主要包括有限元法（FEM）[25]、时域有限差分法（FDTD）[26]和矩量法（MoM）[27]。

（4）混合法是指将解析法、近似法、数值法中的两种以上方法混合使用。

对于太赫兹系统而言，由于其波长非常短、电尺寸非常大，若单独使用数值方法则效率极低，甚至无法计算，因此必须采用混合法对太赫兹系统进行建模和数值仿真。具体而言，利用有限元法（FEM）和矩量法（MoM）分析收/发天线（阵），利用物理光学法（PO）和物理绕射法（PTD）分析各个反射面和整个天线系统。

下面以有限元法（FEM）和矩量法（MoM）为例进行简单介绍。

有限元法（FEM）的数学基础是变分理论和剖分插值原理。它针对由描述待求响应函数满足的特定微分方程与初值、边值条件所构成的定解问题，首先将定解区域剖分成许多小单元，然后按各个单元对待求响应函数进行插值逼近并叠加得到总的插值逼近，最后通过泛函变分理论建立有限元方程（线性方程组或矩阵方程形式）并求解得到问题的最终数值解答。

根据电磁场理论，空间电磁场分量或相应辅助位函数均满足相同形式的波动方程，即亥姆霍兹方程。为此，考虑如下形式的边值问题：

$$\begin{cases} \nabla \cdot (p \nabla \Phi) + k_c^2 \Phi = g \\ \Phi|_{S_1} = \Phi_A \\ \left.\dfrac{\partial \Phi}{\partial \hat{n}}\right|_{S_2} = 0 \end{cases} \tag{1-11}$$

式中，Φ——任意待求场分量或辅助位函数；

S_1, S_2——数值计算区域的两部分边界，$S_1 + S_2$ 为区域总边界；

$\hat{n}$——区域边界的单位法线方向；

p——表征空间媒质特性的参量，它通常是坐标位置的函数；

k_c——各种波数（例如，对于波导问题，它表示截止波数；对于辐射和散射问题，它表示媒质空间的波数），既可以是已知，也可以是未知；

g——已知激励源函数。

另外，式（1-11）中仅考虑第二类齐次边界条件情形。选择不同的 p、k_c 和 g，可以得到电磁学领域中常用的方程形式，如拉普拉斯方程、泊松方程和齐次亥姆霍兹方程等。可以证明，式（1-11）定解问题的等价泛函为

$$\begin{cases} J(\Phi) = \displaystyle\int_V [p(\nabla \Phi)^2 - k_c^2 \Phi^2 + 2g\Phi] \mathrm{d}v \\ \Phi|_{S_1} = \Phi_A \end{cases} \tag{1-12}$$

式中，V——场域体积。

有限元法求解电磁场边值问题的基本步骤可归纳如下：

第 1 步，导出与给定边值问题相应的等价泛函。

第 2 步，剖分场域，用单元形状函数展开待求场量，将问题离散化。

第 3 步，求泛函的极值，导出联立线性方程组，即有限元方程。

第 4 步，求解有限元方程，得到待求场量的数值解。

矩量法（MoM）是基于变分原理的一种数值方法。与有限元法一样，其基本原理也是通过剖分离散将原来关于连续方程的求解转化为对线性方程组的求解。不过，矩量法不仅可以处理微分方程问题，还能求解积分方程问题。

关于矩量法在电磁学领域的应用可追溯到 20 世纪 20 年代，但直到 Harrington 的代表性著作 *Field computation by moment methods*[28] 出版之后，该方法才在电磁散射与辐射问题的研究领域逐渐得到广泛的应用。

已知算子方程：

$$L(f) = g \tag{1-13}$$

式中，L——任意微分、积分或混合算子；

f——待求响应函数；

g——已知激励函数。

矩量法的基本步骤如下：

第 1 步，在算子 L 的定义域内选择适当的基函数 f_n，$n = 1, 2, \cdots, N$，将待求函数展开，即 $f = \sum\limits_{n=1}^{N} I_n f_n$，代入式（1-13），可得

$$\sum_{n=1}^{N} I_n L(f_n) = g \qquad (1-14)$$

第 2 步，在算子 L 的定义域内选择适当的权函数 w_m，$m = 1, 2, \cdots, N$，对式（1-14）两端做内积运算，有

$$\sum_{n=1}^{N} I_n <w_m, L(f_n)> \ = \ <w_m, g> \qquad (1-15)$$

第 3 步，求出式（1-15）中所有内积，可建立如下矩阵方程（或线性方程组）：

$$\boldsymbol{ZI} = \boldsymbol{V} \qquad (1-16)$$

式中，

$$\boldsymbol{I} = [I_1 \quad I_2 \quad \cdots \quad I_N]^T \qquad (1-17)$$

$$\boldsymbol{V} = [<w_1, g> \quad <w_2, g> \quad \cdots \quad <w_N, g>]^T \qquad (1-18)$$

$$\boldsymbol{Z} = \begin{bmatrix} <w_1, L(f_1)> & <w_1, L(f_2)> & \cdots & <w_1, L(f_N)> \\ <w_2, L(f_1)> & <w_2, L(f_2)> & \cdots & <w_2, L(f_N)> \\ \vdots & \vdots & & \vdots \\ <w_N, L(f_1)> & <w_N, L(f_2)> & \cdots & <w_N, L(f_N)> \end{bmatrix} \qquad (1-19)$$

第 4 步，求解式（1-16）得到所有待定系数 I_n，$n = 1, 2, \cdots, N$，然后代入上述基函数展开式，便可求出式（1-13）的数值解。

1.3.2 微波网络基础

对于太赫兹波问题，也可以通过微波网络的方法进行分析，下面介绍一种广义的等效传输线理论。

广义的等效传输线单元的等效电路模型如图 1-2 所示。

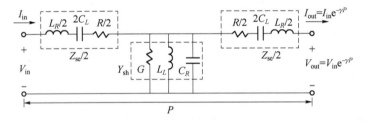

图 1-2 等效传输线单元等效电路模型

在图 1-2 所示的等效电路模型中，串联阻抗 Z_{se} 和并联导纳 Y_{sh} 分别为

$$Z_{se} = R + j\left(\omega L_R - \frac{1}{\omega C_L}\right) \qquad (1-20)$$

$$Y_{sh} = G + j\left(\omega C_R - \frac{1}{\omega L_L}\right) \qquad (1-21)$$

运用传输线方程，可得

$$\frac{dV}{dP} = -I Z_{se} \qquad (1-22)$$

$$\frac{dI}{dP} = -V Y_{sh} \qquad (1-23)$$

联立式(1-22)和式(1-23),可得

$$\frac{\mathrm{d}^2 V}{\mathrm{d}P^2} - \gamma^2 V = 0 \tag{1-24}$$

$$\frac{\mathrm{d}^2 I}{\mathrm{d}P^2} - \gamma^2 I = 0 \tag{1-25}$$

式中,γ——传播系数,$\gamma = \alpha + \mathrm{j}\beta$。其中,$\alpha$ 为衰减系数,单位为 Np/m;β 为相位系数,单位为 rad/m。

根据电压与电场以及电流与磁场间的相互关系:

$$V_a - V_b = -\int_a^b E \cdot \mathrm{d}l \tag{1-26}$$

$$I = \oint_c H \cdot \mathrm{d}l \tag{1-27}$$

可以获得传输线方程与麦克斯韦方程组相似的形式,即

$$\frac{\mathrm{d}E_y}{\mathrm{d}P} = -Z_{\mathrm{se}} H_x = -\mathrm{j}\omega\mu_{\mathrm{eff}} H_x \tag{1-28}$$

$$\frac{\mathrm{d}H_x}{\mathrm{d}P} = -Y_{\mathrm{sh}} E_y = -\mathrm{j}\omega\varepsilon_{\mathrm{eff}} E_y \tag{1-29}$$

根据布洛赫定理,输出端的电压和电流与输入端的电压和电流仅相差一个传播相位常数 $\mathrm{e}^{-\gamma P}$,具体关系式为

$$V_{\mathrm{out}} = V_{\mathrm{in}} \mathrm{e}^{-\gamma P} \tag{1-30}$$

$$I_{\mathrm{out}} = I_{\mathrm{in}} \mathrm{e}^{-\gamma P} \tag{1-31}$$

如果将等效传输线结构单元由一个传输矩阵($ABCD$)来描述,可将上述关系式描述为

$$\begin{bmatrix} V_{\mathrm{in}} \\ I_{\mathrm{in}} \end{bmatrix} = \begin{bmatrix} A & B \\ C & D \end{bmatrix} \begin{bmatrix} V_{\mathrm{out}} \\ I_{\mathrm{out}} \end{bmatrix} = \begin{bmatrix} A & B \\ C & D \end{bmatrix} \begin{bmatrix} V_{\mathrm{in}}\mathrm{e}^{-\gamma P} \\ I_{\mathrm{in}}\mathrm{e}^{-\gamma P} \end{bmatrix}$$

$$= \begin{bmatrix} \cosh(\gamma P) & Z_0 \mathrm{jsinh}(\gamma P) \\ \dfrac{1}{Z_0}\mathrm{jsinh}(\gamma P) & \cosh(\gamma P) \end{bmatrix} \begin{bmatrix} V_{\mathrm{out}} \\ I_{\mathrm{out}} \end{bmatrix} \tag{1-32}$$

为了求解传播常数和特性阻抗,可将式(1-32)化简为

$$\begin{bmatrix} A - \mathrm{e}^{\gamma P} & B \\ C & D - \mathrm{e}^{\gamma P} \end{bmatrix} \begin{bmatrix} V_{\mathrm{in}} \\ I_{\mathrm{in}} \end{bmatrix} = \begin{bmatrix} 0 \\ 0 \end{bmatrix} \tag{1-33}$$

令式(1-33)中的行列式为零,得到传播常数与传输矩阵($ABCD$)的关系为

$$AD + \mathrm{e}^{2\gamma P} - (A+D)\mathrm{e}^{\gamma P} - BC = 0 \tag{1-34}$$

对于互易网络结构,$AD - BC = 1$,可将式(1-34)简化为

$$\mathrm{e}^{2\gamma P} - (A+D)\mathrm{e}^{\gamma P} + 1 = 0 \tag{1-35}$$

对于图1-2中单元的等效电路模型,相应的传输矩阵($ABCD$)可以写为

$$\begin{bmatrix} A & B \\ C & D \end{bmatrix} = \begin{bmatrix} 1 & Z_{\mathrm{se}}/2 \\ 0 & 1 \end{bmatrix} \begin{bmatrix} 1 & 0 \\ Y_{\mathrm{sh}} & 1 \end{bmatrix} \begin{bmatrix} 1 & Z_{\mathrm{se}}/2 \\ 0 & 1 \end{bmatrix}$$

$$= \begin{bmatrix} 1 + Z_{\mathrm{se}}Y_{\mathrm{sh}}/2 & Z_{\mathrm{se}}(1 + Z_{\mathrm{se}}Y_{\mathrm{sh}}/4) \\ Y_{\mathrm{sh}} & 1 + Z_{\mathrm{se}}Y_{\mathrm{sh}}/2 \end{bmatrix} \tag{1-36}$$

因此,利用 $\mathrm{e}^{-\gamma P} - \mathrm{e}^{\gamma P} = A + D$ 和式(1-35),可以得到等效传输线的色散关系式为

$$\gamma = \alpha + j\beta = \pm \frac{1}{P}\text{arcosh}\left(\frac{A+D}{2}\right) = \pm \frac{1}{P}\text{arcosh}\left(1 + \frac{Z_{se}Y_{sh}}{2}\right) \quad (1-37)$$

等效传输线的特性阻抗 Z_0 可以由布洛赫阻抗 Z_B 描述为

$$Z_0 = Z_B = \frac{V_{in}}{I_{in}} = \pm\sqrt{\frac{B}{C}} = \pm\sqrt{\frac{Z_{se}(1 + Z_{se}Y_{sh}/4)}{Y_{sh}}} \quad (1-38)$$

只有在单元长度远小于波导波长（即 $|\gamma P|\ll 1$）时，$Z_{se}\to 0$，$Y_{sh}\to 0$，并满足如下泰勒展开：

$$\cosh(\gamma P) \approx 1 + (\gamma P)^2/2 \quad (1-39)$$

此时可将式（1-37）和式（1-38）近似写为如下形式：

$$\gamma = \pm \frac{1}{P}\text{arcosh}\left(1 + \frac{Z_{se}Y_{sh}}{2}\right) \approx \pm\sqrt{Z_{se}Y_{sh}} \quad (1-40)$$

$$Z_0 = \pm\sqrt{\frac{Z_{se}(1 + Z_{se}Y_{sh}/4)}{Y_{sh}}} \approx \pm\sqrt{\frac{Z_{se}}{Y_{sh}}} \quad (1-41)$$

这也证明，用于分析等效传输线的两种方法（传输线理论和布洛赫定理），在单元长度远小于波导波长时是自洽统一的。

利用 ABCD 矩阵与散射参数矩阵的转换关系，传播常数 γ 和特性阻抗 Z_0 可通过散射参数表示为

$$\gamma = \pm \frac{1}{P}\text{arcosh}\left(\frac{1 + S_{21}^2 - S_{11}^2}{2S_{12}}\right) \quad (1-42)$$

$$Z_0 = \pm Z_{Feed}\sqrt{\frac{(1+S_{11})^2 - S_{21}^2}{(1-S_{11})^2 - S_{21}^2}} \quad (1-43)$$

式中，Z_{Feed}——馈电线的特性阻抗，在微波频段中，一般选为 50 Ω。

等效传输线的传输线特性参数（传播常数和特性阻抗）和等效材料参数（折射率 N_{eff}、介电常数 ε_{eff} 和磁导率 μ_{eff}），以及它们之间的相互关系如下：

$$\gamma = \alpha + j\beta = \pm\sqrt{Z_{se}Y_{sh}} = \pm j\omega\sqrt{\varepsilon_{eff}\mu_{eff}} = jk_0 N_{eff} \quad (1-44)$$

$$Z_0 = R_0 + jX_0 = \pm\sqrt{\frac{Z_{se}}{Y_{sh}}} = \pm\sqrt{\frac{\mu_{eff}}{\varepsilon_{eff}}} \quad (1-45)$$

$$N_{eff} = n_{eff} - j\kappa_{eff} = \pm\sqrt{\varepsilon_r \mu_r} = \pm c_0\sqrt{\varepsilon_{eff}\mu_{eff}} = \gamma/(jk_0) \quad (1-46)$$

$$\varepsilon_{eff} = \frac{N_{eff}}{Z_0} = Y_{sh}/(j\omega) \quad (1-47)$$

$$\mu_{eff} = N_{eff}Z_0 = Z_{se}/(j\omega) \quad (1-48)$$

式中，n_{eff}——折射率的实部；

k_0——自由空间波数，$k_0 = \omega/c_0$，ω 为角频率，c_0 为真空中的光速。

1.3.3 准光理论

准光技术利用电磁波在空间中以射线簇的形式传输电磁信号，具有低损耗、高性能、加工难度相对较小、多波束多极化工作等优点，在太赫兹频段优势明显。目前，国内外设计的大量亚毫米波射电天文系统都采用了准光技术。电磁波在空间中的整体传播可以使用高斯光束来描述。

使用准光技术连接组件时，必须转换或调节高斯光束。例如，将发射机发射的高斯光束与天线匹配耦合，或将接收天线发射的高斯光束与准光混频器匹配并连接准光器件等。高斯光束可以很简单地用高斯光束的复参数 q 表示。通常使用透镜或反射镜来实现高斯光束变换。

高斯光束理论是太赫兹准光技术的基础。在基于高斯光束描述太赫兹波的传输特性时，类似于用高斯光束分析电磁波在光波段的传播特性。与平面波相比，高斯光束在横向上的振幅是可变的，对应于高斯分布，而与理想的点源相比，高斯光束源的尺寸是有限的。基于近轴近似的假设，可以分析高斯光束的传播规律，在均匀环境中，电磁波的传播符合亥姆霍兹方程：

$$\nabla^2 \psi + k^2 \psi = 0 \tag{1-49}$$

式中，ψ——电场分量。

当波束沿 z 轴传输时，可表示为 $u(x,y,z)\mathrm{e}^{\mathrm{j}kz}$，代入亥姆霍兹方程后可以得到简约波动方程，即

$$\frac{\partial^2 u}{\partial x^2} + \frac{\partial^2 u}{\partial y^2} + \frac{\partial^2 u}{\partial z^2} - 2\mathrm{j}k\frac{\partial u}{\partial z} = 0 \tag{1-50}$$

在近轴近似条件下，沿传播轴的变化相对横向的变化要小得多，所以可以将式（1-50）进一步简化，忽略其中的第三项，就得到近轴波动方程。由近轴波动方程得到的解为高斯波束模。随着高斯波束发散角的增大，近轴近似的误差也会增大。通常，波束发散角在30°以内的情况下都可以得到比较好的近似。在准光传输线的设计过程中，必须注意发散角的问题，应对其进行合理近似。

在柱坐标系下，以 r 和 φ 分别表示传播距离与角坐标，则近轴波动方程可表示为

$$\frac{\partial^2 u}{\partial r^2} + \frac{1}{r}\frac{\partial u}{\partial r} + \frac{1}{r}\frac{\partial^2 u}{\partial \varphi^2} - 2\mathrm{j}k\frac{\partial u}{\partial z} = 0 \tag{1-51}$$

在轴对称的情况下，可进一步将上式第三项简化。u 可以表示为 r 和 z 的函数：

$$u(r,z) = A(z)\exp\left[\frac{-\mathrm{j}kr^2}{2q(z)}\right] \tag{1-52}$$

将式（1-52）代入式（1-51），用下标 r,i 分别表示实部和虚部，可以得到波束的形式为

$$\exp\left[\frac{-\mathrm{j}kr^2}{2q}\right] = \exp\left[\left(\frac{-\mathrm{j}kr^2}{2}\right)\left(\frac{1}{q}\right)_\mathrm{r} - \left(\frac{kr^2}{2}\right)\left(\frac{1}{q}\right)_\mathrm{i}\right] \tag{1-53}$$

式（1-53）中的第二项即高斯分布的形式，将 $\left(\dfrac{1}{q}\right)_\mathrm{i}$ 写为

$$\left(\frac{1}{q}\right)_\mathrm{i} = \frac{2}{kw^2(z)} = \frac{\lambda}{\pi w^2} \tag{1-54}$$

式中，w——高斯波束半径，

$$w = w_0\left[1 + \left(\frac{\lambda z}{\pi w_0^2}\right)^2\right]^{\frac{1}{2}} \tag{1-55}$$

由式（1-55）可知，当 $z=0$ 时，波束的半径最小，w_0 为束腰大小。进一步可以得到，当 $r/w_0 \leqslant 1/\sqrt{2}$ 时，能量密度随 z 的增大而单调减小；当 $r/w_0 > 1/\sqrt{2}$ 时，对于固定的 r 会有一个相对能量的最大点，出现在以下位置：

$$z = \frac{\pi w_0^2}{\lambda}\left[2\left(\frac{r}{w_0}\right)^2 - 1\right]^{\frac{1}{2}} \tag{1-56}$$

当高斯波束离开束腰位置后,波束半径会出现单调增大的情况。因此,在准光传输线的研制中必须控制波束的无限增长,并依据高斯波束理论来合理设计准光传输线的各个元件,建立可靠的系统。

基于高斯波束的理论分析,我们可以研制太赫兹准光传输器件和系统,通过设计太赫兹准光离轴抛物面反射镜、透镜、偏振器件等元件,能够很好地实现自由空间太赫兹波的准光传输。离轴抛物面反射镜是目前应用极为广泛的太赫兹波聚焦与准直器件(图1-3),其主要特点是反射层表面呈抛物面。为了提高器件的表面反射率,通常在反射面进行金属镀膜处理(如铝或金),反射率可达99%。离轴抛物面镜的最大优点是能够在较宽的频谱区域内没有频谱畸变,并且没有球面差,因此十分适合宽谱波束的聚焦和准直。由于离轴抛物面反射镜对调校的敏感度很高,因此在实际应用中需要使用较高精度的调整装置,以避免引起预期之外的波束发散和其他准直问题。

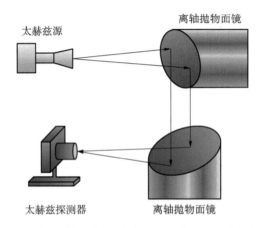

图1-3 利用离轴抛物面镜对太赫兹波束进行准直和聚焦

另一类广泛应用的太赫兹聚焦和准直器件是太赫兹透镜,如图1-4所示。太赫兹透镜的主要材料为聚乙烯、特氟龙或高阻硅,其形状与光学透镜类似,可根据实际需要制作为凸-凸、平-凸等多种类型,应用于不同的使用条件,目前均已有商业成品。许多太赫兹透镜材料在太赫兹频段具有较大的折射率,会导致较大的反射损耗,进而导致透射率下降,因此需要通过外加抗反射涂层的方式削减损耗。

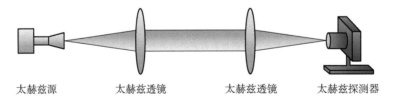

图1-4 利用太赫兹透镜对太赫兹波束进行准直和聚焦

太赫兹偏振器由一系列线栅宽度为a、线栅周期为d的金属线栅构成(图1-5),通常采用金属钨制成。当太赫兹波入射到偏振器上时,如果电场与线栅平行,线中的电子就可以沿着线的方向自由移动,此时绝大多数入射波无法透过器件;如果电场方向与线栅方向垂直,则太赫兹波可以越过线栅,穿过偏振器。

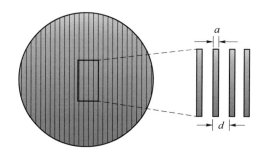

图 1-5　太赫兹偏振器

1.3.4　光学设计原理

在太赫兹器件的发展中,微波与毫米波的设计方法往往局限于太赫兹频段的加工工艺而无法实现。例如,太赫兹频段 TR 组件的空缺限制了太赫兹相控阵的发展。为实现一些相控阵波束扫描的功能,往往采取机械扫描或多波束天线的方式。多波束天线的研究通常参考光学透镜的理论,结合太赫兹领域的材料实现。常用的透镜可分为梯度折射率透镜和常折射率透镜,前者有龙勃透镜、鱼眼透镜等,后者有凸透镜、凹透镜等单透镜及组合等。在太赫兹频段,透镜天线是相控阵的一种理想替代方案,可实现大视场焦平面成像天线系统的设计。然而,受透镜物理尺寸大、透镜表面为球面或非球面等客观原因限制,透镜在全波仿真软件中的网格剖分困难,网格数量大,导致仿真时间过长或内存无法支持仿真。因此,我们需要利用光学透镜的设计方法,将其应用于太赫兹频段中。光学设计的内容包括光学系统设计和光学结构设计,此处讨论的是光学系统的设计。

1.3.4.1　像差理论

如图 1-6 所示,设 P_0',P_1',P_1 分别是物点 P_0 发出的一条光线与入射光瞳平面、出射光瞳平面和高斯像平面的交点。如果 P_1^* 是 P_0 的高斯像,则 $\delta_1 = \overrightarrow{P_1^* P_1}$ 称为光线的像差。不妨设 W 是通过出射光瞳中心 O_1' 的波阵面,在无像差时波阵面 W 应与高斯参考球面 S 重合,如图 1-7 所示。

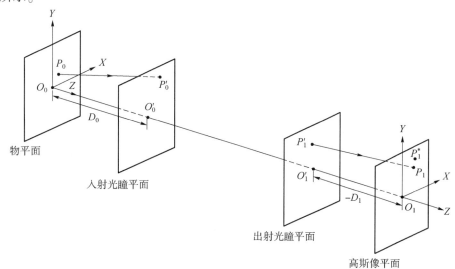

图 1-6　物平面、像平面和光瞳平面

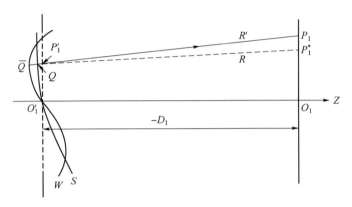

图 1-7 波像差和光线像差

因此，光程 $\Phi = [\overline{Q}Q]$ 为 Q 处波源的像差，简称波像差，其中 $[\cdots]$ 表示光程长度[29]，表示如下：

$$\begin{aligned}\Phi &= [\overline{Q}Q] \\ &= [P_0 Q] - [P_0 \overline{Q}] \\ &= [P_0 Q] - [P_0 O'_1]\end{aligned} \quad (1-57)$$

在共轴对称的光学系统中，为便于分析，建立物平面与像平面两套笛卡儿坐标系，分别以物平面的中心 O_0 和像平面的中心 O_1 为坐标原点。两个光瞳平面的 Z 坐标分别以 D_0 和 D_1 来表示。

根据式（1-57），用点特征函数来表示波像差：

$$\Phi = V(X_0, Y_0, 0; X, Y, Z) - V(X_0, Y_0, 0; 0, 0, D_1) \quad (1-58)$$

$(X_0, Y_0, 0)$ 是 P_0 的坐标，(X, Y, Z) 是 Q 的坐标。由于 Q 位于高斯球面上，因此 (X, Y, Z) 需满足下式：

$$(X - X_1^*)^2 + (Y - Y_1^*)^2 + Z^2 = R^2 \quad (1-59)$$

式中，(X_1^*, Y_1^*)——高斯像点 P_1^* 的坐标，

$$X_1^* = MX_0, \quad Y_1^* = MY_0 \quad (1-60)$$

M——物平面和像平面之间的高斯横向放大率；

R——高斯参考球半径，

$$R = \sqrt{X_1^{*2} + Y_1^{*2} + D_1^2} \quad (1-61)$$

结合式（1-59），可将 Φ 认为是 X_0, Y_0, X, Y 的函数，即

$$\Phi = \Phi(X_0, Y_0; X, Y) \quad (1-62)$$

利用像差函数 $\Phi(X_0, Y_0; X, Y)$，可得到光线像差的简单表达式。对式（1-62）进行微分，可得

$$\frac{\partial \Phi}{\partial X} = \frac{\partial V}{\partial X} + \frac{\partial V}{\partial Z} \frac{\partial Z}{\partial X} \quad (1-63)$$

设 α_1, β_1 和 γ_1 是光线与 X, Y, Z 轴的三个夹角，$(X_1, Y_1, 0)$ 是 P_1 点的坐标，因此有

$$\begin{cases} \dfrac{\partial V}{\partial X} = n_1 \cos \alpha_1 = n_1 \dfrac{X_1 - X}{R'} \\ \dfrac{\partial V}{\partial Z} = n_1 \cos \gamma_1 = - n_1 \dfrac{Z}{R'} \end{cases} \quad (1-64)$$

式中，n_1——像空间的折射率；

R'——Q 到 P_1 的距离，

$$R' = \sqrt{(X_1 - X)^2 + (Y_1 - Y)^2 + Z^2} \quad (1-65)$$

由于

$$\frac{\partial Z}{\partial X} = -\frac{X - X_1^*}{Z} \quad (1-66)$$

结合式（1-63）、式（1-64）、式（1-66），并对 Y 重复上述步骤，可得

$$\begin{cases} X_1 - X_1^* = \dfrac{R'}{n_1} \dfrac{\partial \Phi}{\partial X} \\ Y_1 - Y_1^* = \dfrac{R'}{n_1} \dfrac{\partial \Phi}{\partial Y} \end{cases} \quad (1-67)$$

由对称性可知，Φ 只是通过 $X_0^2 + Y_0^2$，$X^2 + Y^2$，$X_0 X + Y_0 Y$ 三种组合而成，因此引入极坐标系，则

$$\begin{cases} X_0 = r_0 \cos\theta_0, \quad X = r\cos\theta \\ Y_0 = r_0 \sin\theta_0, \quad Y = r\sin\theta \end{cases} \quad (1-68)$$

因此 Φ 为 r_0, r, θ_0, θ 的函数，且 Φ 是旋转对称的，即 Φ 与 θ 无关。像差函数 Φ 可表示为矢量 $\boldsymbol{r}_0(X_0, Y_0)$ 和 $\boldsymbol{r}(X, Y)$ 的三个标积，即

$$\boldsymbol{r}_0^2 = X_0^2 + Y_0^2, \quad \boldsymbol{r}^2 = X^2 + Y^2, \quad \boldsymbol{r}_0 \cdot \boldsymbol{r} = X_0 X + Y_0 Y \quad (1-69)$$

由式（1-69）可知，将 Φ 展开为 4 个坐标的幂级数时，只含有偶次方项。展开式的形式为

$$\Phi = c(X_0^2 + Y_0^2) + \Phi^{(4)} + \Phi^{(6)} + \cdots \quad (1-70)$$

式中，c——常数；

$\Phi^{(2k)}$——坐标的 $2k$ 次多项式，且多项式的形式仅为式（1-69）中三个标积的幂的形式出现。一个 $2k$ 次的项就代表一种 $2k$ 级的波像差。最低一级（$k=2$）的像差称为初级像差或赛德尔像差。

考虑到实际应用场合，引入参数 u 来修正用 R 代替 R' 产生的误差。由式（1-59）、式（1-61）、式（1-65）可知

$$\begin{aligned} R' &= -D_1 \left[1 + \frac{X_1^2 + Y_1^2 - 2X(X_1 - X_1^*) - 2Y(Y_1 - Y_1^*)}{D_1^2} \right]^{1/2} \\ &= -D_1 - \frac{X_1^{*2} + Y_1^{*2}}{2D_1} + O(D_1 \mu^4) \end{aligned} \quad (1-71)$$

因此，光线像差分量关系式为

$$\begin{cases} X_1 - X_1^* = -\dfrac{1}{n_1}\left(D_1 + \dfrac{X_1^{*2} + Y_1^{*2}}{2D_1}\right)\dfrac{\partial \Phi}{\partial X} + O(D_1 \mu^7) \\ \qquad\quad\; = -\dfrac{D_1}{n_1}\dfrac{\partial \Phi}{\partial X} + O(D_1 \mu^5) \\ Y_1 - Y_1^* = -\dfrac{1}{n_1}\left(D_1 + \dfrac{X_1^{*2} + Y_1^{*2}}{2D_1}\right)\dfrac{\partial \Phi}{\partial Y} + O(D_1 \mu^7) \\ \qquad\quad\; = -\dfrac{D_1}{n_1}\dfrac{\partial \Phi}{\partial Y} + O(D_1 \mu^5) \end{cases} \quad (1-72)$$

为进一步分析几何像差，需要引入微扰函数，称为赛德尔程函，用于研究特征函数展开式中四次展开项中变量的变化，这些特定变量称为赛德尔变量。

在物平面和像平面上分别引入长度 l_0 和 l_1，使得

$$\frac{l_1}{l_0} = M \tag{1-73}$$

物平面上的点用坐标 (x_0, y_0) 表示，像平面上的点用坐标 (x_1, y_1) 表示，使得

$$\begin{cases} x_0 = C\dfrac{X_0}{l_0}, & x_1 = C\dfrac{X_1}{l_1} \\ y_0 = C\dfrac{Y_0}{l_0}, & y_1 = C\dfrac{Y_1}{l_1} \end{cases} \tag{1-74}$$

式中，$(X_0, Y_0), (X_1, Y_1)$——P_0 和 P_1 的坐标；

C——一个常数。

在高斯光学的精度范围内，$x_1 = x_0$，$y_1 = y_0$。由 (X_0, Y_0) 发出的光线相交入射光瞳平面于点 (X_0', Y_0')，则有

$$\begin{cases} \dfrac{X_0' - X_0}{D_0} = \dfrac{p_0}{\sqrt{n_0^2 - p_0^2 - q_0^2}} \\ \dfrac{Y_0' - Y_0}{D_0} = \dfrac{q_0}{\sqrt{n_0^2 - p_0^2 - q_0^2}} \end{cases} \tag{1-75}$$

式中，n_0——物空间的折射率；

p_0——光线矢量在 x 轴上的投影；

q_0——光线矢量在 y 轴上的投影。

光线与出射光瞳交点的关系表达式和式（1-76）类似。在高斯光学的精度范围内，式（1-75）分母中的平方根可分别用 n_0 和 n_1 代替，因此得到坐标之间的线性关系式如下：

$$\begin{cases} \dfrac{X_0' - X_0}{D_0} = \dfrac{p_0}{n_0}, & \dfrac{X_1' - X_1}{D_1} = \dfrac{p_1}{n_1} \\ \dfrac{Y_0' - Y_0}{D_0} = \dfrac{q_0}{n_0}, & \dfrac{Y_1' - Y_1}{D_1} = \dfrac{q_1}{n_1} \end{cases} \tag{1-76}$$

在入射光瞳平面和出射光瞳平面上分别引入新的长度单位 λ_0 和 λ_1，使得

$$\frac{\lambda_1}{\lambda_0} = M' \tag{1-77}$$

式中，M'——两个平面之间的横向放大率。

用下列变量来代替 X_0', Y_0', X_1', Y_1'，则

$$\begin{cases} \xi_0 = \dfrac{X_0'}{\lambda_0} = \dfrac{X_0}{\lambda_0} + \dfrac{D_0 p_0}{\lambda_0 n_0}, & \xi_1 = \dfrac{X_1'}{\lambda_1} = \dfrac{X_1}{\lambda_1} + \dfrac{D_1 p_1}{\lambda_1 n_1} \\ \eta_0 = \dfrac{Y_0'}{\lambda_0} = \dfrac{Y_0}{\lambda_0} + \dfrac{D_0 q_0}{\lambda_0 n_0}, & \eta_1 = \dfrac{Y_1'}{\lambda_1} = \dfrac{Y_1}{\lambda_1} + \dfrac{D_1 q_1}{\lambda_1 n_1} \end{cases} \tag{1-78}$$

在高斯光学的精度范围内，有 $\xi_1 = \xi_0$，$\eta_1 = \eta_0$。为简化计算，将常数 C 选择为

$$C = \frac{n_0 l_0 \lambda_0}{D_0} = \frac{n_1 l_1 \lambda_1}{D_1} \tag{1-79}$$

式（1-76）和式（1-78）中定义的变量即赛德尔变量，与原变量之间的关系为

$$\begin{cases} X_0 = \dfrac{D_0}{n_0\lambda_0}x_0, & X_1 = \dfrac{D_1}{n_1\lambda_1}x_1 \\ Y_0 = \dfrac{D_0}{n_0\lambda_0}y_0, & Y_1 = \dfrac{D_1}{n_1\lambda_1}y_1 \end{cases} \quad (1-80)$$

$$\begin{cases} p_0 = \dfrac{n_0\lambda_0}{D_0}\xi_0 - \dfrac{1}{\lambda_0}x_0, & p_1 = \dfrac{n_1\lambda_1}{D_1}\xi_1 - \dfrac{1}{\lambda_1}x_1 \\ q_0 = \dfrac{n_0\lambda_0}{D_0}\eta_0 - \dfrac{1}{\lambda_0}y_0, & q_1 = \dfrac{n_1\lambda_1}{D_1}\eta_1 - \dfrac{1}{\lambda_1}y_1 \end{cases} \quad (1-81)$$

为进一步分析像差，采用赛德尔变量来表示像差函数。令

$$\Phi(X_0, Y_0; X_1', Y_1') = \phi(x_0, y_0; \xi_1, \eta_1) \quad (1-82)$$

因此有

$$\frac{\partial \Phi}{\partial X_1'} = \frac{\partial \phi}{\partial \xi_1}\frac{\partial \xi_1}{\partial X_1'} = \frac{1}{\lambda_1}\frac{\partial \phi}{\partial \xi_1} \quad (1-83)$$

由式（1-60）、式（1-73）、式（1-74）、式（1-79）可得

$$X_1 - X_1^* = \frac{D_1}{n_1\lambda_1}(x_1 - x_0) \quad (1-84)$$

由式（1-72）、式（1-83）、式（1-84）可得

$$\begin{cases} x_1 - x_0 = -\dfrac{\partial \phi}{\partial \xi_1} + O(D_1\mu^5) \\ y_1 - y_0 = -\dfrac{\partial \phi}{\partial \eta_1} + O(D_1\mu^5) \end{cases} \quad (1-85)$$

在塞德尔理论的精度范围内，ϕ 与塞德尔程函的微扰函数密切相关。微扰函数定义为

$$\psi = T + \frac{D_0}{2n_0\lambda_0^2}(x_0^2 + y_0^2) - \frac{D_1}{2n_1\lambda_1^2}(x_1^2 + y_1^2) + x_0(\xi_1 - \xi_0) + y_0(\eta_1 - \eta_0) \quad (1-86)$$

式中，T——角特征函数，$T = (p_0, q_0; p_1, q_1)$。

对 T 微分，有

$$\delta T = X_0 \mathrm{d}p_0 + Y_0 \mathrm{d}q_0 - X_1 \mathrm{d}p_1 - Y_1 \mathrm{d}q_1 \quad (1-87)$$

用赛德尔变量表示为

$$\delta T = x_0\left(\mathrm{d}\xi_0 - \frac{D_0}{n_0\lambda_0^2}\mathrm{d}x_0\right) + y_0\left(\mathrm{d}\eta_0 - \frac{D_0}{n_0\lambda_0^2}\mathrm{d}y_0\right) - \\ x_1\left(\mathrm{d}\xi_1 - \frac{D_1}{n_1\lambda_1^2}\mathrm{d}x_1\right) - y_1\left(\mathrm{d}\eta_1 - \frac{D_1}{n_1\lambda_1^2}\mathrm{d}y_1\right) \quad (1-88)$$

从而当变量有微小变化时，式（1-86）表示为

$$\mathrm{d}\psi = (\xi_1 - \xi_0)\mathrm{d}x_0 + (\eta_1 - \eta_0)\mathrm{d}y_0 + (x_0 - x_1)\mathrm{d}\xi_1 + (y_0 - y_1)\mathrm{d}\eta_1 \quad (1-89)$$

因此 ψ 可表示为 x_0, y_0, ξ_1, η_1 的函数，并且可得

$$\begin{cases} \xi_1 - \xi_0 = \dfrac{\partial \psi}{\partial x_0}, & x_1 - x_0 = -\dfrac{\partial \psi}{\partial \xi_1} \\ \eta_1 - \eta_0 = \dfrac{\partial \psi}{\partial y_0}, & y_1 - y_0 = -\dfrac{\partial \psi}{\partial \eta_1} \end{cases} \quad (1-90)$$

所以，只要知道 ψ 即可得出像平面上和出射光瞳平面上的光线像差。通过比较式（1-85）、

式 (1-90) 可知，$\phi - \psi$ 必须与 ξ_1, η_1 无关，即

$$\phi(x_0, y_0; \xi_1, \eta_1) = \psi(x_0, y_0; \xi_1, \eta_1) + \chi(x_0, y_0) + O(D_1\mu^6) \quad (1-91)$$

1.3.4.2 初级像差的分类

利用微扰程函表述像差函数，并考虑到对称性，微扰程函的级数展开式为[29]

$$\psi = \psi^{(0)} + \psi^{(4)} + \psi^{(6)} + \psi^{(8)} + \cdots \quad (1-92)$$

式中，$\psi^{(2k)}$——4 个变量的 $2k$ 次方多项式，二次方项为 0，组合形式限制为以下三种组合：

$$r^2 = x_0^2 + y_0^2, \quad \rho^2 = \xi_1^2 + \eta_1^2, \quad \kappa^2 = x_0\xi_1 + y_0\eta_1 \quad (1-93)$$

由此可得出，四次方项必定为以下形式：

$$\psi^{(4)} = -\frac{1}{4}Ar^4 - \frac{1}{4}B\rho^4 - C\kappa^4 - \frac{1}{2}Dr^2\rho^2 + Er^2\kappa^2 + F\rho^2\kappa^2 \quad (1-94)$$

式中，$A, B, \cdots, F$——常系数，且符号与数值因子已按通常习惯选择。

同理，ϕ 的四级波像差的一般表达式为

$$\phi^{(4)} = -\frac{1}{4}B\rho^4 - C\kappa^4 - \frac{1}{2}Dr^2\rho^2 + Er^2\kappa^2 + F\rho^2\kappa^2 \quad (1-95)$$

式中，A 系数为 0，其他系数与式 (1-94) 中一致。

将式 (1-95) 代入式 (1-85)，可得最低级光线像差分量的表达式为

$$\begin{cases} \Delta^{(3)}x = x_1 - x_0 = \dfrac{n_1\lambda_1}{D_1}(X_1 - X_1^*) \\ \qquad = x_0(2C\kappa^2 - Er^2 - F\rho^2) + \xi_1(B\rho^2 + Dr^2 - 2F\kappa^2) \\ \Delta^{(3)}y = y_1 - y_0 = \dfrac{n_1\lambda_1}{D_1}(Y_1 - Y_1^*) \\ \qquad = y_0(2C\kappa^2 - Er^2 - F\rho^2) + \eta_1(B\rho^2 + Dr^2 - 2F\kappa^2) \end{cases} \quad (1-96)$$

从而可推出 5 种低级像差，分别由 B, C, D, E, F 来表征。这些像差统称为初级像差或赛德尔像差。为便于赛德尔像差的讨论，使 yz 平面通过物点并引入极坐标系，则有

$$\xi_1 = \rho\sin\theta, \quad \eta_1 = \rho\cos\theta \quad (1-97)$$

式 (1-95) 变为

$$\phi^{(4)} = -\frac{1}{4}B\rho^4 - Cy_0^2\rho^2\cos^2\theta - \frac{1}{2}Dy_0^2\rho^2 + Ey_0^3\rho\cos\theta + Fy_0\rho^3\cos\theta \quad (1-98)$$

式 (1-96) 变为

$$\begin{cases} \Delta^{(3)}x = B\rho^3\sin\theta - 2Fy_0\rho^2\sin\theta\cos\theta + Dy_0^2\rho\sin\theta \\ \Delta^{(3)}y = B\rho^3\cos\theta - Fy_0\rho^2(1 + 2\cos^2\theta) + (2C + D)y_0^2\rho\cos\theta - Ey_0^3 \end{cases} \quad (1-99)$$

在一般情况下，光学系统都会存在像差，初级像差包含于上式中。以下分别考虑每种初级像差。

1. 球差（$B \neq 0$）

球差与物在视场中的位置无关，所以它对轴外像和轴上像均有影响，其表达式为式 (1-100)。由轴上一物点射出并与轴成较大夹角的光线，在像空间中与轴交于高斯焦点的前方或后方，如图 1-8 所示。

$$\begin{cases} \Delta^{(3)}x = B\rho^3\sin\theta \\ \Delta^{(3)}y = B\rho^3\cos\theta \end{cases} \quad (1-100)$$

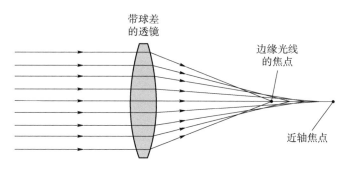

图 1-8 带球差的透镜

2. 彗差（$F \neq 0$）

彗差是由位于主轴外的物点发出的单色光束经过光学系统之后，在理想像面处不能形成清晰点，而是表现为形似拖着明亮尾巴的彗星形光斑。其表达式为式（1-101）所示。成像系统的彗差示意图如图 1-9 所示。

$$\begin{cases} \Delta^{(3)}x = -2F\rho^2 y_0 \sin\theta\cos\theta = -Fy_0\rho^2\sin(2\theta) \\ \Delta^{(3)}y = -F\rho^2 y_0(1+2\cos^2\theta) = -Fy_0\rho^2[2+\cos(2\theta)] \end{cases} \quad (1-101)$$

3. 像散（$C \neq 0$）和场曲（$D \neq 0$）

当视场由小变大时，子午细光束像点和弧矢细光束像点会偏离高斯像面，如果把各视场的子午细光束像点或弧矢细光束像点连起来，将会得到弯曲的像面。像散和场曲的表达式为式（1-102），示意图如图 1-10 所示。

$$\begin{cases} \Delta^{(3)}x = D\rho y_0^2 \sin\theta \\ \Delta^{(3)}y = (2C+D)\rho y_0^2 \cos\theta \end{cases} \quad (1-102)$$

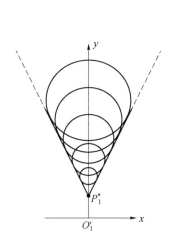

图 1-9 波束的彗差

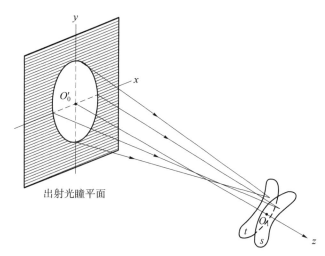

图 1-10 波束的像散和场曲

4. 畸变（$E \neq 0$）

畸变的产生是因为垂轴放大率在整个视场范围内不能保持常数，其表达式为式（1-103）。当一个有畸变的光学系统对一个方形的网状物体（图 1-11（a））成像时，若 $\Delta^{(3)}y > 0$，则主光线的交点高度比理想像高更高，视场越大，就高得越多，形成一种桶形的图像（图 1-11（b）），故负畸变又称桶形畸变；若 $\Delta^{(3)}y<0$，则主光线的交点高度比理想像高低，视场越大，就低得越多，形成一种枕头形状的图像（图 1-11（c）），故又称正畸变为枕形畸变。

$$\begin{cases} \Delta^{(3)}x = 0 \\ \Delta^{(3)}y = -Ey_0^3 \end{cases} \quad (1-103)$$

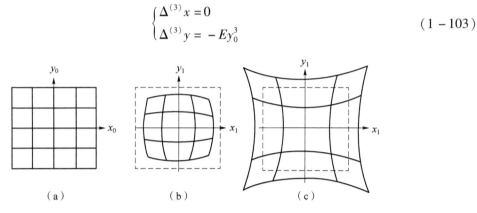

图 1-11　波束的畸变

1.3.5　量子电磁学

截至目前，对于电磁波认为有 6 种不同的理论模型：波动模型、粒子模型、波粒二象性、光原子模型、奇点模型、量子电动力学模型。对于太赫兹波这个特殊频段。通过将电磁场理论与量子力学相结合，形成新的太赫兹量子电磁学，可能会是理论分析的基础。

1905 年，爱因斯坦提出电磁波的量子假说，认为电磁波的能量在空间分布是非连续的，且不能再分割，只能全部被吸收或产生，即"光量子"假说。随后，这一假说被光电效应的实验所证明，爱因斯坦也因此获得了 1921 年诺贝尔物理学奖。

在激光的半经典理论中，研究激光场与物质（激活介质的原子）之间的相互作用时，电磁场是经典的，即满足麦克斯韦电磁场运动方程的经典场；而物质是用量子理论描述的，即物质原子（电子）的状态变化满足量子力学中的薛定谔方程。在这种理论体系下，人们可以处理有关激光振荡的大部分问题，如加宽机理、线性函数、增益及增益饱和、激光振荡行为及相干相互作用等。

在研究光与物质相互作用的三个基本物理过程（受激发射、自发发射以及吸收）时，这种半经典理论只能唯象地引入自发发射过程。换句话说，半经典理论不能解释自发发射现象，当然也就不能研究与自发发射过程有关的激光振荡过程中的一些问题。例如，激光场初始建立的过程、激光振荡中的噪声以及与激光场的光子数统计分布有关的性质。要解决这些问题，必须使用建立在电磁场量子化基础上的激光全量子理论。

在全量子理论中，除了将物质用量子理论描述外，电磁场也是量子化的。电磁场量子化的可能性是显而易见的：经典力学中的可观察物理量对应量子力学中的厄米算符，那么经典电磁场中的物理量也可以用量子力学的算符所取代，从而更深入地研究场与物质相互作用的过程。

经典电磁场是一种耦合场。因此，要把电磁场展开为各自独立、互不相关的正则模式的线性叠加，再利用正则模式展开，以产生算符与消灭算符为工具，实现电磁场的量子化。

1936 年，Proca 教授通过假设光子的静止质量 m_0 不为零，给出了量子化的麦克斯韦方程组：

$$\begin{cases} \nabla \times \boldsymbol{H} = \boldsymbol{J} + \dfrac{\partial \boldsymbol{D}}{\partial t} - \dfrac{4\pi^2 m_0^2 c^2 \boldsymbol{A}}{\mu_0 h^2} \\ \nabla \times \boldsymbol{E} = -\dfrac{\partial \boldsymbol{B}}{\partial t} \\ \nabla \cdot \boldsymbol{D} = \rho - \dfrac{4\pi^2 m_0^2 c^2 \varepsilon_0 \varphi}{h^2} \\ \nabla \cdot \boldsymbol{B} = 0 \end{cases} \qquad (1-104)$$

这里值得注意的是,如果假设光子的静止质量等于零,式(1-104)就退化为经典麦克斯韦方程组。针对太赫兹波,由于自然界中几乎不存在对太赫兹波有理想电磁响应的物质,这是否预示着自然界材料中的太赫兹波光子静止质量不等于零,还有待进一步研究和确认。

1.4 国外太赫兹发展现状

当前,全世界范围内已经掀起一股太赫兹技术的研究高潮。表1-1所示为国外部分高校在太赫兹领域的主要研究内容。美国数十所大学和国家实验室正在对太赫兹技术进行深入研究。20世纪90年代中期以来,美国国家基金会(NSF)、美国国家航空航天局(NASA)、美国能源部(DOE)和美国国立卫生研究院(NIH)[30-33]对太赫兹技术进行了广泛的研究。英国卢瑟福·阿普尔顿实验室、剑桥大学、利兹大学、思克莱德大学等[34-37]也在积极开展太赫兹研究。欧洲国家利用欧盟基金组织了大规模的跨学科多学科合作研究项目[38-42]。俄罗斯科学院建立了太赫兹研究计划,俄罗斯科学院应用物理研究所和一些大学也在积极开展太赫兹研究[43-46]。在亚洲国家和地区,首尔大学、浦项科技大学、新加坡国立大学等也在积极开展太赫兹研究[47-53],发表了多篇有影响力的论文。日本的东京大学、京都大学、大阪大学、东北大学、福井大学等多家高校大力开展太赫兹应用的研究与开发[54-59]。

表1-1 国外部分高校在太赫兹领域的主要研究内容

国家或地区	高校	主要研究内容
美国	哈佛大学	太赫兹量子级联激光器[60-62]、太赫兹超材料[63]、太赫兹技术在宇宙探测领域的应用[64-65]
美国	斯坦福大学	太赫兹波与物质的相互作用[66-67]、太赫兹脉冲技术[68]、太赫兹拓扑绝缘体[69]、太赫兹生物医学成像[70]
美国	麻省理工学院	太赫兹超材料[71]、电真空大功率太赫兹源[72]、太赫兹量子级联激光器[73]、太赫兹波驱动的电子直线加速器[74]
欧洲	剑桥大学	石墨烯太赫兹探测器[75]、石墨烯太赫兹调制器[76]
欧洲	海德堡大学	太赫兹光谱技术[77]、太赫兹技术在宇宙探测领域的应用[78]、石墨烯碳纳米管在太赫兹频段的电磁响应特性[79]
欧洲	莫斯科物理技术学院	石墨烯太赫兹探测器[80]、太赫兹等离子体[81]、太赫兹光电导发射器[82]

续表

国家或地区	高校	主要研究内容
亚洲	东京大学	太赫兹拓扑绝缘体[83]、太赫兹超导[84]、太赫兹超材料[85]
	京都大学	光整流太赫兹源[86]、太赫兹近场显微镜[87]、太赫兹时域光谱技术[88]
	首尔大学	太赫兹超材料[89]、太赫兹纳米天线[90-91]、太赫兹全光开关[92]
	新加坡国立大学	太赫兹超材料[93-94]、3D打印技术在太赫兹领域的应用[95]、太赫兹传感器[96]

1.4.1 太赫兹雷达成像技术

太赫兹雷达是指以太赫兹波为雷达载体的雷达系统,太赫兹雷达最重要的优点是波长短、带宽宽、成像分辨率高。此外,由于太赫兹波段比微波波段更接近光波段,太赫兹雷达成像更接近光学成像,因此更有利于自动目标识别。随着电磁频段资源的持续紧缺,各国逐渐加大了对太赫兹雷达的重视,目前开展太赫兹雷达系统及应用研究的国家主要有美国、德国和西班牙。然而,太赫兹雷达系统的载频和结构还没有达成统一共识和固定模式,大多数太赫兹雷达系统还处于原型原理阶段。基于太赫兹雷达高载频、大带宽的特点,高分辨率成像是太赫兹雷达技术的一个重要研究方向[97]。

1988年,美国马萨诸塞大学Mcintosh等[98]基于增强交互振荡器技术制作出太赫兹波源,研制出世界上第一套基于太赫兹波源的太赫兹雷达系统。太赫兹雷达系统的载波中心频率为0.215 THz,是一种基于真空电子学的非相干脉冲太赫兹雷达系统。1991年,McMillan等[99]来自佐治亚理工学院的研究人员,开发了一种基于增强交互式振荡器技术的相干脉冲雷达系统,其中心载波频率为0.225 THz。

2007年,美国喷气推进实验室(Jet Propulsion Laboratory, JPL)公布其研制的600 GHz太赫兹雷达系统[100]。该系统带宽高达28.8 GHz,最大工作范围为25 m,在小于4 m的探测范围内可实现低至1 cm的距离分辨率。此外,该系统还可以通过镜头扫描实现三维成像。基于此,该实验室还研制了670 GHz雷达系统[101](图1-12),系统带宽约为30 GHz,并利用该系统对人体携带的隐蔽目标进行了成像实验,显示衣服下的武器目标清晰可见。

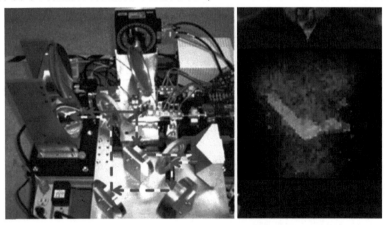

图1-12 美国JPL的670 GHz雷达系统及成像结果

2009 年，美国太平洋西北国家实验室（Pacific Northwest National Laboratory，PNNL）公布了其研制的 350 GHz 雷达系统[102]，用于对人体隐藏物体进行成像，如图 1-13 所示。该系统的带宽约为 9.6 GHz，发射功率约为 4 mW。从成像结果可以看出，它实现了对隐藏在衣服下的金属制品的高分辨率成像。

图 1-13　美国 PNNL 的 350 GHz 雷达系统及成像结果

2010 年，美国马萨诸塞大学亚毫米波技术实验室（Submillimeter - wave Techniques Laboratory，STL）基于太赫兹量子级联激光器设计了工作于 2.408 THz 的相干雷达成像系统[103]，该雷达系统及其对坦克的多普勒回波测量结果如图 1-14 所示。

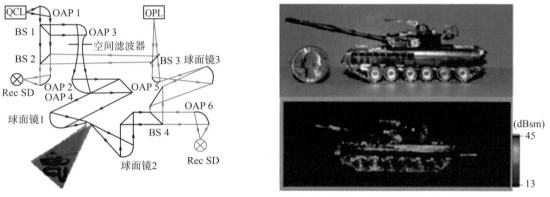

图 1-14　太赫兹雷达成像系统及实验结果

2013 年，德国锡根大学公布了一款 540 GHz 太赫兹雷达系统[104]，系统带宽为 51 GHz，采用调频连续波信号形式实现，具备三维成像能力。此外，Baccouche 等[105] 德国弗劳恩霍夫工业数学研究所的研究人员也进行了相关的太赫兹成像研究，设计了一个 240 GHz 的太赫兹传感器阵列，采用 12 发射 12 接收模式，通过 144 个有效阵元实现了三维成像的功能。西班牙马德里理工大学设计研制了一种频率为 300 GHz、带宽约为 27 GHz 的成像雷达系统[106]，如图 1-15 所示。

2020 年年初，美国国防部高级研究计划局（DAPRA）启动了 T - MUSIC 项目，其目的是为军用太赫兹雷达和通信提供高性能芯片。基于这个项目，美国 BAE 系统公司开发了新一代混合信号太赫兹电子产品，以提高作战人员在战场上的态势感知和生存能力。同年，美国空军研究实验室信息局发布了太赫兹通信项目的广泛机构公告（FA875018S7016），向工业界征集未来视线内空对空通信和联网的支撑技术，目标是开发和演示一种可互操作、模块化和可持续的网络结构，频率高于 100 GHz，可中继情报、监视和侦察的传感器数据，用于共享态势感知和指挥与控制，帮助飞机交换关键任务的战斗管理信息，有助于形成未来空军通信解决方案的能力。

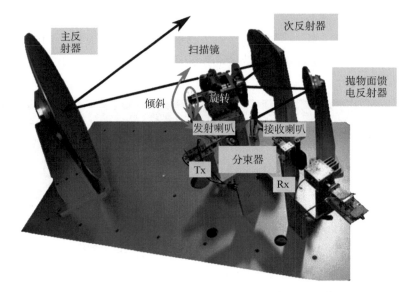

图1-15 马德里理工大学设计的成像雷达系统

1.4.2 太赫兹通信技术

目前,相对于快速发展的微波波段无线通信技术和光波波段较成熟的有线通信技术,太赫兹波作为介于微波和光波之间的新频段尚未得到充分发展。而且,无线通信对数据速率和带宽的要求越来越高,微波通信的低数据速率和窄带宽已不能满足未来高速宽带无线通信发展的需要。在这种情况下,太赫兹通信未来将展现巨大的应用潜力,如图1-16所示。

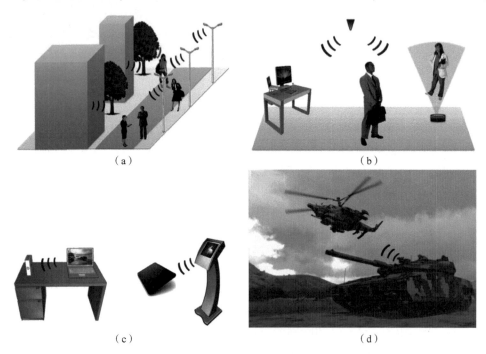

图1-16 太赫兹通信的应用场景[107]
(a) 蜂窝网络;(b) 无线局域网;(c) 个人局域网;(d) 军事安全无线通信

早在 2000 年年初，国外就启动了太赫兹技术相关研究，并开展了一些实践应用。美国自 2009 年起，投入大量经费和科研力量进行太赫兹关键组件的研制和系统的研发，主要频段范围集中在 0.1～1 THz，应用场景包括移动自组网空间通信、机载大容量远距离通信等。此外，众多研究机构（如纽约大学、麻省理工学院、佐治亚理工学院、普林斯顿大学、加州大学伯克利分校、布朗大学等）和实验室（如喷气推进实验室、洛斯阿拉莫斯实验室等）也积极开展太赫兹相关技术研究，取得不错的技术成果。在太赫兹固态电子学核心器件和模块方面，美国有着以 VDI 为代表的旗舰型公司。2018 年 2 月，美国联邦通信委员会（FCC）批准一项名为 Spectrum Horizons 的规则制定报告[108]，对未来移动通信应用开放了 95 GHz～3 THz 频段，鼓励相关产业机构加入太赫兹无线移动通信的应用研究，该报告和命令于 2020 年 8 月 24 日由美国国家电信与信息管理机构（NTIA）批准正式生效；同年，美国工业伙伴联盟和美国国防部高级研究计划局（DARPA）共同创建了 ComSenTer 研究中心和产业联盟，开发太赫兹无线传输和感知应用技术。

欧洲太赫兹通信技术研究主要依托两个欧盟框架计划——Horizon 2020（地平线 2020）和 Horizon Europe（地平线欧洲）。通过这两个计划，欧盟启动了多个跨国的太赫兹研发项目，如 WORTECS（研究太赫兹异构组网技术）、EPIC（研究 Tpbs 传输前向纠错编码技术）、TERAPAD（研究局域网场景下超大带宽无线接入技术）、ULTRAWAVE（研究超高容量回传网络技术）、DREAM（研究可重构 mesh 网络技术）等。2017 年，欧盟基于"地平线欧洲"计划开始对 6G 通信技术的研发，网络峰值数据达 Tbps 量级，而超高速太赫兹通信技术是达成上述目标的核心技术之一。目前，已有多个国家展开对 6G 通信技术的探究。

2018 年，德国微电子研究中心（Research Fab Microelectronics，FMD）领导的联合项目 T-KOS 正式启动，首次将太赫兹技术应用在通信和传感器技术领域。T-KOS 项目的目标是建立一个德国太赫兹无线链路的价值链。例如：用于工业生产中的高速通信；使用基于 AI 的实时图像处理对生产过程进行在线监控，以实现资源节约型生产；结合电子和光子概念，实现首创的工业级太赫兹通信和传感器技术。

2019 年 3 月，芬兰奥卢大学 6G Flagship 计划举行了首届 6G 无线峰会，基于参会专家讨论和分享的观点，于 2019 年 9 月发布了全球首个 6G 白皮书[109]，内容涵盖 6G 技术的关键驱动因素、演进要求、挑战和研究问题等，研究了政治、经济、社会、技术、法律和环境 6 个维度对 6G 通信的影响，如图 1-17 所示。

2006 年，日本电报电话公司（NTT）完成世界上首例太赫兹通信演示，并在 2008 年成功用于北京奥运会的高清转播，如图 1-18 所示。该系统工作频点为 120 GHz，最远传输距离可达 15 km。

2020 年，Yang 等[110]研究了太赫兹拓扑谷传输技术，提出了一种谷霍尔光子晶体结构，如图 1-19 所示。谷扭结态具备强鲁棒性、单模传输性和线性色散性等特点，是优良的信息载体。利用谷扭结态，Yang 等完成了未压缩 4K 高清视频的实时传输，实现了速度为 10 Gbit/s 的无线通信。

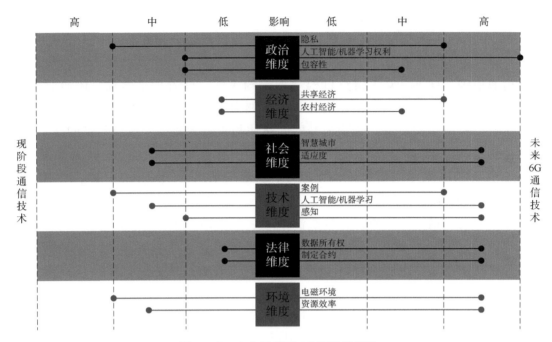

图1-17 六大因素对6G通信的影响

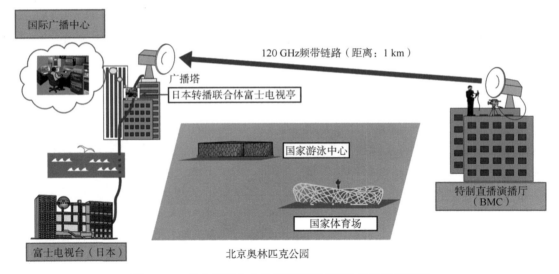

图1-18 北京奥运会上的无损压缩高清信号传输示意图

1.4.3 太赫兹生物医学技术

由于生物体对太赫兹波的独特响应，DNA、RNA、蛋白质等重要生物大分子的旋转和振动频率大多在太赫兹范围内，因此可将太赫兹用于对生物大分子的结构和性质进行分析和鉴定。此外，太赫兹波具有一定的组织穿透能力，并具有高时间分辨率、高灵敏度、高信噪比、超宽带，且能量仅为X射线的百万分之一，不会对生物组织造成电离损伤，安全性很高，因此非常适用于生物医学成像。这些特殊的优势表明太赫兹波的应用可以为生物医学研究带来革命性的进步，因此太赫兹波有望成为生物医学研究的热点。

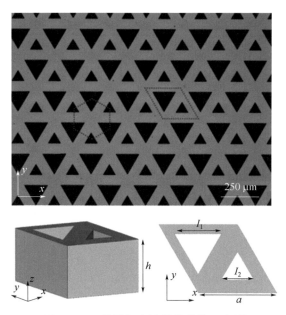

图1-19 谷霍尔光子晶体结构示意图

2015年，Taylor等[111]研究了人类眼角膜的太赫兹光谱特性。基于角膜生理学，其研究了三种可能影响轴向水分分布和总厚度的角膜组织含水量扰动，对这三种扰动的太赫兹频率反射率特性进行了模拟，并对比了不同系统中心频率和带宽下的模拟结果。

2020年，日本京都大学综合细胞材料科学研究所（ICEMS）和日本东海大学在 *Optics Letters* 上报道了太赫兹光脉冲改变了干细胞中的基因表达[112]，太赫兹光脉冲会改变受锌依赖性转录因子影响的基因的活性，该发现对干细胞研究和再生疗法的发展具有重要意义。图1-20所示为研究团队所使用的太赫兹辐射装置示意图。

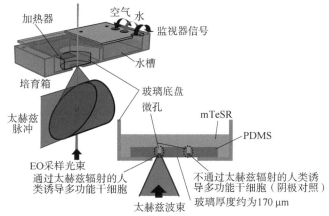

图1-20 太赫兹辐射装置示意图

2022年，Kovačević等[113]研发了一种用于检测禽流感病毒的太赫兹传感器。该传感器基于太赫兹光谱理论，由两组拥有两个可以独立控制谐振模式的完美超材料吸波器结构组成（图1-21），能够瞬间实现对极低浓度病毒高精度、可靠的诊断测试，其通过三维电磁仿真证明了该结构的有效性。

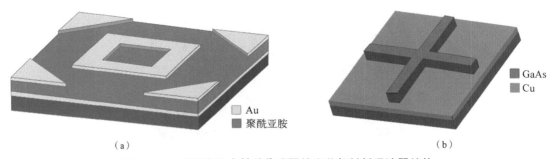

图 1-21 用于实现太赫兹传感器的完美超材料吸波器结构
(a) 方环形完美超材料吸波器；(b) "十"字形完美超材料吸波器

2022 年，密歇根大学的 Kotov 团队在 *Nature Photonics* 上发文，展示了太赫兹手性光谱，能够记录和归属氨基酸和肽的微米级和纳米级晶体手性声子[114]。理论分析和计算机模拟表明，在左旋和右旋对映体中，观察到尖锐镜像对称谱带，来源于通过氢键连接成螺旋链生物分子的集体振动。手性声子对微小结构的变化敏感，可用于识别健康补充剂中看似相同的二肽配方物理和化学差异。在胰岛素淀粉样蛋白纳米纤维中，观察到的手性声子证明了这些发现的普遍性，如图 1-22 所示。光谱特征和偏振旋转强烈依赖于其成熟阶段，这为太赫兹光子学的医学应用打开了一扇新大门。

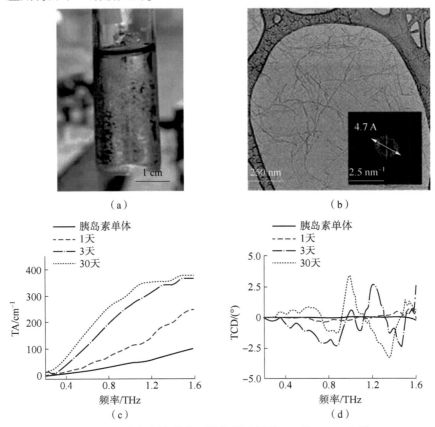

图 1-22 胰岛素淀粉样纤维的形成及其 TA 和 TCD 光谱
(a) 不溶性胰岛素淀粉样纤维照片；(b) 胰岛素淀粉样纤维的扫描电镜图；
(c) 太赫兹吸收光谱；(d) 太赫兹圆二色性光谱

1.5 国内太赫兹研究情况

近年来,太赫兹辐射在许多领域得到广泛应用,研究的问题涉及化学、物理、医学、材料科学等领域。与此同时,适用于太赫兹辐射的实验设备也得到广泛而迅速的发展。在程津培、杜祥琬、刘盛纲、杨国桢、姚建铨、张杰、吴培亨等院士的支持下,我国成立了多个太赫兹研究中心,推动了太赫兹技术的研究和发展,取得了显著成果。2005 年 11 月 22—24 日,"太赫兹科学技术的新发展"学术研讨会在北京香山饭店召开,至此,我国太赫兹应用研究和发展开辟了一个新阶段。表 1-2 所示为国内一些高校和研究机构在太赫兹领域的主要研究内容。

表 1-2 国内高校和研究机构在太赫兹领域的主要研究内容

单位	平台	主要研究内容
香港城市大学	太赫兹及毫米波国家重点实验室	太赫兹通信、太赫兹天线、太赫兹超材料、太赫兹集成电路、太赫兹高分子复合层新材料等
东南大学	毫米波国家重点实验室	太赫兹超材料、太赫兹芯片、太赫兹通信、太赫兹倍频和混频接收技术、太赫兹功率合成、太赫兹天馈系统等
天津大学	精密测试技术及仪器国家重点实验室	太赫兹时域光谱技术、太赫兹雷达、太赫兹探测、太赫兹脉冲产生、太赫兹器件开发、太赫兹频谱技术、太赫兹表面等离激元、太赫兹表面人工奇异介质等
首都师范大学	太赫兹光电子学教育部重点实验室	太赫兹波与物质相互作用规律研究、太赫兹波谱和成像技术、新型太赫兹光电器件和材料等
西安电子科技大学	天线与微波技术重点实验室	太赫兹通信、太赫兹雷达、太赫兹芯片、太赫兹器件、太赫兹电路等
中国电子科技集团第十二研究所	微波电真空器件技术国防科技重点实验室	大功率太赫兹真空器件等
华中科技大学	武汉光电国家研究中心	太赫兹频谱技术、太赫兹波调制技术、太赫兹成像、太赫兹超材料等
北京理工大学	毫米波与太赫兹波技术北京市重点实验室	太赫兹集成芯片与电路、太赫兹主动前视成像技术、太赫兹信道建模与传输技术、太赫兹超材料、低噪声肖特基二极管太赫兹检测、太赫兹焦平面安检成像、太赫兹气象学、太赫兹遥感、太赫兹通信、太赫兹军事态势感知等
华南理工大学	广东省毫米波与太赫兹重点实验室	太赫兹集成电路、太赫兹天线、太赫兹测试等

续表

单位	平台	主要研究内容
电子科技大学	太赫兹科学技术四川省重点实验室	太赫兹回旋管
南京大学	江苏省电磁波先进调控技术重点实验室	太赫兹检测技术、太赫兹波谱技术、太赫兹成像、太赫兹雷达等
紫金山天文台	中国科学院射电天文重点实验室	太赫兹超导探测器、太赫兹天文探测技术等
上海微系统与信息技术研究所	中国科学院太赫兹固态技术重点实验室	太赫兹成像、太赫兹通信、高分辨率太赫兹光谱检测、太赫兹雷达、太赫兹集成电路、太赫兹光子器件
上海理工大学	太赫兹技术创新研究院	太赫兹显微成像检测、太赫兹时域光谱技术、太赫兹医学、太赫兹超表面、太赫兹源、太赫兹探测器、太赫兹波调控、太赫兹安检等
中国工程物理研究院	微系统与太赫兹研究中心	太赫兹远距离高速通信系统、太赫兹大功率源、太赫兹稀疏阵列、太赫兹成像、太赫兹安检、太赫兹近感探测、太赫兹芯片、太赫兹器件等

1.5.1 太赫兹安检技术

相较于目前被广泛使用的 X 射线安检技术,太赫兹安检技术具有速度快、安全性高、可以有效保护人体隐私等优点,逐渐得到研究者们的关注。随着近些年太赫兹器件技术的蓬勃发展,太赫兹信号的强度和稳定性得到一定的保证,使太赫兹技术在人体安全成像领域的应用成为可能。2018 年 3 月 23 日,国务院办公厅印发《关于保障城市轨道交通安全运行的意见》,强调加强公众安全保障,运营单位要制定安全防范和消防安全管理制度,推广应用智能、快速的安检新技术、新产品,逐步建立与城市轨道交通客流特点相适应的安检新模式。这为太赫兹安检和安防设备在公共安全领域的快速应用提供了极好的市场时机和政策支持[115]。

2017 年,中国科学院半导体研究所吴南健教授的研究团队设计了基于 CMOS 工艺的太赫兹波探测器成像系统[116],如图 1-23 所示。该系统集成度高、体积小,能够完成透射式太赫兹波扫描成像且无须斩波-锁相技术,最终实现了在 860 GHz 太赫兹波照射下对隐匿于信封内部的金属进行成像。

针对太赫兹安检成像结果对比度低和清晰度差,既不能完全符合人眼的视觉效果,也不利于机器识别的问题,2018 年,中国计量大学太赫兹研究所李九生教授的研究团队提出了双阈值 canny 均衡化算法[117]。在文献 [118] 的实验中,采用太赫兹波投射式成像系统对藏于物体中的金属心形吊坠和金属箭头进行成像,扫描步长为 0.5 mm,由于太赫兹光源大、能量起伏等系统缺陷,以及外部环境的复杂和干扰,成像所得图像均有背景噪声严重、边界模糊等问题,

图 1-23 太赫兹 CMOS 成像系统及成像结果

(a) CMOS 成像系统实物；(b) 隐匿于信封的金属挂件实物；
(c) 隐匿于信封的金属挂件太赫兹成像结果

成像质量较差。利用所提出的增强算法对太赫兹成像结果进行改善，有效地提升了图像分辨率和物体边缘清晰度，使被成像对象的细节更加突出，成像结果如图 1-24 所示。

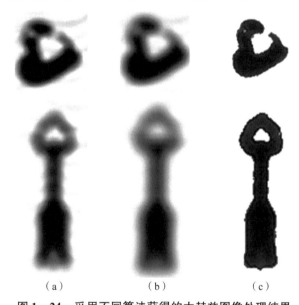

图 1-24 采用不同算法获得的太赫兹图像处理结果

(a) 采用均值滤波算法；(b) 采用非局部均值滤波算法；
(c) 采用 canny 均衡化算法得到的图像

2019 年，中国物理工程研究所的研究团队提出了用于 340 GHz 和 250 GHz 的无源成像系统的两组四像素接收机阵列[118]，如图 1-25 所示。前端组件和太赫兹混频器均由平面 GaAs 肖特基势垒变容管实现，成本低廉、构建难度低。340 GHz 和 250 GHz 混频器在工作频带内的双边带（DSB）噪声温度分别为 1 020 K 和 900 K。无源成像系统的中频带宽为 20 GHz，对于距离 3~8 m 的物体具有良好的检测效果和空间分辨率。

由于通常人体与隐蔽物体之间的亮度温度差异很小，并且太赫兹辐射计的温度灵敏度和空间分辨率难以大幅度提高，因此提高太赫兹安检的检测率具有重要意义。2020 年，清华大学的研究团队提出利用极化信息增强太赫兹安检成像中对隐蔽物体的检测效果[119]，通过

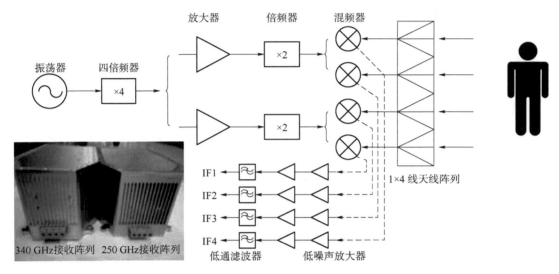

图 1-25 四像素 340 GHz 和 250 GHz 接收机阵列结构示意图

分别对人体和隐蔽物体的极化特征进行提取,构建并比对极化模型,太赫兹安检成像系统的差分信噪比得到显著提升。

2020年,中国电子科技集团公司第三十八研究所的研究团队设计了一种具有实时校准功能的太赫兹无源视频安检仪[120]。该成像系统主要由扫描模块、准光学透镜、校准模块和一维太赫兹探测器阵列组成。校准模块在实时校准太赫兹探测器的过程中不会干扰成像。成像系统可以以1.5 cm的分辨率和10帧/s的帧速率获得站在成像器前方1.5 m处人体的完整图像,并检测出人体携带的疑似危险物品。该成像系统对于加速太赫兹安检技术走向实际应用具有重要意义。

近年来的众多研究表明,深度学习有助于无源太赫兹成像实现隐蔽物体的检测。2022年,中国科学院空天信息创新研究院的研究团队提出了一种改进的单次多盒检测(SSD)算法,用于实时检测与识别无源太赫兹安检图像中的快速隐蔽物体[121]。与传统SSD的差别主要在于,其用残余网络代替了传统SSD的主干网络(图1-26),从而降低了网络训练的难

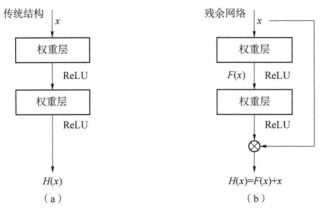

图 1-26 传统网络结构与残余网络结构的对比
(a) 传统网络结构;(b) 残余网络结构

度。另外,针对小目标重复检测和漏检问题,该团队提出了一种基于特征融合的太赫兹图像目标检测算法。实验结果表明,SSD 算法的精度从 95.04% 提高到了 99.92%。相较于其他主流算法,该研究团队提出的算法在保持高检测精度的同时速度更快。

1.5.2 太赫兹超材料技术

电磁超材料由人工设计的亚波长尺寸单元结构组合形成,可以实现自然界不存在的负折射率、零折射率、超高折射率、高频磁响应等电磁特性。因为电磁超材料在电磁波操控方面具有重要作用,所以备受研究者们的关注。电磁超表面是在电磁超材料发展基础上提出的一种新型二维结构[122]。超表面单元具有深亚波长厚度,对于电磁波的操控不依赖于空间上的相位累加,而是依据相邻单元之间的相位梯度,其可以实现对电磁波波前、振幅、相位和极化等性质的操控。超表面的提出对于设计超轻超薄、易共形的太赫兹器件具有重要意义。

东南大学崔铁军院士首次提出信息超材料的概念,使用二值数字编码方式来表征超表面单元的电磁特性。2015 年,东南大学的研究团队将这种编码超材料思想应用到太赫兹超表面的设计之中[123],利用基于 Minkowski 闭环形式的超表面单元完成 3-bit 编码组合的构建,如图 1-27 所示。通过设定特定的编码序列,该太赫兹编码超表面表现出对太赫兹波的强大操控能力,实现了太赫兹散射波束的宽角度扫描及散射抑制。信息超材料的提出促进了超材料与信息技术的融合,使得新体制超材料成像系统与通信系统成为可能。

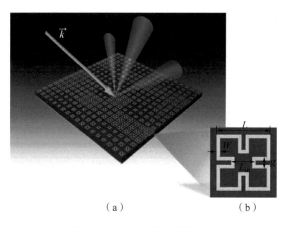

图 1-27 太赫兹编码超表面
(a) 超表面阵面;(b) 超表面单元

2016 年,华中科技大学武汉光电国家研究中心与天津大学姚建铨院士的研究团队合作提出了一种基于石墨烯的宽带超表面吸波器[124](图 1-28),通过控制静电选通来改变石墨烯的费米能级,从而使得该太赫兹超表面具备了工作带宽动态可调的功能。石墨烯的引入增强了超表面的可调谐与可重构特性,为太赫兹超表面在光电探测、可调谐传感和医学成像中的应用提供了全新的设计思路。

2018 年,上海理工大学庄松林院士研究团队设计了一种沿双环排布的狭缝表面等离子体激元超表面[125]。基于几何相位和动态相位原理,通过调整金属薄膜中狭缝阵列的取向角

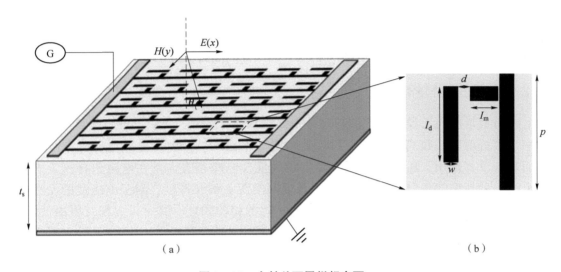

图 1-28　太赫兹石墨烯超表面

(a) 超表面阵面；(b) 超表面单元

和径向位置，可以实现两种任意模态的太赫兹圆极化涡旋波的相干叠加，如图 1-29 所示。对太赫兹涡旋波的高自由度灵活调控，在太赫兹通信和量子信息处理应用中具有巨大的潜在价值。

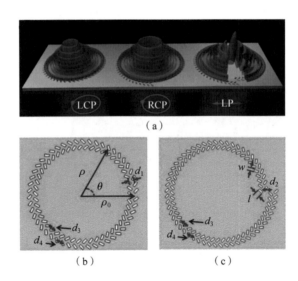

图 1-29　太赫兹表面等离子体激元涡旋波超表面

(a) 功能示意图；(b) 几何相位调控超表面；(c) 几何相位和动态相位叠加调控超表面

吸波器是太赫兹高分辨率成像系统中的重要组件，但太赫兹吸波器的带宽较窄，限制了其进一步的应用。为解决该问题，2019 年，重庆大学光电技术及系统教育部重点实验室喻洪麟教授研究团队提出了一种基于悬链线结构的太赫兹双层超表面吸波器（图 1-30）[126]，通过多个谐振模式的耦合，该超表面吸收器在 0.52~4.40 THz 的频率范围内的吸波率在 90% 以上，有效吸波带宽接近理论极限。

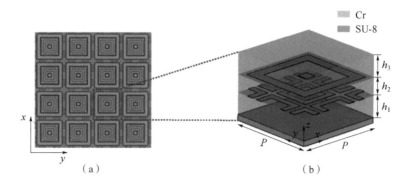

图 1-30　太赫兹双层超表面吸波器
(a) 超表面；(b) 超表面单元

2021 年，上海交通大学朱卫仁教授、天津大学姚建铨院士及重庆西南医院神经外科冯华教授研究团队展开合作研究，利用太赫兹超材料实现了对胶质瘤细胞分子的无标记检测[127]，如图 1-31 所示。该生物传感器的理论灵敏度达到 496.01 GHz/RIU，为高灵敏度快速生物细胞检测提供了一种新的思路。

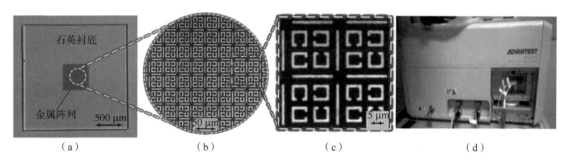

图 1-31　太赫兹超材料生物传感器
(a) 生物传感器；(b) 超表面；(c) 超表面单元；(d) 测试设备

1.5.3　太赫兹天文探测技术

太赫兹波段占宇宙微波背景辐射以后宇宙空间近一半的光子能量，该波段对于理解宇宙状态和演化有非常重要的意义。同时，与光学近红外辐射相比，太赫兹辐射具有穿透星际尘埃的能力，有更高的空间与时间相关性；与微波毫米波辐射相比，太赫兹辐射具有更高的空间分辨率和更宽的瞬时带宽。因此，太赫兹天文学正成为现代天体物理的前沿研究领域之一。

中国科学院紫金山天文台太赫兹超导空间探测技术研究团队，多年来专注于国际前沿太赫兹超导探测技术和空间天文应用研究。史生才院士领导研制的太赫兹超导探测器成功应用于中国 13.7 m 毫米波望远镜、国际天文大科学装置阿塔卡玛毫米/亚毫米波阵列望远镜（ALMA）和 SMA 亚毫米波射电望远镜阵等，并在中国空间站巡天望远镜上实现应用，支撑中国太赫兹天文学的发展。

5 m 太赫兹望远镜（DATE5，图 1-32）是我国"十二五"时期重点建设项目南极天文台的主要天文观测设备之一。DATE5 是一个露天的、完全可遥控操作的望远镜，能够适应恶劣的极地环境，包括高海拔、极低温度和极低气压。然而，独特的规格（包括表面形状和指向的高精度）和全自动全年远程操作，以及对现场组装、测试和维护周期的严格限制，给望远镜的设计带来了许多挑战。2013 年，史生才院士的研究团队对 DATE5 的天线设计部分进行了理论论证[128]，其中包括天线光学器件、支承结构、面板、副反射器、安装和天线基座结构，并通过流体动力学、热分析和除冰研究分析证明了理论的可靠性。

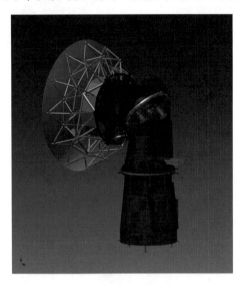

图 1-32 DATE5 天线概念图

2015 年，华东交通大学的研究团队提出了一种用于射电天文的太赫兹三通带频率选择表面[129]。如图 1-33 所示，该频率选择表面由改进型 SRR（开口谐振环）谐振单元组成，相比于传统均匀 SRR，多频带传输的控制更为灵活，在 0.46 THz、0.86 THz 和 1.03 THz 这三个通带内的反射系数分别为 -37.6 dB、-13 dB 和 -19.6 dB，在 0°~60°范围内均具有稳定的频率响应特性，且具有小型化程度高、损耗低等特点，在太赫兹频段射电天文研究中具有潜在的应用价值。

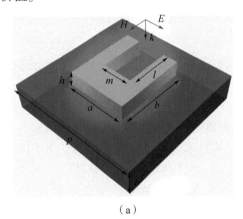
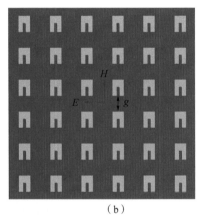

(a) (b)

图 1-33 改进型 SRR 频率选择表面

(a) 单元；(b) 阵面

2016 年，史生才院士研究团队对南极内陆冰盖最高点冰穹 A 的太赫兹和远红外窗口进行了研究[130]，通过傅里叶变换光谱仪测量了冰穹 A 在电磁波长 20～350 μm 范围内的大气辐射。该研究有效地揭示了太赫兹和远红外波段大气窗口中的透射特性，对于天文研究中地面气候的精确建模具有重要意义。

2020 年，史生才院士研究团队对应用于 DATE5 中多像素外差接收的宽带超导热电子测辐射热计（HEB）混频器的最佳偏置区进行了研究[131]，通过在 0.2～3.4 THz 宽频范围内比较大量偏置点对应的双边带接收机噪声温度，找到了最佳偏置区域，并研究了最佳偏置区域对温度的依赖性。图 1-34 所示为 HEB 混频器噪声温度测量系统配置图。

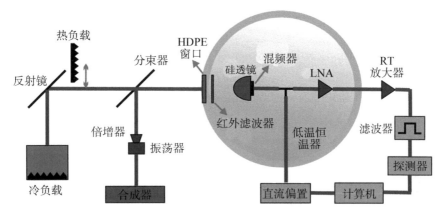

图 1-34　HEB 混频器噪声温度测量系统配置图

参 考 文 献

[1] KLEINER R. Filling the terahertz gap[J]. Science, 2007, 318(5854): 1254-1255.

[2] LEE Y S. Principles of terahertz science and technology[J]. Contemporary physics, 2012, 53(6): 526-527.

[3] BORRI S, PATIMISCO P, SAMPAOLO A, et al. Terahertz quartz enhanced photo-acoustic sensor[J]. Applied physics letters, 2013, 103(2): 021105.

[4] LIU Y Q, KONG L B, DU C H, et al. A terahertz electronic source based on the spoof surface plasmon with subwavelength metallic grating[J]. IEEE transactions on plasma science, 2016, 44(6): 930-937.

[5] 司黎明, 徐浩阳, 董琳, 等. 2020 年太赫兹科学与技术热点回眸[J]. 科技导报, 2021, 39(1): 201-211.

[6] TAUCHERT S R, VOLKOV M, EHBERGER D, et al. Polarized phonons carry angular momentum in ultrafast demagnetization[J]. Nature, 2022, 602(7895): 73-77.

[7] AFANASIEV D, HORTENSIUS J R, IVANOV B A, et al. Ultrafast control of magnetic interactions via light-driven phonons[J]. Nature materials, 2021, 20(5): 607-611.

[8] WANG S, WEI C, FENG Y, et al. Dual-shot dynamics and ultimate frequency of all-optical magnetic recording on GdFeCo[J]. Light: science & applications, 2021, 10(1): 8.

[9] YI X, WANG C, HU Z, et al. Emerging terahertz integrated systems in silicon[J]. IEEE transactions on circuits and systems I: regular papers, 2021, 68(9): 3537-3550.

[10] NIKPAIK A, MASNADI SHIRAZI A H, NABAVI A, et al. A 219 – to – 231 GHz frequency – multiplier – based VCO with ~3% peak DC – to – RF efficiency in 65 nm CMOS[J]. IEEE journal of solid – state circuits, 2018, 53(2): 389 – 403.

[11] HILLGER P, GRZYB J, JAIN R, et al. Terahertz imaging and sensing applications with silicon – based technologies[J]. IEEE transactions on terahertz science and technology, 2019, 9(1): 1 – 19.

[12] GRIGOREV R, KUZIKOVA A, DEMCHENKO P, et al. Investigation of fresh gastric normal and cancer tissues using terahertz time – domain spectroscopy[J]. Materials, 2019, 13(1): 85.

[13] SHI W, WANG Y, HOU L, et al. Detection of living cervical cancer cells by transient terahertz spectroscopy[J]. Journal of biophotonics, 2021, 14(1).

[14] SHAO Y, WANG Y, ZHU Z, et al. Quantification analysis of progesterone based on terahertz spectroscopy[J]. IEEE transactions on terahertz science and technology, 2021, 11(5): 519 – 526.

[15] 黄亚雄, 姚建铨, 凌福日, 等. 基于相干层析的太赫兹成像技术研究[J]. 激光与红外, 2015, 45(10): 1261 – 1265.

[16] CHEON H, YANG H J, SON J H. Toward clinical cancer imaging using terahertz spectroscopy[J]. IEEE journal of selected topics in quantum electronics, 2017, 23(4): 1 – 9.

[17] 谢旭, 钟华, 袁韬, 等. 使用太赫兹技术研究航天飞机失事的原因[J]. 物理, 2003(9): 583 – 584.

[18] TONOUCHI M. Cutting – edge terahertz technology[J]. Nature photonics, 2007, 1(2): 97 – 105.

[19] MITTLEMAN D M. Perspective: terahertz science and technology[J]. Journal of applied physics, 2017, 122(23): 230901.

[20] 李南京, 李元新, 胡楚锋. 球模式展开理论近远场变换及快速算法[J]. 电子与信息学报, 2015, 37(12): 3025 – 3029.

[21] BHATTACHARJEE P R. Addressing a novel problem on the basis of the generalized vectorial laws of reflection and refraction along with offering novel treatments of derivation of some results in geometrical optics[J]. Optik, 2022, 261: 169113.

[22] LE BOT A. Geometrical theory of diffraction for sound radiation and structural response[J]. Wave motion, 2019, 87: 179 – 192.

[23] FENG Z, WANG J, WU G, et al. Research on a novel chalcohalide glass and its physical optics properties[J]. Infrared physics & technology, 2022, 122: 104079.

[24] UFIMTSEV P Y. The 50 – year anniversary of the PTD: comments on the PTD's origin and development[J]. IEEE antennas and propagation magazine, 2013, 55(3): 18 – 28.

[25] UM E S, COMMER M, NEWMAN G A, et al. Finite element modelling of transient electromagnetic fields near steel – cased wells[J]. Geophysical journal international, 2015, 202(2): 901 – 913.

[26] SAHOO N K, GOUDA A, MISHRA R K, et al. Electromagnetic scattered field time series from

finite difference time domain trained time delay neural network[J]. International journal of RF and microwave computer-aided engineering,2020,30(11):e22410.

[27] LIU Z L,WANG C F. Efficient iterative method of moments:physical optics hybrid technique for electrically large objects[J]. IEEE transactions on antennas and propagation,2012,60(7):3520-3525.

[28] HARRINGTON R F. Field computation by moment methods[M]. New York:Macmillan Company,1968.

[29] 马科斯·玻恩,埃米尔·沃耳夫. 光学原理:光的传播、干涉和衍射的电磁理论[M]. 7版. 杨葭荪,译. 北京:电子工业出版社,2005.

[30] SONG K,MAZUMDER P. Active terahertz spoof surface plasmon polariton switch comprising the perfect conductor metamaterial[J]. IEEE transactions on electron devices,2009,56(11):2792-2799.

[31] KIM T T,KIM H D,ZHAO R,et al. Electrically tunable slow light using graphene metamaterials[J]. ACS photonics,2018,5(5):1800-1807.

[32] NIESSEN K A,XU M,GEORGE D K,et al. Protein and RNA dynamical fingerprinting[J]. Nature communications,2019,10(1):1026.

[33] SIEGEL P H. Terahertz technology in biology and medicine[J]. IEEE transactions on microwave theory and techniques,2004,52(10):2438-2447.

[34] RYDER M R,ZENG Z,TITOV K,et al. Dielectric properties of zeolitic imidazolate frameworks in the broadband infrared regime[J]. The journal of physical chemistry letters,2018,9(10):2678-2684.

[35] DI GASPARE A,POGNA E A A,SALEMI L,et al. Tunable,grating-gated,graphene-on-polyimide terahertz modulators[J]. Advanced functional materials,2021,31(10):2008039.

[36] NAFTALY M,MILES R E. Terahertz time-domain spectroscopy for material characterization [J]. Proceedings of the IEEE,2007,95(8):1658-1665.

[37] HONG B B,HUANG L P,XU X L,et al. Hollow core photonic crystal for terahertz gyrotron oscillator[J]. Journal of physics D:applied physics,2015,48(4):045104.

[38] ROLO L F,PAQUAY M H,DADDATO R J,et al. Terahertz antenna technology and verification:herschel and planck:a review[J]. IEEE transactions on microwave theory and techniques,2010,58(7):2046-2063.

[39] HUHN A K,SAENZ E,DE MAAGT P,et al. Broadband terahertz analysis of energetic materials:influence of crystal structure and additives[J]. IEEE transactions on terahertz science and technology,2013,3(5):649-655.

[40] DURAN C A,GUSTEN R,RISACHER C,et al. 4GREAT:a four-color receiver for high-resolution airborne terahertz spectroscopy[J]. IEEE transactions on terahertz science and technology,2021,11(2):194-204.

[41] PACIARONI A,COMEZ L,LONGO M,et al. Terahertz collective dynamics of DNA as affected by hydration and counterions[J]. Journal of molecular liquids,2020,318:113956.

[42] BOLIVAR P H,BRUCHERSEIFER M,RIVAS J G,et al. Measurement of the dielectric

constant and loss tangent of high dielectric – constant materials at terahertz frequencies[J]. IEEE transactions on microwave theory and techniques,2003,51(4):1062 – 1066.

[43] PIMENOV A,MUKHIN A A,IVANOV V Y,et al. Possible evidence for electromagnons in multiferroic manganites[J]. Nature physics,2006,2(2):97 – 100.

[44] KIPPENBERG T J, GAETA A L, LIPSON M, et al. Dissipative Kerr solitons in optical microresonators[J]. Science,2018,361(6402):eaan8083.

[45] GLYAVIN M Y, LUCHININ A G, GOLUBIATNIKOV G Y. Generation of 1.5 kW, 1 THz coherent radiation from a gyrotron with a pulsed magnetic field[J]. Physical review letters, 2008,100(1):015101.

[46] GLAZOV M M, GANICHEV S D. High frequency electric field induced nonlinear effects in graphene[J]. Physics reports,2014,535(3):101 – 138.

[47] YOON J, RU C Q. Metamaterial – like vibration of doublewalled carbon nanotubes[J]. Physica E:low – dimensional systems and nanostructures,2019,107:196 – 202.

[48] BOOSKE J H, DOBBS R J, JOYEC D, et al. Vacuum electronic high power terahertz sources [J]. IEEE transactions on terahertz science and technology,2011,1(1):54 – 75.

[49] MOON K, PARK H, KIM J, et al. Subsurface nanoimaging by broadband terahertz pulse near – field microscopy[J]. Nano letters,2015,15(1):549 – 552.

[50] NEMATI A, WANG Q, HONG M, et al. Tunable and reconfigurable metasurfaces and metadevices [J]. Opto – electronic advances,2018,1(5):180009.

[51] MA Z, HANHAM S M, ALBELLA P, et al. Terahertz all – dielectric magnetic mirror metasurfaces[J]. ACS photonics,2016,3(6):1010 – 1018.

[52] ZHU W M, LIU A Q, BOUROUINA T, et al. Microelectromechanical maltese – cross metamaterial with tunable terahertz anisotropy[J]. Nature communications,2012,3(1):1274.

[53] CHIANG Y J, YEN T J. A composite – metamaterial – based terahertz – wave polarization rotator with an ultrathin thickness, an excellent conversion ratio, and enhanced transmission [J]. Applied physics letters,2013,102(1):011129.

[54] DHILLON S S, VITIELLO M S, LINFIELD E H, et al. The 2017 terahertz science and technology roadmap[J]. Journal of physics D:applied physics,2017,50(4):043001.

[55] OZYUZER L, KOSHELEV A E, KURTER C, et al. Emission of coherent THz radiation from superconductors[J]. Science,2007,318(5854):1291 – 1293.

[56] KAMPFRATH T, TANAKA K, NELSON K A. Resonant and nonresonant control over matter and light by intense terahertz transients[J]. Nature photonics,2013,7(9):680 – 690.

[57] NAGATSUMA T, DUCOURNAU G, RENAUD C C. Advances in terahertz communications accelerated by photonics[J]. Nature photonics,2016,10(6):371 – 379.

[58] DOBROIU A, YAMASHITA M, OHSHIMA Y N, et al. Terahertz imaging system based on a backward – wave oscillator[J]. Applied optics,2004,43(30):5637.

[59] YANG C S, LIN C J, PAN R P, et al. The complex refractive indices of the liquid crystal mixture E7 in the terahertz frequency range[J]. Journal of the Optical Society of America B, 2010,27(9):1866.

[60] BELKIN M A, CAPASSO F, XIE F, et al. Room temperature terahertz quantum cascade laser source based on intracavity difference-frequency generation[J]. Applied physics letters, 2008, 92(20): 201101.

[61] BELKIN M A, FAN J A, HORMOZ S, et al. Terahertz quantum cascade lasers with copper metal-metal waveguides operating up to 178 K[J]. Optics express, 2008, 16(5): 3242.

[62] BELKIN M A, CAPASSO F, BELYANIN A, et al. Terahertz quantum-cascade-laser source based on intracavity difference-frequency generation[J]. Nature photonics, 2007, 1(5): 288-292.

[63] YAO Y, SHANKAR R, KATS M A, et al. Electrically tunable metasurface perfect absorbers for ultrathin mid-infrared optical modulators[J]. Nano letters, 2014, 14(11): 6526-6532.

[64] COX P, KRIPS M, NERI R, et al. Gas and dust in a submillimeter Galaxy at $z=4.24$ from the Herschel ATLAS[J]. The astrophysical journal, 2011, 740(2): 63.

[65] NEGRELLO M, HOPWOOD R, DE ZOTTI G, et al. The detection of a population of submillimeter-bright, strongly lensed galaxies[J]. Science, 2010, 330(6005): 800-804.

[66] HU T, SMITH M D, DOHNERE R, et al. Mechanism for broadband white-light emission from two-dimensional (110) hybrid perovskites[J]. The journal of physical chemistry letters, 2016, 7(12): 2258-2263.

[67] MANKOWSKY R, SUBEDI A, FÖRST M, et al. Nonlinear lattice dynamics as a basis for enhanced superconductivity in $YBa_2Cu_3O_{6.5}$[J]. Nature, 2014, 516(7529): 71-73.

[68] KUBACKA T, JOHNSON J A, HOFFMANN M C, et al. Large-amplitude spin dynamics driven by a THz pulse in resonance with an electromagnon[J]. Science, 2014, 343(6177): 1333-1336.

[69] ZHANG X, WANG J, ZHANG S C. Topological insulators for high-performance terahertz to infrared applications[J]. Physical review B, 2010, 82(24): 245107.

[70] KIM S M, HATAMI F, HARRIS J S, et al. Biomedical terahertz imaging with a quantum cascade laser[J]. Applied physics letters, 2006, 88(15): 153903.

[71] LIU M, HWANG H Y, TAO H, et al. Terahertz-field-induced insulator-to-metal transition in vanadium dioxide metamaterial[J]. Nature, 2012, 487(7407): 345-348.

[72] BOOSKE J H, DOBBS R J, JOYE C D, et al. Vacuum electronic high power terahertz sources[J]. IEEE transactions on terahertz science and technology, 2011, 1(1): 54-75.

[73] FATHOLOLOUMI S, DUPONT E, CHAN C W I, et al. Terahertz quantum cascade lasers operating up to ~200 K with optimized oscillator strength and improved injection tunneling[J]. Optics express, 2012, 20(4): 3866.

[74] NANNI E A, HUANG W R, HONG K H, et al. Terahertz-driven linear electron acceleration[J]. Nature communications, 2015, 6(1): 8486.

[75] KOPPENS F H L, MUELLER T, AVOURIS P H, et al. Photodetectors based on graphene, other two-dimensional materials and hybrid systems[J]. Nature nanotechnology, 2014, 9(10): 780-793.

[76] DI GASPARE A, POGNA E A A, SALEMI L, et al. Tunable, grating-gated, graphene-on-

polyimide terahertz modulators[J]. Advanced functional materials,2021,31(10):2008039.

[77] NEU J,NIKONOW H,SCHMUTTENMAER C A. Terahertz spectroscopy and density functional theory calculations of DL-norleucine and DL-methionine[J]. The journal of physical chemistry A,2018,122(28):5978-5982.

[78] PINEDA J L,STUTZKI J,BUCHBENDER C,et al. A SOFIA survey of [C_{II}] in the Galaxy M51. II. [C_{II}] and CO kinematics across the spiral arms[J]. The astrophysical journal,2020,900(2):132.

[79] JÄNSCH D,IVANOV I,ZAGRANYARSKI Y,et al. Ultra-narrow low-bandgap graphene nanoribbons from bromoperylenes - synthesis and terahertz - spectroscopy[J]. Chemistry,2017,23(20):4870-4875.

[80] BANDURIN D A,SVINTSOV D,GAYDUCHENKO I,et al. Resonant terahertz detection using graphene plasmons[J]. Nature communications,2018,9(1):5392.

[81] BODROV S,BUKIN V,TSAREV M,et al. Plasma filament investigation by transverse optical interferometry and terahertz scattering[J]. Optics express,2011,19(7):6829.

[82] LAVRUKHIN D V,YACHMENEV A E,GLINSKIY I A,et al. Terahertz photoconductive emitter with dielectric-embedded high-aspect-ratio plasmonic grating for operation with low-power optical pumps[J]. AIP advances,2019,9(1):015112.

[83] TOKURA Y,YASUDA K,TSUKAZAKI A. Magnetic topological insulators[J]. Nature reviews physics,2019,1(2):126-143.

[84] MATSUNAGA R,TSUJI N,FUJITA H,et al. Light-induced collective pseudospin precession resonating with higgs mode in a superconductor[J]. Science,2014,345(6201):1145-1149.

[85] HAN Z,KOHNO K,FUJITA H,et al. Mems reconfigurable metamaterial for terahertz switchable filter and modulator[J]. Optics express,2014,22(18):21326.

[86] HIRORI H,DOI A,BLANCHARD F,et al. Single-cycle terahertz pulses with amplitudes exceeding 1 MV/cm generated by optical rectification in $LiNbO_3$[J]. Applied physics letters,2011,98(9):091106.

[87] BLANCHARD F,DOI A,TANAKA T,et al. Real-time terahertz near-field microscope[J]. Optics express,2011,19(9):8277.

[88] HISHIDA M,TANAKA K. Long-range hydration effect of lipid membrane studied by terahertz time-domain spectroscopy[J]. Physical review letters,2011,106(15):158102.

[89] CHOI M,LEE S H,KIM Y,et al. A terahertz metamaterial with unnaturally high refractive index[J]. Nature,2011,470(7334):369-373.

[90] SEO M,KYOUNG J,PARK H,et al. Active terahertz nanoantennas based on VO_2 phase transition[J]. Nano letters,2010,10(6):2064-2068.

[91] PARK H R,AHN K J,HAN S,et al. Colossal absorption of molecules inside single terahertz nanoantennas[J]. Nano letters,2013,13(4):1782-1786.

[92] CHOI S B,KYOUNG J S,KIM H S,et al. Nanopattern enabled terahertz all-optical switching on vanadium dioxide thin film[J]. Applied physics letters,2011,98(7):071105.

[93] NEMATI A, WANG Q, HONG M, et al. Tunable and reconfigurable metasurfaces and

metadevices[J]. Opto-electronic advances,2018,1(5):18000901-18000925.

[94] CHIAM S Y,SINGH R,ROCKSTUHL C,et al. Analogue of electromagnetically induced transparency in a terahertz metamaterial[J]. Physical review B,2009,80(15):153103.

[95] ZHANG B,GUO Y X,ZIRATH H,et al. Investigation on 3-D-printing technologies for millimeter-wave and terahertz applications[J]. Proceedings of the IEEE,2017,105(4):723-736.

[96] SHIH K,PITCHAPPA P,JIN L,et al. Nanofluidic terahertz metasensor for sensing in aqueous environment[J]. Applied physics letters,2018,113(7):071105.

[97] 郝居博. 太赫兹雷达三维成像关键技术研究[D]. 成都:电子科技大学,2020.

[98] MCINTOSH R E,NARAYANAN R M,MEAD J B,et al. Design and performance of a 215 GHz pulsed radar system[J]. IEEE transactions on microwave theory and techniques,1988,36(6):994-1001.

[99] MCMILLAN R W,TRUSSELL C W,BOHLANDER R A,et al. An experimental 225 GHz pulsed coherent radar[J]. IEEE transactions on microwave theory and techniques,1991,39(3):555-562.

[100] COOPER K B,DENGLER R J,LLOMBART N,et al. Penetrating 3-D imaging at 4- and 25-m range using a submillimeter-wave radar[J]. IEEE transactions on microwave theory and techniques,2008,56(12):2771-2778.

[101] COOPER K B,DENGLER R J,LLOMBART N,et al. THz imaging radar for standoff personnel screening[J]. IEEE transactions on terahertz science and technology,2011,1(1):169-182.

[102] SHEEN D M,HALL T E,SEVERTSEN R H,et al. Active wideband 350 GHz imaging system for concealed-weapon detection[C]// Passive Millimeter-Wave Imaging Technology XII,2009.

[103] DANYLOV A A,GOYETTE T M,WALDMAN J,et al. Terahertz inverse synthetic aperture radar (ISAR) imaging with a quantum cascade laser transmitter[J]. Optics express,2010,18(15):16264.

[104] DING J S,KAHL M,LOFFELD O,et al. THz 3-D image formation using SAR techniques:simulation, processing and experimental results[J]. IEEE transactions on terahertz science and technology,2013,3(5):606-616.

[105] BACCOUCHE B,AGOSTINI P,MOHAMMADZADEH S,et al. Three-dimensional terahertz imaging with sparse multistatic line arrays[J]. IEEE journal of selected topics in quantum electronics,2017,23(4):1-11.

[106] GRAJAL J,BADOLATO A,RUBIO-CIDRE G,et al. 3-D high-resolution imaging radar at 300 GHz with enhanced FoV[J]. IEEE transactions on microwave theory and techniques,2015,63(3):1097-1107.

[107] AKYILDIZ I F,JORNET J M,HAN C. Terahertz band:next frontier for wireless communications[J]. Physical communication,2014,12:16-32.

[108] FCC. FCC takes steps to open spectrum horizons for new services and technologies[EB/OL].

http://docs.fcc.gov/public/attachments/DOC-356588A1.pdf,2019.

[109] 高芳,李梦薇. 芬兰奥卢大学发布白皮书初步提出6G愿景和挑战[J]. 科技中国,2019(12):94-97.

[110] YANG Y, YAMAGAMI Y, YU X, et al. Terahertz topological photonics for on-chip communication[J]. Nature photonics,2020,14(7):446-451.

[111] TAYLOR Z D, GARRITANO J, SUNG S, et al. THz and mm-wave sensing of corneal tissue water content: electromagnetic modeling and analysis[J]. IEEE transactions on terahertz science and technology,2015,5(2):170-183.

[112] TACHIZAKI T, SAKAGUCHI R, TERADA S, et al. Terahertz pulse-altered gene networks in human induced pluripotent stem cells[J]. Optics letters,2020,45(21):6078.

[113] KOVAČEVIĆ A, POTREBIĆ M, TOŠIĆ D. Sensitivity characterization of multi-band THz metamaterial sensor for possible virus detection[J]. Electronics,2022,11(5):699.

[114] CHOI W J, YANO K, CHA M, et al. Chiral phonons in microcrystals and nanofibrils of biomolecules[J]. Nature photonics,2022,16(5):366-373.

[115] 陶磊. 简述太赫兹人体安检技术的发展与应用[J]. 中国安全防范技术与应用,2021(5):11-14.

[116] LIU Z Y, LIU L Y, WU N J. Imaging system based on CMOS terahertz detector[J]. Infrared and laser engineering,2017,46(1):125001.

[117] 史叶欣,李九生. 基于双阈值canny均衡化算法的太赫兹图像增强[J]. 光谱学与光谱分析,2018,38(6):1680-1683.

[118] HE Y, LIU G, ZHOU J, et al. 340 and 250 GHz schottky solid-state heterodyne receiver arrays for passive imaging systems[J]. Microwave and optical technology letters,2022,64(6):1048-1055.

[119] CHENG Y, WANG Y, NIU Y, et al. Concealed object enhancement using multi-polarization information for passive millimeter and terahertz wave security screening[J]. Optics express,2020,28(5):6350.

[120] FENG H, AN D, TU H, et al. A passive video-rate terahertz human body imager with real-time calibration for security applications[J]. Applied physics B,2020,126(8):143.

[121] CHENG L, JI Y, LI C, et al. Improved SSD network for fast concealed object detection and recognition in passive terahertz security images[J]. Scientific reports,2022,12(1):12082.

[122] CHEN H T, TAYLOR A J, YU N. A review of metasurfaces: physics and applications[J]. Reports on progress in physics,2016,79(7):076401.

[123] GAO L H, CHENG Q, YANG J, et al. Broadband diffusion of terahertz waves by multi-bit coding metasurfaces[J]. Light: science & applications,2015,4(9):e324.

[124] YAO G, LING F, YUE J, et al. Dynamically electrically tunable broadband absorber based on graphene analog of electromagnetically induced transparency[J]. IEEE photonics journal,2016,8(1):1-8.

[125] ZANG X, ZHU Y, MAO C, et al. Manipulating terahertz plasmonic vortex based on geometric and dynamic phase[J]. Advanced optical materials,2019,7(3):1801328.

[126] ZHANG M,ZHANG F,OU Y,et al. Broadband terahertz absorber based on dispersion – engineered catenary coupling in dual metasurface[J]. Nanophotonics,2018,8(1):117 – 125.

[127] ZHANG J,MU N,LIU L,et al. Highly sensitive detection of malignant glioma cells using metamaterial – inspired THz biosensor based on electromagnetically induced transparency [J]. Biosensors and bioelectronics,2021,185:113241.

[128] YANG J,ZUO Y X,LOU Z,et al. Conceptual design studies of the 5m terahertz antenna for Dome A, Antarctica [J]. Research in astronomy and astrophysics, 2013, 13 (12): 1493 – 1508.

[129] 刘海文,占昕,任宝平. 射电天文用太赫兹三通带频率选择表面设计[J]. 物理学报, 2015,64(17):111 – 117.

[130] SHI S C,PAINE S,YAO Q ,et al. Terahertz and far – infrared windows opened at Dome A in Antarctica[J]. Nature astronomy,2017,1(1):0001.

[131] ZHOU K M,MIAO W,GENG Y,et al. Noise temperature distribution of superconducting hot electron bolometer mixers[J]. Chinese physics B,2020,29(5):058505.

第 2 章
太赫兹辐射源

作为太赫兹技术发展中的"卡脖子"设备，大功率、高效率的太赫兹辐射源是研究人员需要攻克的首要问题。根据太赫兹波的产生方式及其在电磁波谱中的位置，可通过电子技术和光学技术两种方式产生太赫兹波辐射[1]。

2.1 基于电子学的太赫兹辐射源

随着太赫兹技术的快速发展，基于真空电子学的太赫兹辐射源研究取得了很多成果，包括真空电子器件、电子回旋脉塞、自由电子激光器、切连科夫辐射、储存环加速器等。

2.1.1 太赫兹返波管

1. 返波管概述

返波管是一种真空电子管，主要由电子枪、磁聚焦系统、慢波结构、终端吸收器、收集极、能量输出器组成[2]，如图 2-1 所示。

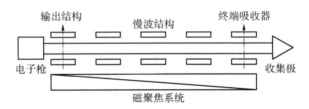

图 2-1 返波管的组成示意图

1）电子枪

电子枪用来成形有效作用的电子束。为了降低全频带的功率落差，电压变动大时要保证工作电流的变动尽可能小。

2）磁聚焦系统

磁聚焦系统用来保证电子束尽可能少地被慢波结构附近的返波场截获甚至不被截获，使得电子束保持固定的形状，降低电子束脉动。磁聚焦系统一般选用均匀永磁场。

3）慢波结构

慢波结构由周期型结构构成（如螺旋线和交叉指等），用于在宽频带范围内传输返波。

4）终端吸收器

为了使慢波电磁波在慢波结构的终端匹配吸收，以克服波的反射对管道工作的不利影响，系统中的终端吸收器是必不可少的。

5）收集极

收集极有良好的散热性能，以确保收集换能之后的电子。

6）能量输出器

能量输出器是整个返波管最重要的部分，其作用是将管内的振荡信号无损耗地传输到外部负载。电磁波在慢波结构上的能量流动方向与电子束的运动方向相反，能量输出器位于慢波结构靠近电子枪的一端。能量输出器分为同轴输出和波导输出两种。同轴输出的结构小巧紧凑，且带宽宽；波导输出用于工作频率更高的返波管。

2. 返波管的基本工作原理

返波管（图2-2）的一端是电子枪，电子束由电子枪发射向另一端高速运动，周期分布的电子组成电子减速系统，形成电势场。电子通过该系统将自身的动能转换为电磁能量，由靠近电子枪的波导耦合出去，从而得到电子包。

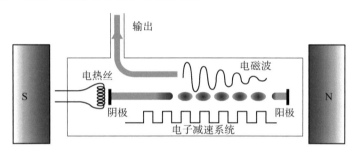

图2-2 返波管结构示意图

返波管根据功率大小可分为O型和M型两大类。返波管发射电磁波的频率由电子速度和减速系统的周期共同决定，可以通过改变返波管的加速电压实现输出频率的调谐。在返波管中，电磁波的相速度与电子束的运动方向相同，而群速度与电子束的运动方向相反。

从阴极发射的电子束存在大量噪声。其中，满足下列相位条件的返波可与电子束形成正反馈，即

$$(\beta_0 - \beta_e)l = 2\pi CNb(2n+1), \quad n = 0,1,2,\cdots \tag{2-1}$$

式中，β_0——真空相位常数；

β_e——电子相位常数；

l——返波管的长度；

N——电子波长数；

C——增益参量；

b——非同步参量。

在高频场的作用下，电子束发生了速度调制和密度调制，电子在高频场的减速场区群聚，使得高频场的幅值增长。高频场能量传输的方向与电子运动的方向相反，从而高频场不断调制电子束，电子束的群聚效果加强，在满足一定条件下群聚的电子束再一次进行能量转换，从而使高频场幅值增大。

自激振荡的产生还要满足幅值条件：需要保证电子束交给高频场的能量大于等于振荡系统所消耗的能量，这时才会产生自激振荡。这个电流称为起振电流I_{st}，只要工作电流I_0大于起振电流I_{st}，就能建立振荡。

场增大主要由两方面的作用来达成。一方面，当电磁波相速度与电子束速度同向且相等时，束波互作用产生能量交换，使群聚作用逐渐增大，能量转换随之增强，使场增大；另一方面，返波与电子束发生作用，两者方向相反，形成反馈回路，电子束从电子枪端前进到收集极端，增强了慢波线上的场，慢波线上的波不断调制电子束，同时电子束的交变分量不断增加。

在相速与群速反向的负空间谐波作用下，即返波过程中，必然存在反馈现象。电子束一方面提供能源，另一方面在反馈回路中起作用；慢波线同时也在反馈回路中起作用。这是返波管内部的固有特性，不可避免。

由于色散，当电子束的速度发生变化时，满足相位条件的振荡频率也会发生明显变化，因此返波管是一个电压调谐振荡器。返波管的慢波结构一般具有 $dv_p/d\omega>0$ 的色散特性，从中可以看出随着电子束加速电压增加，振荡频率也增高。

返波管的互作用使得高频电路上的电场 E 和电子束的群聚电流 i 都是关于距离的函数，但由于电子束与返波的相互作用，群聚电流与高频场能量增加方向相反，因此，返波管的高频场沿慢波结构的轴向变化类似余弦函数。

3. 返波管的基本参数

为了进行返波管的理论研究与工程设计，定义返波管基本参数并了解其含义是特别重要的。

1）电子调谐带宽

电子调谐带宽是指在最小的额定输出功率条件下，返波管可连续调谐的频率范围。分别用 $f_{\max}$ 和 $f_{\min}$ 表示返波管的最高和最低工作频率，则返波管频率覆盖度的计算公式为

$$D = \frac{f_{\max}}{f_{\min}} \tag{2-2}$$

相对于中心频率的百分比公式表示为

$$D_0 = \frac{2 \cdot (f_{\max} - f_{\min})}{f_{\max} + f_{\min}} \times 100\% \tag{2-3}$$

其中，D 表示调谐范围较大的情况，D_0 表示调谐范围较小的情况。返波管的频带在实际应用中受能量输出器带宽及电压范围的限制。

返波管的最高和最低工作电压分别用 $U_{0\max}$ 和 $U_{0\min}$ 表示。一般将最大工作电压大于 1 000 V 的返波管称为高压返波管，反之为低压返波管。

2）电子调谐斜率

电子调谐斜率表示工作频带范围内频率 f(MHz) 与慢波线电压 U_0(V) 的关系曲线的斜率，表示为

$$S = \frac{df}{dU_0} \tag{2-4}$$

慢波结构的色散特性决定了电子调谐斜率。受多种客观原因影响，返波管的电子调谐曲线一般存在起伏，并不平滑。因此，用电子调谐曲线的"波动"参数 D_s 来表现其稳定性：

$$D_s = S_{\max}/S_{\min} \tag{2-5}$$

式中，$S_{\max}$，$S_{\min}$——最大和最小电子调谐斜率。

较大的 D_s 值代表较差的性能。调谐曲线存在"断裂"和"跳变"的情况,分别称作"死区"和"死点"。

3) 输出功率

通常用以下 4 个参数描述返波管的输出功率。

(1) 最大输出功率 P_{max}(一般在工作频段的中高频范围)。

(2) 最小输出功率 P_{min}(一般在工作频段的低频范围)。

(3) 最大功率落差。计算公式如下:

$$D_{P_{max}} = 10\lg(P_{max}/P_{min})(\text{dB}) \tag{2-6}$$

(4) 在规定范围内的最大功率落差。计算公式如下:

$$D'_{P_{max}} = 10\lg(P'_{max}/P'_{min})(\text{dB}) \tag{2-7}$$

4) 频谱特性

受多方面原因影响,频谱分析仪上显示的返波管振荡频率并非单一的一根谱线,而是同时存在寄生谱线和噪声谱线。为了表征以上诸多特性,用以下 4 个参数表示返波管频率特性。

(1) 主振荡谱线宽度 Δf_0。主振荡谱线宽度是指主振荡信号频带的宽度,一般是指主振荡谱线两侧 50% 高度处的频率带宽,即 3 dB 带宽。

(2) 寄生振荡电平 D_f。在工作频段内,除主振荡信号和谐波外的所有振荡均为寄生振荡。主信号谱线幅度与最大寄生振荡谱线幅度的比值为寄生振荡电平。返波管的寄生振荡越弱,返波管在这方面的性能表现就越好,D_f 可达 100 dB 以上。

(3) 信噪比 D_g。在主谱线外,除了寄生振荡之外,还会有一个很宽频带的噪声频谱,称为白噪声。返波管的信噪比是指主信号幅度与最大噪声电平的比值。

(4) 二次谐波电平 D_h。在返波管工作频带以外,存在着二次谐波,表现为二倍于主振荡信号频率的谐波。主振荡信号的幅值与二次谐波信号的幅值之比称为二次谐波电平。

5) 频率稳定性

稳定的返波管振荡频率对于高性能振荡源的实现极其重要。实际振荡频率相较于标称频率 f_0 的最大偏差值 Δf 与标称频率的比值定义为频率稳定度。频率稳定度可分为瞬时频率稳定度和长期频率稳定度。瞬时频率稳定度定义为在一定的短时间间隔内,或在脉冲状态下工作时,两次脉冲之间返波管主谐振的中心频率变化的相对值。长期频率稳定度是指返波管长期工作过程中频率变化的相对值。

6) 起振电流

某一频率的起振电流是指使返波管在该频率开始振荡所需的最小电流。

7) 寿命

返波管的寿命是指它的有效工作时间,即从开始使用到注入电流下降、出现振停点和其他原因导致光谱恶化的时间。

2.1.2 太赫兹行波管

2.1.2.1 行波管概述

行波管是具有放大功能的微波电子管,其放大功能是靠连续调制电子束的速度来实现的,在此过程中,电子束与微波场相互作用,在慢波电路中连续传递动能,从而实现信号的放大。行波管的工作带宽很大,这是由于行波管中的长慢波结构作用时间长、增益高,且没有谐振腔。

行波管具有频带宽,无须强磁场,器件的体积小、质量轻,成本相对较低等优点。这些优点在雷达、精密制导、电子对抗、空间通信与探测、医学影像、宇宙射线研究等领域具有广阔的应用前景,因此受到国内外的广泛关注。

目前的研究还主要集中在太赫兹频段的低端,这是由于太赫兹行波管发展起源于微波波段,因此 W 波段便是研究的重点。国内外学者为了克服尺寸共渡效应引起的尺寸过小、加工困难、脉冲缩短、功率密度等问题,主要从以下几方面入手。

(1) 微加工技术。在太赫兹频段,要从低到高逐步拓展行波管工作频率,既要保证结构尺寸和表面粗糙度的精度,又要与现有的细加工技术同步发展。国内外团队正在大力发展研究 MEMS 技术、深 X 射线光刻(DXRL)技术、深电铸 LIGA 技术、SU8 远紫外曝光技术、深反应离子刻蚀(DRIE)技术、微电火花加工(Micro – EDM)技术等。

(2) 为了解决尺寸共渡效应带来的输出功率的影响,国内外研究团队采用横向电子连续分布的带状电子束或不连续分布的多电子束的方法。

(3) 更先进新型的理论与方法也被用于实现从毫米波行波管到太赫兹行波管的过渡。例如,慢波结构采用全电介质光子晶体,改善色散特性,以便于加工;利用高阶模理论达到增加器件尺寸和功率容量的目的。

综上可知,不同慢波结构决定了行波管的差别。下面将对不同类型的行波管进行介绍。

2.1.2.2 太赫兹折叠波导行波管

太赫兹折叠波导行波管[3]结构简单,且与现代微机械加工技术相兼容。随着微加工技术的进步,这种行波管的工作频率逐渐从低频段扩展到高频段。

太赫兹折叠波导行波管的整管结构如图 2 – 3 所示,其在运行机理上并没有发生改变,慢波电路通过先进的微加工技术将两个平面全金属结构黏合在一起,形成沿轴向按一定周期排列的弯曲波导,如图 2 – 4 所示。折叠波导行波管的优点有很多,如功率容量大、宽带性能好、外电路耦合结构简单、体积小、质量轻、机械强度高、高频损耗小、散热效果好。折叠波导行波管是目前最有前途的小型化、低成本、频带宽和高功率的太赫兹辐射源。

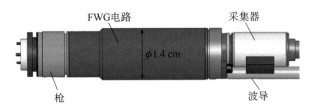

图 2 – 3 太赫兹折叠波导行波管的整管结构示意图

近年来,美国的 NGC 公司对用于折叠波导的行波管投入了大量的研究。2007 年实现了工作频率为 0.600 ~ 0.675 THz 的折叠波导行波管。当占空比为 1% 时,输出功率达 16 mW,达到了当时所能达到的最高功率。2010 年,NGC 公司提出了一种基于功率合成的 5 束折叠波导行波管[4](其结构如图 2 – 5 所示),可在 0.22 THz 频率附近输出 50 W 连续波,增益

图 2-4　太赫兹折叠波导行波管的慢波结构示意图

大于 30 dB。行波管创新的多束排列方式降低了单注的电流密度和热负荷，保持了整体所需的大电流，从而提高了输出功率。

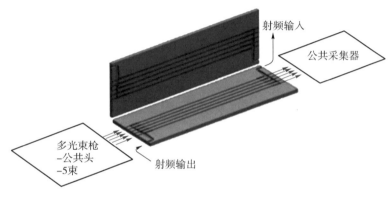

图 2-5　5 束折叠波导行波管

2010 年，美国海军研究实验室（NRL）实现了全新概念的三重注入 0.22 THz 紧凑型高增益折叠波导行波管[5]，其结构如图 2-6 所示。这种结构是为了在保证带宽的基础上减少所需的长度，实现易加工，使电子束顺利地长距离通过小截面的注入通道。Magic 粒子模拟表明，采用这种新结构，可以在 0.22 THz 下使用 3 束直径约 100 μm 的 100 mA、20 kV 电子束，慢波电路仅需 1.5 cm 长度即可实现 73 W 的峰值输出、42 dB 饱和增益、50 GHz 的半功率带宽。然而，单通道电子束实现相同的性能指标需约 5 cm 长。

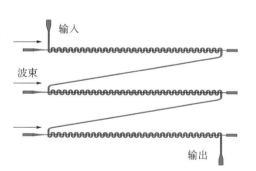

图 2-6　NRL 的 3 束折叠波导行波管

美国的 CCR 公司通过对器件加工工艺的研发，期望实现工作频率为 0.18 THz 和 0.4 THz 的折叠波导行波管[6]。此外，美国 NASA 提出了在其慢波电路中开孔或开槽的方法，以提高 0.4 THz 折叠波导行波管的耦合阻抗[7]。印度、韩国等国家的研究团队也在研究折叠波导行波管。

国内的相关研究也在蓬勃发展，中国电子科技集团公司第十二研究所、山东大学、北京大学、电子科技大学、应用物理与计算数学研究所等科研团队不断开展折叠的理论创新和实验验证波导行波管。其中，大功率微波电真空器件技术国防科技重点实验室花费了大量的时间和精力，取得了不小的突破。通过先进的精密电火花切割工艺，该团队研发制作了国内首个 W 波段折叠波导连续波行波管样品[8]。2010 年，该行波管在 0.092～0.096 THz 能够实现 10 W 的连续波输出[9]；与此同时，他们还初步模拟设计了 0.14 THz 和 0.56 THz 折叠波导行波管两种慢波电路尺寸，通过理论模拟预测 7.5 GHz 的 3 dB 带宽，最大输出功率为 34.5 W，25 dB 饱和增益[10-11]；针对频率升高，趋肤效应所导致的金属的损耗增加，他们还专门对在 0.22 THz 频段下的行波管的衰减特性进行了模拟分析[12]；此外，他们采用介质加载、槽加载、脊加载等不同的结构变形方式，提高折叠波导行波管的输出功率和带宽，以满足不同领域的应用需求，为进一步提高折叠波导行波管的性能奠定了基础。应用物理与计算数学研究所研究团队对太赫兹折叠波导行波管宽带工作产生的回波振荡进行了计算研究[13]。

2009 年，厦门大学和挪威大学的研究团队联合发表了折叠波导行波管在 0.22 THz 和 0.4 THz 两个频段工作的研究成果[14-15]。他们对行波管进行了细致的参数优化与粒子模拟分析，也讨论了加工精度如何影响器件运行性能，其采用两种逐渐改变相位速度的方法，最终获得了在 0.22 THz、20 GHz 带宽下输出 73.4 W 的良好效果[16]。在 0.4 THz 频段，由于石英圆柱注入通道长、难加工、体积小、注入困难等缺点，他们尝试采用方形注入通道，并对两者进行了对比研究[17]。结果表明，虽然方形注入通道易于加工，但是输出性能并不理想，因此在该频段下应该着重加强对圆柱形通道的研究。

中国科学院电子研究所空间行波管研究中心于 2018 年提出了一种 W 波段行波管[18]，如图 2-7 所示，它采用了优化的多节距折叠波导慢波结构和耦合器几何结构。测试结果表明：90～100 GHz 范围内的电压驻波比（VSWR）小于 1.367；92.5 GHz 下的电子效率提高到 6.1%；90～96 GHz 范围内，功率输出稳定，高于 3.5%。

图 2-7　W 波段行波管物理结构

2.1.2.3　太赫兹平板型行波管

太赫兹平板型行波管具有以下优点：

（1）平板结构的慢波结构能简化生产、降低成本。这得益于先进的数控平面或现代微加工技术的进步。

（2）利用带状束扩展了传统柱面电子束的功率限制问题。这是因为带状光束在一个方向上的小尺度必须与其高频波长匹配，但在其他方向上便可以选用较大的尺寸，以实现更宽泛的输出功率要求。通过在另一方向的尺寸调整，可提高束波互作用效率和功率容量。这是因为，不同的尺寸就可以打破空间电荷力对强流束的限制，在相同功率下，电场的强度可以做到尽可能小，从而避免强度过高击穿器件的危险。

（3）带状注相对较小的空间电荷力是为了达到高功率强流电子束的电流密度降低，与此同时，这样的优点使聚焦磁场、工作电压的要求降低了，对于减小器件的体积和质量有很大帮助，从而降低成本和提高工程实用性。

2.1.2.4 太赫兹矩形栅行波管

太赫兹矩形栅行波管的慢波结构为全金属结构（图2-8），通过在金属板上刻槽得到，既可以是单面也可以是双面。其性能优点是单位长度增益高、导热性好、功率大、制备相对容易，缺点是带宽较窄。

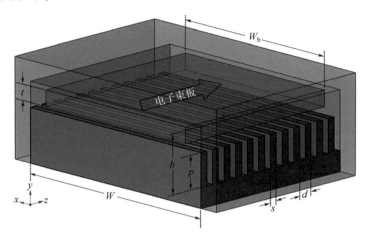

图2-8 太赫兹矩形栅行波管的慢波结构示意图

美国洛斯阿拉莫斯国家实验室开展了95~300 GHz条带电子束的实验研究和矩形栅格慢波电路的设计[19]。该慢波电路基于120 kV、20 A的W波段带状电子束，通过仿真实现了500 kW的峰值输出功率，整管效率超过50%。2010年，NRL团队对0.22 THz频段的矩形单栅条状注入行波管进行了深入研究，模拟得到50 W连续波功率输出，33 dB/cm的最大非饱和增益，0.5 GHz的-3 dB带宽。2009年，意大利的研究人员对工作频率为0.99 THz矩形单栅带状注行波管进行了解析模型与灵敏度分析。近年来，山东大学、电子科技大学等研究团队对矩形栅行波管的研究主要集中在束波互作用、电子光学系统及慢波电路等基础理论，电子科技大学已经深入全面地进行了多次矩形栅行波管的理论分析。

太赫兹交错双栅行波管的结构[20]如图2-9所示。显然，它与矩形双栅慢波电路的区别主要在于将上下两边的栅格排列改为栅槽排列。采用这种特殊结构，可以实现宽带、低功耗和大功率的优点。美国加利福尼亚大学戴维斯分校研制出工作于0.22 THz频段的交错双栅条形注行波管，目的是实现高电流密度阴极、长寿命、高效慢波结构和大纵横比带状电子束。2020年，伊朗萨汉德科技大学的研究团队提出了一种具有高交互阻抗特性的V形结构交错双栅行波管[21]。该行波管可以在181~220 GHz频率范围内实现30.98 dB的小信号增益。2021年，深圳大学的研究团队基于BeO-TiO$_2$复合陶瓷介电衰减器，提出了一款工作于230~300 GHz频段具有低色散特性的双栅行波管，并对双栅行波管的色散和介质衰减特性进行了实验研究[22]。研究表明，色散关系和传输损耗的变化会对束波互作用的稳定性产生影响。

微带行波管慢波电路的不同类型结构包括平面螺旋慢波结构、梯形线慢波结构、矩形螺旋慢波结构、锯齿线慢波结构等。其平面结构是在介质基板上采用薄膜沉积工艺或微电子加工工艺制作而成，因此成本低，具有很大的应用前景。然而，需要同时开发此类慢波电路的加工技术，如大深宽比的微加工技术。2008年，美国CCR公司与威斯康星大学研究团队仿真分析了工作频率为0.65 THz的太赫兹频行波管[23]，采用微带型梯形电路（图2-10），在梯形介质脊上印制金属，利用 DRIE 加工制备慢波电路，其具有高效、紧凑等优点，有望应用于便携式设备。该行波管在电子注入电压为 18 kV、占空比为 2% ~ 10%、电流为 8 mA 的条件下，峰值输出功率可达 360 mW。

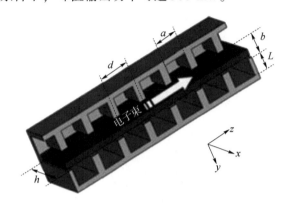 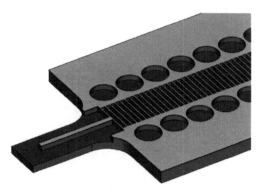

图 2 – 9 太赫兹交错双栅 　　　　图 2 – 10 太赫兹微带型梯形线行波管的
　　行波管的慢波结构示意图　　　　　　　　　　慢波结构示意图

2009 年，CCR 公司和威斯康星大学的研究团队对 W 波段微带型曲折线行波管的设计、加工和冷测进行了更深入的研究[24]，其慢波结构如图 2 – 11 所示。该电路采用先进的微加工技术，在介质脊上印刷金属条，提高了耦合阻抗和输出功率。在注入电压为 9 kV 和电流为 28 mA 的条件下，其在 W 波段连续波增益可达 15 ~ 20 dB。

图 2 – 11 太赫兹微带型曲折线行波管的慢波结构示意图

国内的研究团队也不断深入对该类器件的基础研究，尤其是慢波结构及其变形结构，为行波管之后的发展打下了坚实基础。

2.1.2.5　太赫兹螺旋线行波管

具有倍频程的带宽优势和适中功率的螺旋线行波管在太赫兹频段的潜力很大，但是它受电子束流通率和传统加工手段等诸多因素的限制。2009 年，CCR 研究人员在传统螺旋线行波管的基础上进行改进，提出了一种新型螺旋线行波管[25]，有望将其应用于太赫兹频段，如图 2 – 12 所示。与传统螺旋线行波管相比，其优势在于电子束通道位于螺旋线外的半圆弧形区域，可以降低螺旋线尺寸减小、频率提高、电子束通道过小的影响。螺旋线由金线构成，并由金刚石片支撑。粒子模拟表明，在频率为 0.095 THz、输入电压为 6 kV 和电流为 32 mA 的条件下，可以实现 24 W 输出，总饱和效率达 49%。

图 2-12　太赫兹螺旋线行波管的慢波结构示意图

此外，韦洛尔科技大学的学者们对 160 GHz 行波管放大器的折叠波导慢波结构进行了初步分析[26]，如图 2-13 所示。在毫米波频率的 D 波段工作的行波管放大器有望应用于 5G 及以上网络的点到点回程通信和空间卫星间通信。他们提出的 FWG SWS 单胞的色散分析有效地描述了关键设计参数，即工作频率范围、带宽和相位速度对维数变量的依赖性，并且成功地获得了 155～175 GHz 的 20 GHz 工作带宽，射频相位速度为光速的 24.4%。

图 2-13　160 GHz 行波管放大器的折叠波导慢波结构

这类放大器带宽宽、输出功率大、效率高、质量轻、可靠性高，在太赫兹频段具有一定的实际应用潜力。

2.1.2.6　太赫兹光子晶体行波管

光子晶体行波管的慢波电路并没有采用纵向周期性结构，而是改为全介质、纵向均匀的光子晶体。这样带来的优点有：突破了带宽上的限制，其带宽甚至可在100%以上；光子晶体具有单模激励的滤波特性；在太赫兹高频段，相比于金属结构，介质结构击穿阈值更大，传输损耗更小。除此之外，在太赫兹高频段介质结构的制造相对便捷、便宜、成熟，且容易商业化。

美国洛斯阿拉莫斯国家实验室最早在 2005 年提出此概念[27]。该研究团队对三种工作在 0.1 THz 频段下的慢波电路的场分布进行了模拟分析，探讨了制造方法。第一种结构由周期排列的大圆柱形真空和一个小圆柱形真空构成，小圆柱形真空被用于通过电子束，其剖视图如图 2-14（a）所示，计划使用光纤制造技术实现。第二种结构是周期排列的介质杆，电子束通道采用较厚的中空介质波导，如图 2-14（b）所示，计划使用高压激光化学气相沉积技术实现。为确保可靠性，该研究团队还制造了一个在 10 GHz 频段下的冷测模型，它以氧化铝为棒材制成。第三种结构使用带状电子束，如图 2-14（c）所示，它表面有平面线性缺陷的特点。

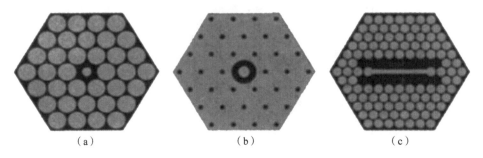

图 2-14 太赫兹光子晶体行波管的慢波结构示意图

（a）周期排列的圆柱形真空结构；（b）周期排列的介质杆结构；（c）平面线性缺陷型结构

2008 年，美国洛斯阿拉莫斯国家实验室创新地在慢波结构中使用一维光子晶体 Omniguide[28]，进一步深加工、设计和缩比冷试，试验结果与设计基本一致。该结构采用 SiO_2 材料制成圆形波导，在径向方向形成一维周期，结构如图 2-15 所示。仿真模拟显示，

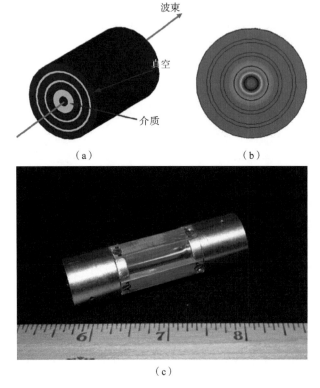

图 2-15 太赫兹 Omniguide 行波管的慢波结构示意图和组装后整管照片

（a）结构示意图；（b）类 TM01 模纵向电场分布示意图；（c）实物照片

该结构在 W 波段的峰值功率能达 1 kW。2010 年，他们还研究了对束波互作用。虽然理论上在 2 A、110 kV 电子束的条件下，其净增益可达 4 dB/cm，但实际热测结果达不到要求，其原因是过早截获了电子束，最终增益只达 2 dB。受介质材料 SiO_2 的限制，W 波段乃至更高频率的器件会受到电荷积累和散热等问题影响，亟待解决。

由于太赫兹行波管研制时间不长，关键技术尚未达到高要求，一些新机制有待进一步研究。要实现向更高频率的过渡，从理论到实践，再到量产，还有很多工作要做。总的来说，发展功率大、成本低、质量轻、体积小的实用宽带太赫兹行波管是未来的发展趋势。未来的研究方向有：慢波结构的改进；对新型太赫兹器件机理进行理论深入研究，开发相关设计仿真软件；新型阴极材料、电子枪、输入/输出耦合、集电极、聚束系统的理论分析和实验验证等；与现代微加工技术的结合与发展。

2.1.3 太赫兹隧道二极管

隧道二极管又称江崎二极管，是一种晶体二极管，其中隧道效应电流是主要的电流分量。它由砷化镓（GaAs）和锑化镓（GaSb）等材料制成，具有速度快、开关特性好、工作频率高等优点，但热稳定性差。隧道二极管在一些开关电路或高频振荡电路中得到广泛应用。

1958 年，日本江崎玲於奈在研究重掺杂锗 PN 结时发现了隧道效应，固体中电子隧穿的物理原理被揭示并被人们广泛认知，他因该发现获得了诺贝尔奖物理学奖。隧道二极管是一种半导体两端器件，它基于重掺杂 PN 结隧道效应制成。隧道二极管一般使用快速合金工艺制备高掺杂的 PN 结，在重掺杂 N 型（或 P 型）的半导体片上制作而成，其掺杂浓度和厚度是有限的。一方面，PN 结能带图中的费米能级必须进入 N 型区的导带和 P 型区的价带；另一方面，它必须足够薄（约 150 Å），使电子能够直接从 N 型层进入 P 型层。

隧道二极管正常工作的三个条件：①费米能级位于导带和满带内；②很窄的空间电荷层宽度；③简并半导体 P 型区和 N 型区的空穴和电子能够在同一能级交叠。

隧道二极管是两端口有源器件，它最重要的参数是峰谷电流比。隧道效应是指粒子通过势能大于总能量的有限区域的现象，是一种不符合经典力学的量子力学现象。隧道二极管的应用场景很多，可应用于低噪声高频放大器、高频振荡器、高速开关电路等结构。

麻省理工学院的学者对隧道二极管体接触绝缘体上硅（TDBCSOI）漏极附近的齐纳隧穿行为[29]进行了研究，在 TDBCSOI 的 N+漏极区下方嵌入了重掺杂 P+区，提出了一种新的对称结构——齐纳二极管部分耗尽型绝缘体上硅（PDSOI），如图 2-16 所示。仿真结果表明，适当的掺杂浓度和厚度会使得由于 BTBT 隧穿电流产生的关断电流减小，利用这种效应可以实现绝缘体上硅的小型化。

日本学者于 2015 年报道了用于 220～330 GHz 频带零偏置检测的 GaAsSb/InAlAs/GaInAs 隧道二极管[30]。二极管在零偏压下的非线性电阻产生输入信号的平方律整流。台面尺寸为 0.8 μm×0.8 μm 的二极管实现了 1 000 V/W 以上的灵敏度，该灵敏度受串联电阻 R_S = 130 Ω，结电容 C_J = 3.8 fF，截止频率为 $f_C = (2\pi R_S C_J)^{-1}$ = 322 GHz。与零偏置肖特基势垒二极管相比，该器件表现出增强的温度稳定性。在 17～300 K 的温度范围内，灵敏度的预期变化为 $S_V(17\ K)/S_V(300\ K) < 1.7$ dB。

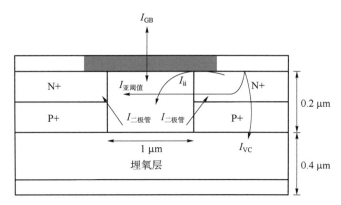

图 2-16　齐纳二极管部分耗尽型绝缘体上硅

2.1.4　太赫兹肖特基二极管

太赫兹混频器在雷达系统与太赫兹通信中发挥着重要作用。在太赫兹频段，因为混频器的本振频率高，所以太赫兹本振源的制备很困难，本振信号的二次或四次谐波混频的技术常被用于制备太赫兹本振源。谐波混频器在降低本振工作频率的同时提高系统工作频率，但是变频损耗会增加。分岔谐波混频技术一般基于肖特基二极管，受肖特基二极管特性影响，分岔谐波混频只有 2 次和 4 次谐波混频的限制，并且在频率较高的分岔谐波混频下有特别大的变频损耗。

在太赫兹混频器中，肖特基二极管因其非线性特性而有着很好的应用前景，二极管的截止频率能够达到 10 倍以上的混频器工作频率。受串联电阻、寄生电容和载流子速度饱和效应等因素影响，在更高的工作频率下，二极管混频性能的提高变得困难，需要降低或消除高频效应带来的影响。

目前对肖特基二极管的研究主要有两方面[31]。其一，改进二极管的拓扑结构，以减小寄生电容、消除高频效应、提高截止频率。Ghobadi 等[32]采用有限元法和集总等效电路参数提取法对模型进行仿真和参数分析，通过在衬底上形成深沟槽和使用闭环结构来减少寄生电容、扩展电阻数量，如图 2-17 所示，二极管的截止频率从 4.1 THz 提高到 14.1 THz。其二，对肖特基二极管新材料技术的研究。例如，将太赫兹混频器中肖特基二极管常用的砷化镓材料替换为砷化铟，以达到更大的功率处理能力和更低的本振功率驱动。此外，将二极管与适合该应用的衬底材料集成，也是当前的研究热点。随着混频器工作频率的提高，二极管的封装受到挑战。未来有必要研究低寄生拓扑制造工艺，使其可用于紧凑、稳定、高效率的太赫兹混频器件。

2.1.5　太赫兹耿氏二极管

1. 耿氏效应

耿氏效应（Gunn effect）是由 J. B. Gunn 于 1963 年发现的效应。当耿氏二极管的两端电压到达阈值时，会降低电流[33]。电子具有不同的漂移速度，电子在 GaAs 或 InP 这样不同的 Ⅲ-Ⅳ 族的半导体样品中心能谷与卫星能谷中的漂移速度是不同的，卫星能谷的电子有效质量比较大，速度比较低。当电压被加载到一定值时（此时电压通常称作阈值电压），电子从中心能谷跃迁到卫星能谷，进行导电。这是因为，电子速度不同，从而使电

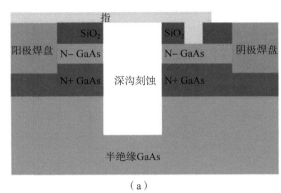 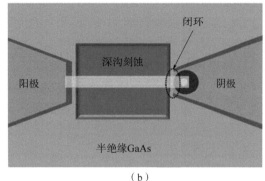

图 2-17　表面沟道平面肖特基二极管
(a) 横截面示意图；(b) 俯视图

子在一个方向积累，而电子在另一方向耗尽，最终生成耿氏畴。在从样品的阴极到阳极的过程中，耿氏畴会长大，而在阳极会被吸收。新的耿氏畴便会在这时生成，继续向阳极方向移动。这样循环往复，不断生成耿氏畴，形成振荡。其中的电子有效质量为

$$m^* = \frac{h^2 k^2}{2E} \quad (2-8)$$

式中，h——普朗克常量；

k——波矢；

E——电子能量。

2. 耿氏二极管

耿氏二极管振荡器的工作原理是基于负电阻振荡效应。在 0.1 THz 以下的频段，耿氏二极管仍然可以产生电磁振荡，当耿氏二极管产生的电磁辐射输入肖特基结等非线性电子元器件时，会发生倍频效应，可以获得更高频率的电磁辐射。在毫米波和亚毫米波的频率源中，耿氏二极管已经有很好的应用，如在机场的安检、物质的成像与检测、环境的监控。国内外已经有大量的研究组织进行着在太赫兹频段的耿氏二极管的研究。

耿氏二极管的结构一般分为三层，低掺杂透射区为中间层，两侧为高掺杂区，从而构成 N+/N-/N+ 结构，如图 2-18 所示。

2000 年，美国密歇根大学 Heribert Eisele 教授和 George I Haddad 教授通过分子束外延和金属化学气相沉积生长方式得到这样的结构[34]。耿氏二极管的频率和功率受耿氏二极管结构的影响，耿氏畴从阴极到阳极的传输时间决定了它的传输频率。阴极注入的电子大部分位于 Γ 能谷中，在获得足够的能量后电子便会跃迁到 L 能谷，在这一过程中，畴的形成产生了延迟，因为电子需要在低能谷向高能谷跃迁。产生从阳极到阴极经过的距离称作耿氏管死区。死区会导致输出功率降低，这是因为随着畴渡越的长度缩短，畴渡越的时间随之缩短。死区极大地影响了高频耿氏管的输出。如何减少死区长度和确保渡越区长度合适，是耿氏器件的频率和功率提高的关键。

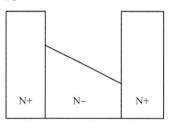

图 2-18　耿式二极管的结构

目前，GaN 基耿氏二极管的性能已得到广泛研究，在这些研究中，研究者常采用发散电子漂移速度特性模型来评估 GaN 基耿氏二极管的性能。然而，需要进一步研究该模型在太

赫兹频段的适用性。马来西亚多媒体大学工程学院与德国达姆施塔特科技大学的学者们采用自洽分析带蒙特卡罗（MC）模型[35]，能够再现由第一原理全带 MC 模型理论预测的 GaN 电子漂移速度特性，系统地评估了 GaN 基耿氏二极管在渡越时间模式下的性能。直流偏置下持续电流振荡的最佳基频是其渡越区长度的函数。MC 模型预测，GaN 基耿氏二极管的渡越长度为 500 nm，能够在高达 625 GHz 的频率下工作，估计输出功率为 3.0 W。MC 模型考虑了缺陷的影响，以复制从实验工作中获得的低得多的电子漂移速度特性，并预测在传输长度为 700 nm 的 GaN 基耿氏二极管中，在最高可持续工作频率 326 GHz 下产生 2.5 W 的太赫兹信号。

2.1.6 太赫兹三极管

三极管即半导体三极管，又称双极型晶体管、晶体三极管等，是一种用来控制电流的半导体器件，一般用于将微弱信号放大成幅值较大的电信号，也可用于无触点开关。晶体管是电子电路的核心元件。三极管的结构是两个距离很近的 PN 结位于一块半导体衬底上，通过 PN 结将整个半导体分成三部分。基区是中间部分，发射区和集电区分别位于两侧，有 PNP 和 NPN 两种排列方式。

三极管主要包括电子三极管、双极型晶体管（BJT）、J 型场效应管（JFET）、V 型槽沟道场效应管（VMOS）、金属氧化物半导体场效应晶体管（MOSFET）等。后三者也可以统称为单极晶体管（unipolar junction transistor），这是因为金属氧化物半导体场效应晶体管、V 型槽沟道场效应管是单极结构的，与双极结构对应。其中，VMOS 和 MOSFET 是绝缘型场效应管，JFET 是非绝缘型场效应管。

国内外学者对太赫兹三极管展开了众多研究。例如，中国传感器技术国家重点实验室于 2013 年发表了文章[36]，在总结和推广 PP-VME 二极管和三极管先前的电子渡越时间函数关系的基础上，使用等效 PP-VME 二极管的方法，从数学上计算了这些器件在太赫兹区的电子渡越时间的典型值，还近似计算了 PP-VME 三极管在太赫兹区的电子渡越时间的典型值，从计算结果来看，PP-VME 二极管和三极管在太赫兹区具有应用前景。

2018 年，罗马尼亚布加勒斯特理工大学电子系的学者提出了一种新型真空无绝缘纳米三极管[37]（图 2-19），该结构的新颖之处在于将栅极作为三极管的真空区的一部分。相较于传统的真空纳米晶体管，该晶体管的一些性能参数得到改进。例如，亚阈值摆动从 0.654 V/dec 降低到 0.090 V/dec。低摆动意味着晶体管的截止频率更高。

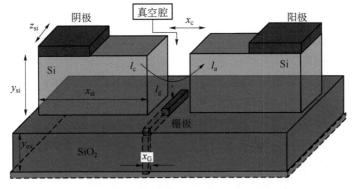

图 2-19 真空无绝缘纳米三极管结构示意图

2.2 基于光学的太赫兹辐射源

目前利用光学方法产生太赫兹辐射的主要方法有光电导天线技术、光整流效应技术、非线性差频技术、量子级联激光器技术等。

2.2.1 太赫兹光电导天线

太赫兹光电导天线又称太赫兹光电导开关,属于光电导型太赫兹辐射源[38],是目前被广泛应用的太赫兹辐射源之一[39],如图2-20所示。太赫兹脉冲发射和检测是通过电场驱动,由超快激光脉冲激发的光生自由载流子来进行的。光电导天线的基本结构是在光电半导体基板上镀两个具有微小间隙的金属电极,然后将一定的偏置电压加到这两个电极上。光生载流子在电极间隙由飞秒激光脉冲照射时形成。太赫兹脉冲由载流子在偏置电压下加速并辐射。衬底材料一般采用电子寿命极短的半导体材料,如低温生长的GaAs或掺杂Si等,以提高电导天线(尤其是探测天线)的响应速度。通常可以在天线的对面增加一个超半球硅透镜,以提高太赫兹辐射的耦合效率。

其工作原理:使用泵浦激光脉冲照射天线电极之间的间隙时,半导体衬底中的电子从价带跃迁到导带,从而产生自由载流子,它们会因为外加电场的作用加速运动,从而产生电磁辐射。只要泵浦激光脉冲的脉宽达到飞秒尺度,它激发的电磁辐射就会位于太赫兹频段(图2-21)。而且,由于太赫兹辐射的场强与偏置电场的强度成正比,因此可以通过加大施加的偏置电压来提高天线辐射的功率。同时,自由载流子的密度与泵浦激光的强度正相关,因此自由载流子密度(即太赫兹辐射的功率)可以随着泵浦光强度的提高而提高。

图2-20 太赫兹光电导天线基本结构

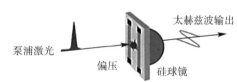

图2-21 飞秒激光激发太赫兹波

随着光电导材料和器件的制备工艺日益成熟,利用光电导天线方式产生太赫兹辐射的频率可以覆盖0.1~30 THz,通过加大偏置电压的方式,其辐射的平均功率可达到毫瓦量级。决定此类太赫兹源性能的三个因素是天线几何形状、光半导体材料、泵浦激光脉冲宽度。产生超短电磁脉冲的光电半导体材料主要有GaAs、InP:Fe、GaAs:Cr、Si、GaP等。随着材料的深入研究,越来越多的光电导开关材料被开发。在制作超快光电导器件时,需要考虑载流子寿命、载流子迁移率、材料的暗态电阻率等因素。

近年来,研究人员为提高光电导天线的太赫兹辐射效率做了大量工作。2017年,Bashirpour等[40]提出了一种由双层纳米盘阵列组成的新型结构,利用表面等离子体共振将光吸收提高到77%;2020年,Anvari等[41]提出将纳米棒与传统光电导天线结合,把光吸收进一步提高到96%。光电导天线所具备的优异的频谱性能和潜在的应用价值使得它成为应用最广泛的太赫兹辐射源之一。

2.2.2 太赫兹光整流源

光整流技术被广泛应用于太赫兹辐射的产生。在非线性介质（如 $LiTaO_3$、$LiNbO_3$、GaAs、ZnTe 和有机晶体 DAST 等）中，两束光在传播时会发生混合，从而出现和频振荡、差频振荡现象。在出射光中，与入射光频率相同的光波和新频率的光波同时出现。此外，高强度单色激光在非线性介质中传播时，由于差频振荡效应，会在介质内部激发出恒定（时不变）的电极化场。因为恒定的电极化场不辐射电磁波，所以在介质内部产生直流电场。

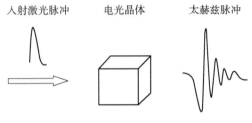

图 2 - 22 光整流效应

这种现象称为光整流效应，如图 2 - 22 所示。随着超短激光脉冲的发展，光整流效应的研究和应用取得了新的进展。根据傅里叶变换理论，脉冲光束可以分解为一系列单色光束的叠加。这些单色成分将在非线性介质中混合，不再独立传播。和频振荡效应可产生频率接近二次谐波的光波，而差频振荡效应可产生低频电极化场，由此可辐射出太赫兹低频电磁波。

光整流效应是电光效应的逆过程，是一种非线性效应。它的辐射器形式较为单一，一般采用整片电光晶体。由于利用了非线性介质（电光晶体）的二次非线性电极化效应，因此不需要额外加直流偏置电场。当激光脉冲与非线性介质（ZnTe）相互作用时，会产生低频电极化场，此时太赫兹电磁波由电极化场辐射出。非线性介质的性质与激光脉冲的特征决定了电磁波的振幅强度和频率分布。ZnTe、DAST 和 GaAs 都是常用的非线性介质。

近年来，许多学者在提高太赫兹光电转换器效率上进行研究。2022 年，Guiramand 等[42]将 400 μJ 镱激光镜与新型脉冲压缩技术结合，通过铌酸锂晶体中的光学整流效应实现了一种强太赫兹脉冲源，其效率达 1.3%，平均功率达 74 mW。

2.2.3 太赫兹气体激光器

太赫兹气体激光器是基于二氧化碳红外泵浦（泵浦波长约 10 μm）特定种类和压强气体产生太赫兹激光的腔体式激光器。它的优点是输出功率大、频谱纯度高、激光光束质量好，以及激光频率准连续可调。在研究太赫兹频段探测器、太赫兹辐射与物质相互作用和探测技术方面，太赫兹气体激光器是一种非常重要的辐射源。二氧化碳激光器非共线泵浦 GaAs 产生太赫兹波实验如图 2 - 23 所示。

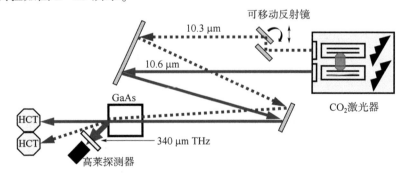

图 2 - 23 二氧化碳激光器非共线泵浦 GaAs 产生太赫兹波实验示意图

由于二氧化碳红外激光器技术已经比较成熟,因此采用该技术的太赫兹气体激光器出现得较早,商业化程度也相应较高。英国爱丁堡仪器公司(Edinburgh Instruments,EI)的主力产品 FIRL 100 型激光器的主要性能如表 2-1 所示。

表 2-1　FIRL 100 型激光器的主要性能

波长/μm	频率/THz	气体种类	二氧化碳泵浦线	典型功率/mW
96.5	3.11	CH_3OH	9R10	60
118.8	2.53	CH_3OH	9R36	150
184.3	1.63	CH_2F_2	9R32	150
432.6	0.69	HCOOH	9R20	30
513.0	0.58	HCOOH	9R28	10

FIRL 100 型激光器使用的泵浦激光包含 80 根谱线,泵浦波长覆盖 9.1~10.9 μm,输出的太赫兹激光光束质量较好。但是,由于气体的可控性较差,因此气体激光器的使用者需要具备丰富的经验和高超的技巧。这种激光器对泵浦气体的种类十分敏感,当采用确定的气体种类作为泵浦气体后,对气体压力的调节非常关键,压力值对气体激光器输出功率的大小及其稳定性的影响较大。因此,尽管太赫兹气体激光器具有诸多优点,但其输出功率稳定性差并且造价昂贵、体积笨重,在实际应用中受到很大的限制。

二氧化碳激光泵浦气体太赫兹激光器由可调谐二氧化碳激光器和充满低压气体的腔体组成。光子气体分子被二氧化碳激光器从振动能级基态的旋转能级激发到高振动能级。在不同激励下,两种不同类型的粒子数在转动能级之间会反转,主要原因是对基态的抽空和对激发态的泵浦。当电子在气体分子的旋转能级之间跃迁时,太赫兹能量产生激光。单一频率的谱线由太赫兹激光器输出。不同频率的激光输出,可以通过更换不同的媒质气体或者改变媒质气体的气压来得到。目前通过以上方法已经制造出可以生成上百毫瓦输出功率的可靠产品。Coherent - DEOS 高级研究/专业产品部(ARU)研发生产的光泵太赫兹激光器 SIFIR - 50 可实现 40~1 020 mm 波长范围(即 0.3~7 THz)的谱线输出。其原理是:可调谐二氧化碳激光器结合外部稳频装置选择性激发甲基气体,随后,远红光子由在高能级旋转状态之间跃迁的气体分子发射。在该系统中,可调谐二氧化碳激光器充当泵浦源、频率参考和锁定装置,以及充有甲基气体的低气压腔太赫兹激发腔。采用封离谐振腔技术,能够使整个产品操作简便、结构紧凑、可靠耐用。例如,在 NASA 的 AURA 卫星上,SIFIR - 50 2.5 THz 空间探测系统承担着 5 年的大气监测任务;FIR 系统同样被使用在南极科考站和新一代通信器件材料分析中等。

2019 年,Chevalier 等[43]美国科学家在 Science 上发表论文,介绍了一种使用量子级联激光器泵浦一氧化二氮的太赫兹源(图 2-24),该设备结构紧凑且频率可调,能在室温下产生宽光谱的太赫兹激光线。

2.2.4　太赫兹非线性光学差频

非线性差频技术是利用两束频率相近的高功率光束与非线性晶体相互作用,通过二阶非

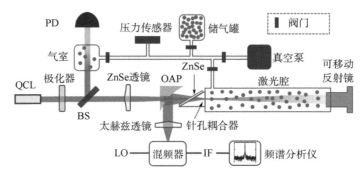

图 2-24 一氧化二氮分子激光器的实验装置

线性效应产生频率等于两束泵浦光之差的太赫兹辐射。它具有设备简单、结构紧凑、无门槛、输出线宽窄、相干性好、可连续调节、价格相对便宜等优点。由于泵浦光仅通过非线性介质一次，平均输出功率低，转换效率低，为保证高输出功率，需要大功率泵浦源。差频法的关键技术是采用高质量的泵浦源和在三波频率范围内二阶非线性系数大、吸收系数小的非线性晶体。

近年来，国内外研究人员对太赫兹辐射的非线性差频产生方法表现出极大的研究兴趣。相关研究人员[44-47]尝试用有机非线性晶体（DAST）、各向同性晶体（GaP、GaAs）、双折射晶体（$ZnGeP_2$、GaSe）和 PPLN 晶体结合非线性光学差频方法产生太赫兹辐射。

与光整流和光导方法相比，差频方法无须昂贵的泵浦装置即可产生高功率太赫兹波辐射。一方面，可以获得波长较近、功率较高的泵浦光和信号光（两者波长相差一般不超过 10 nm）；另一方面，在太赫兹波范围内二阶非线性系数大、吸收系数小。以上两种非线性差频晶体是差频法产生太赫兹波的关键技术。通过对差频法进行精确设计，可以获得比太赫兹波参量振荡器更宽的太赫兹波调谐范围，但同时需要解决差频法转换效率低的问题。

2.2.5 太赫兹量子级联激光器

太赫兹量子级联激光器（terahertz quantum-cascade laser，THz QCL）是太赫兹频段一种重要的辐射源[48]。它的优点是体积小、性能稳定、易于集成和能量转换效率高，是一种应用于太赫兹技术领域中的重要紧凑型光源。

量子级联激光器是一种单极半导体激光器，中红外量子级联激光器在太赫兹频段的延伸就是太赫兹量子级联激光器。其主要工作原理：当对器件施加一定的外部偏压时，电子会从较高能态跃迁到较低能态，同时辐射出光子，各周期产生的光子通过级联增益后以激光的形式辐射出来，量子阱中量子限制效应导致的两个激发态之间的能量差决定了该器件的辐射波长（即辐射频率）。调节两个激发态之间的能量差，即可设计辐射器件的激射频率。增益介质呈周期性的多量子阱级联结构便是 THz QCL 的有源区，电子在量子阱中的能带分裂成子带间跃迁辐射一个光子，然后弛豫注入下一个周期发生辐射跃迁[49]。目前 THZ QCL 有源区结构包含共振声子杂化结构、共振声子结构和束缚态到连续体跃迁结构。典型能带结构如图 2-25 所示。束缚态到连续谱跃迁结构的辐射跃迁一般发生在微带线顶部的束缚上辐射态和下辐射态之间，跃迁方式为斜跃迁，下辐射态电子的抽取依靠微带内散射机制，注入态与上辐射态的耦合能力比其与下辐射态更强，电子注入效率高，激光器阈值电流密度低。以上原因使束缚态向连续态跃迁结构具有能够连续工作的优点。

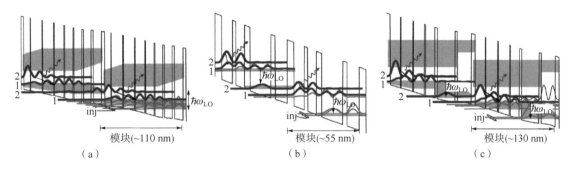

图 2-25　THz QCL 有源区能带结构及电子输运示意图（附彩图）
(a) 束缚态向连续态跃迁结构；(b) 共振声子结构；(c) 混合结构

太赫兹量子级联激光器在工作温度、输出功率和光束质量方面发展迅速。目前太赫兹量子级联激光器的辐射频率已经能够覆盖 1.2~5.2 THz 的多个频点[50]。2014—2016 年，在连续波模式下，Wienold 等[51]设计的量子级联激光器的最高工作温度已达到 129 K，Wang 等[52]设计的最大输出功率可达 230 mW；2017—2021 年，在脉冲激射模式下，Khalatpour 等[53]提出的设备最高工作温度可达 250 K，中国科学院上海微系统与信息技术研究所太赫兹固态技术实验室的新型激光器最大输出功率达瓦级以上[54]。在器件激光耦合输出方面，同样成果斐然。2018 年，Wan 等[55]通过使用超半球透镜将光束发散角减小至 3°以内；2019 年，谭智勇等[56]通过内置反射镜将发散性进一步减小至 2°以内。以上太赫兹量子级联激光器激光输出的性能已基本满足光电测量、成像系统及太赫兹频段光路校准的应用。

用于太赫兹量子级联激光器有源区结构的材料主要有 GaAs/AlGaAs 材料和 InGaAs/AlInAs/InP 材料。就器件本身来说，太赫兹量子级联激光器的辐射功率高于光学泵浦源和热辐射源，并且相对于气体激光器，其具有结构紧凑、成本较低的优势。

2020 年，麻省理工学院的 Khalatpour 带领的研究团队制作了便携式太赫兹量子级联激光器[57]，其能够在 4 THz 的工作频率与最高温度 250 K 的条件下工作，如图 2-26 所示。为了防止载流子泄漏，他们将更多的铝成分添加在 AlGaAs 中，然后精准合理地调整分层结构。这项成果突破了制冷装置对太赫兹量子级联激光器的限制，是室温太赫兹量子级联激光器的里程碑式突破。

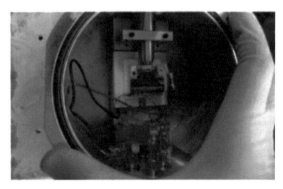

图 2-26　室温便携式太赫兹量子级联激光器

参考文献

[1] 孙博,姚建铨. 基于光学方法的太赫兹辐射源[J]. 中国激光,2006(10):1349-1359.

[2] 李珏岐. THz返波管的研究[D]. 成都:电子科技大学,2011.

[3] QIU J X,LEVUSH B,PASOUR J,et al. Vacuum tube amplifiers[J]. IEEE microwave magazine,2009,10(7):38-51.

[4] BASTEN M,TUCEK J,GALLAGHER D,et al. A multiple electron beam array for a 220 GHz amplifier[C]//IEEE International Vacuum Electronics Conference,2009:110-111.

[5] NGUYEN K,LUDEKING L,PASOUR J,et al. Design of a high-gain wideband high-power 220 GHz multiple-beam serpentine TWT[C]//2010 IEEE International Vacuum Electronics Conference(IVEC),IEEE,2010:23-24.

[6] BHATTACHARJEE S,BOOSKE J H,KORY C L. Folded waveguide traveling-wave tube sources for terahertz radiation[J]. IEEE transaction on plasma science,2004,32(3):1002-1014.

[7] WILSON J D. Electromagnetic field shaping for efficiency enhancement in terahertz folded-waveguide traveling-wave tube slow-wave circuit design[C]//The 8th IEEE International Vacuum Electronics Conference,2007.

[8] 陈同江,冯进军,蔡军. 短毫米波折叠波导慢波结构精密加工技术[J]. 真空电子技术,2009(1):64-66.

[9] FENG J J,CAI J,HU Y F,et al. Investigation of high frequency vacuum devices using micro-fabrication[C]//The 8th International Vacuum Electron Sources Conference and Nanocarbon,2010:33-34.

[10] HE J,WEI Y Y,GONG Y B,et al. Analysis of a 140GHz Two-section folded waveguide traveling-wave tube[C]//2010 Symposium on Photonics and Optoelectronics,2010:1-4.

[11] 朱正鹏,缪旻,瞿波,等. 微机械折叠波导慢波结构冷测特性的研究[J]. 传感技术学报,2006(5):1757-1760.

[12] 张长青,宫玉彬,魏彦玉,等. 亚毫米波折叠波导慢波结构的损耗特性研究[J]. 半导体光电,2010,31(6):880-884.

[13] YANG W,DONG Z,DONG Y,et al. Linear analysis and oscillation study on folded waveguide traveling wave tube for subterahertz radiation[C]//The 35th International Conference on Infrared,Millimeter,and Terahertz Waves,2010:1-2.

[14] ZHENG R,CHEN X. Parametric simulation and optimization of cold-test properties for a 220 GHz broadband folded waveguide traveling-wave tube[J]. Journal of infrared,millimeter,and terahertz waves,2009,30(9):945-958.

[15] ZHENG R,CHEN X. Optimization of millimeter wave microfabricated folded waveguide traveling-wave tubes[C]//2009 European Microwave Conference,2009:1195-1198.

[16] ZHENG R L,CHEN X Y. Design and 3-D simulation of microfabricated folded waveguide for a 220 GHz broadband traveling-wave tube application[C]//2009 IEEE International

Vacuum Electronics Conference,2009:135 – 136.

[17] ZHENG R,SAN H,CHEN X. Simulation of microfabricated folded waveguide traveling – wave tube as broadband terahertz amplifier[C]//2009 Asia Pacific Microwave Conference,2009: 1469 – 1472.

[18] LI F,HUANG M,SUN Y,et al. A W – band efficiency – improved folded waveguide traveling wave tube[C]//2018 IEEE International Vacuum Electronics Conference,2018:415 – 416.

[19] JOYE C D,CALAME J P,GARVEN M,et al. Microfabrication of a 220 GHz grating for sheet beam amplifiers[C]//2010 IEEE International Vacuum Electronics Conference,2010:187 – 188.

[20] SHIN Y M,BARNETT L R,LUHMANN N C. Strongly confined plasmonic wave propagation through an ultrawideband staggered double grating waveguide[J]. Applied physics letters, 2008,93(22):221504.

[21] BABAEIHASELGHOBI A,AKRAM M N,GHAVIFEKR H B,et al. A novel chevron – shape double – staggered grating waveguide slow wave structure for terahertz traveling wave tubes [J]. IEEE transactions on electron devices, 2020, 67(9): 3781 – 3787.

[22] SHU G,LIAO J,REN J,et al. Dispersion and dielectric attenuation properties of a wideband double – staggered grating waveguide for subterahertz sheet – beam traveling – wave amplifiers [J]. IEEE transactions on electron devices, 2021, 68(11): 5826 – 5833.

[23] IVES R L,KORY C,READ M,et al. High frequency source development at calabazas creek research[C]//2007 Joint 32nd International Conference on Infrared and Millimeter Waves and the 15th International Conference on Terahertz Electronics IEEE,2007:312 – 314.

[24] SENGELE S,JIANG H,BOOSKE J H,et al. Microfabrication and characterization of a selectively metallized W – band meander – line TWT circuit[J]. IEEE transactions on electron devices,2009,56(5):730 – 737.

[25] DAYTON J A,KORY C L,MEARINI G T,et al. Applying microfabrication to helical vacuum electron devices for THz applications[C]//2009 IEEE International Vacuum Electronics Conference,2009:41 – 44.

[26] PRASATH C S, RAY I,SNEKA J,et al. Preliminary analysis of a folded waveguide slow – wave structure for 160 GHz traveling wave tube amplifier[C]//The 14th UK – Europe – China Workshop on Millimetre – Waves and Terahertz Technologies (UCMMT),IEEE,2021:1 – 3.

[27] BAILEY A G,SMIRNOVA E I,EARLEY L M,et al. Photonic band gap structures for millimeter – wave traveling wave tubes[C]//Terahertz & Gigahertz Electronics & Photonics V,International Society for Optics and Photonics,2006:612004.

[28] SMIRNOVA E I,CARLSTEN B E,EARLEY L M. Design,fabrication,and low – power tests of a W – band omniguide traveling – wave tube structure[J]. IEEE transactions on plasma science,2008,36(3):763 – 767.

[29] BABY S,VINCENT G B,PRADEEP A. Off current reduction using zener tunneling in tunnel diode body contact silicon on insulator [C]//2022 IEEE International Conference on Nanoelectronics,Nanophotonics,Nanomaterials,Nanobioscience & Nanotechnology (5NANO),

IEEE,2022:1-6.

[30] PATRASHIN M,SEKINE N,KASAMATSU A,et al. GaAsSb/InAlAs/InGaAs tunnel diodes for millimeter wave detection in 220-330-GHz band[J]. IEEE transactions on electron devices,2015,62(3):1068-1071.

[31] 何婷婷,李少甫,NAHID-AL MAHMUD,等. 肖特基二极管太赫兹混频器研究进展[J]. 传感器与微系统,2020,39(5):4-6.

[32] GHOBADI A,KHAN T M,CELIK O O,et al. A performance-enhanced planar Schottky diode for terahertz applications: an electromagnetic modeling approach[J]. International journal of microwave and wireless technologies,2017,9(10):1905-1913.

[33] 白阳,贾锐,金智,等. 基于耿氏效应的太赫兹器件的研究进展[J]. 太赫兹科学与电子信息学报,2013,11(2):314-318.

[34] EISELE H,RYDBERG A,HADDAD G I. Recent advances in the performance of InP Gunn devices and GaAs TUNNETT diodes for the 100-300-GHz frequency range and above[J]. IEEE transactions on microwave theory and techniques,2000,48(4):626-631.

[35] LEE W Z,ONG D S,CHOO K Y,et al. Monte Carlo evaluation of GaN THz gunn diodes[J]. Semiconductor science and technology,2021,36(12):125009.

[36] LIU G Y,XIA S H,CHEN B X,et al. An estimation of the application possibility at THz regime for PP-VME diode and triode[C]//The 26th International Vacuum Nanoelectronics Conference,2013:1-2.

[37] RAVARIU C. Vacuum nano-triode in nothing-on-insulator configuration working in terahertz domain[J]. IEEE journal of the electron devices society,2018,6:1115-1123.

[38] BROWN E R,MCINTOSH K A,NICHOLS K B,et al. Photomixing up to 3.8 THz in low-temperature-grown GaAs[J]. Applied physics letters,1995,66(3):285-287.

[39] FERGUSON B,ZHANG X C. Materials for terahertz science and technology[J]. Nature materials,2002,1(1):26-33.

[40] BASHIRPOUR M,KOLAHDOUZ M,NESHAT M. Enhancement of optical absorption in LT-GaAs by double layer nanoplasmonic array in photoconductive antenna[J]. Vacuum,2017,146:430-436.

[41] ANVARI R,SOOFI H. Enhancement of photocurrent in THz photoconductive antenna by a gold nanorod array[J]. Optik,2020,207:163827.

[42] GUIRAMAND L,NKECK J E,ROPAGNOL X,et al. Near-optimal intense and powerful terahertz source by optical rectification in lithium niobate crystal[J]. Photonics research,2022,10(2):340.

[43] CHEVALIER P,AMIRZHAN A,WANG F,et al. Widely tunable compact terahertz gas lasers[J]. Science,2019,366(6467):856-860.

[44] 徐德刚,朱先立,王与烨,等. 基于DAST晶体差频的可调谐THz辐射源[J]. 光学学报,2020,40(4):15-21.

[45] LIU Y,ZHONG K,WANG A,et al. Optical terahertz sources based on difference frequency generation in nonlinear crystals[J]. Crystals,2022,12(7):936.

[46] MATLIS N H, ZHANG Z, DEMIRBAS U, et al. Precise parameter control of multicycle terahertz generation in PPLN using flexible pulse trains[J]. Optics express, 2023, 31(26): 44424-44443.

[47] MEI J, ZHONG K, WANG M, et al. Widely tunable high-repetition-rate terahertz generation based on an efficient doubly resonant type-II PPLN OPO[J]. IEEE photonics journal, 2016, 8(6): 1-7.

[48] TONOUCHI M. Cutting-edge terahertz technology[J]. Nature photonics, 2007, 1(2): 97-105.

[49] 万文坚, 黎华, 曹俊诚. 太赫兹量子级联激光器研究进展[J]. 中国激光, 2020, 47(7): 106-118.

[50] LIANG G, LIU T, WANG Q J. Recent developments of terahertz quantum cascade lasers[J]. IEEE journal of selected topics in quantum electronics, 2017, 23(4): 1-18.

[51] WIENOLD M, RÖBEN B, SCHROTTKE L, et al. High-temperature, continuous-wave operation of terahertz quantum-cascade lasers with metal-metal waveguides and third-order distributed feedback[J]. Optics express, 2014, 22(3): 3334-3348.

[52] WANG X, SHEN C, JIANG T, et al. High-power terahertz quantum cascade lasers with ~0.23W in continuous wave mode[J]. AIP advances, 2016, 6(7): 075210.

[53] KHALATPOUR A, PAULSEN A K, DEIMERT C, et al. High-power portable terahertz laser systems[J]. Nature photonics, 2021, 15(1): 16-20.

[54] TAN Z, WANG H, WAN W, et al. Dual-beam terahertz quantum cascade laser with >1W effective output power[J]. Electronics letters, 2020, 56(22): 1204-1206.

[55] WAN W J, LI H, CAO J C. Homogeneous spectral broadening of pulsed terahertz quantum cascade lasers by radio frequency modulation[J]. Optics express, 2018, 26(2): 980.

[56] 谭智勇, 曹俊诚. 基于太赫兹半导体量子阱器件的光电表征技术及应用[J]. 中国激光, 2019, 46(6): 36-49.

[57] NIKOO S M, JAFARI A, PERERA N, et al. Nanoplasma-enabled picosecond switches for ultrafast electronics[J]. Nature, 2020, 579(7800): 534-539.

第 3 章
太赫兹探测器

太赫兹探测器是一种将待测太赫兹电磁波转化成便于观测、记录和分析的信号变换装置。得益于探测技术的快速发展，更高灵敏度和更快响应速度的太赫兹探测器涌现，太赫兹的神秘面纱逐渐被揭开。

目前已经研究和投入使用的太赫兹波探测方法主要分为两类——相干探测和直接探测（非相干探测）。其中，通过非线性器件把待探测的太赫兹波转化为低频信号，从而使其易于被探测到的方法称为相干探测法，如光电导天线采样法、自由空间电光采样法、外差法；通过探测器的基质材料把太赫兹波信号转化为直流电流信号（或电压信号）的探测技术称为直接探测法，常见的有辐射热计探测器、热释电探测器、高莱探测器、场效应晶体管型探测器等。其中，辐射热计探测器、热释电探测器和高莱探测器的基质材料在吸收太赫兹波的能量后会发生温度变化，从而引起相应的物理量变化来进行太赫兹波探测，这种方法的缺点是其材料的响应速度非常慢。场效应晶体管型探测器通过受激发的等离子体波与太赫兹波发生共振，共振过程中的电荷输运表现为电信号的变化，从而进行太赫兹波探测，其优势在于可在室温下工作，且高速、低噪声。但是目前的探测器在所用材料上，其等离子体波与太赫兹波耦合效率较低，导致探测灵敏度降低。因此，在太赫兹探测器的研究上还需要在响应时间和灵敏度上进一步探索。

3.1 太赫兹探测器的主要性能参数

衡量太赫兹探测器性能的主要参数有灵敏度、动态范围、信噪比等。

1）灵敏度

灵敏度是指在一定误码率或信噪比的条件下，探测器（接收机）需要接收的最小平均功率（有时也称为平均最小输入功率）。

2）动态范围

动态范围是指在一定误码率（或信噪比）条件下，光接收机允许的探测器（接收机）平均功率的变化范围。

3）信噪比

输入的总功率包括信号电功率 P_0 和噪声功率 P_{n0}，因此信噪比（SNR）可表示为

$$\text{SNR} = \frac{P_0}{P_{n0}} \tag{3-1}$$

4）噪声等效功率

噪声等效功率（NEP）是指单位信噪比的入射光功率，表征探测器的探测能力，定义为

$$\mathrm{NEP} = \frac{P}{V_S/V_n} \tag{3-2}$$

式中，P——入射光功率；

　　　V_S——探测器的输出信号电压；

　　　V_n——探测器噪声电压。

5）探测度

探测度 D 是噪声等效功率（NEP）的倒数，即单位入射功率的相应信噪比，定义为

$$D = \frac{1}{\mathrm{NEP}} = \frac{1}{P}\left(\frac{V_S}{V_n}\right) \tag{3-3}$$

6）量子效率

量子效率 η 是一个与入射光子能量（入射光频率）有关的物理量，具体指的是每个入射光子释放的平均电子数，其数学定义为

$$\eta = \frac{I_c/e}{P/(h\nu)} = \frac{I_c h\nu}{eP} \tag{3-4}$$

式中，I_c/e——单位时间产生光电子的平均数，I_c 为入射光产生的平均光电流，e 为电子电荷；

　　　$P/(h\nu)$——单位时间入射光子的平均数，h 为普朗克常量，ν 为频率。

7）响应度

响应度 R 是指探测器输出信号电压 V_S 与入射光功率 P 的比值，定义为

$$R = \frac{V_S}{P} \tag{3-5}$$

8）变频损耗

变频损耗是指信号经过变频器变频后的功率损失。在太赫兹收发系统中，变频损耗的概念略有区别：在接收机中，输入射频信号功率与输出中频信号功率的比值称作接收机中的变频损耗，其单位一般用 dB 表示；在发射机中，上变频器的变频损耗是指输入中频信号功率与输出射频信号功率的比值。

除了上述几个参数外，还有暗电流、工作温度、响应时间和光敏面积等参数。

3.2　太赫兹探测器分类

根据器件的不同工作方式，太赫兹探测器可以分为非相干探测器和相干探测器，如图 3-1 所示。非相干探测器的电路结构较为简单，是早期研究太赫兹波中最为常用的检测方法，这种探测器能够直接、有效地检测太赫兹信号的幅值信息，又称直接探测器。相干探测器（外差式探测器）既可以得到太赫兹信号的幅值信息，又可以获取相位信息，其探测灵敏度要优于非相干探测器。然而，相干探测器的正常工作需要提供本振信号来维持，这限制了大规模探测器阵列的实现。

1. 非相干探测器

由于器件工作中所要求的环境条件不同，非相干探测器可以分为非制冷型和制冷型两类。在室温环境下就可以正常工作的探测器称为非制冷型探测器，如辐射热计探测器、热释

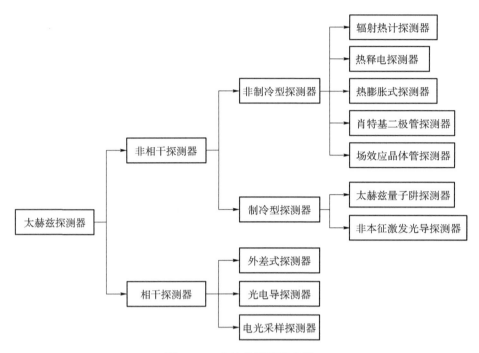

图 3-1 太赫兹探测器分类

电探测器、热膨胀式探测器、肖特基二极管探测器和场效应晶体管探测器等,它们对环境温度没有过于严苛的要求,但是该类探测器的灵敏度稍低于制冷型探测器,噪声等效功率在 $0.1 \sim 1 \text{ nW/Hz}^{1/2}$ 之间。太赫兹量子阱探测器和非本征激发光导探测器都属于典型的制冷型探测器,需要满足足够低的环境温度,这类器件才能正常工作,其噪声等效功率可达 $0.01 \sim 100 \text{ fW/Hz}^{1/2}$。正是因为低温环境的工作条件较为严苛,制冷型探测器的体积往往较大,且生产成本和使用成本都更高,不利于太赫兹器件向紧凑化、小型化的方向发展。

非相干探测器的灵敏度一般不如相干探测器,但其可探测范围较宽,因此在对频谱分辨率要求较低的场合,非相干探测器仍然有较大的应用潜力。

2. 相干探测器

器件的非线性是实现相干探测器的关键,肖特基二极管混频器、硅基晶体管混频器和超导体-绝缘体-超导体(SIS)隧道结混频器等都属于相干探测的器件。相干探测的方法与频谱搬移类似,将待探测的太赫兹信号与本振信号进行混频,继而输出频率较低、便于分析探测的中频信号,从而获取太赫兹波的幅值和相位信息。这种方法可应用于对频谱分辨率要求较高的环境。

3.3 太赫兹非相干探测器

3.3.1 非制冷型探测器

1. 辐射热计

辐射热计是一种利用热敏电阻受太赫兹辐射时的阻值变化来进行探测的量热探测器,可以通过分析阻值变化来测量太赫兹辐射的强度。合理地设计热敏电阻的电桥电路结构,能够大幅提高阻值变化的测量灵敏度。一般测量场景下，辐射热计在常温下就可以正常工作。但是在检测长波辐射时，为提高测量灵敏度，采用的一般做法是使其工作在液氦冷却的环境下（4.2 K）。在目前已经进入商品化的太赫兹直接探测器产品中，辐射热计是最灵敏的一种。它的噪声等效功率可达 $10^{-15} \sim 10^{-12}$ W/Hz。

太赫兹领域多年的研究和发展大大丰富了辐射热计的种类。常见的辐射热计传导材料包括半导体（掺杂 Si 或 Ge）、金属、碳、基于 Nb 或 NbN 材料的超导、氧化钒、非晶硅等。从近些年取得的成果来看，辐射热效应得到进一步的研究。2019 年，Zhang 等[1]利用 GaAs 谐振腔（图 3-2）谐振频率随材料温度变化偏移的特性实现对太赫兹波的灵敏探测，使得辐射热计探测器的响应时间和噪声等效功率分别降低到 1 ms 和 100 pW/Hz$^{1/2}$ 以下。

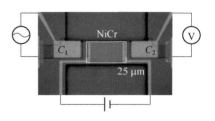

图 3-2　GaAs 谐振腔的结构图

在实现商品化的辐射热计太赫兹探测器中，代表产品为英国 QMC 公司和美国 PHYSIKE 公司研制的 Bolometer[2]，如图 3-3 所示。Bolometer 需要工作在液氦冷却的 4.2 K 低温环境下，这种工作条件大大减少了背景热噪声，从而提高了探测灵敏度。另外，由于 Bolometer 测量的是温度的变化，因此在使用 Bolometer 时需要对入射的太赫兹辐射进行调制，使 Bolometer 交替地被激励和弛豫。这两款 Bolometer 的性能对比如表 3-1 所示。美国 PHYSIKE 公司研制的 Bolometer 噪声等效功率可达 10^{-13} W/Hz$^{1/2}$，是当前已被商品化的太赫兹探测器中最灵敏的一种。

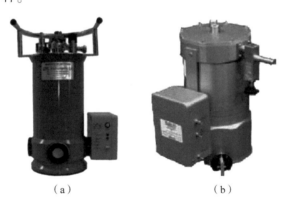

图 3-3　商品化的基于辐射热计的太赫兹探测器
(a) 英国 QMC 公司研制的 Bolometer；(b) 美国 PHYSIKE 公司研制的 Bolometer

表 3-1　Bolometer 性能对比[2]

Bolometer	QMC 公司研制	PHYSIKE 公司研制
工作频率/THz	0.1~20	0.15~20
噪声等效功率/(W·Hz$^{-1/2}$)	1×10^{-12}	1.2×10^{-13}

2. 热释电探测器

热释电探测器探测太赫兹辐射利用的原理是热释电效应。所谓热释电效应，是指晶体温度发生变化时，在晶体的两端有电势差产生的现象。能够产生热释电效应的晶体一般是极性晶体。热释电探测器利用热释电晶体在受到辐射时的温度变化从而引起的电压变化来测量辐射在该晶体上的能量。热释电探测器的缺陷是探测灵敏度较低，但是它结构简单、易于操作，并且可以工作在常温条件下。

目前已经商品化的热释电探测器噪声等效功率一般大于 1 nW/Hz$^{1/2}$，响应时间一般在 10~50 ms。近年来，研究者致力于寻找具有快速响应能力的热释电材料，从而优化热释电探测器的响应时间。2015 年，Müller 等[3]使用 PVDF（聚偏二氟乙烯）制备了超快太赫兹热释电探测器（图 3-4），响应时间仅 50 ms。他们尝试使用共振吸收体来提升热释电探测器的响应速度和灵敏度[4]，将响应时间降至 10 ms 以下。

图 3-4　Müller 等[3]使用 PVDF 制备的超快太赫兹热释电探测器

如图 3-5 所示，加拿大 Gentec-EO 公司和日本 Phluxi 公司都已推出可测试太赫兹功率的热释电探测器[2]，它们各自的性能指标如表 3-2 所示。

（a）　　　　　　　　　　　　　　（b）

图 3-5　商品化的热释电太赫兹探测器[2]

（a）加拿大 Gentec-EO 公司研制的热释电探测器；（b）日本 Phluxi 公司研制的热释电探测器

表 3-2　热释电探测器性能对比[2]

热释电探测器	Gentec-EO 公司研制	Phluxi 公司研制
工作频率/THz	0.1~30	1~857
噪声等效功率/(W·Hz$^{-1/2}$)	3.0×10^{-9}	—
上升时间	0.2 s	350 μs
光敏面直径/mm	9	1

3. 热膨胀式探测器

高莱（Golay）辐射功率计是由热膨胀探测辐射原理设计而成的。一个封闭的、一面由一片薄膜构成的小气体室构成了高莱盒的工作单元。气体室中的气体在吸收太赫兹辐射时会发生热膨胀，从而引起薄膜形变，此时测量薄膜的形变就可以推算出太赫兹辐射的功率。高莱盒的灵敏度要比热释电探测器略高，也能在室温条件下工作。它的缺点是对振动比较敏感，因此一般需要进行防振的封装。

近年来，一些研究者利用高莱探测器进行了太赫兹成像实验。2010 年，布伦瑞克工业大学的 Salhi 等[5]采用 2.52 THz 光泵浦气体激光器和太赫兹高莱成像探测器，引入光学共聚焦显微镜的原理搭建了远场太赫兹成像系统。该成像系统原理如图 3-6 所示。图中，f 和 d 分别表示焦距和口径。

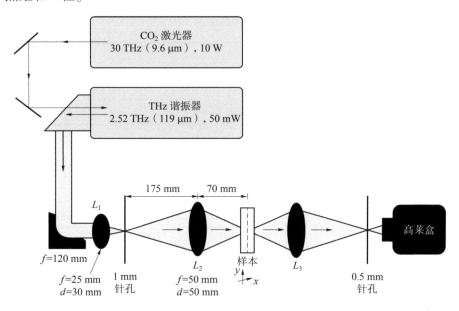

图 3-6 太赫兹显微成像系统原理

目前，已实现商品化的热膨胀式探测器主要是俄罗斯 Tydex 公司和美国 Microtech 公司研制的高莱探测器[2]，如图 3-7 所示。

图 3-7 商品化的高莱探测器
(a) 俄罗斯 Tydex 公司研制的高莱探测器；(b) 美国 Microtech 公司研制的高莱探测器

4. 肖特基二极管探测器

肖特基二极管（Schottky barrier diode，SBD）是太赫兹探测中常见的探测器，其原理是基于自由载流子激发。器件的表面阻挡层能够吸收照射时的光子能量，产生电子-空穴对，在内电场作用下，电子移向半导体一侧，空穴移向金属一侧，形成光生电势。肖特基二极管可以减少载流子的扩散时间和载流子扩散中的复合损失，它既可以用于直接探测，也可以作为外差探测中的混频器。肖特基二极管太赫兹探测器的优点在于探测灵敏度高、响应速度快，不需要制冷即可正常工作。但是在高频情况下，二极管中的寄生电容会使器件的性能迅速下降，因此器件的工作频率不能太高。

早期的肖特基势垒二极管多采用金属半导体材料。基于这种触须型肖特基二极管的太赫兹探测器工作频率低、灵敏度不够高，近年来平面结构的肖特基二极管逐渐取代触须型。图3-8所示为触须型肖特基二极管与平面型肖特基二极管的结构对比。

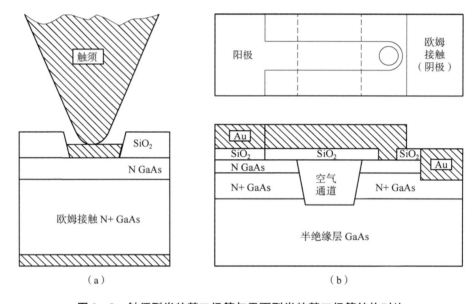

图3-8 触须型肖特基二极管与平面型肖特基二极管结构对比
(a) 触须型肖特基二极管；(b) 平面型肖特基二极管

为了提高肖特基二极管探测器的工作性能，在探测器中集成宽频天线是一种有效的方法。2010年，Liu等[6]提出了基于零偏置肖特基二极管的宽带太赫兹探测器，如图3-9所示。通过集成平面四臂天线和硅衬底透镜，该探测器在150～440 GHz频率范围内，响应率达到300～1 000 V/W，等效噪声功率为5～20 pW/Hz$^{1/2}$。2013年，Han等[7]提出了一种集成天线的InGaAs肖特基势垒二极管阵列太赫兹探测器。该探测器在250 GHz的平均响应率为98.5 V/W，平均噪声等效功率为106.6 pW/Hz$^{1/2}$。

高集成度和高稳定性是太赫兹探测器的发展方向，近年来研究者们尝试将先进制造工艺与肖特基二极管相结合[8]。2007年，Brown等[9]基于分子束外延技术（molecular beam epitaxy，MBE），将半金属ErAs沉积于InAlGaAs缓冲材料中制备获得肖特基二极管，等效噪声功率（10^{-12} W/Hz$^{1/2}$）相较于传统二极管（10^{-10} W/Hz$^{1/2}$）提高了两个数量级。2012年，Han等[10]提出使用130 nm数字CMOS技术完成280 GHz的4×4肖特基二极管成像探测器阵列的

图 3-9 集成平面四臂天线和硅衬底的零偏置肖特基二极管（附彩图）

构建，如图 3-10 所示。该探测器响应率达到 5.1 kV/W，等效噪声功率为 29 pW/Hz$^{1/2}$，实现了电子扫描多像素成像的应用。

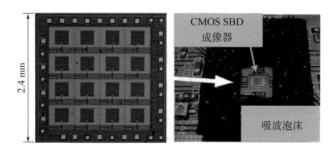

图 3-10 280 GHz 肖特基二极管成像探测器阵列

5. 场效应晶体管探测器

场效应晶体管分为结型场效应晶体管和金属-氧化物半导体场效应晶体管。这两类场效应晶体管都在太赫兹探测领域得到广泛的应用。场效应晶体管探测器基于等离子体共振原理，如图 3-11 所示。器件沟道的尺寸决定了场效应晶体管中等离子体振荡的谐振频率，一般来说，沟道越小，谐振频率就越高，因此当场效应晶体管的栅长在亚微米级别时，等离子体的谐振频率就可达太赫兹范围。另外，太赫兹频段下短沟道场效应晶体管的动力学行为在迁移率足够高时表现为等离子波形式。场效应晶体管可以作为一种高效的宽带太赫兹探测器。在探测灵敏度方面，场效应晶体管探测器的灵敏度要高于肖特基二极管太赫兹探测器；在响应速度方面，场效应晶体管的响应速度比热力学探测器更快。

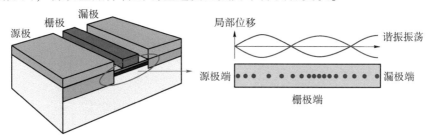

图 3-11 场效应晶体管等离子体振荡示意图

近年来，国际上报道的基于场效应晶体管的研究方向集中于大规模阵列芯片、与太赫兹天线耦合、与光路传输元件的结合和新材料体系（如石墨烯等）的应用。

太赫兹波与晶体管的低效耦合限制了晶体管探测器响应率的提升。为了增强对太赫兹辐射的耦合，2013 年，Watanabe 等[11]通过将蝶形天线与基于 InP/GaAs 的 292 GHz 双栅等离子体高电子迁移率晶体管太赫兹探测器组合（图 3-12），实现了 26.1 V/W 的响应度，探测器的等效噪声功率为 15 pW/Hz$^{1/2}$。

为了增强集成能力，CMOS 技术被应用于太赫兹场效应晶体管探测器的设计中。中国科学院半导体研究所超晶格与微结构国家重点实验室刘力源等在 2017 年研制了一款用 180 nm 标准 CMOS 工艺制作的集成片上贴片天线和 NMOS 晶体管整流元件的 CMOS 太赫兹探测器[12]，如图 3-13 所示。该探测器在 0.94 THz 辐射源的照射下其响应率和噪声等效功率分别为 31 V/W 和 1.1 nW/Hz$^{1/2}$。

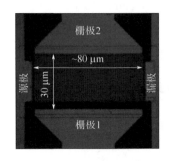

图 3-12 对称式双栅等离子体高电子迁移率晶体管[11]

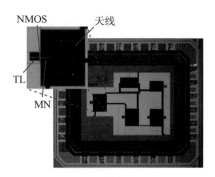

图 3-13 CMOS 太赫兹探测器[12]

石墨烯是一种新型纳米材料，具有高载流子迁移率、低等离子体传播衰减、等离子体振荡频率覆盖宽和可在包含太赫兹频段的 0~0.3 eV 范围内人为调谐石墨烯的禁带宽度等优异光电性能，近年来针对石墨烯的研究已经证明它是一种用于研制太赫兹等离子体场效应晶体管检测器件的理想材料。Vicarelli 等[13]在 2012 年研制了第一款工作在室温环境下的 0.3 THz 石墨烯太赫兹探测器，揭示了石墨烯在研制快速响应的非制冷型太赫兹探测器的广阔前景。苏州纳米所秦华团队研制了工作在 650 GHz 的石墨烯场效应晶体管太赫兹探测器[14]，如图 3-14 所示，响应度达 30 V/W，噪声等效功率为 51 pW/Hz$^{1/2}$。

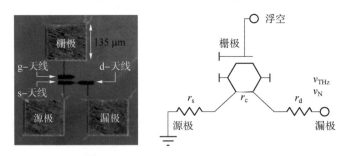

图 3-14 650 GHz 石墨烯场效应晶体管探测器[14]

3.3.2 制冷型探测器

1. 太赫兹量子阱探测器

太赫兹量子阱探测器（THz QWP）的有效探测频率可以覆盖 2~7.5 THz 和 8.8~15 THz，是一种低维半导体量子器件，属于量子阱红外探测器在太赫兹频段的扩展。THz QWP 具有相应谱窄、体积小、易集成、速度快等优点，且在工作过程中不需要滤光片，适合高频太赫兹波段（1~10 THz）的高速探测，是一种非常重要的紧凑型快速探测器。THz QWP 作为一种基于子带间跃迁原理的单极器件，子带间跃迁选择定则要求电场在量子阱的生长方向具有非零的偏振分量，因此常规的 THz QWP 对正入射的光没有响应，一般采用衬底 45°斜面入射的方式来耦合太赫兹波。THz QWP 的有源区由几十甚至上百个周期的量子阱超晶格结构组成，通常采用 GaAs/AlGaAs 材料体系。在没有光照的情况下，电子被束缚在量子阱中，器件处于高阻状态；在太赫兹光耦合到器件有源区时，光子能量被存在于量子阱基态子带中的束缚电子所吸收，这些电子会被激发到第一激发态和接近势垒边缘的准连续态，成为光生载流子，这些光生载流子在外加偏压的作用下形成光电流，光电流信号的变化可以反映太赫兹波的信息，从而实现对太赫兹波的探测。图 3-15 所示为 THz QWP 的能带结构。

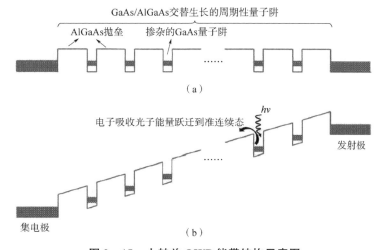

图 3-15 太赫兹 QWP 能带结构示意图
(a) 零偏压条件下的能带结构；(b) 偏压条件下的能带结构

THz QWP 在 2004 年被 Liu 等[15]首次研制成功。在器件理论设计方面，Guo 等[16]在 2007 年考虑了器件中多体效应的影响，将器件峰值探测频率的设计误差缩减至 5%，大幅度提高了探测精度；在 2013 年，Guo 等[17]又设计了表面等离子体增强光栅结构和金属微腔结构的 THz QWP，在理论上将探测耦合效率提高了约 100 倍。在器件性能方面，2017 年，Zhang 等[18]研制的金属光栅耦合型 THz QWP 的峰值响应率比以往工作提高了约 1.5 倍；同年，Wang 等[19]设计并研制了双色和宽带偏压可调谐 THz QWP。在器件应用方面，Grant 等[20]于 2009 年首次在 3.8 THz 无线信号传输系统上应用了 THz QWP，填补了 1 THz 以上载频无线信号传输的空白；2016 年，Fu 等[21]采用频率上转换技术，实现了发光二极管与 THz QWP 的结合，如图 3-16 所示，研制成具有成像功能的太赫兹探测芯片，其成像速度可达 10^6 帧/s。

2. 非本征激发光导探测器

非本征激发光导探测器是基于杂质缺陷能级的非本征激发原理而研制的太赫兹探测器，

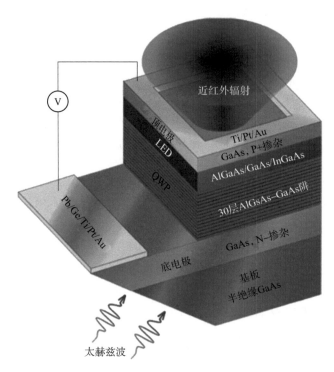

图 3-16 基于发光二极管的 THz QWP 探测器结构示意图

根据本底材料和掺杂的情况，这种探测器的探测范围能够覆盖波长从几微米到约 300 μm 的红外和太赫兹波段。非本征激发光导探测器的研究已经历经 50 多年，基于 Ge 材料的非本征激发光导探测器是出现最早的一种，但随着 Si 引材料技术的发展，基于 Si 材料及其他 GaAs、GaP 等半导体材料的非本征光导探测器问世。其中，基于 Si 和 Ge 材料的非本征探测器仍是最为常见的两种类型，但是 Si 器件在探测波长大于 40 μm 的场景时就不再合适。探测波长大于 40 μm 的场景下，Ge 器件具有优势，广泛应用于航空航天、天文观测仪器等领域，如欧洲宇航局的红外空间观测仪（ISO）和美国 NASA 的 Spitzer 空间望远镜等。其中，Spitzer 中应用了截止波长为 70 μm 的 32×32 的 Ge:Ga 元器件，以及截止波长为 160 μm 的 2×20 元器件。不同掺杂方式的 Ge 光导器件的相对光谱如图 3-17 所示，这些探测器的噪声等效功率在 $10^{-18} \sim 10^{-16}$ W/Hz$^{1/2}$ 量级，同时需要低至 4.2 K 左右的深低温制冷。

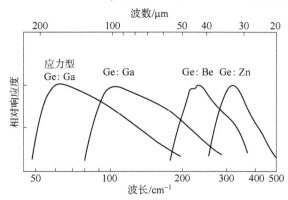

图 3-17 一些常见 Ge 非本征激发光导探测器的相对光谱

3.4 太赫兹相干探测器

3.4.1 外差式探测器

混频器是一种能够对太赫兹辐射进行直接检测的非线性电子器件（属于非相干检测，灵敏度不高）。它的主要应用方式是与本地振荡器联合进行差频检测，从而能极大地提高探测灵敏度，同时能提供太赫兹波的相位信息。

差频检测的原理如图3-18所示，待测信号和本地振荡器辐射的参考波一起进入混频器进行差频，将差频获得的中频波输入中频滤波器，滤波后进行放大测量，得到的中频幅值与待测信号的幅值成正比例关系。由于差频测量的带通滤波器性质，其可用于进行频谱测量，而且具有很高的灵敏度。

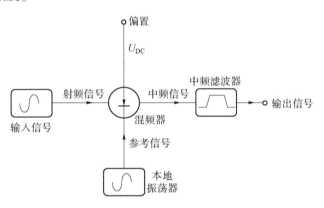

图3-18 差频检测的原理

目前常用的混频器有室温肖特基二极管（Schottky diodes）混频器、超导隧道结（superconductor-insulator-superconductor，SIS）混频器和热电子辐射热计（hot electron bolometer，HEB）混频器。混频器输出信号的频率和太赫兹信号与本征振荡信号之间的差值是成比例的。外差探测技术作为一种可以探测电场的振幅、频率和相位等信息的全息探测技术，能够充分利用本振光对热辐射探测输出的电信号进行放大，同时将噪声等效功率降低至光子能级。高频选择性是外差探测的一大特点，在电子学领域，这意味着可以高效地利用给定的频带，也就是可以在其中安装许多传输信号通道；在光谱学领域，这意味着可以实现高光谱分辨率。另外，由于外差探测的探测范围较窄，因此可以采用选择类似于窄信号的检测带宽，从而达到抑制噪声的目的。

1. 肖特基二极管混频器

肖特基二极管混频器结构简单、容易加工、成本较低，对工作环境的要求不高，能够在室温条件下稳定工作，而且在噪声系数方面有着不错的性能。因此，目前大多数太赫兹混频器的电路设计用肖特基二极管来完成。

2007年，Schlecht等[22]提出了一款工作频率为520~590 GHz的分谐波混频器。混频器整体电路如图3-19所示，该电路运用了JPL平面二极管工艺及梁氏引线。该引线对于波导信号的耦合、DC与IF的连接、二极管及电容的接地都至关重要。整个电路装配在5 μm厚的GaAs薄膜上，电容和二极管采用了多种工艺。所有工作频段内，混频器的变频损耗为

11~14 dB，双边带噪声温度低于4 000 K。

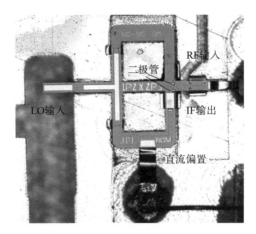

图3-19　520~590 GHz 次谐波混频器[22]

2016年，Bulcha等[23]提出了一款工作频率为1.8~3.2 THz的谐波混频器，如图3-20所示，其本振电路、中频电路与二极管结构分别集成于8 μm厚的石英衬底与GaAs薄膜之上。经测试验证，三次谐波混频的变频损耗为27 dB，四次谐波混频的变频损耗为30 dB，此结果在当时代表了该频率范围内肖特基二极管混频器的最佳性能。

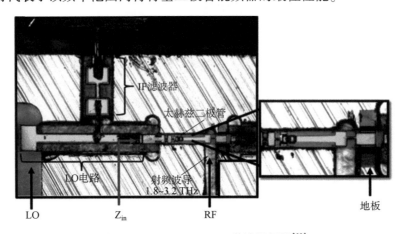

图3-20　1.8~3.2 THz 谐波混频器[23]

2021年，Jayasankar等[24]报道了工作在3.5 THz和4.7 THz的单端肖特基二极管谐波混频器，如图3-21所示。这两款混频器都使用亚微米级的肖特基二极管，整个电路集成在2 μm厚的GaAs衬底上，然后组装在波导腔体中。其中，3.5 THz六次谐波混频器在中频频率为200 MHz时，测得的变频损耗约为60 dB。

2. 场效应晶体管混频器

高电子迁移率晶体管（high-electron mobility transistor, HEMT）作为金属半导体场效应晶体管（metal semiconductor field effect transistor, MESFET）的变型，属于异质结结构的场效应晶体管，又称调制掺杂场效应管（modulation doped field effect transistor, MODFET）和二维电子气场效应管（two dimensional electron gas field effect transistor, 2-DEGFET）。它的异质结是通过两种不同的能隙材料形成的，三角势阱在其界面处形成，势阱中的二维电子气

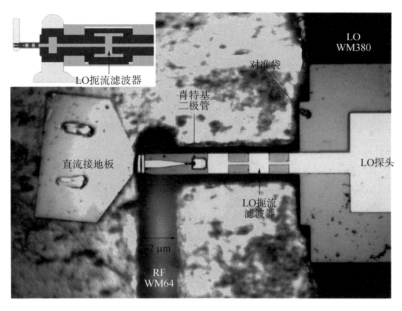

图 3-21 3.5 THz 六次谐波混频器[24]

被用作沟道进行调控。由于异质结构中的电子集中在三角势阱中，空穴和电子在空间上被分离，因此其电子迁移率很高。高电子迁移率晶体管在太赫兹探测中有巨大的应用前景。

近十余年来，基于 CMOS、Ⅲ-Ⅴ化合物半导体和石墨烯的室温场效应晶体管被各国研究小组相继实现，场效应晶体管太赫兹探测器的灵敏度已经可以与肖特基二极管探测器相当，等效噪声功率低于 $100\ \mathrm{pW/Hz^{1/2}}$。

2022 年，中国科学技术大学与中国科学院大学的学者针对具有高输出阻抗的 AlGaN/GaN 高电子迁移率晶体管太赫兹探测器与商用低噪声放大器阻抗失配、带宽小的问题，采用 AlGaN/GaN HEMT 太赫兹探测器与 AlGaN/GaN HEMT 中频放大器的集成方式，搭建了 340 GHz 太赫兹外差系统（图 3-22），测试集成芯片的带宽、噪声等效功率和噪声系数。测试结果表明，集成芯片的 -3 dB 带宽达 15 MHz，5 MHz 以上外差系统的噪声等效功率为 -131.8 dBm/Hz，且放大链路的噪声功率为 0.48 dB。

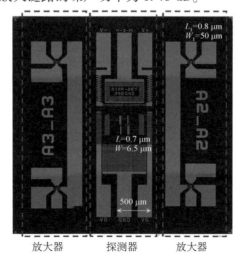

图 3-22 340 GHz 太赫兹探测器

3. 超导体–绝缘体–超导体混频器

超导体–绝缘体–超导体（superconductor–insulator–superconductor，SIS，又称超导隧道结）混频器是一种光子探测器，其关键实现技术靠的是超导材料的应用。在光子辅助隧穿机制的理论基础上，这种器件能够探测 0.1~1.2 THz 的信号，其噪声等效功率在 10^{-20} W/Hz$^{1/2}$ 量级，正常工作的温度条件为 1 K 左右。目前，SIS 混频器的应用领域为 1.3 THz 以下的太赫兹波空间外差探测。需要注意的是，器件的电阻和电容往往是限制混频器信号带宽的主要原因。

SIS 探测器广泛应用于太赫兹射电天体物理学和大气物理学的研究。其中，最令人瞩目的成就当属在 2019 年 4 月 10 日公布的人类历史上第一张黑洞照片[25]（图 3-23），由事件视界望远镜（event horizon telescope，EHT）拍摄，引起了学术界的轰动。分布在地球上 8 个不同观测点的望远镜及望远镜阵列被 EHT 整合，由此，一个概念上口径相当于地球直径大小的超级望远镜得以构成，再以干涉的方式对黑洞进行拍摄成像[26]。在这项令人瞩目的超级工程中，虽然超高的空间分辨率是由干涉技术实现的，但极高的探测灵敏度来自 SIS 混频器技术的贡献。可以说，没有 SIS 混频器，就不可能有这张黑洞照片。

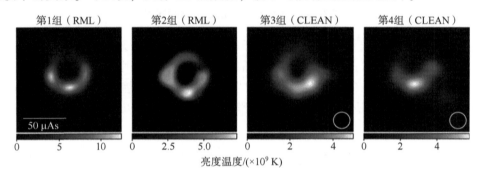

图 3-23 人类第一张黑洞照片[25]（附彩图）

SIS 目前的研究趋势可以归纳为以下几点：

（1）宽中频。一款设计精良的超导隧道结具有输出带宽较宽的特性，往往可在几十 GHz 以上，但关键技术难点是如何完整利用这么宽的中频进行输出。一方面，常用的 Bias-T 偏置电路带宽小于 20 GHz，因此在设计匹配网络时很难达到宽带的效果；同时，偏置电路的带宽拓展也是棘手的问题。另一方面，后端数字信号处理模块的处理能力是有限的，往往需要进行二次混频才能实现同时处理如此宽带的信号。

（2）多波束。接收机采用多波束设计的目的是实现对同一片区域的多点、同时观测，并能够实时成像，从而提高观测效率。但是，本振分配、杜瓦制冷量需求增大、放大器功耗设计等问题都是多波束设计时无法回避的重要问题。

（3）高能隙材料。超导材料能隙频率往往决定了 SIS 工作频率的上限，例如传统的 Nb 能隙频率仅为 0.7 THz，由此推得的理论工作频率上限为 1.4 THz，但是在超过 0.7 THz 工作频率的条件下，库珀对（Cooper pair）会因为调谐电路的超导薄膜吸收光子而被破坏，导致隧道结性能急剧下降。因此，理论上找到一种高能隙超导材料是能突破 1.4 THz 工作频率上限。目前，有两种研究方案在国际上比较流行，以荷兰 SRON/TUDelft 研究小组为代表的一种方案[27]是在现有 Nb 超导隧道结混频器的基础上引入高能隙超导材料，将其作为调谐和阻抗变换电路的导体，他们应用 Nb-TiN 超导薄膜并结合基于 AlN 势垒层的高临界电流密度 Nb 超导 SIS 结制备技术，在 1 THz 频率附近取得了较理想的结果。但是这种方案的超导隧道结混频器频率上限仍限制在 1.4 THz，它主要解决的是 0.7 THz 以内 Nb 超导电路的损耗问题；另一种以 Caltech/JPL 和 NiCT/NAOJ/PMO 研究小组为代表的方案是直接使用高能隙材料制作隧道结，这种方案有望将频率上限突破 1.4 THz，其中美国 Caltech/JPL 小组主要致力于高 J_c（临界电流密度）全 NbTiN 超导 SIS 结和 NbTiN/Nb 混合 SIS 结的研究[28]，如图 3-24 所示，除了实现良好的噪声性能外，也实现了迄今为止频率最高的超导 SIS 混频技术。

图 3-24　Caltech 设计的 1.2 THz SIS 混频器[28]

4. 热电子测辐射热计混频器

热电子测辐射热计（hot electron bolometer，HEB）是利用声子和电子散射冷却机制发展起来的一种高灵敏度探测器。HEB 混频器的超导微桥的长度和宽度能够调节，从而使两端的射频电路能够实现阻抗匹配，这种超导微桥是由一层极薄（通常为几纳米厚）的超导薄膜（主要是 NbN、NbTiN 等）组成的。太赫兹波在照射超导微桥时，其中的电子能够吸收辐射能量从而使自身的温度升高，之后电子与声子的相互作用又会使声子的温度升高，这些热量的最终归宿是逃逸到衬底中，使整个系统恢复到平衡状态。HEB 探测器在 1 THz 辐射的探测上较 SIS 技术有更好的性能。它需要工作在低温环境下，目前可探测的最高频率约为 5 THz。

随着对热电子混频机制的深入研究，制备工艺也日趋成熟，测试系统不断改进完善，超导 HEB 混频器的接收机噪声温度已接近量子噪声的极限，是高频太赫兹领域灵敏度最高的外差混频器，并已在地面望远镜 APEX、机载望远镜 SOFIA、空间卫星 Hershel 等项目中得到广泛应用，其中还包括 HeH^+ 离子的探测[29]。

南京大学等国内相关科研团队也在超导 HEB 混频器的工作中有了长足的进步[30]。中国科学院紫金山天文台在超导 HEB 混频器的研制中，探索了固有机械振动和温度变化对 4 K 闭环制冷机性能的影响[31]，并获得了与液氦制冷相当的性能。之后，对超导 HEB 混频器的混频机理、噪声来源等方面进行了深入分析，并以此为依据，成功地开发出了南极 5 m 太赫兹望远镜 1.4 THz 频段的超导 HEB 混频器。

3.4.2 光电导探测器

光电导探测器是基于半导体材料的光电导效应提出来的一种探测器。光电导效应是指当辐射照射于探测器时，探测器表现出电阻变化的现象。根据半导体掺杂浓度的差异，光电导探测器可以分为本征光电导探测器和非本征光电导探测器。

1. GaAs 探测器

随着光电子器件的发展，Ⅲ-Ⅴ型半导体材料因其较高的电子迁移率、光电转换效率以及较强的辐射能力而受到人们的重视。其中，以砷化镓（GaAs）材料为代表的Ⅲ-Ⅴ型半导体材料得到广泛研究，且具有良好的应用前景。研究人员采用 GaAs 和 GaAs 基晶体材料开发出多种光电子设备，被广泛应用于光电检测等领域。

近年来，基于 GaAs 半导体材料的光电导探测器得到国内外研究者们的广泛关注。2015 年，Peng 等[32]基于 GaAs 纳米线，在石英基板上利用激光直写光刻工艺制作了一款太赫兹光电导探测器，如图 3-25 所示。为了验证该探测器的性能，他们使用其测试了 290 GHz 低通滤波器的透射频谱，测试结果与时域有限差分法仿真结果一致性较好，证明了该探测在太赫兹近场探测中的应用潜力。

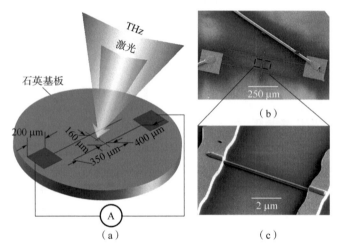

图 3-25　Peng 等[32]提出的 GaAs 探测器

为了提高 GaAs 探测器的灵敏度，2018 年，Mitrofanov 等[33]将由 GaAs 纳米梁阵列和次表面分布式布拉格反射器组成的光电导通道超表面集成到 GaAs 探测器中。由于超表面表现出较强的吸收特性，GaAs 探测器产生的光电流得到增强，只需 0.5 mW 的光激励便可表现出最佳探测性能，信噪比达 106，相较于传统 GaAs 探测器所需的功率降低很多。同时，该探测器的暗电阻大于 10 GΩ，适用于太赫兹时域光谱和成像中的低噪声检测。

2020 年，Murakami 等[34]使用射频溅射法制备了基于低温生长 GaAs 的等离子光电导探测器，如图 3-26 所示。由于探测器的局域表面等离子体共振特性，探测器表面附近的电场和纳米粒子的光吸收特性得到增强。实验结果显示，该探测器在 800 nm 和 1 560 nm 波长下探测灵敏度相较于传统结构分别提高了 29% 和 40%。

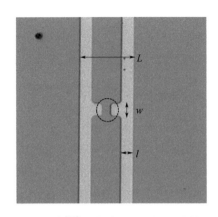

图 3-26　Murakami 等[34]提出的 GaAs 探测器的光学显微镜图像

2. 阻挡杂质带探测器

阻挡杂质带（blocked impurity band，BIB）探测器是一种非本征光电导探测器。传统的非本征探测器会因为掺杂浓度提高而引起极大的暗电流，而 BIB 探测器就是在其基础结构上增加一层本征层来避免这种情况的发生。如图 3-27 所示，BIB 主要由重掺杂的吸收层和高纯度的阻挡层构成。太赫兹波入射 BIB 探测器时，吸收层中杂质能级上的电子吸收辐射并跃迁至导带，形成光生载流子，在外加偏压下形成非本征光电流，经过放大后就可获得被探测信号的信息。

图 3-27　阻挡杂质带探测器典型结构横截面

BIB 探测器是一种具有宽响应波段、高探测响应率且易于集成等优点的高精尖器件，在深空探测等领域具有广泛的应用前景。由于其应用领域的敏感性，BIB 探测器的研制技术一直被国外封锁。

为了进一步满足天文探测器波段覆盖宽、灵敏度高、积分时间长和暗电流极低等需求[35]，阻挡杂质带探测器在材料选择、结构设计和制造技术等方面得到不断发展。1979年，Petroff 等[36]提出了阻挡杂质带探测器的构想，然后制作了第一个 Si 基 BIB 探测器。Si 基 BIB 探测器通常被应用在近红外至中红外区域，其探测波长范围为 5～40 μm。20 世纪 80 年代中期，Ge 基 BIB 器件开始出现。Ge 基 BIB 探测器的探测波长可达 200 μm，并有可能达 250 μm。为了更进一步拓展 BIB 探测器的探测光谱范围，GaAs 基 BIB 探测器受到人们的重视。GaAs 是一种 Ⅲ-Ⅴ 族半导体化合物，它的浅施主结合能为 5.7 meV，以它为基础制成的 BIB 探测器的探测波长在理论上能达 300 μm（1 THz）以上。因此，GaAs 基 BIB 探测器在太赫兹天文探测中有着很好的应用前景，因而备受科研工作者的关注。随着 BIB 探测器的研究和生产技术的发展，Si 基 BIB 探测器的制备技术也日趋成熟，特别是层叠型 Si 基 BIB 探测器的主体材料外延生长技术及其探测器的制备工艺。

3.4.3 电光采样探测器

电光采样探测是一种利用泡克耳斯效应（Pockels effect）获得太赫兹辐射的相关信息的光整流逆过程，它克服了光生载流子寿命周期的局限性，时间响应仅取决于所使用的电光晶体的非线性特性，因此它具有时间响应更短、探测带宽较高、探测灵敏度和信噪比性能优越的特点，进而得到广泛应用，典型应用有太赫兹时域光谱测量、成像技术等。

电光采样太赫兹探测技术的基础是光电材料的线性电光效应[37]。如图 3-28 所示，太赫兹辐射被光电导天线吸收，形成一个太赫兹电场，它可以改变 GaP 电光晶体的折射率，从而探测到太赫兹波。

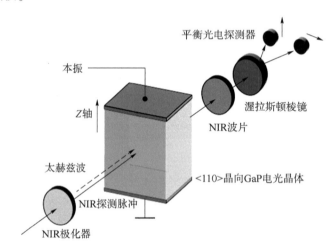

图 3-28　电光采样探测技术对太赫兹辐射的探测原理示意图

在外部电场的作用下，晶体的折射率变化现象称为电光效应。晶体折射率 n 与电场强度 E 的关系满足下式：

$$n = n_0 + \gamma E + \chi E^2 \quad (3-6)$$

式中，n_0——晶体的固有折射率；

γ——一次电光系数；

χ——二次电光系数。

由于材料性质的差异，这两个系数对晶体的折射率影响不同。电场的一次项占支配地位导致晶体的折射率变化称为泡克耳斯效应，即一阶电光效应。电场的二次项占支配地位时，称为克尔效应（Kerr effect），亦称二阶电光效应。在不同的电光晶体材料中，占支配地位的效应会有差异。

常用的电光晶体主要有 CdTe、ZnTe、LiTaO₃、LiNbO₃ 和 GaAs 等。由于 ZnTe 的晶体二

阶非线性系数和电光系数均较大[38]，并且<110>晶向的ZnTe晶体在800 nm附近激光脉冲作用下相位匹配最好，探测太赫兹辐射的效率较高，目前采用ZnTe电光晶体进行太赫兹光谱探测和成像的研究最为广泛。2008年，Zhang等[39]搭建了太赫兹电光晶体太赫兹实时成像系统，其工作原理示意图及实验结果如图3-29所示。

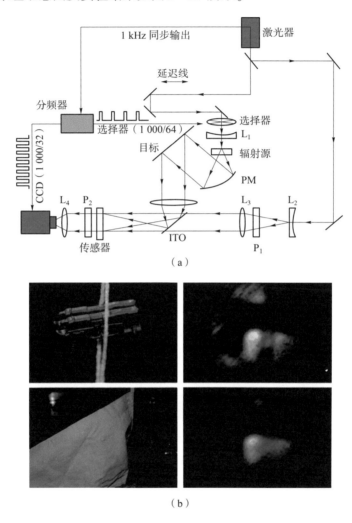

图3-29　电光晶体太赫兹实时成像系统及实验结果[39]
（a）电光晶体太赫兹实时成像系统工作原理示意图；（b）玩具手枪的可见光成像与太赫兹成像

3.5　太赫兹探测器比较

总的来说，肖特基二极管、热释电探测器、高莱探测器的造价都相对低廉。其中，肖特基二极管在小型连续太赫兹系统中的适用性较强，其动态范围可与高莱探测器相比，并且远高于热释电探测器。此外，因其更快的响应速度，故能够获得更高的数据采集速率，并且较小的体积使它易于集成使用。表3-3所示为几种太赫兹探测器的性能比较。

表 3-3 太赫兹探测器性能比较

探测器	噪声等效功率	频率范围	相干性	响应速度	工作温度
光电导开关	约 10^{-15} W/Hz	0.1～20 THz	相干	约 100 fs	常温
电光晶体	约 10^{-15} W/Hz	0.1～100 THz	相干	约 10 fs	常温
辐射热计（直接检测）	约 10^{-15}～10^{-12} W/Hz	全波段	非相干	约 1 ms	液氦
热释电探测器	约 10^{-9} W/Hz	全波段	非相干	约 100 ms	常温
高莱探测器	约 10^{-10} W/Hz	全波段	非相干	约 100 ms	常温
肖特基二极管（直接检测）	约 10^{-10} W/Hz	<1.8 THz	相干	约 1 ps	常温
差频检测（肖特基二极管）	约 10^{-19} W/Hz	由本振决定	相干	约 1 ps	常温
差频检测（SIS 混频器，辐射热计）	约 10^{-21}～10^{-20} W/Hz	由本振决定	相干	约 1 (ps～ns)	液氦

参考文献

[1] ZHANG Y, HOSONO S, NAGAI N, et al. Fast and sensitive bolometric terahertz detection at room temperature through thermomechanical transduction[J]. Journal of applied physics, 2019, 125(15):151602.

[2] 张鹏,董杰,韩顺利,等. 太赫兹功率非相干测试技术研究进展[J]. 微波学报, 2015, 31(S1):80-83.

[3] MÜLLER R, GUTSCHWAGER B, HOLLANDT J, et al. Characterization of a large-area pyroelectric detector from 300 GHz to 30 THz[J]. Journal of infrared, millimeter, and terahertz waves, 2015, 36(7):654-661.

[4] KUZNETSOV S A, PAULISH A G, NAVARRO-CÍA M, et al. Selective pyroelectric detection of millimetre waves using ultra-thin metasurface absorbers[J]. Scientific reports, 2016, 6(1):21079.

[5] SALHI M A, PUPEZA I, KOCH M. Confocal THz laser microscope[J]. Journal of infrared, millimeter, and terahertz waves, 2009, 31(3):358-366.

[6] LIU L, HESLER J L, XU H, et al. A broadband quasi-optical terahertz detector utilizing a zero bias Schottky diode[J]. IEEE microwave and wireless components letters, 2010, 20(9):504-506.

[7] HAN S P, KO H, PARK J W, et al. InGaAs Schottky barrier diode array detector for a real-time compact terahertz line scanner[J]. Optics express, 2013, 21(22):25874.

[8] 张玉平,唐利斌,刘玉菲,等. 太赫兹新型探测器的研究进展及应用[J]. 红外与毫米波学报, 2020, 39(2):191-210.

[9] BROWN E R, YOUNG A C, BJARNASON J E, et al. Millimeter and sub-millimeter wave performance of an eras:InAlGaAs Schottky diode coupled to a single-turn square spiral[J]. International journal of high speed electronics and systems, 2007, 17(2):383-394.

[10] HAN R, ZHANG Y, KIM Y, et al. Active terahertz imaging using Schottky diodes in CMOS: array and 860 GHz pixel [J]. IEEE journal of solid-state circuits, 2013, 48(10):2296-2308.

[11] WATANABE T, BOUBANGA-TOMBET S A, TANIMOTO Y, et al. InP- and GaAs-based plasmonic high-electron-mobility transistors for room-temperature ultrahigh-sensitive terahertz sensing and imaging[J]. IEEE sensors journal, 2013, 13(1):89-99.

[12] LIU Z, LIU L, ZHANG Z, et al. Terahertz detector for imaging in 180-nm standard CMOS process[J]. Science China information sciences, 2017, 60(8):082401.

[13] VICARELLI L, VITIELLO M S, COQUILLAT D, et al. Graphene field-effect transistors as room-temperature terahertz detectors[J]. Nature materials, 2012, 11(10):865-871.

[14] QIN H, SUN J, HE Z, et al. Heterodyne detection at 216, 432, and 648 GHz based on bilayer graphene field-effect transistor with quasi-optical coupling[J]. Carbon, 2017, 121:235-241.

[15] LIU H C, SONG C Y, SPRINGTHORPE A J, et al. Terahertz quantum-well photodetector [J]. Applied physics letters, 2004, 84(20):4068-4070.

[16] GUO X G, TAN Z Y, CAO J C, et al. Many-body effects on terahertz quantum well detectors [J]. Applied physics letters, 2009, 94(20):201101.

[17] GUO X G, CAO J C, ZHANG R, et al. Recent progress in terahertz quantum-well photodetectors [J]. IEEE journal of selected topics in quantum electronics, 2013, 19(1):8500508.

[18] ZHANG R, SHAO D X, FU Z L, et al. Terahertz quantum well photodetectors with metal-grating couplers[J]. IEEE Journal of Selected Topics in Quantum Electronics, 2017, 23(4):1-7.

[19] WANG H, ZHANG R, WANG F, et al. Two-colour THz quantum well photodetectors[J]. Electronics letters, 2017, 53(16):1129-1130.

[20] GRANT P D, LAFRAMBOISE S R, DUDEK R, et al. Terahertz free space communications demonstration with quantum cascade laser and quantum well photodetector[J]. Electronics letters, 2009, 45(18):952.

[21] FU Z L, GU L L, GUO X G, et al. Frequency up-conversion photon-type terahertz imager [J]. Scientific reports, 2016, 6(1):25383.

[22] SCHLECHT E, GILL J, DENGLER R, et al. A unique 520~590 GHz biased subharmonically-pumped Schottky mixer[J]. IEEE microwave and wireless components letters, 2007, 17(12):879-881.

[23] BULCHA B T, HESLER J L, DRAKINSKIY V, et al. Design and characterization of 1.8~3.2 THz Schottky-based harmonic mixers[J]. IEEE transactions on terahertz science and technology, 2016, 6(5):737-746.

[24] JAYASANKAR D, DRAKINSKIY V, ROTHBART N, et al. A 3.5-THz, ×6-harmonic, single-ended Schottky diode mixer for frequency stabilization of quantum-cascade lasers [J]. IEEE transactions on terahertz science and technology, 2021, 11(6):684-694.

[25] AKIYAMA K. First M87 event horizon telescope results. IV. Imaging the Central Supermassive black hole[J]. The astrophysical journal letters,2019:52.

[26] 李春光,王佳,吴云,等. 中国超导电子学研究及应用进展[J]. 物理学报,2021,70(1):184-209.

[27] KHUDCHENKO A,BARYSHEV A M,RUDAKOV K I,et al. High-gap Nb-AlN-NbN SIS junctions for frequency band 790~950 GHz[J]. IEEE transactions on terahertz science and technology,2016,6(1):127-132.

[28] KARPOV A,MILLER D,RICE F,et al. Low noise 1~1.4 THz mixers using Nb/Al-AlN/NbTiN SIS junctions[J]. IEEE transactions on applied superconductivity,2007,17(2):343-346.

[29] GÜSTEN R,WIESEMEYER H,NEUFELD D,et al. Astrophysical detection of the helium hydride ion HeH$^+$[J]. Nature,2019,568(7752):357-359.

[30] JIANG Y,JIN B,XU W,et al. Terahertz detectors based on superconducting hot electron bolometers[J]. Science China information sciences,2012,55(1):64-71.

[31] 史生才,李婧,张文,等. 超高灵敏度太赫兹超导探测器[J]. 物理学报,2015,64(22):16-27.

[32] PENG K,PARKINSON P,FU L,et al. Single nanowire photoconductive terahertz detectors[J]. Nano letters,2015,15(1):206-210.

[33] MITROFANOV O,SIDAY T,THOMPSON R J,et al. Efficient photoconductive terahertz detector with all-dielectric optical metasurface[J]. APL photonics,2018,3(5):051703.

[34] MURAKAMI H,TAKARADA T,TONOUCHI M. Low-temperature GaAs-based plasmonic photoconductive terahertz detector with Au nano-islands[J]. Photonics research,2020,8(9):1448.

[35] 廖开升,刘希辉,黄亮,等. 天文用阻挡杂质带红外探测器[J]. 中国科学:物理学 力学 天文学,2014,44(4):360-367.

[36] PETROFF M D,STAPELBROEK M G. Blocked impurity band detectors:US,US 4568960 A[P]. 1986.

[37] DARMO J,DIETZE D,MARTL M,et al. Nonorthodox heterodyne electro-optic detection for terahertz optical systems[J]. Applied physics letters,2011,98(16):161112.

[38] 王仍,方维政,赵培,等. 应用于 THz 辐射的 ZnTe 单晶生长及测试[J]. 半导体学报,2008(5):940-943.

[39] ZHANG L,KARPOWICZ N,ZHANG C,et al. Real-time nondestructive imaging with THz waves[J]. Optics communications,2008,281(6):1473-1475.

第 4 章
太赫兹无源器件

无源器件是指不外加电源就能表现出其工作特性的器件。太赫兹无源器件是太赫兹系统前端的重要组成部分，主要包括太赫兹传输线、太赫兹滤波器、太赫兹透镜、太赫兹天线和太赫兹频率选择表面等。目前太赫兹系统正朝着高性能、小型化、高可靠性等方向发展，因此研究低损耗、高效率、低成本、高集成度的太赫兹无源器件对于太赫兹技术的发展具有重要意义。本章对几类重要的太赫兹无源器件进行简单介绍，并在此基础上展示这些无源器件对应的电磁仿真示例。

4.1 太赫兹传输线

在传输方面，由于太赫兹波在自由空间中的传输损耗很大，因此以波导为基础的太赫兹器件成了太赫兹传输的重要基础，也是太赫兹波能否广泛应用的关键[1]。近年来，越来越多的科研团队投入该领域的研究，出现了诸如太赫兹金属波导、光子晶体波导、光子晶体光纤、聚合物波导、塑料带状波导和蓝宝石光纤等类型的太赫兹波导器件，它们不但在传输性能方面愈显其优越性，而且体积越来越小，更便于制成集成器件。根据太赫兹波的传输特性，目前主要有大气和波导方面的研究，由于自由空间的太赫兹波传输损耗大，因此太赫兹波传输的关键在于以波导为主的太赫兹器件。近年来，基于太赫兹波段的波导被广泛研究，出现了太赫兹金属波导、光子晶体波导、光子晶体光纤等不同种类的太赫兹波导器件[1]。随着加工工艺和材料研究的深入，作为太赫兹系统的基础构造，太赫兹传输线的传输性能越发优越，更利于集成。以下对典型的太赫兹波导分别论述。

4.1.1 太赫兹金属波导

1. 太赫兹金属波导概述

太赫兹波传播中存在自由空间中的太赫兹波与波导之间的耦合损耗，以及太赫兹波在波导传播中的吸收、色散、损耗等问题。金属丝因能有效降低吸收损耗而成为一种有前途的太赫兹波导。1999 年，McGowan 等[2]成功地将太赫兹波耦合进直径为 240 μm、长 24 mm 的不锈钢金属波导中，并实现了 0.65～3.50 THz 总能量吸收系数低于 1/cm 的太赫兹波传播。这种波导对太赫兹波的吸收损耗远低于如共面传输线等波导的损耗（在共面传输线波导中，太赫兹波传播不到 1 cm 就已经消失殆尽），其不足之处是太赫兹波在其中传播的群速度色散较大。2001 年，Grischkowsky 等[3]设计出铜制的太赫兹平行平板波导，支持 TEM 模式传输，有效解决了群速度色散问题。图 4-1 所示为他们制成的平行平面波导，其导电板厚度为 12～24 mm、平板距离为 108 μm。由于该平行金属板间群速度变化不大，色散很小，因群速度色散而产生的脉冲展宽被抑制，因此传输太赫兹脉冲失真小。

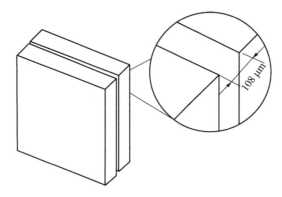

图 4-1 平行平面金属波导示意图

2004 年，Mittleman 等[4]采用直径为 0.9 mm 的金属线传输太赫兹波，平均损耗系数小于 0.03/cm，结构如图 4-2 所示，金属丝的一端耦合输入太赫兹波，经过 90°和 45°的镜面反射后，在金属丝的另一端输出。由于索末菲（Sommerfeld）第一个发现了麦克斯韦方程组的单线边界值问题的严格解，所以单金属线又叫作索末菲线。这种裸金属线波导的传输性质与同轴线中的低阶电磁波相似，因此可以很好地限制导模的传输。但由于裸露的金属线没有同轴线外层的保护层，因此削弱了群速度色散的限制。研究人员还通过改变金属线的直径，发现太赫兹波的传输特性主要由电导率而非金属线的形状决定。

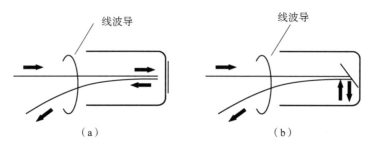

图 4-2 太赫兹波在金属丝波导中的传播与探测
（a）90°镜面反射；（b）45°镜面反射

2. 太赫兹金属波导 CST 仿真示例

图 4-3 太赫兹金属波导模型

CST 工作室套装是面向三维电磁、电路、温度和结构应力设计工程师的一款全面、精确、集成度极高的专业仿真软件包。本书使用 CST 仿真软件对太赫兹电磁结构进行仿真，供读者参考，下文中不再赘述。

本节仿真的模型如图 4-3 所示，它是由金组成的圆柱形结构。该结构的具体尺寸：外径 r_1 = 280 μm，内径 r_2 = 240 μm，高度 h = 1 000 μm。其满足工作频率在 0.8～1.2 THz，S_{11} < -40 dB，S_{21} > -0.2 dB 的指标。

1）新建工程

双击 CST 图标启动软件，得到图 4-4 所示的界面。单击图 4-4 中的 "New Template" 图标，新建一个 CST 工程。接着选择"MW & RF & OPTICAL"模块下的"Antennas",单击"Next"按钮,在"Workflow"中选择"Waveguide(Horn,Cone,etc.)",再单击"Next"按钮,在求解器选择时域求解器"Time Domain"。

图 4-4 新建工程界面

打开时域求解器"Time Domain"后,进入图4-5所示的对话框,设置默认单位。本工程中将单位依次设置为 μm、THz、ns。单击"Next"按钮后,设置求解的频率区域,分别设置"Frequency min"和"max"为0.5 THz 和1.5 THz,最后单击"Finish"按钮完成工程创建。

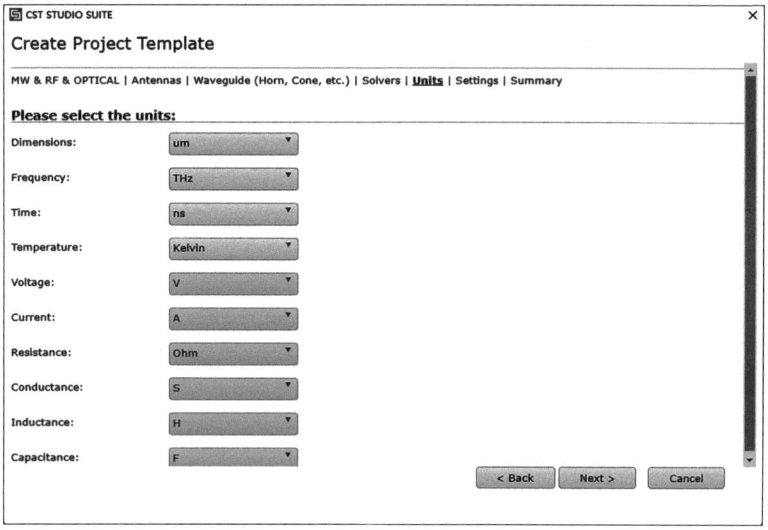

图 4-5 设置单位

2) 创建仿真模型

打开 CST 后,打开最上方菜单中的"Modeling"选项卡,选择圆柱体结构"Cylinder",如图4-6所示。

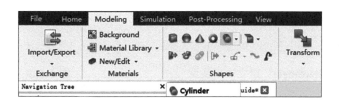

图 4-6 单击"Cylinder"建立圆柱模型

在弹出的对话框中依次输入变量"r1""r2""h",并选择材料"Gold",如图4-7所示。输入完成后,会依次弹出图4-8所示的对话框,要求输入 r1、r2、h 的具体数值。设置后单击"OK"按钮,得到金属波导主体。

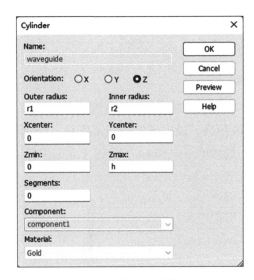

图 4-7 输入坐标变量

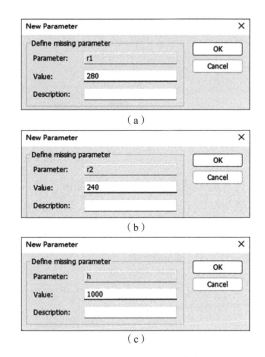

图 4-8 设置变量的具体数值
(a) 设置外径；(b) 设置内径；(c) 设置高

说明：因 CST 自动创建空气盒子，所以不用再特别设置空气盒子。

3) 设置边界条件和激励

在波导的顶部和底部各设置一个 PEC 面作为端口，打开最上方菜单中的"Modeling"选项卡，选择"Curves"选项下的"Rectangle…"选项，如图 4-9 所示。正方形边长即波导的外径，如图 4-10 所示。

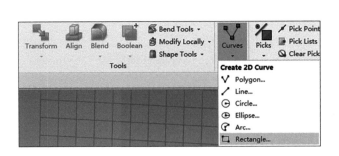

图 4-9 单击"Rectangle"建立端口模型

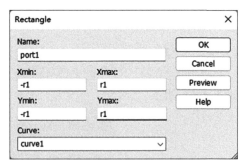

图 4-10 端口坐标变量

将画好的正方形线展成面，选中"port1"，打开最上方菜单中的"Modeling"选项卡，在"Shapes"中选中"Extrude Curve"选项，如图 4-11 所示。设置"Name"为"port1"，选择"Material"为"PEC"，其他按默认设置即可，如图 4-12 所示。

打开"Modeling"选项卡，在"Transform Selected Object"对话框中选中"Operation"下的"Translate"，选中"Copy"复选框，沿 Z 轴正方向移动 h，如图 4-13 所示，将 port1 上移 h 得到 port2。

在仿真前,设置激励源。在"Modeling"选项卡中选择"Picks",单击"Pick Face",选中"port1",在"Simulation"选项卡中选择"Waveguide Port",在弹出的对话框中将"port1"设置为波端口,如图 4-14 所示。同理,设置"port2"。

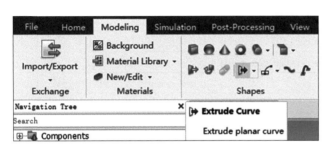

图 4-11 线展面操作

图 4-12 面展开具体设置

图 4-13 Translate 操作设置

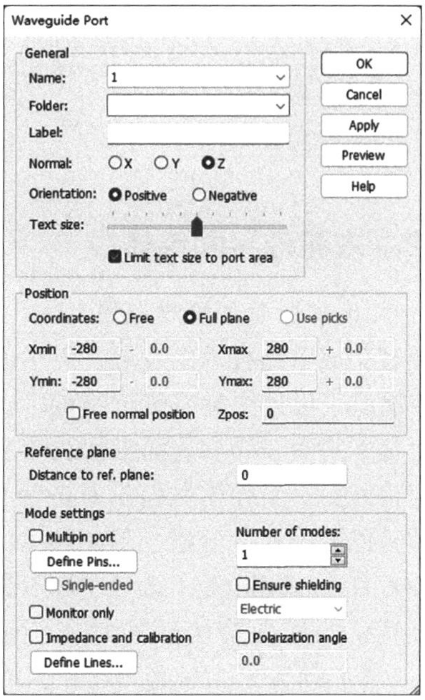

图 4-14 波端口设置

4)查看仿真结果

在"Home"选项卡中单击"Start Simulation"命令,开始仿真。仿真结束后,在左侧结构树"Navigation Tree"下的"1D Results"中可以查看 S 参数,选中"S-Parameters"下的"S1,1",即对应反射曲线 S_{11},如图 4-15 所示。S_{21} 仿真曲线如图 4-16 所示。S_{11} 在

$-95 \sim -70$ dB，S_{21}接近于0，满足太赫兹波导的传输特性。

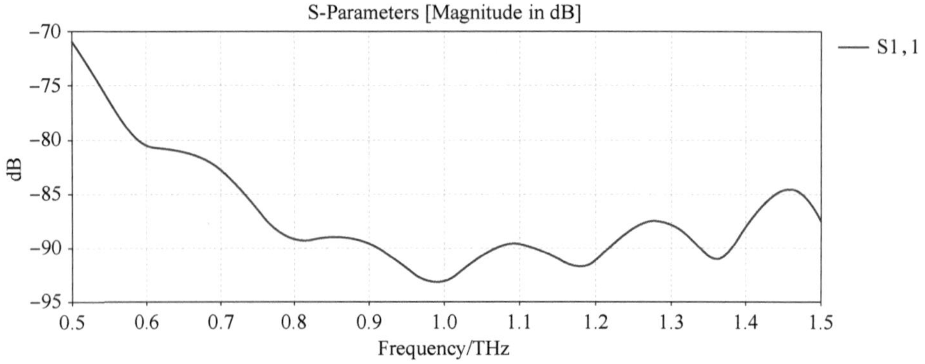

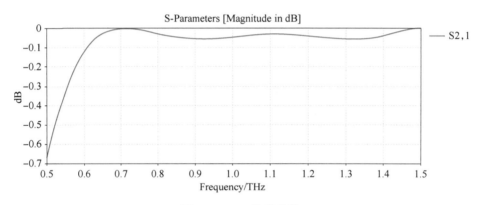

图4-15 S_{11}仿真曲线

图4-16 S_{21}仿真曲线

4.1.2 太赫兹平面传输线

1. 太赫兹平面传输线概述

随着集成电路技术的发展，对平面集成太赫兹系统的研究越来越多，研究者利用一些传统平面传输线来设计太赫兹传输结构[5]。1991年，Frankel等[6]设计出太赫兹频段的共面波导结构，研究了共面波导和共面带状线的衰减和色散性质，并对半导体和电介质衬底材料进行了研究，实验证实，半导体材料没有造成可观测的损耗。2000年，郭冰等[7]通过计算共面传输线的半经验色散公式，分析了厚LT-GaAs衬底上共面带状线在太赫兹频段内的色散和衰减特性。2006年，Akalin等[8]改进了原有的G线导波结构，设计出平面G线（PGL）用于太赫兹波段，其频段宽且结构较简单，还分析了G线的结构参数对传输特性的影响；2013年，Tsuchiya等[9]研究了太赫兹频段片上传输线的损耗因素，发现趋肤效应在100 GHz对传输线造成约5%的损耗；2020年，Althuwayb[10]在太赫兹天线上设计微带线和SIW作为传输结构。

2. 微带线、槽线、鳍线

平面传输线起初由同轴线结构演化为平面带状线，在第二次世界大战中用于制作功率分配器。微带线最早发明于美国联邦电信实验室，传输模式为准TEM模。微带线结构如图4-17所示。早期微带线的基底是较厚的电介质材料，放大了非TEM波的传输特性，且色散较大，因此传输效果不如带状线。20世纪60年代，科学家将其改进成厚度较薄的基片，降低了传输线对频率的依赖，至今微带线还是微波集成电路最常用的传输结构。

1969 年，Cohn[11] 提出了槽线结构，如图 4-18 所示。在电介质基底上有一道隔离两条金属导体的槽（与微带线相同，槽线的主模为准 TEM 模），通过改变槽的宽度，槽线的特征阻抗也随之变化。

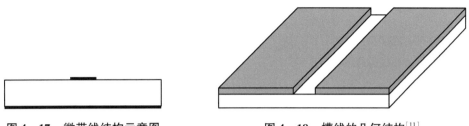

图 4-17　微带线结构示意图　　　　图 4-18　槽线的几何结构[11]

1972 年，Meier[12] 发明了鳍线结构，如图 4-19 所示。该结构被认为是准平面结构。鳍线的优点有单模频带宽、色散较弱、传输衰减较小、易于多电路集成等，在微波集成电路的平面传输线中有重要作用；通常情况下，鳍线的特征阻抗高于 100 Ω。

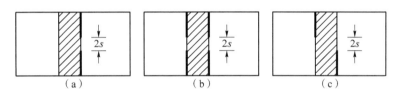

图 4-19　鳍线的横截面结构示意图[12]

(a) 单侧鳍线；(b) 对称鳍线；(c) 对拓鳍线

3. 共面波导

1969 年，Wen[13] 提出共面波导结构，其结构如图 4-20 所示。这是一种十分重要的平面传输线，共面波导与槽线结构相近，可以看成在槽中加入中心导体带。由于这条附加导体和中心导体带的存在，共面波导可以传输奇（或偶）的准 TEM 模，由两槽间的电场方向决定。因为中心导体及接地面间的封闭区域的存在，所以共面波导广泛应用于有源、无源电路的加工。

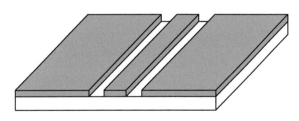

图 4-20　共面波导示意图[13]

相比于传统微带线，共面波导有如下优点：更易于制造加工；更容易串并联器件；此结构可消除环绕式处理和通孔结构，在毫米波及更高频率的电路加工中有更明显的优势；辐射损耗更低。另外，共面波导的特征阻抗在介质板的参数一定的情况下，主要由导体线宽和槽宽的比值决定，也因此在满足工艺条件的情况下可以极大地缩减尺寸，但损耗可能增大。所以，共面波导电路相较于传统微带线电路有更高的集成度。

4. 耦合微带线

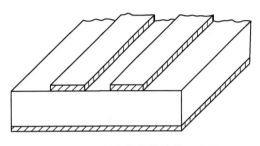

图4-21 耦合微带线结构示意图

耦合微带线由两个平行且距离很近的微带线构成，如图4-21所示。耦合微带线的种类可由两个微带线的尺寸关系划分，两个微带线的金属导带宽度、导体厚度等参数完全相同，那么称为对称耦合微带线；反之，尺寸不同的为不对称耦合微带线。耦合微带线主要用于设计定向耦合器、滤波器等器件。

从图4-21可以看出，耦合微带线的介质由导带下方的介质基板和导带上方的空气构成混合介质，与微带线类似，耦合微带线传输的主模为准TEM模，通常使用准TEM模的奇偶模法进行分析。对于空气耦合微带线，虽然奇偶模的特征阻抗会随两个微带线之间的耦合程度变化，但奇模特征阻抗与偶模特征阻抗的乘积等于存在另一根耦合线时的单线特性阻抗的平方。

5. 基片集成波导

基片集成波导是在介质板上利用金属化通孔或槽沟构成的新型传输线，通常用于高频段，采用印制电路、低温共烧陶瓷等工艺实现。通过模拟典型矩形波导的电磁行为，电磁波被限制在两侧地板及两排金属化过孔之间，传输的主模为TE_{10}模。基片集成波导的结构参数主要有通孔直径、间距、介质厚度和金属化过孔间距。基片集成波导结构使将元件集成在同一基板上的低损耗、紧凑、灵活且具有成本效益的解决方案成为可能。在太赫兹领域，使用硅通孔（TSV）技术可以实现小型化基片集成波导结构。

6. 共面波导传输线 CST 仿真示例

本节仿真的共面波导传输线模型如图4-22所示，它由介质基板、中心导体带和两侧的接地导带组成。该结构的具体尺寸：基板长$l_1 = 2\,000\,\mu m$，宽$l_2 = 360\,\mu m$，高度$h = 40\,\mu m$，中心导带宽$w = 40\,\mu m$，接地导带与中心导带间距$s = 30\,\mu m$。其满足工作频率在$0.8 \sim 1.2\,THz$，$S_{11} < -20\,dB$，$S_{21} > -1.3\,dB$的指标。

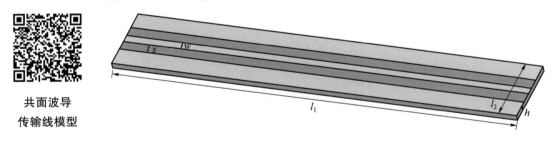

共面波导
传输线模型

图4-22 共面波导传输线模型

1）新建工程

双击CST图标启动软件，打开图4-23所示的界面。单击图4-23中的"New Template"，新建一个CST工程。接着选择"MW & RF & OPTICAL"模块下的"Antennas"，单击"Next"按钮，在"Workflow"中选择"Planar（Patch, Slot, etc.）"，再单击"Next"按钮，在求解器选择时域求解器"Time Domain"。

打开时域求解器"Time Domain"后，在图4-24所示的对话框中设置默认单位。本工程

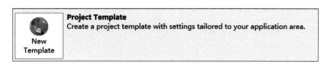

图 4-23 新建工程界面

中将单位依次设置为 μm、THz、ns。单击"Next"按钮后,设置求解的频率区域,设置"Frequency min"和"max"分别为 0.1 THz 和 1.5 THz,最后单击"Finish"按钮完成工程创建。

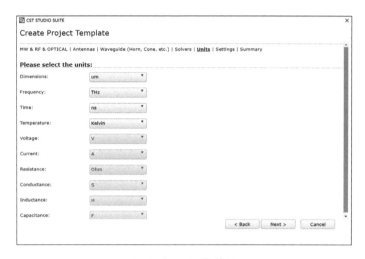

图 4-24 设置单位

2)创建仿真模型

(1)创建介质基板。

在"Modeling"选项卡中选择方块结构"Brick",如图 4-25 所示。在弹出的对话框中输入端点坐标,如图 4-26 所示。输入完成后,会依次弹出新对话框来设定 l1、l2、h 的具体数值,分别输入 l1 = 2 000,l2 = 360,h = 40,不需要输入单位。设置完成后单击"OK"按钮,得到介质基板模型。

图 4-25 单击"Brick"建立长方体模型

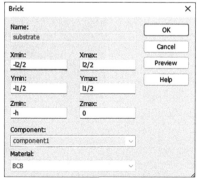

图 4-26 输入坐标变量

接下来,设置介质板的材料。在"Modeling"选项卡的"Material"选项中单击

"Material Library",选择"Load from Library"→"Quartz"。石英的材料特性如图 4-27 所示,设置相对介电常数"Epsilon"为 3.75。

(2) 创建金属贴片。

首先,创建中心导带部分,为长为 l1、宽为 w、厚度为 t 的长方体结构。在"Modeling"选项卡中选择方块结构"Brick",在弹出的对话框中依次输入变量 l1、w、t,如图 4-28 所示。设置导带材料为"Gold",分别设置 w 为 40、t 为 2。创建好的中心导带和介质基板结构如图 4-29 所示。

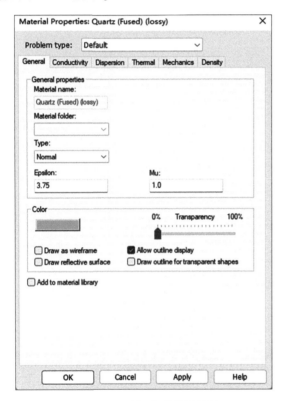

图 4-27 设置介质基板材料　　　图 4-28 中心导带参数设置

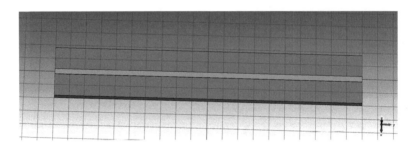

图 4-29 中心导带和介质基板结构

接着,创建两侧的接地导带,两侧同为长为 l1、宽为 l2/2-w/2-s、厚度为 t 的长方体结构。在"Modeling"选项卡中选择方块结构"Brick",在弹出的对话框中依次输入变量 l1、w、s 的表达式,如图 4-30 所示。

选中刚创建的中心导带,打开"Modeling"选项卡,在"Transform Selected Object"对话框中的"Operation"选项下选中"Mirror"单选框、"Copy"复选框,这里"Mirror plane normal"表示设置镜像平面的法线,将 X 取 1 代表在 YZ 平面镜像,如图 4-31 所示。最终的平面传输线模型如图 4-32 所示。

图 4-30 X 轴正方向的接地导带参数设置

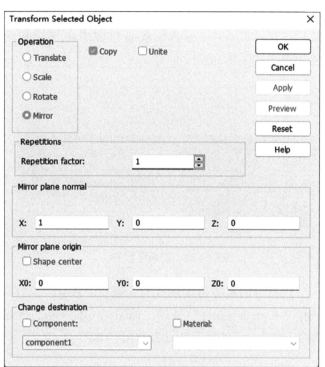

图 4-31 镜像操作

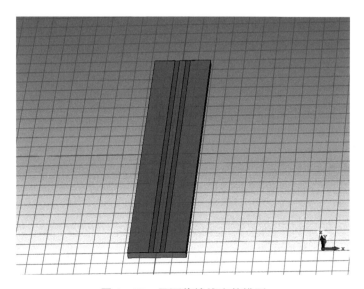

图 4-32 平面传输线完整模型

说明:因 CST 自动创建空气盒子,所以无须另外设置空气盒子。

3）设置边界条件和激励

在传输线的两端各设置一个 PEC 面作为端口，因端口平面处于 XOZ 平面，所以需要转换坐标系。打开"Modeling"选项卡，选择"Align WCS"，将原点定位介质板对应面的中心，如图 4-33 所示。

打开"Modeling"选项卡，选择"Curves"选项下的"Rectangle"选项。共面波导的波端口尺寸设计中，通常长度需包含中心导带和两边的接地板，高度需大于 $4h$。具体设置如图 4-34 所示。

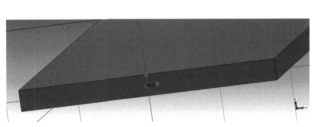

图 4-33 变换坐标系

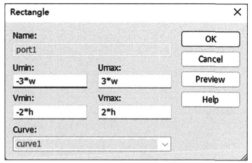

图 4-34 端口坐标变量

将画好的长方形线展成面，选中"port1"，打开"Modeling"选项卡，在"Shapes"中选中"Extrude Curve"选项，如图 4-35 所示。设置"Name"为"port1"，选择"Material"为"PEC"，其他按默认设置即可，如图 4-36 所示。

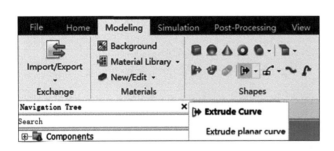

图 4-35 线展面操作

图 4-36 面展开具体设置

打开"Modeling"选项卡，在"Transform Selected Object"对话框中的"Operation"选项下选中"Translate"单选框、"Copy"复选框，沿 Y 轴正方向移动 l_1，如图 4-37 所示，将 port1 上移 l_1，得到 port2。

在仿真前，设置激励源。在"Modeling"选项卡中选择"Picks"→"Pick Face"，选中"port1"，在"Simulation"选项卡中选择"Waveguide Port"，在弹出的对话框中将"port1"设置为波端口，如图4-38所示。同理，设置"port2"。

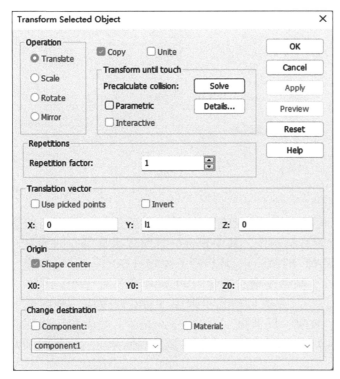

图4-37 Translate 操作设置

图4-38 波端口设置

4）查看仿真结果

在"Home"选项卡中单击"Start Simulation"，开始仿真。仿真结束后，在左侧结构树"Navigation Tree"下面的"1D Results"中可以查看 S 参数，选中"S-Parameters"下的"S1,1"，即对应反射曲线 S_{11}，如图4-39所示。S_{21} 仿真结果如图4-40所示。S_{11} 在 -45 ~ -30 dB，$S_{21} > -1.3$ dB，满足太赫兹波导的传输特性。

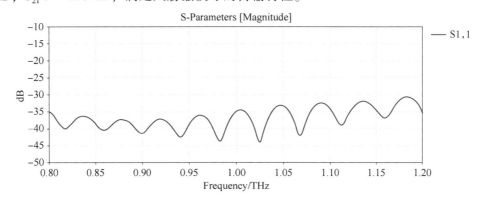

图4-39 S_{11} 仿真结果

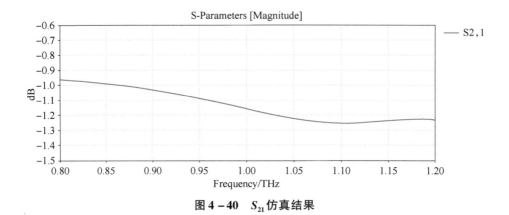

图 4-40　S_{21} 仿真结果

4.1.3　太赫兹光纤

1. 太赫兹光纤概述

太赫兹光纤需要低损耗波导实现，其可以更深入地控制波导光学特性，如损耗、双折射、色散等[14]。太赫兹光纤主要由电介质材料制作，其中聚合物材料效果良好，因为它们损耗小、色散低。常见的材料有聚四氟乙烯（Teflon）、环烯烃共聚物（COC）、环烯烃聚合物（COP）、聚甲基丙烯酸甲酯（PMMA）、高密度聚乙烯（HDPE）和聚丙烯（PP）等[15]。

太赫兹波在光纤中传播的导波机理[16-18]大致包括光子带隙（PBG）效应、全内反射（TIR）效应、修正的全内反射（mTIR）效应、反谐振（anti-resonance）效应和拓扑通道效应等。各类导波结构的示意图如图 4-41 所示，其中，深色区域为固体介质，白色区域为空气。

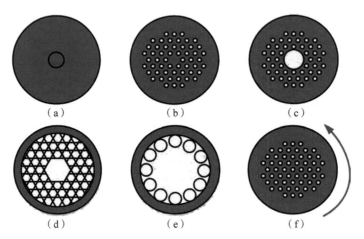

图 4-41　太赫兹光纤的导波结构
(a) 全内反射结构；(b) 修正的全内反射结构；(c) 光子带隙结构；
(d) 笼目格；(e) 反谐振结构；(f) 扭曲结构

TIR 和 mTIR 效应与光纤纤芯和包层的折射率有关，允许光纤在高折射率纤芯处传播太赫兹波，如图 4-41（a）所示。当背景材料和低折射率材料（通常是空气）组成的夹杂结构组成包层时，形成 mTIR 效应，如图 4-41（b）所示，因此本质上 mTIR 效应也是 TIR 效应。在太赫兹光纤中，二维结构包层能够形成"光子带隙"，导致电磁波不能在横向传播，但能在缺陷区域纵向传播，如图 4-41（c）所示。因此太赫兹波可以通过"光子带隙"来引导，光子带隙的导波波段取决于周期性包层结构参数、包层材料、几何形状、背景材料和夹杂物的折射率对比。PBG 允许太赫兹波在空气纤芯中传播，可以用于电信和传感领域。笼目格（Kagome lattice）如图 4-41（d）所示，这种晶格结构中包层模的密度较低，包层模的低密度降低了芯模和包层模耦合的概率，拥有宽频带和低损耗的特点。将复杂的高空气填充孔结构简化为围绕空芯的薄介质管，这些圆管所支持的模式密度很低，也能降低芯模和包层模的耦合概率，这就是反谐振效应，如图 4-41（e）所示。图 4-41（f）所示的扭曲结构呈现出拓扑通道，为太赫兹波的传输创造有利的导引条件。

2018 年，Cruz 等[19]利用 3D 打印技术制造出两根反谐振光纤，传播损耗低于 0.3 dB/cm。2019 年，Habib 等[20]提出了一种多孔芯微结构光纤，仅在包层区域使用了环形气孔。通过 COMSOL 仿真，结果表明该结构在 1.2 THz 有 0.051 的超高双折射、0.07/cm 的低材料损耗。该光纤在 1.1～1.9 THz 的宽频段中色散很低，即（1.2 ± 0.32）ps/(THz·cm^{-1})。2020 年，Wang 等[21]提出了一种基于模式耦合理论的双芯太赫兹光纤。每个椭圆的聚合物芯都有两个椭圆的气孔，这有助于实现高模态双折射和低传输损耗，其在 1 THz 时双折射高达 0.081 5，吸收损耗低于 0.2 dB/cm，在片上集成太赫兹偏振器件和光纤内集成光学器件领域具有潜在的应用。

2. 太赫兹光纤 CST 仿真示例

本节仿真的模型如图 4-42 所示，它的包层由 8 个相同的空心圆柱体构成，纤芯为空气，该结构的具体尺寸：最外层半径 r_0 = 2 225 μm，内层半径 r_1 = 1 435 μm，包层半径 r_2 = 400 μm，包层厚度 d = 60 μm，高度 l_2 = 1 000 μm。其在满足 0.8～1.2 THz 频段内，S_{11} < -35 dB，S_{21} > -0.5 dB。

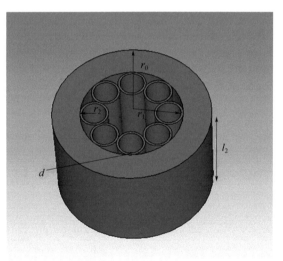

太赫兹光纤模型

图 4-42 太赫兹光纤模型

1) 新建工程

双击 CST 图标启动软件，打开图 4-43 所示的界面。单击图 4-43 中的"New Template"按钮，新建一个 CST 工程。接着选择"MW & RF & OPTICAL"模块下的"Antennas"选项，单击"Next"按钮，在"Workflow"中选择"Waveguide（Horn, Cone, etc.）"。单击"Next"按钮，在求解器选择时域求解器"Time Domain"。

图 4-43 新建工程界面

打开时域求解器"Time Domain"后,在图 4-44 所示的对话框中设置默认单位。本工程中将单位依次设置为 μm、THz、ns。单击"Next"按钮后,设置求解的频率区域,设置"Frequency min"和"max"分别为 0.5 THz 和 1.5 THz,最后单击"Finish"按钮完成工程创建。

图 4-44 设置单位

2) 建立仿真模型

(1) 创建最外层气孔。

打开 CST 后,打开最上方菜单中的"Modeling"选项卡,选择圆柱体结构"Cylinder",如图 4-45 所示。在弹出的对话框中依次输入变量"r0""r1""l2",如图 4-46 所示。分别输入 r0、r1、l2 的具体数值,不需要输入单位。设置完成后单击"OK"按钮,得到最外层气孔模型。

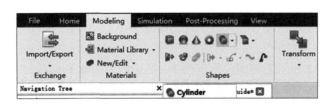

图 4-45 单击"Cylinder"建立圆柱模型

图 4-46 输入坐标变量

接下来，设置包层的材料。打开"Modeling"选项卡，在"Material"选项中单击"New/Edit"→"New Material"选项，打开"New Material"对话框，在"General"菜单栏中，设置"Type"为"Normal"，设置材料名称"Material name"为"PP"，设置PP材料的相对介电常数"Epsilon"为2.247，如图4-47所示。

（2）创建内包层气孔。

选择圆柱体结构"Cylinder"，按图4-48所示输入内包层气孔的结构参数。设置完成后，单击"OK"按钮，得到内包层气孔模型如图4-49所示。

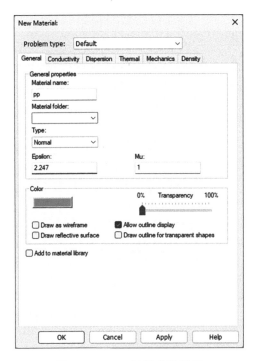
图4-47 PP材料参数设置

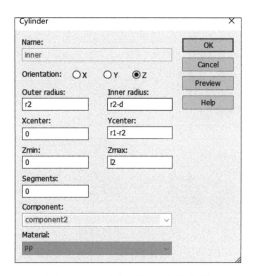
图4-48 内包层气孔结构参数

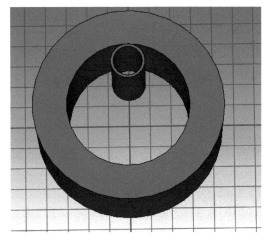
图4-49 内包层气孔模型

由于内包层气孔为环绕外层内圈一圈的旋转结构,因此可使用 CST 的"Rotate"功能快速建模。选中刚建模的气孔,打开"Modeling"选项卡,在"Operation"中选中"Rotate"单选项,勾选"Copy"复选框(保留被旋转物体),设置复制个数为 7,沿 Z 轴旋转,旋转角度为 45°,如图 4-50 所示。整体模型如图 4-51 所示。因 CST 自动创建空气盒子,所以无须再特别设置空气盒子。

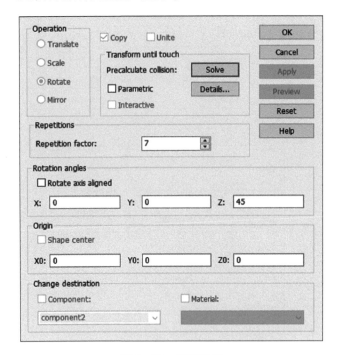

图 4-50　旋转操作　　　　　　　　　图 4-51　太赫兹光纤整体模型

3) 设置边界条件和激励

在光纤的顶部和底部各设置一个 PEC 面作为端口,打开"Modeling"选项卡,选择"Curves"选项下的"Rectangle…"选项,如图 4-52 所示。正方形边长即光纤的外直径,如图 4-53 所示。

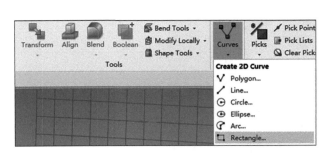
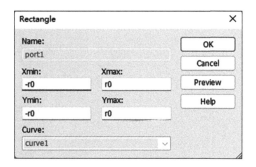

图 4-52　单击"Rectangle…"建立端口模型　　　图 4-53　端口坐标变量

将画好的正方形线展成面,选中"port1",打开"Modeling"选项卡,在"Shapes"中选中"Extrude Curve",如图 4-54 所示。设置"Name"为"port1",选择"Material"为

"PEC",其他按默认设置即可,如图 4-55 所示。

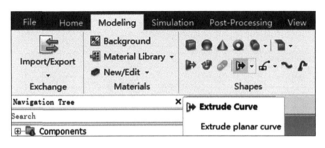

图 4-54 线展面操作

图 4-55 面展开具体设置

打开"Modeling"选项卡,在"Transform Selected Object"对话框中的"Operation"中选中"Translate"单选项,勾选"Copy"复选框,沿 Z 轴正方向移动 l_2,如图 4-56 所示,将"port1"上移 l_2,得到"port2"。

图 4-56 Translate 操作设置

在仿真前,设置激励源。在"Modeling"选项卡中选择"Picks"→"Pick Face",选中

"port1",在"Simulation"选项卡中选择"Waveguide Port",如图 4-57 所示,将"port1"设置为波端口。同理,设置"port2"。

由于仿真的太赫兹频段波长短,导致网格太密无法仿真,因此需要降低网格密度。单击仿真界面右下角的"Meshcells",弹出图 4-58 所示的对话框,然后进行设置。

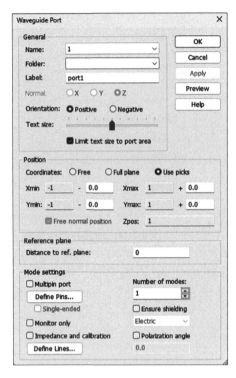

图 4-57 波端口设置

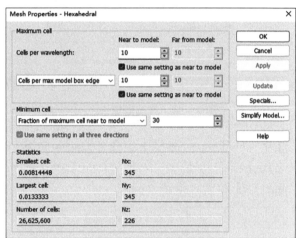

图 4-58 网格设置

4) 查看仿真结果

在"Home"选项卡中单击"Start Simulation",开始仿真。仿真结束后,在左侧结构树"Navigation Tree"下面的"1D Results"中可以查看 S 参数,选中"S-Parameters"下的"S1,1",即对应反射曲线 S_{11},如图 4-59 所示。S_{21} 仿真结果如图 4-60 所示。在 0.8 ~ 1.2 THz 频段内,S_{11} < -40 dB,S_{21} > -0.34 dB,满足太赫兹波导的传输特性。

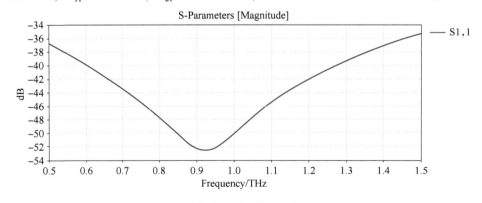

图 4-59 S_{11} 仿真结果

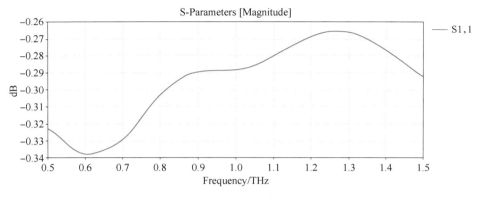

图 4-60　S_{21} 仿真结果

4.1.4　太赫兹光子晶体波导

1. 太赫兹光子晶体波导概述

光子晶体结构是指由两种或两种以上不同介电常数的材料周期性排列形成的人工微结构，具有一定的光学禁带和通带。禁带的形成是因为光子晶体发生布拉格散射，禁带频段内无法传输电磁波。通过在光子晶体结构形成的禁带体系中引入点缺陷或者线缺陷结构来形成缺陷态，就可以很好地控制特定频率的电磁波。因此，理论上可通过设计光子晶体缺陷结构来控制太赫兹波的传输，且传输损耗很低。

1987 年，由 Yablonovich[22] 和 John[23] 分别提出光子晶体（photonic crystal）的概念，这是指由不同折射率的介质进行周期性排列形成的一种人工微结构。光子晶体是在光学的衡量标准上拥有一定周期性质的介电结构的人工设计并制造的一类晶体。

由于存在周期性，光波的色散曲线在光子晶体中传播将形成带状结构，在光子晶体的材料和结构搭配合理的情况下，就很有可能在光子晶体中形成与半导体禁带类似的"光子禁带"（photonic bandgap），也可以称其为光子带隙（photonic band gap，PBG）。

光子晶体按周期性维度的不同可分为一维光子晶体、二维光子晶体和三维光子晶体，如图 4-61 所示。通过对晶体结构进行分析，可以得出晶体内部的原子是周期性且有序排列这样的结论。电磁波在光子晶体中运动时，受到周期性光学介质的布拉格散射影响，从而形成光子带隙。一维光子晶体是由两种或两种以上的均匀介质进行周期性排列形成的，只在一个维度上具有周期性，在其他两个维度上无限延伸且均匀。二维光子晶体是无限长且具有某种形状的介质柱按照某种二维晶格进行周期性排列形成的，只在二维平面上具有周期性，在第三个维度上无限延伸且均匀。三维光子晶体是由具有某种形状的散射子按照某种三维晶格进行周期性排列形成的，在三个维度上都具有周期性。

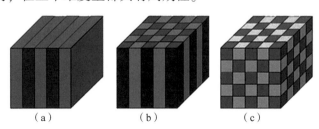

图 4-61　光子晶体的三种周期结构
(a) 一维；(b) 二维；(c) 三维

光子晶体的一个根本特征就是落在光子晶体的光子禁带上的光是被禁止传播的。光子晶体的对称性、介电材料的介电常数比及其填充比等因素决定了光子禁带的产生和大小。光子晶体中不同种类材料的介电常数比值与入射光被散射的强度成正比，其值越大，出现光子禁带的情况就越大。此外，光子局域（photon localization）也是光子晶体的一个重要特性，可称为 Anderson 局域。在光子晶体中，一旦发生原有的周期结构或对称性被破坏的情况，光子禁带中便会出现极窄频宽的缺陷态，与缺陷态频率一致的光子就有很大可能性被局域在相对缺陷的位置，如果偏离缺陷位置，光的强度将急速衰减。

因为光子晶体能够控制光在其中的传播，所以自它出现，就受到相关科学研究工作者的高度重视。光子晶体的晶格尺寸与光波的波长成正比例，即其工作波长越短，光子晶体的尺寸就会越小，制作难度就会增加。在太赫兹的波段范围内，与可见光、红外波段的光进行比较，光子晶体的加工工艺反而相对更容易，在实际操纵过程中也更加容易获取，且它的物理尺寸较小，这些优势都为太赫兹波段功能器件的制作及其在太赫兹系统中的具体应用提供了切实的可行性。

2. 光子晶体波导理论

能带结构的形成原因是入射的电磁波会受到调制，这种能带结构称为光子能带[24]。光子能带之间可能出现带隙，即光子带隙。由周期介质中电磁波的传输方程（即式（4-1））可以看出，其形态与周期势场 $V(r)$ 中薛定谔方程（Schrodinger equation，即式（4-2））保持一致。

$$\left(-\nabla^2 - \frac{\omega^2}{c^2}\varepsilon_r'\right)E(r) = \frac{\omega^2}{c^2}\bar{\varepsilon}_r \cdot E(r) \tag{4-1}$$

$$\left(-\frac{\hbar^2}{2m}\nabla^2 + V(r)\right)\psi = E_e\psi \tag{4-2}$$

式中，$\bar{\varepsilon}_r$——两种材料的平均介电常数；

ε_r'——变动介电常数。

将半导体物理的理论引入超晶体问题，从而引入禁带的概念。1999 年，Yariv 等[25]在此基础上提出了光子晶体波导的理论。

在固体物理学中，紧束缚近似的出发点是电子在一个原子附近时，将主要受到该原子场的作用，把其他原子场的作用看成微扰作用，由此得到电子的原子能级与晶体能带之间的相互联系。其主要方法为原子轨道线性组合法。紧束缚近似的主要理论有：对于一个确定的 k 值，周期场中的电子波函数为

$$\psi_k(r) = \frac{1}{\sqrt{n}}\sum_m e^{ik \cdot R_m}\psi_i(r - R_m) = \frac{1}{\sqrt{n}}e^{ik \cdot r}\left[\sum_m e^{-ik \cdot (r-R_m)}\psi_i(r - R_m)\right] \tag{4-3}$$

类比紧束缚近似，将波导模的本征模 $E_\kappa(r,t)$ 用沿着 e_z 轴平行的直线方向上每个独立谐振器的高 Q 模 $E_\Omega(r)$ 的线性组合表示：

$$E_\kappa(r,t) = E_0 e^{i\omega_k t}\left[\sum_m e^{-in\kappa R} \times E_\Omega(r - nRe_z)\right] \tag{4-4}$$

将模函数（4-4）代入式（4-1），即可求得波导模。

就实际加工工艺来说，一维光子晶体的制备比较简单，但由于其周期结构是一维的，无法构造相对复杂的缺陷模式，故其可实现的功能也不太多；三维光子晶体可构造的缺陷模式十分丰富，可实现的功能也很多，但其制备工艺相对复杂，成本较高；二维光子晶体兼备二

者的优点,故实际研究主要集中于二维光子晶体。

3. 太赫兹光子晶体波导研究进展

2006 年,Zhang 等[26]设计了一种硅基二维光子晶体波导,仿真模拟了太赫兹自成像原理在二维光子晶体波导中的应用。图 4-62(a)所示为其设计的两种太赫兹光子晶体多模波导。输入波导为去掉一排气孔形成的线缺陷波导,多模区是中间空白的区域缺陷。

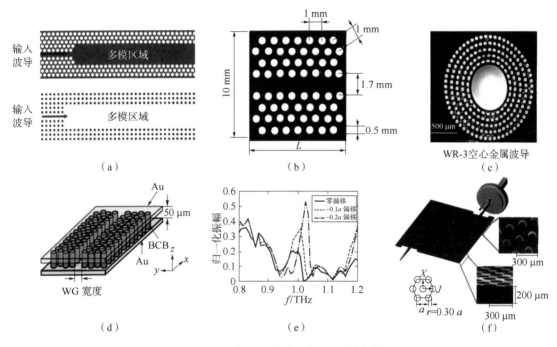

图 4-62 光子晶体波导发展现状[26-29]

2009 年,Ponseca 等[27]在太赫兹波段分析了透镜导管、Cytop 平面光子晶体波导(PPCW)和空芯微结构光纤的传输特性。其中,Cytop 平面光子晶体波导结构如图 4-62(b)所示,空芯微结构光纤结构如图 4-62(c)所示。透镜导管能够将太赫兹辐射引导和耦合到 PMMA 光纤中,损耗约为 0.7 dB。中心频率为 0.45 THz 的 Cytop 平面光子晶体波导实现了单模传播和频率选择特性。空芯微结构 PMMA 光纤的时域光谱结果表明,在纤芯和包层中传播的太赫兹波之间存在约 20 ps 的差异。不同大小的波导之间的传输带频率移动表明了光子带隙的引导。

2012 年,Kitagawa 等[28]系统性研究了由低介电常数介质制成的二维光子晶体的能带结构,并且提出了一种夹在两个平行金属板之间的太赫兹低介电二维光子晶体平板波导,其结构如图 4-62(d)所示,中间周期结构为苯丙环丁烯材料。该波导结构的振幅频率关系如图 4-62(e)所示,a 是晶格常数,通过调整旁边的 BCB 柱的位置对波导宽度进行微调,从而对工作频率 f 及归一化振幅产生影响。太赫兹波在设备上的传播是通过有限差分时域方法模拟的。通过分析电介质的太赫兹波吸收和金属的有限电导率,其估计了波导上导引模式的传播损耗。

2015 年,Tsuruda 等[29]为了研究极低损耗的光子晶体波导,设计了基于高阻硅板的光子晶体波导,其结构如图 4-62(f)所示。他们在 0.3 THz 频带中实现了分别小于 0.1 dB/cm

(0.326~0.331 THz）和小于 0.2 dB/bend（0.323~0.331 THz）的传播和弯曲损耗。

2019 年，Headland 等[30]对光子晶体波导轨道的缺陷排结构进行了调整，在波导轨道上设计半圆形的孔，以抑制传统光子晶体波导的典型布拉格效应。该结构能在 277~435 GHz 的带宽内有效地导引，可能会应用于太赫兹通信。

2021 年，Webber 等[31]通过设计拓扑谷地光子晶体（VPC）太赫兹波导，对传输和群延迟特性进行模拟和实验，证明了随着弯曲数量的增加，光子带隙区域的色散降低。通过全面的通信实验，其展示了光子晶体波导在太赫兹通信中的应用。

自光子晶体概念于 1987 年被提出以来，不管是在理论研究，还是在科学研究和应用研究上均得到极为蓬勃的发展。国内外众多研究人员通过不断研究分析，相继提出并设计了多种类型的太赫兹波导，其中有一部分是借鉴于微波段的金属波导，还有一部分是借鉴于光频段的介质波导，如平行金属平板太赫兹波导、介质管太赫兹波导等[24]。在太赫兹波导的实际应用中，如何实现低损耗传输是需要尽快解决的问题。通常情况下，波导普遍存在一个问题，即大多数材料在太赫兹波段都存在相对较高的吸收损耗。传统介质的波导若在实际应用中遇到需大角度弯曲弯折的情况，散射损耗就会急剧上升。光子晶体波导理论意义上能够使光波无损弯折达 90°，且现有常规技术的太赫兹波器件尺寸都较大，而应用常规技术器件的尺寸却很难进一步缩小。因此，需要设计出一些结构紧凑、尺寸较小，且功能性强、效率高的器件来完成研究。

4.2 太赫兹透镜

随着无线通信的需求逐渐增加，研究和扩展新的频带资源迫在眉睫。太赫兹频段由于其丰富的频谱资源，已经成为无线领域的重要研究方向。

介质透镜是在太赫兹频段内产生多波束和高方向性波束的重要途径。相较于反射面、卡式天线等方法，介质透镜在波束调控上有更高的自由度，适用于对增益要求高、波束扫描范围广的情形，所以太赫兹介质透镜天线正在被广泛应用到宽带无线通信、飞行器导航和射电天文学等领域。

介质透镜天线实质是一种组合天线，由馈源和波束赋形透镜构成。馈源的形式有很多种，常用的高增益馈源天线有喇叭天线、波导阵列等，常用的检波透镜天线的馈源一般为平面结构的天线，如偶极子天线、对数周期天线等。介质透镜的馈源一般放置于透镜的焦点处，等效相位中心与焦点重合。介质透镜的分析理论为准光理论，其结构（图 4-63）由馈源 S 和透镜 L 组成，馈源照射的一面是照明面，另一面称为阴暗面（又称透镜的口径面）。透镜的介质材料有多种，在微波频段使用得较多的是聚四氟乙烯、聚苯乙烯等，太赫兹频段对材料的透射性能要求更高，使用得较多的有高阻硅、高密度聚乙烯等。

随着微波器件和微波材料的发展，透镜的形式不再局限于介质透镜。均匀介质构成的透镜在器件中是最常使用的，其原理简单，透镜的曲面可通过等光程原理计算得出。除了均匀介质以外，人工材料也能实现透镜的功能。人工材料可大致分为两种：其一，根据相位补偿原理的平面透射阵或超透镜，采用非均匀的周期性结构构成；其二，根据折射率变化公式实现的梯度折射率透镜，如鱼眼透镜、龙勃透镜等，常用的方式有三维超材料、二维超表面堆叠、EBG 结构等。

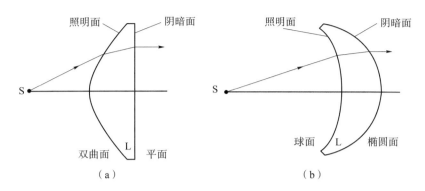

图 4-63 透镜天线的基本结构

相对于其他天线，透镜天线的优势在于对波束赋形的自由度，其可根据对增益、辐射角度、波束覆盖、多波束等角度灵活选择透镜的形式和组合多个透镜。例如，在焦平面成像中，可灵活实现焦平面大小的位置、焦平面视场的范围。在太赫兹频段缺乏相控阵组件的情况下，透镜天线是实现实时波束控制的良好的替代方案。

透镜天线也有其不可避免的缺点，最主要的是透镜的介质损耗和反射损耗。相对于反射面而言，透镜天线会额外产生 1~2 dB 损耗，当工作频率达到太赫兹时，该损耗会更大。因此，在设计介质透镜时需要合理考虑透镜的介电常数和形状，以减少反射损耗，还要合理选择介质材料，以减少透镜的机制损耗。

在太赫兹接收机中，透镜天线常与平面介质基板天线集成，用于混频和检波。介质透镜使得电磁波能量在介质基片的半空间传播，一般使用高介电常数介质（如硅介质）作为介质基片，且硅透镜加工工艺成熟、加工稳定、刚性强，非常适合太赫兹领域应用。太赫兹接收机中的介质透镜一般有半球形、过半球形、扩展半球形、椭球形等，如图 4-64 所示，在实际应用中可根据需求进行选择。

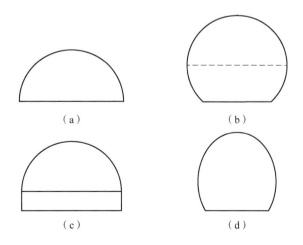

图 4-64 透镜不同结构的分类图示

(a) 半球形；(b) 过半球形；(c) 扩展半球形；(d) 椭球形

4.2.1 太赫兹单介质透镜发展现状

在太赫兹器件中，单透镜是一种常用的增益增强的器件，也可以用于小视场焦平面成像。透镜的两个曲面一般为球面，曲率分别为 R_1 和 R_2，介质的折射率为 n，焦距为 f。如图 4-65 所示，将馈源的相位中心放置于透镜的焦点处，通过透镜调控相位波前，使得电磁波以平面波的形式传播出去，达到增益增强的目的。

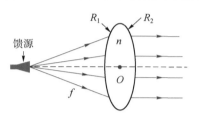

图 4-65　增益增强透镜示意图

单透镜的设计可采用等光程的方法分析，透镜的焦距满足下式：

$$\frac{1}{f} = (n-1)\left(\frac{1}{R_1} + \frac{1}{R_2}\right) \quad (4-5)$$

在透镜设计中，透镜的折射率 n 和焦距 f 是给定的。由于介质材料在太赫兹频段的传输损耗较高，因此一般对透镜的厚度加以限制；对透镜的增益要求则限制了透镜天线的尺寸。基于上述给定条件和约束，最终选择合适的曲率半径，完成介质透镜的设计。单透镜天线的设计简单，在此不加赘述。

在太赫兹系统中，介质上的平面天线结合介质透镜是一种理想接收单元方案，透镜的形式一般为半球透镜、扩展半球透镜等，如图 4-66 所示。这种方式不仅能消除平面集成天线模式的影响，还能提高天线的方向性、减少介质对辐射能量的损耗。

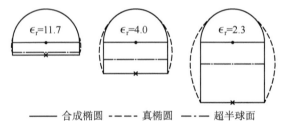

图 4-66　扩展半球透镜的拟合

随着太赫兹透镜技术的发展，太赫兹系统的接收天线也扩展为多像素接收，如焦平面阵列等。Trichopoulos 等[32]提出了扩展半球透镜的焦平面成像阵列系统，如图 4-67 所示。这类方案有一个突出问题，即只有透镜中心部分的天线单元辐射性能较好，偏离轴心越远则辐射性能越差。因此，Trichopoulos 等[32]创新性地提出了一种斜射天线的设计（图 4-68(a)），使得对应点位的辐射性能得以提升，如图 4-68(b) 所示。在 100 GHz，某些像素点的增益提高了 4.5 dB；对于一个给定的透镜，可用像素点提升了 4 倍。

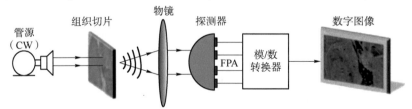

图 4-67　基于扩展半球透镜的焦平面成像阵列系统[32]

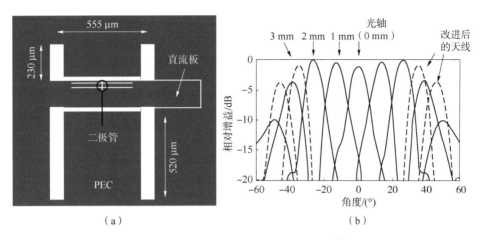

图 4-68 斜射天线及其方向图改进[32]

4.2.2 太赫兹多级透镜

传统透镜主要基于光在传播过程中因透镜厚度差而产生相位差的工作原理,从而实现聚焦与成像的功能。这对透镜的面形和厚度有着严格的要求。根据单透镜成像原理得到的理想像和实际成像存在偏差,称为像差。像差包括色像差和单色像差。色像差简称色差,即不同波长的光在通过透镜时的折射率不同。色差一般分为位置色差、放大率色差。位置色差使像在任何位置被观察都带有色斑或晕环,使像模糊不清;放大率色差使像带有彩色边缘。采用多块透镜组合的光学系统,最主要的功效就是消除色差。单色像差是与色无关的像差,单色像差分为 5 种,分别是球面像差、彗星像差、像散、像场弯曲和畸变。球面像差是指为了降低成本,而将物镜的制作采用球面磨制,但能使光线会聚一点的凸透镜不是球面的,由此造成像差。彗星像差是指由于物镜中心与边缘的像差程度不同,造成带尾巴的分散圈。像散是指光线每经过一片镜片,都要产生损耗,大多数直线通过,其余部分被打散了。像场弯曲是指在一个平坦的像平面上,像的清晰度从中央向外发生变化,聚焦形成弧形,存在于像场弯曲的光学系统中,焦点不在像平面上,而是在像平面前成弧形,如图 4-69 所示。像场弯曲会产生畸变。畸变是指画面中心与边缘的折射角度不同,造成拍摄物体变形,如图 4-70 所示。

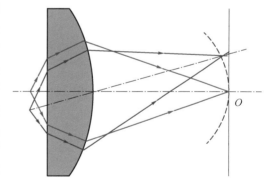

图 4-69 像场弯曲示意图

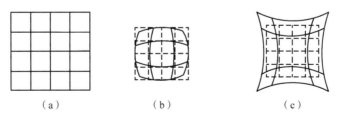

图 4-70 图像畸变示意图
(a) 物;(b) 正畸变时的像;(c) 负畸变时的像

在太赫兹技术中,太赫兹焦平面成像是重要的研究领域。太赫兹焦平面成像往往对视场角有较大的需求,单透镜已经无法满足大视场设计需求,从而引入更多曲面消除像差。多级透镜消除像差的计算过程由于参数多、计算量大而显得非常复杂。借助于计算机软件的发展,已经出现了很多光学设计软件,如 Zemax、CodeV 等。本书对于多级透镜组的设计借助于 Zemax 光学设计软件。

多级透镜的设计主要目的是在满足需求的条件下尽可能地消除像差。为消除像差,在多级透镜的设计中常用到非球面,其中偶次非球面的表达式为

$$x = \frac{ch^2}{1+\sqrt{1-Kc^2h^2}} + a_4h^4 + a_6h^6 + a_8h^8 + a_{10}h^{10} + a_{12}h^{12} + \cdots \tag{4-6}$$

式中,$h^2 = x^2 + y^2$;

c——曲面顶点的曲率,是曲率半径的倒数;

K——基准二次曲面系数;

$a_4, a_6, a_8, a_{10}, a_{12}$——高次非曲面系数。

在进行透镜的设计之前,需要了解一些透镜设计的基本参数。如图 4-71 所示,以物在无限远处(平面波入射)的两级透镜为例。透镜系统由 6 个面组成,依次为物面、两级透镜的 4 个面(S1~S4)、像面。物距是指物面到透镜的距离,此处为无限远处;两级透镜厚度分别为 d_1 和 d_2,透镜间的距离为 L_1,透镜面的曲率半径分别为 $r_1 \sim r_4$;透镜与像面的距离为 L_2;像面上像的面积的半径称为像高 h。此外,入射视场角 U 是指入射光线与中心轴线的夹角,由于透镜是对称结构,故一般以半视场角(FOV)来表示系统能达的最大入射角度。

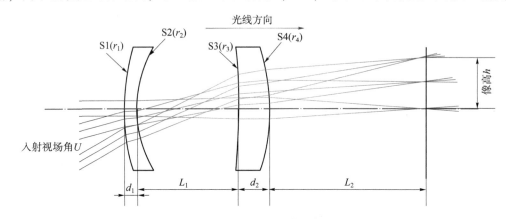

图 4-71 多级透镜模型参数

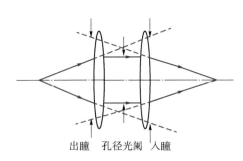

图 4-72 孔径光阑、入瞳示意图

入瞳是限制入射光束的有效孔径,是孔径光阑对前方光学系统所成的像,与实际影响入射光能量和分辨率的孔径光阑对应。如图 4-72 所示,入瞳的大小限定了系统进光量。

F 数是系统的像方焦距与入瞳直径之比,即相对孔径的倒数。F 数越小,孔径越大,光学系统的艾里斑半径就越小,分辨率就越高,但这是理想情况,一般随着孔径角增大,像差也会变大,RMS(均方根半径)就变大。F 数的值越小,代表通光

孔径越大，对应的衍射极限也就越高，但是设计难度就提高了很多，像差变得很难平衡（体现在点列图均方根半径变大）。RMS 大小由两部分组成：衍射部分、像差部分。降低 F 数让衍射部分低了，但像差部分高了。F 数小到一定值后，像差影响占主导地位；F 数大到一定程度后，衍射影响占主导地位。每个系统都有合适的 F 数使衍射和像差的影响相差不大。F 数越小，数值孔径 NA 越大，衍射极限弥散斑就越小，分辨率就越高。但数值孔径越大，设计难度也越大，像差越不好控制。一般需要多个镜片才能优化实现，单纯几个镜片难以实现。镜头设计难度正比于数值孔径和视场角的乘积。

以下以一个设计实例来说明 Zemax 的透镜组设计。

设计需求：设计一个视场角≥30°，F 数为 2.3，入瞳直径为 60 mm，介质材料为硅（折射率为 3.39）的多级透镜。

仿真流程如下：

（1）插入曲面类型，设置光瞳面。

在仿真开始时，首先考虑采用两级透镜。因此，在这一步的设置为插入 4 个偶次非球面，并将第三个面设置为光瞳面，如图 4-73 所示。操作过程如下：

光学仿真

第 1 步，选中曲面，按【Insert】键插入新的面。

第 2 步，将光瞳面（STO）设置为第三个面。

第 3 步，选中曲面，单击右键，选择"Surface Type"→"Even Asphere"，单击"确定"按钮。

图 4-73 设置曲面类型

（2）定义介质材料。

Zemax 的材料库都是光学频段设计的玻璃等材料，因此在借用软件设计太赫兹频段的透镜时，需要自定义透镜的折射率。

步骤：双击 Glass 中需要改变的数值位置，选择"Solve Type"→"Model"，设置折射率为 3.39，如图 4-74 所示。

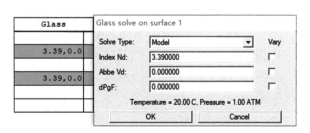

图 4-74 定义介质材料

(3) 设置 F 数。

F 数是透镜设计的重要指标，它与入瞳直径和焦距相关，在设计透镜时，需要根据焦距的需求和透镜的尺寸需求合理设计 F 数。

步骤：在第四个面的半径上，选择"Solve Type"为"F Number"，将其值设置为 2.3，如图 4-75 所示。然后，选中其他面的曲率半径，按组合键【Ctrl + Z】，将这些值设置为变量。

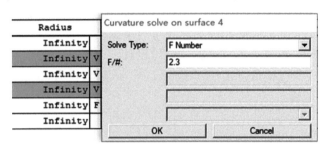

图 4-75　设置 F 数

(4) 设置入瞳直径。

步骤：按组合键【Ctrl + G】，在"Aperture"选项卡下设置"Aperture Type"为"Entrance Pupil Diameter"，设置"Aperture Value"为"60"，如图 4-76 所示。

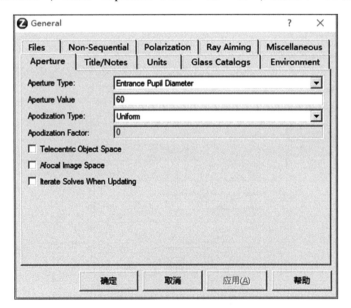

图 4-76　设置入瞳直径

与 F 数的设置类似，在确定焦距需求和 F 数后，即可确定入瞳大小。

(5) 选择工作波长 600 μm（500 GHz）。

步骤：按组合键【Ctrl + W】，设置波长为 600，如图 4-77 所示。

本例以 500 GHz 为例进行设计。实际上，由于光的相干性，波长的大小会对透镜的波像差产生影响。

(6) 设置入射视场。

步骤：按组合键【Ctrl + F】，设置采样点为 0°～15°，如图 4-78 所示。

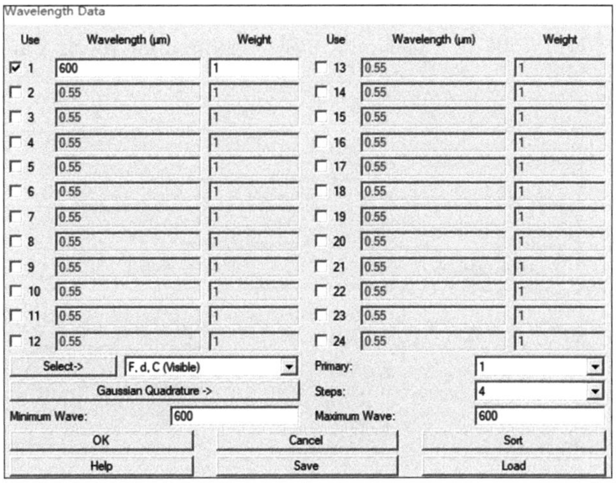

图 4 – 77 设置波长

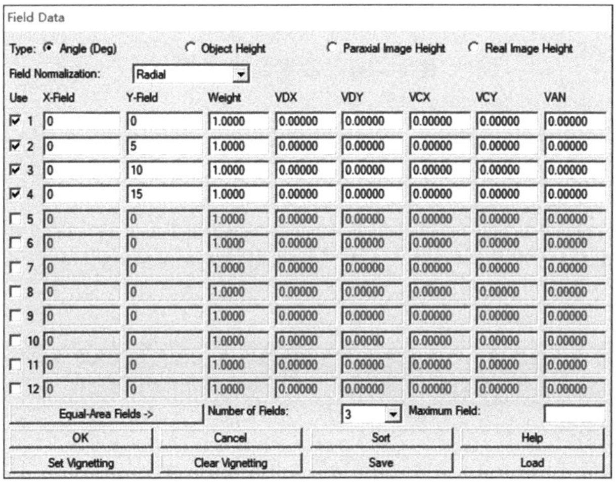

图 4 – 78 视场设置

根据设计需求，全视场为 30°，则半视场角为 15°，每隔 5°采样一次。

(7) 设置非球面系数。

将非球面系数均设为变量（图 4 – 79），用于提升后续优化的自由度，以便更好地找到符合需求的结果。

Conic	Par 0 (unused)	Par 1 (unused)	Par 2 (unused)	Par 3 (unused)
0.000				
0.000 v		0.000 v	0.000 v	0.000 v
0.000 v		0.000 v	0.000 v	0.000 v
0.000 v		0.000 v	0.000 v	0.000 v
0.000 v		0.000 v	0.000 v	0.000 v
0.000				

图 4 – 79 非球面系数设置

(8) 设置评价函数。

步骤：按快捷键【F6】，单击"Design"，在"Sequential Merit Function"对话框中进行设置，如图4-80所示。

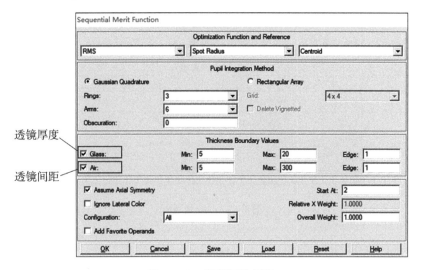

图4-80 设置评价函数

此处采用均方根误差为评价函数，在设置评价函数的同时，也可以对透镜的间距和厚度加以限制，避免在优化过程中出现局部最优而无法满足设计需求的情形。

(9) 优化设计。

步骤：单击"Tools"→"Design"→"Local Optimization"→"Automatic"按钮，如图4-81所示。

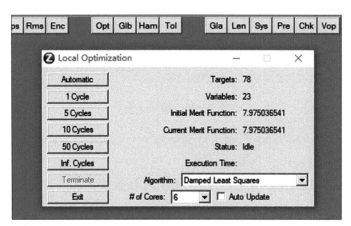

图4-81 优化设置

在完成参数的设置后，即可采用Zemax的局部优化求解器，在已给的自由度上寻求最优解。

(10) 查看优化的过程和结果（按组合键【Ctrl+L】），如图4-82所示。

(11) 仿真结果分析。

仿真结果的分析可分为像差分析和相对照度分析。此处以像差分析为例，分析设计的透镜成像质量。

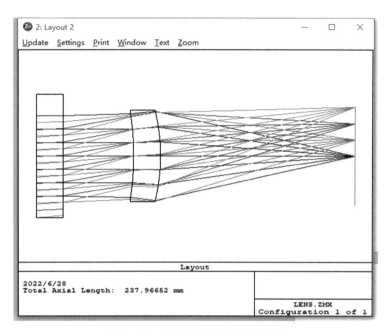

图 4-82　优化后透镜的设计结果

①光线像差。按组合键【Ctrl+R】,打开光线像差"Ray Fan"窗口,如图 4-83 所示。可以看出,0°~10°内的光线像差稳定,在15°时的像差略大,整体像差小于 1 000 μm。这表明所设计的透镜组在视场要求内,形成很好的焦平面。

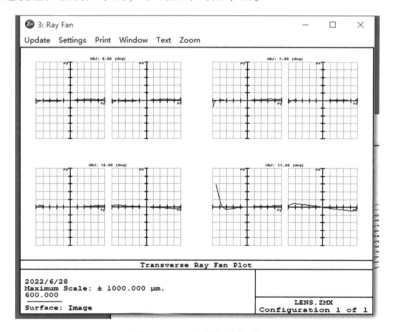

图 4-83　各视场的像差

②艾里斑。艾里斑是体现像差的另一个指标,可通过艾里斑估算透镜组的分辨率,即对于在像面上艾里斑不重合的物体,可清晰地进行识别分辨。如图 4-84 所示,艾里斑大小随着入射角度的增大而增大,即入射角度越小分辨率就越高,系统的整体分辨率由最大分辨率

决定。在此次设计中，像面上采样阵列的间距应大于 50 μm。

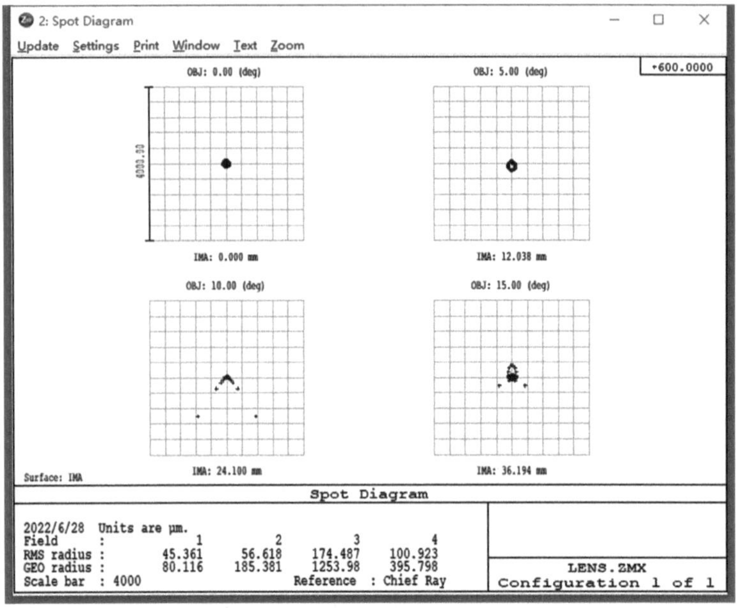

图 4-84　各视场艾里斑大小

4.2.3　梯度折射率透镜

电磁波在折射率渐变的媒质中传播时，会从低折射率向高折射率方向发生偏转，当折射率满足一定条件时，电磁波能产生会聚、发散等现象。在对透镜的研究过程中，梯度折射率透镜（如龙勃透镜、鱼眼透镜等）由于其光路性质，常用于设计多波束透镜，是太赫兹成像的一种理想替代方案。

常用的龙勃透镜和鱼眼透镜的光路形式如图 4-85 所示。龙勃透镜的光路性质可描述为：将透镜边缘的任意一点电源辐射的电磁波转换为平面波辐射出去。因此，可以通过在不同位置加入馈源实现多波束。鱼眼透镜的光路性质可描述为：将透镜边缘的任意一点电源辐射的电磁波会聚于对称位置，透镜切面为等相位面。因此，利用半鱼眼透镜天线在不同位置加入馈源亦可实现多波束。

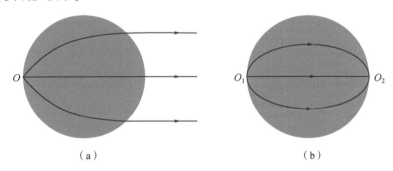

图 4-85　龙勃透镜和鱼眼透镜的光路性质
(a) 龙勃透镜；(b) 鱼眼透镜

龙勃透镜的折射率关系：

$$n_e = \sqrt{2 - \left(\frac{r}{R}\right)^2} \quad (4-7)$$

鱼眼透镜的折射率关系：

$$n_e = \frac{1}{\sqrt{1 - \left(\frac{r}{R}\right)^2}} \quad (4-8)$$

式中，n_e——相对于边缘的折射率；

r——透镜球坐标系位置；

R——透镜的半径。

自然界中没有天然的梯度折射率介质，实现梯度折射率透镜的方法一般可分为两种：利用多层介质拟合梯度折射率；利用超材料拟合梯度折射率。以下以龙勃透镜的调研为例，介绍梯度折射率透镜的应用。

三维龙勃透镜一般采用多层介质堆叠的方式实现。2003 年，Rondineau 等[33]采用打孔的方式改变硅的等效折射率，如图 4-86（a）所示；通过切片的方法堆叠了一个三维龙勃球，模型切片的示意图和龙勃透镜的实物模型分别如图 4-86（b）（c）所示。

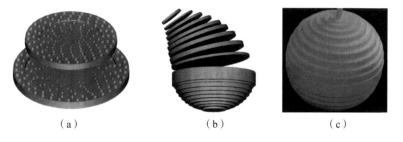

图 4-86　利用介质硅堆叠的三维龙勃透镜[33]

2016 年，济南大学 Zhao 等[34]通过一种非线性畸变校正方法，提出了基于小立方体堆叠的三维介质龙勃透镜结构。透镜的截面图示和实物如图 4-87（a）(b）所示。通过仿真表明，该透镜实现了将球面波点源转换成平面波的功能，如图 4-87（c）所示。

三维龙勃透镜理论上都可以实现，但是加工与制作较为困难。随着超材料研究的兴起与深入，二维龙勃透镜的研究及应用引起了很多学者的研究兴趣。

2019 年，北京理工大学卢宏达等[35]提出了一种基于 EBG 结构的二维龙勃透镜。该透镜采用全金属结构、空气介质填充，实现了宽带、低损耗、高增益、宽角度的龙勃透镜。透镜的折射率渐变通过空气间隙的高度渐变来实现，如图 4-88（a）所示。波导在不同角度馈电后，电磁波最终以平面波的形式以相应角度辐射出去，实现了±45°波束覆盖，仿真结果如图 4-88（b）所示。为实现天线的小型化，其利用镜面反射的原理实现了半龙勃透镜的仿真设计，结果如图 4-88（c）所示。

2020 年，Wang 等[36]采用介质堆叠的方式设计了中宽角度的龙勃透镜。透镜的梯度折射率渐变通过改变上、下两层介质之间的厚度来实现，其设计方法如图 4-89（a）所示。

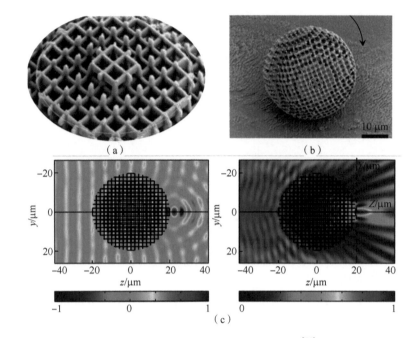

图 4-87 非线性畸变校正制作的龙勃透镜结构[34]（附彩图）

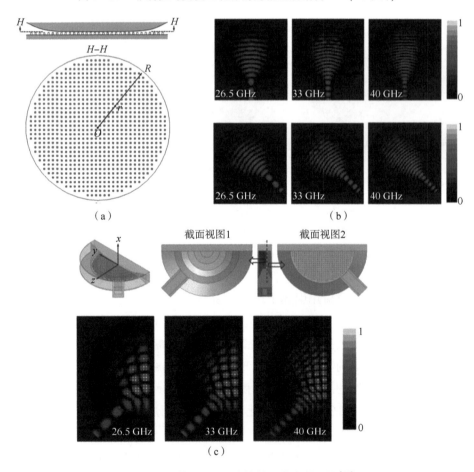

图 4-88 基于 EBG 结构的二维龙勃透镜[35]

通过仿真验证了该透镜能实现±72°的波束覆盖范围，仿真结果如图4-89（b）所示，加工的实物如图4-89（c）所示。

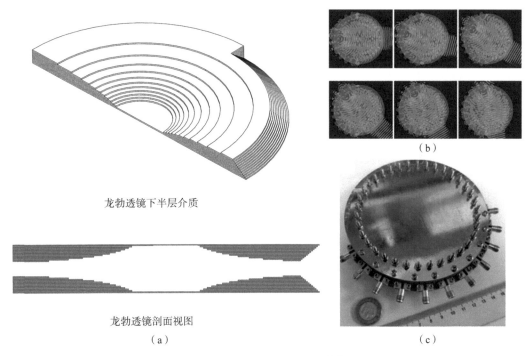

图4-89　介质堆叠的二维龙勃透镜[36]（附彩图）

4.3　太赫兹天线

毫米波和太赫兹系统在科学和军事应用中变得日益重要。集成化的接收机和波导接收机相对更容易制造、体积更小、质量更轻且更加便宜。但是，平面天线与反射面天线相比而言，方向图较差且耦合效率低。亚毫米波系统的另一限制是和集成天线相适应的平面检波器。不过，这已经在平面肖特基二极管和SIS检波器技术出现后得到克服。因此，发展与平面检波器技术相适应的高效集成天线便更加重要。由此发展出平面接收机，其性能可与最好的基于波导的系统相比，但花费仅占其一小部分。本节介绍近年来应用在低噪声亚毫米波接收机上高效集成天线的发展。

天线作为电磁波发射和接收的最前端，是太赫兹系统不可或缺的一部分。相较于微波毫米波波段的天线而言，太赫兹频段的电磁波频率更高、波长很小。传统加工工艺的误差会对天线性能带来非常大的影响，且太赫兹波在介质中的损耗较高，这限制了很多复杂结构的天线的应用。常用的太赫兹频段的天线分为片上天线（如振子天线、缝隙天线、贴片天线、介质谐振等）、喇叭天线（口径天线）与反射面天线（反射面、卡塞格伦等）和反射阵天线，分别应用于不同的场合。片上天线常与太赫兹电路集成，以减少天线与电路之间的传输损耗，但是微带天线可能出现表面波严重的情况；喇叭天线常用于电路与天线独立设计的场合，有增益高、方向性好、波导传输损耗小等优点，其缺点是喇叭天线的尺寸相对于电路较大，需要额外的工装等；反射面天线应用于对天线增益要求高的场合，如太赫兹探测等；反射阵天线是反射面天线的平面化设计，相当于反射面天线而言具有剖面低的优点，且可重构反射阵能通过电路控制阵面电磁性能的变化，实现对电磁波的操控。

4.3.1 太赫兹片上天线

将太赫兹天线集成在芯片上，可以有效地降低生产成本，降低焊接引起的性能下降、太赫兹波传输的损耗等。片上天线的发展有效减小了太赫兹芯片设计的压力，然而大多数片上天线都存在辐射效率低和天线带宽窄的问题。片上天线的形式有多种，如贴片形式的微带天线、基于介质集成波导的谐振天线或缝隙天线、介质谐振天线等。

微带贴片天线是一种常用的天线形式，在太赫兹片上天线的应用中表现出易于集成、制作简单的优势。2020 年，Lin 等[37]研究了一种工作在 320 GHz 的圆极化微带阵列片上天线。该天线以介质硅为衬底，阵列规模为 8×8，天线的尺寸为 3.6 mm×3.6 mm。在 314.5~323.2 GHz 带宽范围内的增益为 8.7 GHz。天线的模型与实物如图 4-90 所示。

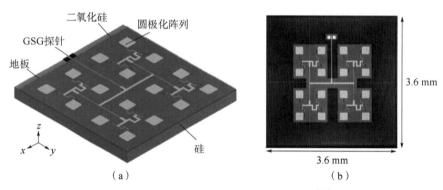

图 4-90 320 GHz 微带阵列片上天线[37]
(a) 模型；(b) 实物原型

介质集成波导是太赫兹常用的传输线形式，基于介质集成波导的天线设计能较好地与电路集成，且天线的辐射性能（辐射效率、带宽等）相比于微带天线更优异。2019 年，Alibakhshikenari 等[38]提出了一种超表面辅助的介质集成波导谐振天线，如图 4-91 所示。该天线基于砷化镓基底，厚度为 100 μm，天线阵列规模为 2×4，平均增益为 6.9 dBi，辐射效率高达 61.82%，工作频率为 450~500 GHz。该天线的设计有效提高了天线的辐射效率，减小了天线对性能电路的影响。

介质谐振天线是实现片上天线的另一种形式，利用倒装焊工艺将介质焊接在片上。这种方式的优势在于能够提高天线辐射性能，缺点在于提高了芯片的剖面。2017 年，Chiu 等[39]实现了用于太赫兹成像的介质谐振天线，天线形式如图 4-92 所示。谐振腔倒装焊于 0.18 μm 的 CMOS 芯片上，天线的增益为 5.9 dBi，天线辐射效率为 53%。

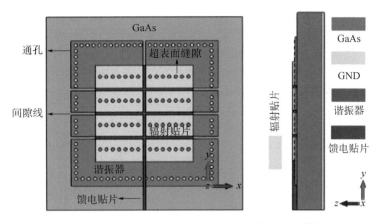

图4-91 500 GHz 的介质集成波导谐振天线[38]

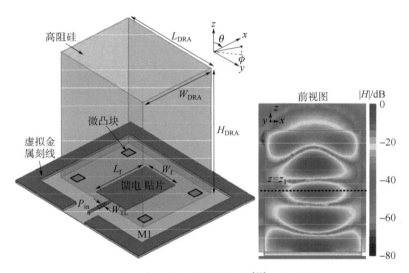

图4-92 太赫兹介质谐振天线[39]（附彩图）

4.3.2 太赫兹喇叭

太赫兹口径天线主要为喇叭天线，其天线形式简单。由于在太赫兹频段，高频的喇叭天线加工困难。喇叭天线具有损耗低、方向性好、带宽宽、辐射效率高等优点，常用于各种太赫兹探测器件中，且普遍用于各种反射面、反射阵等器件的馈源。受加工工艺的限制，太赫兹喇叭的实现方式一般通过腐蚀出空腔（如集成喇叭天线）或多层介质堆叠的方式实现。随着加工工艺的进步，部分低频段的太赫兹喇叭天线已经可以通过3D打印技术实现。

集成喇叭天线的腔体结构一般为 Si 或 GaAs 介质中腐蚀的空腔，常为棱锥型结构。馈源天线置于喇叭腔体底部，常见于介质基片上的偶极子天线，便于集成在周围的半导体基片上。平面介质基片的单元天线在基片上的模式的功率损耗很大。表面波损耗的详细分析表明，介质基片上单元缝隙和偶极子天线的增益随着基片厚度的增加下降很快；而膜片的尺寸和自由空间波长相比非常小，因而天线能在自由空间有效地辐射并能消除基片损耗。

1990 年，Rebeiz 等[40]实现了焦平面集成喇叭阵列，用于太赫兹成像，其中包括工作在 92 GHz 的 7×7 成像阵列，单元口径为 λ；工作在 240 GHz 的 9×9 成像阵列，单元口径为

1.45λ。如图 4-93 所示，240 GHz 阵列由两层晶片层叠而成，上层为喇叭空腔，下层为偶极子天线膜片的衬底。1991 年，该团队进一步研制了工作在 802 GHz 的 16×16 成像阵列，单元口径为 1.4λ，实现了"类 CCD"成像阵列。同年，在太赫兹喇叭天线的基础上，扩展了喇叭的极化性能，研制了 92 GHz 用于极化测定的 5×5 双极化喇叭天线阵列。

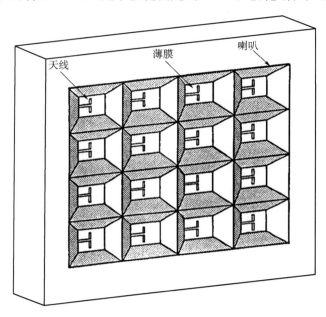

图 4-93　带有焦平面成像阵列的毫米波成像系统[40]

集成喇叭天线在用于集成的同时损失了一定的辐射特性，而辐射特性是喇叭天线的重要性能。为了提高其辐射性能，Eleftheriades 等[41]于 1992 年提出了一种多模喇叭天线，其辐射性能可与波纹喇叭相比拟，称其为"准集成"喇叭天线。所谓准集成部分，包括机加工的喇叭口部分和标准的集成喇叭天线。机加工部分的最小尺寸大约可达 1.5λ，因而可加工的多模喇叭天线工作频段最高能达 2 THz。此外，该天线和波导馈电的 Potter 喇叭非常相像，只是它是由棱锥喇叭腔中的偶极子或单极子天线馈电。他们运用全波分析法设计出了一个偶极子馈电的 20 dB "准集成"喇叭天线（图 4-94）。频率 91 GHz 的测量方向图和理论值很吻合，高斯波束耦合效率高达 97.3%。使用这种天线的接收机已经成功研制出 91 GHz 和 250 GHz 两个频段。

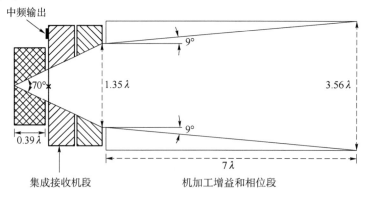

图 4-94　"准集成"喇叭天线[41]

通过金属堆叠的方式是一种太赫兹喇叭天线的实现方法。2014 年，Tajima 等[42] 通过 LTCC 工艺实现了 300 GHz 波纹喇叭的设计，如图 4-95 所示。该天线工作在 220 ~ 320 GHz，具有 100 GHz 的带宽，增益峰值为 18 dBi。

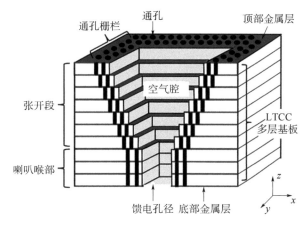

图 4-95　LTCC 工艺的太赫兹波纹喇叭[42]

随着 3D 打印技术的发展，部分天线的制作已经可以利用 3D 打印技术完成。2016 年，Zhang 等[43] 利用金属 3D 打印技术设计了工作在 220 ~ 325 GHz 的金属圆锥喇叭天线，如图 4-96 所示。在工作带宽内，该天线增益大于 21.5 dBi，具有低损耗、高鲁棒性的特点。

图 4-96　3D 打印的太赫兹喇叭天线[43]

4.3.3　太赫兹平面对数周期天线

相对于偶极子天线而言，平面对数周期天线具有更高的带宽、良好的极化调控性能，更易实现低交叉极化的圆极化性能。因此，平面对数周期天线常代替偶极子天线作为透镜天线或喇叭天线的馈源。当介质透镜的介质足够厚时，衬底上电磁波模式的影响可忽略不计。作为馈源的对数周期等天线辐射的大部分能量，将通过透镜对波束进行赋形，如图 4-97 所示。结合透镜的对数周期天线具有宽带、圆极化、低交叉极化等性能，已经应用于亚毫米波段接收机中，并能够得到非常低的噪声温度，提高接收机性能。

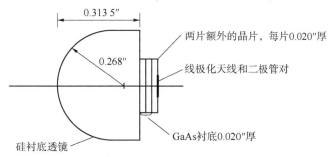

图 4-97　带有超半球透镜的基质背衬对数周期天线结构

紫金山天文台研制的 300 GHz 超导 SIS 接收机系统使用的便是此种结构。准光学系统采用了两级透镜的形式对电磁波进行赋形，包括会聚透镜和超半球型衬底透镜。集成馈源天线和 SIS 结（图 4-98）集成在衬底上，可以将射频信号和本振信号耦合到 SIS 结上。馈源天线的形式为对数周期天线，如图 4-99 所示。

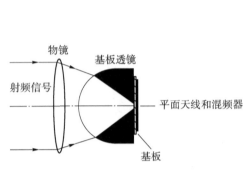

图 4-98　准光学系统

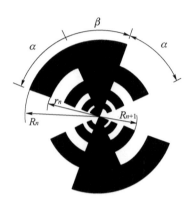

图 4-99　对数周期天线

4.3.4　太赫兹缝隙天线

Gearhart 等[44]研究了端射渐缩缝隙天线（tapered slot antenna，TSA）。TSA 通过腐蚀低介电常数衬底上两侧的金属层而成，可以直接馈电进平面槽线或波导中的鳍线。他们研制的 802 GHz TSA 如图 4-100 所示，该天线的测试方向图很对称，副瓣相对较低（-10 dB），交叉极化 -9 dB。瑞典查尔姆斯理工大学在 350 GHz 的同类天线上集成了 SIS 检波器，该天线在 320~370 GHz 的频率范围内有很理想的方向图。

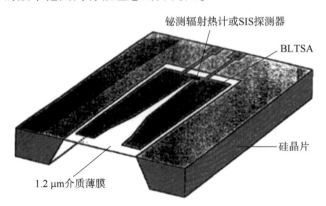

图 4-100　薄膜上的 802 GHz 端射缝隙天线[44]

4.3.5　太赫兹反射面天线

1989 年，Siegel 等[45]将平面天线与介质填充抛物面、介质透镜和高增益反射面相结合，研制了一种亚毫米波频段的集成收发前端。在该方案中，他们用石英介质加工抛物面，并在表面金属化形成抛物反射面。馈电天线集成在介质透镜水平的部分上，因而其将大部分功率辐射进了介质衬底中。辐射方向经过抛物反射面的连续反射并校准。该天线应用在空间使用的外差接收机系统中。如图 4-101 所示，下变频单元及其天线放在抛物面的焦平面处，偏置和中频信号线集成在介质的平整表面上，另有一层 1/4 波长厚的介质匹配层，以减少反射损耗。NASA 喷气推进实验室基于该方案研制了 230 GHz SIS 接收机。

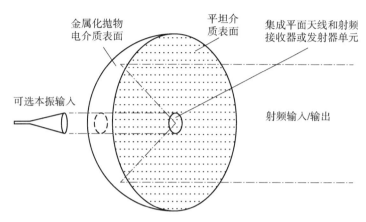

图 4-101 介质填充抛物面结构

据 Filipovic 等[46]的研究，双偶极子天线可以用在毫米波及更高频段上。在他们的设计中，将双偶极子天线集成在背衬接地面的介质膜片上，接收机集成在共面带状线的中央（图 4-102，λ 为波长），通过选择合适的天线长度、天线间距、接地面到膜片的距离，可以做到方向图旋转对称，双偶极子天线的高斯波束耦合效率能达 84%。如图 4-103所示，双偶极子天线是在 1 μm 厚的薄膜上加工制作，尺寸为 4 mm × 4 mm。接地面是在另一片膜片上加工而成，在其上蒸发 1 000 Å 厚金，形成直径 3.5λ 的圆环。接地面和天线晶片并排放置，它们之间用硅晶片抛光而成的厚约 92 μm 的晶片间隔开。抛物面反射器用铝加工制作，其表面光滑度为 100 Å，直径为 30λ。

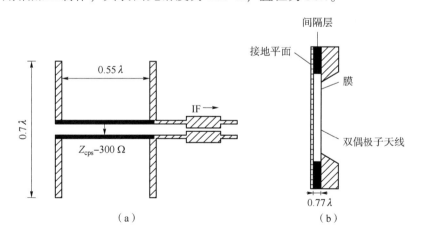

图 4-102 双偶极子天线的上视图和侧视图[46]

(a) 上视图；(b) 侧视图

由于太赫兹波在空气传输中的损耗高，受太赫兹源功率的限制，就需要更高增益的天线来实现远距离探测，反射面天线能够将馈源的增益进一步提升，其代价是天线的剖面高、体

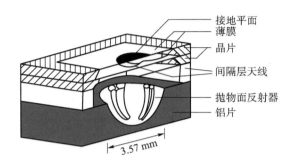

图 4-103　双偶极子天线和接地面截面图[46]

积大。2017 年，Wang 等[47]设计了一种离轴反射面天线，如图 4-104 所示，反射器选用碳化硅材料和热稳定的碳纤维增强塑料，具有较高的比刚度和较低的热膨胀系数，有利于空间利用。该天线在 330 GHz 的增益为 55.3 dBi，极大地提升了馈源的增益。

卡塞格伦天线是一种双反射形的天线。与单反射面天线相比，其馈源位于主反射面端，减小了天线与系统之间的传输距离。2013 年，Xu 等[48]设计了太赫兹卡塞格伦天线（图 4-105），该天线的增益高达 50 dBi，副瓣低于 -20 dB。

图 4-104　太赫兹离轴反射面天线[47]

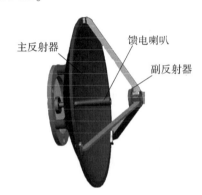

图 4-105　太赫兹卡塞格伦天线[48]

4.3.6　太赫兹反射阵天线

太赫兹反射阵天线是一种利用相位补偿原理的平面反射器。馈源发出的电磁波到达阵面时的路径不等，从而产生相位差，将阵面上的相位差离散化，并以相应阵元补偿相位，使得反射的电磁波在阵面处形成等相位面。反射阵的原理亦可认为是透镜的平面化，都是基于等光程的理论。随着反射阵的研究深入，可重构反射阵由于其优异的性能，逐渐替代了反射阵。目前，可重构反射单元的常见设计方式有三种——机械调控、电可调材料调控、有源器件调控。

机械调控可重构反射单元是指通过使用机械控制的方式来改变单元反射相位，从而实现反射阵的相位调控功能。2017 年，Yang 等[49]提出了一款工作在 X 波段的圆极化可重构反射阵天线，如图 4-106（a）所示，反射单元为有缝隙的双圆环结构，在单元的底部加载微型电动机，通过机械控制旋转单元改变缝隙的位置，使单元获得 360°连续相位变化。将该单元进行组阵，结果显示该可重构反射阵天线可以在 ±60°范围内实现波束扫描。2018 年，该学者又设计了一款工作在 C 波段的可重构反射阵天线[50]，如图 4-106（b）所示，单元由一个固定位置的方形贴片和一个高度可调的缝隙贴片组成，通过机械控制缝隙贴片的高度，单元可以实现 324°相位变化，由此设计的可重构反射阵实现了 ±60°的波束扫描。机械调控的方式虽然可以实现单元的相位调控，但调控精度易受到机械工艺方面的影响，且机械易受磨损，需要定期维护，不如电调控的方式方便和准确。

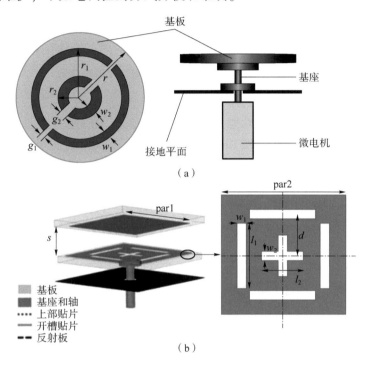

图 4-106　基于机械调控的可重构反射阵单元

（a）机械控制旋转单元[49]；（b）机械控制高度单元[50]

使用电可调材料（如液晶、石墨烯等）作为单元组成部分，以实现单元的可重构设计，这也是一种常见的设计方法。通过在这些特殊材料上施加不同的电压值，可以改变材料的电性能参数，此时单元的反射相位也会发生变化。2013 年，Perez-Palomino 等[51]设计了一款基于液晶材料的可重构微带反射阵天线，天线工作在 F 波段，如图 4-107（a）所示，单元由印刷在石英上的三个平行的偶极子组成，液晶层被置于偶极子与金属地之间，通过改变加载在单元的电压来改变液晶层的等效介电常数，从而实现单元的相位调控。2018 年，Tamagnone 等[52]设计了一款以石墨烯为基础的可重构反射阵天线，天线工作在太赫兹频段，如图 4-107（b）所示，将石墨烯放置在金属贴片和基板之间，通过改变单元两端的电压值来改变石墨烯的表面电导率，从而改变单元的反射相位。受技术条件限制，特殊材料的实现尚在研究阶段。

有源器件调控是指在反射单元上加载变容二极管、MEMS 开关、PIN 管等有源器件，通过控制有源器件的状态来改变有源器件的电参数，进而改变单元的反射相位。Venneri 等[53]介绍了一款利用变容二极管实现 360°连续相位变化的可重构反射。将变容二极管加载在相位延迟线和带缝隙的微带结构间，通过偏置电压来改变二极管的电容值，单元产生 360°的连续相位变化。由此设计的可重构反射阵实现了 0°~40°的波束扫描。Bayraktar 等[54]首次介

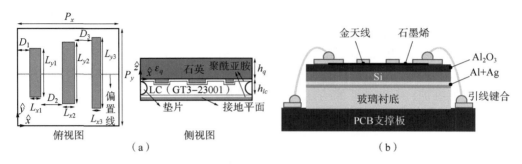

图 4 – 107　基于电可调材料的可重构反射阵单元

（a）基于液晶的可重构反射阵单元[51]；（b）基于石墨烯的可重构反射阵单元[52]

绍了通过 MEMS 开关来实现可重构功能的反射阵天线，将 MEMS 开关加载在单元的相位延迟线上，通过控制 MEMS 开关来改变相位延迟线的长度，从而改变单元的反射相位，所设计的可重构反射阵可以实现 0°和 40°的波束切换效果。Kamoda 等[55]设计了一款基于 PIN 管的 1 – bit 可重构微带反射阵天线，单元由一个矩形贴片和一段相位延迟线组成，在相位延迟线上加载一个 PIN 管，通过控制 PIN 管的通断使得单元产生相位差 180°的两个状态，将其组成一个 160×160 的阵列，如图 4 – 108 所示，所设计的可重构反射阵实现了 ±25°的波束扫描。

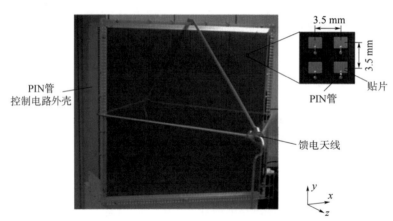

图 4 – 108　基于 PIN 管的可重构反射阵[55]

使用有源器件设计可重构反射阵天线的操作简单、技术成熟、准确性高，是目前的主要实现方式。其中，变容二极管可以实现连续的相位变化，提供更精确的相位补偿，使单元有更好的性能，但变容二极管的控制电路相对来说比较复杂。PIN 管和变容二极管在高频时会有较大的直流损耗；MEMS 开关相对来说损耗较小，更适合在高频设计中被应用，但 MEMS 开关加工成本高、技术相对不够成熟，这限制了它在实际中的应用。PIN 管驱动电压低、开关时间短、工艺成熟、成本低，被广泛应用在低频段的可重构反射阵设计中。

4.4　太赫兹频率选择表面

频率选择表面（frequency selective surface，FSS）概念的引入和应用起源于对光谱的研究。目前，这种周期结构的研究已经扩展到二维平面，频率也从早期的微波频段进入太赫兹段，分析和设计的难度也随之增加，但基本原理是相似的，平面周期结构的每个单元的形状、相互距离等都会对散射场（反射或透射）产生影响。在确定周期结构形式后，当照射一定频率的电磁波时，会发生谐振现象，FSS 会产生附加散射，可以抵消入射电磁波的散射场。例如，某个频率的波会被完全反射或完全透射。这种谐振现象通常发生在晶格尺寸约为入射波半波长的整数倍时，但由于周期结构中单元之间的相互作用，以及介质基板介电常数不同，尺寸略有出入。对于第一谐振点处的电磁波或光波，其对应的平面周期结构具有明显的频率响应。波在第一个谐振点将能量散射到一定角度，随着波长减小，共振现象会重复出现，但散射能量逐渐减弱，直至为零。FSS 对入射波的反射和透射效应可归因于电磁波的散射，一般而言，周期性金属屏的散射特性对入射波的频率和极化同时具有选择性。一般卫星通信的圆极化系统都选用正交对称的二维周期单元的 FSS，在频率响应特性与入射波方向无关的应用中，应选用具有围绕中心对称的结构和布置。FSS 特性取决于很多几何参数，虽然导致分析计算复杂，但为实现不同的频响特性提供了灵活性。FSS 的特性与介质基板的几何形状、尺寸、排列、周期、厚度、电磁特性参数及其周期单元的层数，以及入射波的入射方向和极化方式有关。近年来，由周期性亚波长人工结构组成的二维平面超表面因其强大的电磁操纵能力和低剖面而成为活跃的研究热点，具有不同功能的超表面被设计出来，如极化转换超表面、涡旋光束产生超表面、聚焦超表面等。

1. 基础理论

由于自然界中手性物质相对较少，因此关于圆极化波与物质相互作用的研究成果不多。得益于微纳加工技术的不断进步和跨学科研究领域的融合，人们不再局限于研究线极化（linear polarized，LP）波。近年来，左旋圆极化（left-handed circular polarization，LCP）波和右旋圆极化（right-handed circular polarization，RCP）波的选择性吸收也受到关注。圆极化选择性吸收表现为对左旋圆极化波和右旋圆极化波的不同响应。当 LCP/RCP 电磁波入射至超材料表面时，只有一种手性波可以被有效吸收。

超材料吸收率 $A(\omega)$ 取决于入射光入射到超材料的反射率 $R(\omega)$ 和透射率 $T(\omega)$，其表达式为

$$A(\omega) = 1 - R(\omega) - T(\omega) \tag{4-9}$$

式中，$R(\omega) = |S_{11}|^2$；$T(\omega) = |S_{21}|^2$。

反射系数（透射系数）可以表示为 $R_{ij}(T_{ij})$，其中 i、j 分别表示反（透）射波的极化状态和入射波的极化状态。选择性吸收率可以描述为

$$A_- = 1 - R_{+-} - R_{--} - T_{--} - T_{+-} \tag{4-10}$$

$$A_+ = 1 - R_{-+} - R_{++} - T_{++} - T_{-+} \tag{4-11}$$

式中，A_-——LCP 入射波的吸收率；

A_+——RCP 入射波的吸收率；

T_{-+}，$T_{+-}(R_{--}，R_{++})$——交叉极化透射系数（反射系数）。

当反射率和透射率在某个频点同时达到最小时，吸收率将达到最大值。

为了设计一个完美的吸波器，通常需要满足两个条件：一是吸波器的阻抗必须匹配自由空间阻抗，即

$$Z(\omega) = \sqrt{\mu(\omega)/\varepsilon(\omega)} \tag{4-12}$$

二是获得较大虚部的折射率，即

$$n(\omega) = \sqrt{\mu(\omega)/\varepsilon(\omega)} \quad (4-13)$$

圆极化电磁波入射下,吸收器波阻抗可表示为

$$Z'(\omega) = \sqrt{\frac{(1+R_{+-})^2 - T_{++}T_{--}}{(1-R_{+-})^2 - T_{++}T_{--}}} \quad (4-14)$$

另外,可通过改变吸收器微结构相关参数,调控等效介电常数 $\varepsilon'(\omega) = \varepsilon_1 + i\varepsilon_2$ 和磁导率 $\mu'(\omega) = \mu_1 + i\mu_2$,优化选择性吸波特性。

假设我们需要实现一个对 LCP 波完全吸收、对 RCP 波完全反射且旋向保持不变的极化选择表面,可通过琼斯矩阵分析出实现该功能的结构要求为:同时打破结构的 $n(n>2)$ 重旋转对称和镜像对称[56]。

2. 仿真示例

本节将通过一个工作在 1 THz 频率处的圆极化选择吸收表面来学习太赫兹极化选择表面的仿真流程。单元结构如图 4-109 所示。该超表面工作在反射体系下,优化后的结构参数为:$p = 75$ μm,$a = 45$ μm,$g = 4.3$ μm,$w = 3$ μm,$l = 14$ μm,$d = 30$ μm。

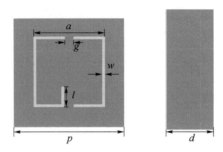

图 4-109 超表面单元结构及参数

进入 CST Studio Suite 2020,单击"New Template"后选择"MICROWAVES & RF/OPTICAL"中的"Periodic Structures"模板,单击"Next"按钮,如图 4-110 所示。

FSS

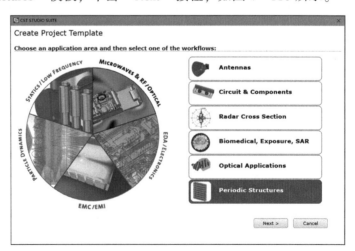

图 4-110 CST 模板选择

依次选择"FSS,Metamaterial - Unit Cell"→"Phase Reflection Diagram"→"Frequency Domain",设置全局单位为 μm/THz,仿真频率范围为 0.8~1.2 THz,检查模板设置无误后单击"Finish"按钮,如图 4-111 所示。

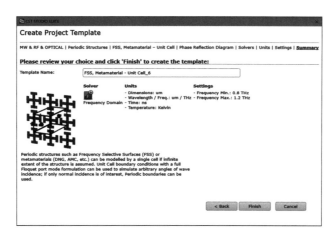

图 4-111　模板设置检查

进入工作界面后，单击"Modeling"选项卡的"Brick"选项进行方块建模操作，如图 4-112 所示。

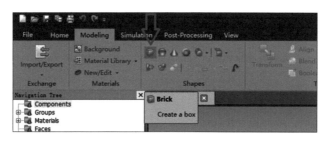

图 4-112　方块建模

按【Esc】键，弹出"Brick"对话框，进行输入设置，以创建背层理想金属模型，如图 4-113 所示。单击"OK"按钮，弹出图 4-114 所示的对话框，设置参数 p 的值为 75。

图 4-113　模型参数设置　　　　　　图 4-114　模型参数赋值

按照上述步骤依次创建介质层模型"substrate_FR4"和顶层金属图案"top_PEC"，最终模型如图 4-115 所示。

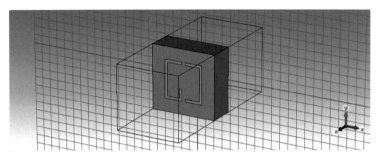

图 4 – 115　超表面单元模型

单击"Simulation"选项卡中的"Boundaries"选项卡，在图 4 – 116 所示的对话框中设置边界条件。

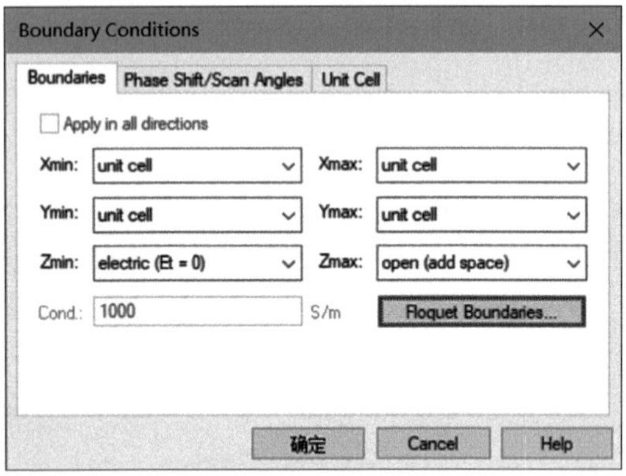

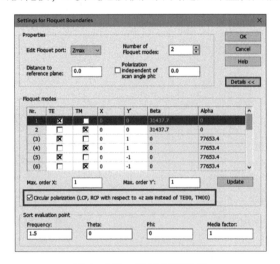

图 4 – 116　边界条件设置

单击"Floquet Boundaries"按钮，在"Details"中勾选"Circular polarization"复选框，以保证圆极化激励，如图 4 – 117 所示。注意：CST Studio Suite 2020 中对于圆极化波的旋向是根据 $+Z$ 轴来全局定义的，在此模型中"Zmax"端口激励沿 $-Z$ 轴方向，因此入射波的 1 模式是按波矢方向定义的右旋圆极化波，2 模式是按波矢方向定义的左旋圆极化波。

图 4 – 117　激励端口设置

单击"Simulation"选项卡中的"Setup Solver"选项,在图4-118所示的对话框中设置"Zmax"端口的激励模式为"All",单击"Start"按钮开始仿真。

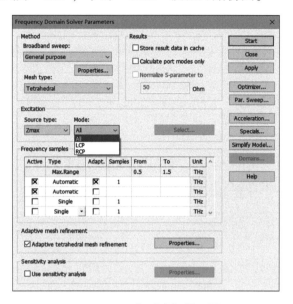

图4-118 频域求解器设置

仿真结束后,可在"Navigation Tree"中的"1D Results"中查看"S-Parameters"图,由图4-119可以看出:"SZmax(1),Zmax(1)"和"SZmax(2),Zmax(2)"重合且在1 THz附近低于0.2,说明R_{LR}、R_{RL}在该频点处得到良好的抑制,即RCP和LCP在该频点处的反射几乎不发生旋向反转;"SZmax(1),Zmax(2)"在1 THz处接近0.1,说明R_{LL}得到良好抑制,即LCP在该频点处几乎不产生同旋向反射;"SZmax(2),Zmax(1)"在宽频带内均高于0.8,说明大量RCP波被反射且旋向保持不变。

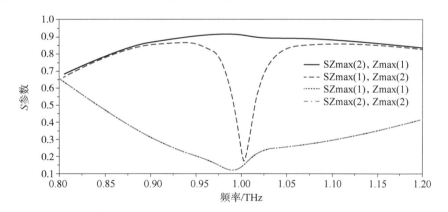

图4-119 超表面S参数

仿真结束后,可对数据进行后处理,以计算该超表面对LCP和RCP的吸收率。单击"Post-Processing"选项卡下的"Result Templates"选项,设置图表类型为"General 1D"、后处理模板类型为"Mix Template Result",按图4-120所示选择变量数据并输入LCP吸波率计算公式,单击"OK"按钮。

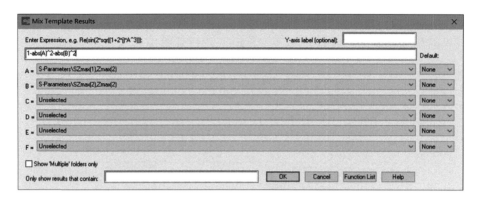

图 4-120　后处理计算 LCP 吸波率

按上述步骤再添加一个计算 RCP 吸波率的后处理模板，如图 4-121 所示。

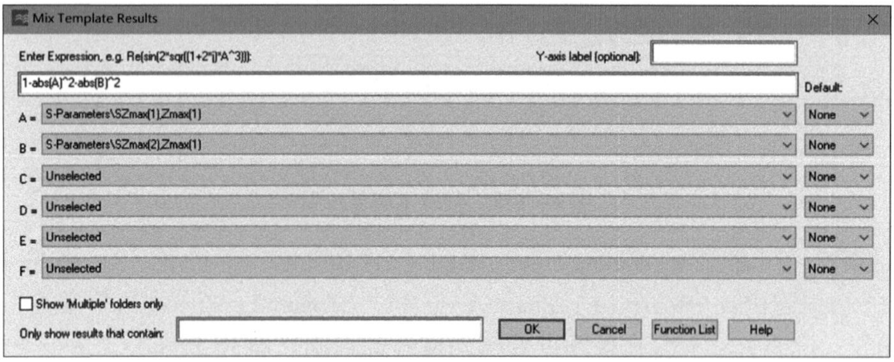

图 4-121　后处理计算 RCP 吸波率

添加完成后，修改模板名为"LCP 吸波率"和"RCP 吸波率"，单击"Evaluate All"按钮开始计算，如图 4-122 所示。

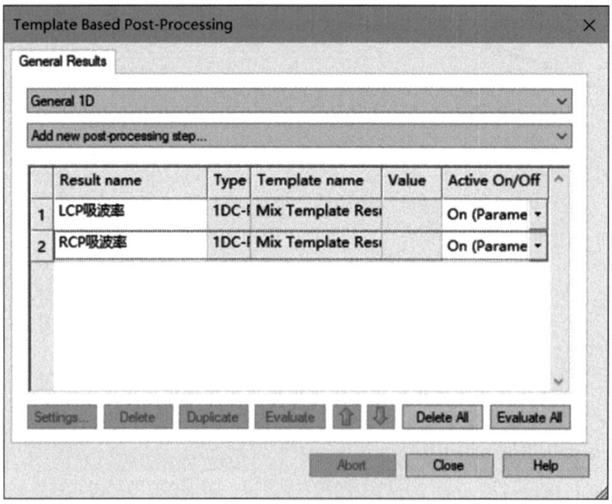

图 4-122　结果后处理

计算完毕后，可在"Navigation Tree"下的"Tables"中查看结果，从图 4-123 中可以看出，超表面对 LCP 波的吸收率在 1 THz 处达 95%，对 RCP 波的吸收率仅在 15% 左右，即实现了对圆极化波的极化选择性吸收。

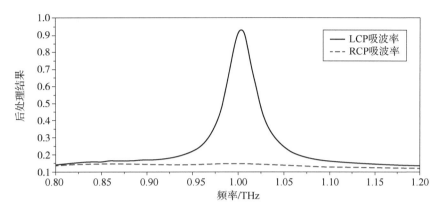

图 4-123 吸波率计算结果

参 考 文 献

[1] 黄婉文,李宝军. 太赫兹波导器件研究进展[J]. 激光与光电子学进展,2006(7):9-15.

[2] MCGOWAN R W,GALLOT G,GRISCHKOWSKY D. Propagation of ultrawideband short pulses of terahertz radiation through submillimeter-diameter circular waveguides[J]. Optics letters, 1999,24(20):1431.

[3] MENDIS R,GRISCHKOWSKY D. Undistorted guided-wave propagation of subpicosecond terahertz pulses[J]. Optics letters,2001,26(11):846.

[4] WANG K,MITTLEMAN D M. Metal wires for terahertz wave guiding[J]. Nature,2004,432(7015):376-379.

[5] CAO Q,JAHNS J. Azimuthally polarized surface plasmons as effective terahertz waveguides[J]. Optics express,2005,13(2):511.

[6] FRANKEL M Y,GUPTA S,VALDMANIS J A,et al. Terahertz attenuation and dispersion characteristics of coplanar transmission lines[J]. IEEE transactions on microwave theory and techniques,1991,39(6):910-916.

[7] 郭冰,文锦辉,张海潮,等. 光激发 LT-GaAs 共面微带传输线 THz 色散与衰减特性[J]. 红外与毫米波学报,2000(2):98-102.

[8] AKALIN T,TREIZEBRE A,BOCQUET B. Single-wire transmission lines at terahertz frequencies[J]. IEEE transactions on microwave theory and techniques,2006,54(6):2762-2767.

[9] TSUCHIYA A,ONODERA H. Impact of skin effect on loss modeling of on-chip transmission-line for terahertz integrated circuits[C]//2013 IEEE International Meeting for Future of Electron Devices,Kansai,2013:106-107.

[10] ALTHUWAYB A A. On-chip antenna design using the concepts of metamaterial and SIW principles applicable to terahertz integrated circuits operating over 0.6~0.622 THz[J]. International journal of antennas and propagation,2020:1-9.

[11] COHN S B. Slot line on a dielectric substrate[J]. IEEE transactions on microwave theory and techniques,1969,17(10):768.

[12] MEIER P J. Integrated fin-line millimeter components[J]. IEEE transaction on microwave theory & techniques, 1974, 22(12): 1209-1216.

[13] WEN C P. Coplanar waveguide: a surface strip transmission line suitable for nonreciprocal gyromagnetic device applications[J]. IEEE transactions on microwave theory and techniques, 1969,17(12):1087.

[14] 蔡伟,郝文慧,王舰洋,等. 太赫兹光纤研究进展[J]. 真空电子技术,2021(3):1-8.

[15] ISLAM M D S,CORDEIRO C M B,FRANCO M A R,et al. Terahertz optical fibers[J]. Optics express,2020,28(11):16089.

[16] KNIGHT J C,BROENG J,BIRKS T A,et al. Photonic band gap guidance in optical fibers[J]. Science,new series,1998,282(5393):1476-1478.

[17] VINCETTI L,SETTI V. Waveguiding mechanism in tube lattice fibers[J]. Optics express, 2010,18(22):23133.

[18] BERAVAT R,WONG G K L,FROSZ M H,et al. Twist-induced guidance in coreless photonic crystal fiber:a helical channel for light[J]. Science advances,2016,2(11):e1601421.

[19] CRUZ A,CORDEIRO C,FRANCO M. 3D printed hollow-core terahertz fibers[J]. Fibers, 2018,6(3):43.

[20] HABIB M A, ANOWER M S. Design and numerical analysis of highly birefringent single mode fiber in THz regime[J]. Optical fiber technology,2019,47:197-203.

[21] WANG B,TIAN F,LIU G,et al. A dual-core fiber for tunable polarization splitters in the terahertz regime[J]. Optics communications,2021,480:126463.

[22] YABLONOVITCH E. Inhibited spontaneous emission in solid-state physics and electronics [J]. Physical review letters,1987,58(20):2059-2062.

[23] JOHN S. Strong localization of photons in certain disordered dielectric superlattices[J]. Physical review letters,1987,58(23):2486-2489.

[24] 王长,郑永辉,曹俊诚,等. 太赫兹波导发展现状与展望[J]. 太赫兹科学与电子信息学报, 2022,20(3):241-260.

[25] YARIV A, XU Y, LEE R K, et al. Coupled-resonator optical waveguide: a proposal and analysis[J]. Optics letters, 1999, 24(11): 711.

[26] LI Z, ZHANG Y, LI B. Terahertz photonic crystal switch in silicon based on self-imaging principle[J]. Optics express,2006,14(9):3887.

[27] CARLITO S P,Jr,ESTACIO E,POBRE R,et al. Transmission characteristics of lens-duct and photonic crystal waveguides in the terahertz region[J]. Journal of the Optical Society of America B,2009,26(9):A95.

[28] KITAGAWA J, KODAMA M, KADOYA Y. Design of two-dimensional low-dielectric photonic crystal and its terahertz waveguide application[J]. Japanese journal of applied physics,2012,51:062201.

[29] TSURUDA K,FUJITA M,NAGATSUMA T. Extremely low-loss terahertz waveguide based on silicon photonic-crystal slab[J]. Optics express,2015,23(25):31977.

[30] HEADLAND D,FUJITA M,NAGATSUMA T. Bragg-mirror suppression for enhanced bandwidth in terahertz photonic crystal waveguides[J]. IEEE journal of selected topics in quantum electronics,2020,26(2):1-9.

[31] WEBBER J,YAMAGAMI Y,DUCOURNAU G,et al. Terahertz band communications with topological valley photonic crystal waveguide[J]. Journal of lightwave technology,2021,39(24):7609-7620.

[32] TRICHOPOULOS G C,MUMCU G,SERTEL K,et al. A novel approach for improving off-axis pixel performance of terahertz focal plane arrays[J]. IEEE transactions on microwave theory and techniques,2010,58(7):2014-2021.

[33] RONDINEAU S,HIMDI M,SORIEUX J. A sliced spherical Luneburg lens[J]. IEEE antennas and wireless propagation letters,2003,2:163-166.

[34] ZHAO Y Y,ZHANG Y L,ZHENG M L,et al. Three-dimensional Luneburg lens at optical frequencies[J]. Laser & photonics reviews,2016,10(4):665-672.

[35] LU H,LIU Z,LIU Y,et al. Compact air-filled Luneburg lens antennas based on almost-parallel plate waveguide loaded with equal-sized metallic posts[J]. IEEE transactions on antennas and propagation,2019,67(11):6829-6838.

[36] WANG X,CHENG Y,DONG Y. A wideband PCB-stacked air-filled Luneburg lens antenna for 5G millimeter-wave applications[J]. IEEE antennas and wireless propagation letters,2021,20(3):327-331.

[37] LIN W,ZIOLKOWSKI R W,AHMAD W A,et al. 320 GHz on-chip circularly-polarized antenna array realized with 0.13 μm BiCMOS technology[C]//2020 IEEE International Symposium on Antennas and Propagation and North American Radio Science Meeting,2020:1467-1468.

[38] ALIBAKHSHIKENARI M,VIRDEE B S,SEE C H,et al. Terahertz on-chip antenna based on metasurface and SIW with stacked layers of resonators on GaAs substrate[C]//2019 8th Asia-Pacific Conference on Antennas and Propagation,2019:679-680.

[39] LI C H,CHIU T Y. 340 GHz low-cost and high-gain on-chip higher order mode dielectric resonator antenna for THz applications[J]. IEEE transactions on terahertz science and technology,2017,7(3):284-294.

[40] REBEIZ G M,KASILINGAM D P,GUO Y,et al. Monolithic millimeter-wave two-dimensional horn imaging arrays[J]. IEEE transactions on antennas and propagation,1990,38(9):1473-1482.

[41] ELEFTHERIADES G V,REBEIZ G M. High-gain step-profiled integrated diagonal horn-antennas[J]. IEEE transactions on microwave theory and techniques,1992,40(5):801-805.

[42] TAJIMA T,SONG H J,AJITO K,et al. 300 GHz step-profiled corrugated horn antennas integrated in LTCC[J]. IEEE Transactions on Antennas and Propagation,2014,62(11):5437-5444.

[43] ZHANG B,ZHAN Z,CAO Y,et al. Metallic 3-D printed antennas for millimeter- and

submillimeter wave applications[J]. IEEE transactions on terahertz science and technology, 2016,6(4):592-600.

[44] ACHARYA P R, EKSTROM H, GEARHART S S, et al. Tapered slotline antennas at 802 GHz [J]. IEEE transactions on microwave theory and techniques,1993,41(10):1715-1719.

[45] SIGEL P H, DENGLER R J. The dielectric-filled parabola: a new millimeter/submillimeter wavelength receiver/transmitter front end[J]. IEEE transactions on antennas and propagation, 1991,39(1):40-47.

[46] FILIPOVIC D F, ALI-AHMAD W Y, REBEIZ G M. Millimeter-wave double-dipole antennas for high-gain integrated reflector illumination[J]. IEEE transactions on microwave theory and techniques,1992,40(5):962-967.

[47] WANG H, DONG X, YI M, et al. Terahertz high-gain offset reflector antennas using SiC and CFRP material[J]. IEEE transactions on antennas and propagation,2017,65(9):4443-4451.

[48] XU X, ZHANG X, ZHOU Z, et al. Terahertz cassegrain reflector antenna [C]//2013 Proceedings of the International Symposium on Antennas & Propagation,2013:969-971.

[49] YANG X, XU S, YANG F, et al. A broadband high-efficiency reconfigurable reflectarray antenna using mechanically rotational elements[J]. IEEE transactions on antennas and propagation,2017,65(8):3959-3966.

[50] YANG X, XU S, YANG F, et al. A mechanically reconfigurable reflectarray with slotted patches of tunable height[J]. IEEE antennas and wireless propagation letters,2018,17(4):555-558.

[51] PEREZ-PALOMINO G, BAINE P, DICKIE R, et al. Design and experimental validation of liquid crystal-based reconfigurable reflectarray elements with improved bandwidth in F-band[J]. IEEE transactions on antennas and propagation,2013,61(4):1704-1713.

[52] TAMAGNONE M, CAPDEVILA S, LOMBARDO A, et al. Graphene reflectarray metasurface for terahertz beam steering and phase modulation[J]. arXiv:180602202.

[53] VENNERI F, COSTANZO S, DI MASSA G. Design and validation of a reconfigurable single varactor-tuned reflectarray[J]. IEEE transactions on antennas and propagation, 2013, 61 (2):635-645.

[54] BAYRAKTAR O, CIVI O A, AKIN T. Beam switching reflectarray monolithically integrated with RF MEMS switches[J]. IEEE transactions on antennas and propagation,2012,60(2): 854-862.

[55] KAMODA H, IWASAKI T, TSUMOCHI J, et al. 60 GHz electronically reconfigurable large reflectarray using single-bit phase shifters[J]. IEEE transactions on antennas and propagation, 2011,59(7):2524-2531.

[56] MENZEL C, ROCKSTUHL C, LEDERER F. An advanced Jones calculus for the classification of periodic metamaterials[J]. Physical review A,2010,82(5):053811.

第 5 章
太赫兹有源器件与集成芯片

在太赫兹波段，受工艺条件限制，收发前端系统中的集成功率放大器和低功率噪声放大器等器件通常设计难度大，制作成本高。因此，混频器和倍频器等非线性器件往往成为系统中与收发天线直接相连的关键电路，它们的性能在很大程度上影响系统的性能。对这些关键的太赫兹有源器件展开研究，是进行系统级芯片设计前的重要一步。本章将重点围绕太赫兹肖特基二极管、混频器和倍频器展开介绍。

5.1 太赫兹肖特基二极管

肖特基势垒二极管（Schottky barrier diode，SBD）简称肖特基二极管，是一种低功耗、大电流、超高速半导体器件。其具有一些其他类型二极管所无法比拟的优良特性：反向恢复时间极短（能够小到几 ns），正向导通压降约为 0.4 V，整流电流却可达几 kA。通常，中小功率肖特基二极管采用封装形式。由于其具有工作频带宽、噪声系数小、结构简单等特点，所以被广泛用于太赫兹器件（如倍频器、混频器）中。

肖特基二极管是一种金属 - 半导体器件，其正极 A 是贵金属（常见的有金、银、铂等），负极 B 为 N 型半导体，正负极之间相互接触，形成具有整流特性的势垒。负极的 N 型半导体中含有大量可自由移动的电子，而正极的贵金属中只有极少的自由电子且没有空穴，所以电子会从 B 向 A 扩散，而且不存在空穴的定向移动。当电子不断扩散到 A 后，B 表面的电子浓度会相应地逐渐降低，从而破坏了 B 表面原本的电中性，随之便产生了势垒，势垒的电场方向由 B 指向 A。在这一势垒电场力的作用下，A 中的电子会形成从 A 到 B 的漂移运动，这便削弱了由自由扩散形成的电场。肖特基势垒产生的条件就是：两极之间的空间电荷区达到一定的宽度，电子浓度不同产生的扩散运动和势垒电场引起的电子漂移达到相对平衡的状态。

常见的肖特基二极管的管芯结构主要由三层组成，基片为 N 型半导体，在上面有一层用砷作为掺杂剂的 N 级外延层，最上层以钼作为阳极金属材料。在金属材料两侧会用二氧化硅（SiO_2）来消除边缘区域的电场，从而提高二极管的耐压值。通过调整二极管结构的各项参数，就可以使基片与阳极金属之间形成一定的肖特基势垒。当使 A、B 分别接电源正、负极时（即加上正偏电压），势垒宽度会变窄；当加上负偏电压时，势垒宽度会增加。

由此可见，与 PN 结二极管相比，肖特基二极管的结构原理有较大的不同。通常情况下，将 PN 结整流管简称整流管，而把金属 - 半导体结构的整流管称为肖特基整流管。随着近些年半导体加工技术的发展，市面上已经有采用硅平面工艺制造的铝硅肖特基二极管，这种工艺不仅不需要贵金属，还可以改善参数的一致性。

肖特基二极管的独特结构也使其可以应用于太赫兹频段,其工作频率可以达到 0.6 THz 以上,其带宽为 50 GHz 左右的窄带,噪声等效功率(NEP)约为 10^{-8} W/Hz,响应率在 100~3 000 V/W 之间,并且其调幅可以达到 kHz 量级,不过静电放电现象会对肖特基二极管产生较大的影响,所以在实际操作时需要将其接地。

5.1.1 肖特基二极管机理

肖特基二极管的主要工作原理为肖特基势垒的载流子传输机制,其核心就是金属和半导体之间形成的接触。肖特基二极管的基本结构如图 5-1 所示。

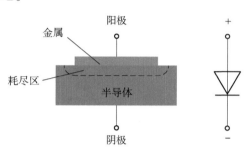

图 5-1 肖特基二极管的基本结构

当肖特基二极管的金属与半导体结合时,会在接触面上形成两种不同类型的结。这两个结分别具有欧姆特性和整流特性。欧姆特性同时指向两个方向,而整流特性电流主要从金属流向半导体。

当半导体掺杂浓度较高(记为 N+)时,内部的载流子会简并化,在这种情况下与金属形成的耗尽层会很薄,电子很容易隧穿势垒,所以接触对电流的两个方向都呈现低电阻特性,这称为欧姆接触。

当半导体掺杂浓度较低时,金属导带中的电子可以隧穿进入半导体的禁带,从而诱发偶极层效应,其厚度约为 1 nm。这时,半导体中会出现负电荷,与金属接触的偶极层会出现正电荷,能带向上弯曲。为了平衡半导体和金属的整体状态,半导体导带中的电子会向金属中能量较低的空态移动,在半导体中留下电离的施主,使其能带移动向下,最后半导体的电荷费米能级和金属的费米能级会处于相等状态。此时,半导体中具有足够能量越过势垒到金属侧的电子数量等于金属中越过势垒到半导体侧的电子数量,所以静电电子流为零。最终形成的肖特基接触电荷区主要包括隧穿诱导偶极层、1 μm 量级的半导体耗尽区和金属表面极薄的正电荷区。此外,金属-半导体界面处的偶极子层会在界面处的真空能级中产生小的不连续性。肖特基二极管金属与半导体接触前后的能带变化如图 5-2[1] 所示。

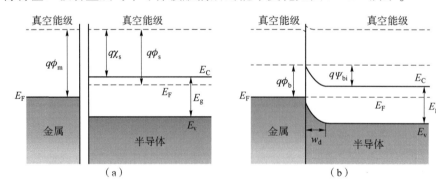

图 5-2 能带变化示意图[1]
(a) 接触前;(b) 接触后

当大小为 V_F 的正向偏置电压加在肖特基二极管上时,半导体中的电子 q 进入金属后势垒会降低 qV_F。因为在半导体的导带中存在能量足以越过势垒的电子,而且电子数量会随着外加电压的增加呈指数增长,所以会有大量电子注入金属层,形成大电流。

当对肖特基二极管施加反向偏压时，金属与半导体界面的势垒升高，因此半导体中几乎没有电子可以越过势垒到达金属。而且，由于金属中的电子面临较小的势垒，因此金属中会有少部分电子可以进入半导体，形成微弱的反向电流。

5.1.2 肖特基二极管发展概述

20 世纪 60 年代中期，俄克拉荷马大学的 Young 和贝尔实验室的 Irvin 首先提出了可以工作在高频的 GaAs 肖特基二极管[2]。如图 5-3 所示，肖特基阳极的电气连接通过触须结构实现，因此该二极管具有较低的寄生电容，并且触须结构也可以作为线天线来耦合接收辐射信号。

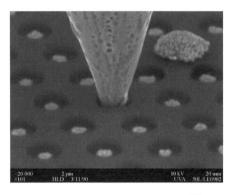

图 5-3　GaAs 肖特基二极管[2]

然而，触须结构的设计受到的工艺限制较大。为了解决这一问题，1987 年，美国弗吉尼亚大学半导体器件实验室首次提出了一种新型的平面二极管结构[3-5]。该结构首次采用了空气桥形式的表面腐蚀沟道，保证稳定性的同时，还能降低相关的寄生参量。经过优化改进，美国 VDI 公司成功推出一系列 W 频段以上的肖特基二极管产品，其二极管产品有单管、反向对管等形式。其中，单管（VDI-SC2T6，图 5-4）的正向开启电压为 0.7 V、反向开启电压为 5 V，级联电阻 R_s 为 2.5 Ω，零频偏置条件下总电容 C_T 为 9 fF。单管芯片物理尺寸为 200 μm×80 μm，指长为 20 μm，基板厚度减至 50 μm。反向对管（G2APD32fG，图 5-5）的正向开启电压为 0.53 V，级联电阻 R_s 为 3.5 Ω，总电容 C_T 在零压偏置下为 38.5 fF。对管芯片的物理尺寸为 300 μm×160 μm，指长为 50 μm，芯片厚度减至 95 μm。

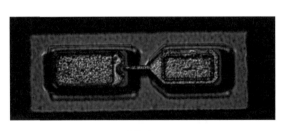

图 5-4　VDI 单管产品 VDI-SC2T6

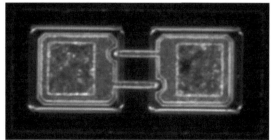

图 5-5　VDI 对管产品 G2APD32fG

美国的 JPL 实验室在半导体领域中一直处于领先地位，通过与 VDI 公司开展合作，在肖特基二极管相关器件的生产工艺和集成电路模型等方面进行了大量的基础科学研究。JPL 实验室在这些研究成果的基础上设计了频段覆盖数百 GHz 到 THz 的集成芯片和电路，以及与之相对应的接收系统。

英国的卢瑟福-阿普尔顿实验室（RAL）研发了与美国 VDI 公司产品类似的空气桥-阳极点接触结构的低寄生电容平面肖特基二极管[6]。其衍生企业 Teratech 研制出了频段覆盖 75 GHz～1 THz 的毫米波砷化镓肖特基二极管产品，其单管/对管（图 5-6）的阳极点接触面积最小为 0.95 μm²，结电容最低为 1 fF，截止频率大于 2 THz。

图 5-6　Teratech 肖特基二极管芯片（对管）

此外，欧洲的 ACST 等公司基于化合物半导体技术开发了可以应用于亚毫米波和太赫兹频段的肖特基二极管[7-9]，包括具有可变电容、可变电阻和低势垒等多种特性的产品。在国内，北京理工大学与中电集团第十三研究所合作，于 2010 年开发出具有自主知识产权的肖特基平面二极管[10]。

5.1.3　太赫兹肖特基二极管的结构与特征

5.1.3.1　太赫兹肖特基二极管的结构

当肖特基二极管的工作频段为太赫兹时，金属-半导体的接触面积非常小，直径通常达微米量级。在实际应用中，需要引入额外的外部延伸结构使二极管的阳极和阴极能够接入电路。当二极管两极的焊盘在同一个平面时，这种结构形式的二极管称为平面肖特基二极管。如图 5-7 所示，从该平面二极管的实物显微照片和对应的结构示意图可以看到，金属与

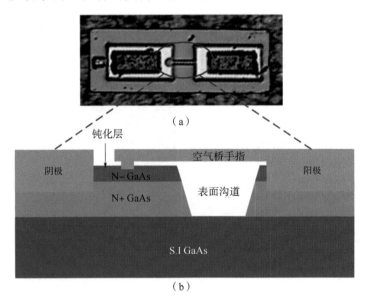

图 5-7　北京理工大学提出的平面肖特基二极管[11]
（a）实物显微照片；（b）结构示意图

N – GaAs 形成的肖特基点接触阳极通过与之相连的手指状金属空气桥引出到阳极焊盘，阴极通过 N + GaAs 与金属形成的低阻欧姆接触引出至阴极焊盘。阳极焊盘与阴极焊盘中间有腐蚀到本征层的表面沟槽，以实现两极的隔离，避免形成短路。二极管表面的非金属区域内覆盖了由 SiO_2 或 Si_3N_4 淀积的钝化保护层。二极管阳极的定位支撑和金属化填充可以通过光刻和刻蚀钝化层来实现。钝化层本身也具有防止有害杂质污染器件表面的作用。

5.1.3.2 平面肖特基二极管 I – V 特性

通常情况下，肖特基势垒的载流子传输机制主要由热电子的发射决定。肖特基结的典型电流 – 电压（I – V）关系公式如下：

$$I_j(V_j, T) = I_s \left[\exp\left(\frac{qV_j}{nKT}\right) - 1 \right] \tag{5-1}$$

式中，

$$I_s(T) = AA^{**} T^2 \exp\left(\frac{-q\phi_b}{kT}\right) \tag{5-2}$$

I_j——肖特基结传导电流；

I_s——反向饱和电流；

V_j——结电压；

q——电子电量（1.6×10^{-19} C）；

n——理想因子；

T——绝对温度（室温通常定义为 300 K）；

k——玻尔兹曼常量（1.37×10^{-23} J/K）；

A——肖特基阳极点面积；

A^{**}——有效查德森常数（N 型 GaAs 为 8 A/(K^2·cm^2)）；

ϕ_b——势垒高度。

理想情况下，肖特基二极管的理想因子 n 趋近 1，但实际中存在二极管隧穿效应等影响，实际的理想因子值一般偏大。当温度较低且耗尽层掺杂浓度较高时，隧穿效应造成的载流子传输效果更为明显。理想因子与温度、掺杂浓度之间的关系为

$$n = \left[kT \left(\frac{1}{E_{00}} \tanh \frac{E_{00}}{kT} - \frac{1}{2E_B} \right) \right]^{-1} \tag{5-3}$$

式中，E_{00}——材料常数，单位为 eV，

$$E_{00} = 18.5 \times 10^{-12} \sqrt{\frac{N_{d,epi}}{m_r^* \varepsilon_r}} \tag{5-4}$$

E_B——能带弯曲；

m_r^*——有效隧穿量，以自由电子质量为单位；

$N_{d,epi}$——外延层掺杂浓度，单位为 cm^{-3}；

ε_r——半导体的相对介电常数。

因为 $KT \gg E_{00}$，所以二极管的电子传输效果由热电子发射决定。式（5-1）可作为 E – M(Ebers – Moll) 模型用来概括描述二极管器件的非线性电学特性，对分析二极管的直流和瞬态交流具有十分重要的意义。

当肖特基二极管的正向偏置电压较高（即 $V_j > 3kT/q$）时，二极管的 I – V 关系可简化为

$$I_j(V_j, T) \approx I_s \exp\left(\frac{qV_j}{nKT}\right) \tag{5-5}$$

式中，V_j——肖特基结电压，可由加在二极管上的整体电压 V_d、通过电流 I_d 和级联电阻 R_s 表示：

$$V_j = V_d - I_d R_s \tag{5-6}$$

当外加反向偏置电压时，金属-半导体接触区域的电子会完全耗尽。随着反向电压继续增加，肖特基结处的电场会持续增大，同时电子传导电流会减小。理论上，当 $V_j \to -\infty$ 时，$I_j \to -I_s$。但在实际中，肖特基结处的高电场会导致其被击穿。击穿电压 V_{bd} 可根据下式估算：

$$V_{bd} = 60 \left(\frac{E_g}{1.1}\right)^{\frac{3}{2}} \left(\frac{N_{d,epi}}{10^{16}}\right)^{-\frac{3}{4}} \tag{5-7}$$

5.1.3.3 平面肖特基二极管 C-V 特性

当耗尽区的自由电子完全耗尽时，肖特基二极管的电容-电压（C-V）关系可以通过泊松（Poisson）方程推导得到。结电荷 Q_j 与结电压 V_j 的关系为

$$Q_j(V_j) = -2C_{j0}\Psi_{bi}\sqrt{1 - \frac{V_j}{\Psi_{bi}}} \tag{5-8}$$

式中，C_{j0}——零偏结电容；

Ψ_{bi}——内建电势。

两边取 V_j 的一阶导数，计算后可以得到结电容 C_b：

$$C_b(V_j) = \frac{dQ_j(V_j)}{dV_j} = C_{j0}\sqrt{\frac{\Psi_{bi}}{\Psi_{bi} - V_j}} \tag{5-9}$$

当偏置电压 V_j 为零时，可以得到零偏结电容 C_{j0}：

$$C_{j0} = A\sqrt{\frac{q\varepsilon_s N_{d,epi}}{2\Psi_{bi}}} \tag{5-10}$$

式中，ε_s——半导体材料的介电常数。

此时，可以将肖特基二极管视为一个平板电容器，平板间的距离即耗尽区的深度 $w_d(V_j)$，其数值由掺杂分布和结电压决定。与异质结二极管不同，肖特基二极管的耗尽区深度基本上都位于半导体内部。所以，在已知阳极点接触面积 A 的情况下，其结电容 $C_b(V_j)$ 可由下式计算得到：

$$C_b(V_j) = \frac{A\varepsilon_s}{w_d(N_{d,epi})} \tag{5-11}$$

因为耗尽层的掺杂浓度是一个常数，所以可以根据下式非常精确地获得随电压变化的耗尽深度：

$$w_d(V_j) = \sqrt{\frac{2\varepsilon_s(\Psi_{bi} - V_j)}{qN_{d,epi}}} \tag{5-12}$$

太赫兹频段的二极管阳极点面积通常在亚微米量级，肖特基势垒交界区域存在空间不一致性，由此产生的边缘效应在小尺度结构下变得更为明显[12]。这个问题可以通过增加一个独立的几何常数作为一阶项来进行修正：

$$C_d(V_j) = \frac{A\varepsilon_s}{w_d(N_{d,epi})}\left[1 + 1.5\frac{w_d(V_j)}{R_{anode}}\right] = \frac{A\varepsilon_s}{w_d(N_{d,epi})} + \frac{3A\varepsilon_s}{D_{anode}} \quad (5-13)$$

式中，R_{anode}，D_{anode}——阳极接触的半径和直径[13]；

C_d——耗尽区电容。

只有当耗尽区电子缺失时，上述 $C-V$ 特性分析才有效。当肖特基二极管处于正向偏置情况时，电子传导电流增加并进一步对载流子的分布产生影响，此时外延层电子无法完全耗尽。在这种情况下，需要通过半导体传输方程来推导获得电容的数值[14]。由于肖特基二极管中的非线性电阻源自耗尽区，而级联电阻主要由外延层中的未耗尽部分产生，因此二极管的结电压 V_j 由非线性电阻分担的电压 V_d 和级联电阻 R_s 分担的电压共同组成：

$$V_j = V_d + R_s i_0 \exp(V_d/V_t) \quad (5-14)$$

式中，i_0——饱和电流；

V_t——热电压，$V_t = kT/q$。

耗尽区电容与二极管整体电容的关系表示为

$$C_d(V_j) = \frac{dQ}{dV_d} = \frac{dV\,dQ}{dV_d\,dV} = \left(1 + R_s\frac{i}{V_t}\right)C_b(V_j) \quad (5-15)$$

由此，正向偏置时，经过修正的肖特基二极管电容表示为

$$C_b(V_j) = \frac{C_d(V_j)}{1 + R_s(i/V_t)} \quad (5-16)$$

5.1.3.4 肖特基二极管级联电阻

级联电阻 R_s 是肖特基二极管的一个重要寄生参量，其主要由耗尽层的未耗尽区电阻 R_{epi}、缓冲层中电流扩散产生的扩散电阻 $R_{spreading}$ 和 N 型半导体与欧姆接触的接触电阻 $R_{contact}$ 共同组成，即

$$R_s(V_j, f) \approx R_{epi}(V_j, f) + R_{spreading}(f) + R_{contact}(f) \quad (5-17)$$

1. 外延层结电阻

因为外延层存在一定未耗尽部分，所以会产生外延层的结电阻 R_{epi}。太赫兹二极管外延层的厚度通常在数十至数百 nm 范围，而外延层由于掺杂浓度较低，其电导率也低于缓冲层。因此，由外延层未耗尽区域至缓冲层的电流路径可以看作被限定在阳极点接触下方的区域内。在考虑了相邻电流的扩散影响后，外延层的电阻可表示为

$$R_{epi}(V_j) = \frac{t_{epi} - w_d(V_j)}{A\sigma_{epi}} \quad (5-18)$$

式中，t_{epi}——外延层的厚度；

σ_{epi}——外延层的电导率，取决于外延层材料的掺杂浓度 $\mu_{n,epi}$ 和电子迁移率 $N_{d,epi}$：

$$\sigma_{epi} = q\mu_{n,epi}N_{d,epi} \quad (5-19)$$

当肖特基二极管处于正向偏置条件时，其耗尽深度基本为零，此时电阻达到了最大值。当处于反向偏置条件下时，耗尽层被完全耗尽。因此，外延层电阻可表示为

$$R_{epi}(V_j) = R_{epi,min} + \frac{1}{qN_{d,epi}A^2\sigma_{epi}}(Q_{j,max} - Q_j(V_j)) \quad (5-20)$$

式中，$Q_{j,max}$——最大结电荷。

2. 缓冲层扩散电阻

由于缓冲层中材料掺杂浓度较高，所以电导率较高，并且缓冲层中含有较大的欧姆接触区域，因此会出现电流的自然扩散现象。扩散电阻的表达式与二极管的几何外形相关。以含

有圆柱形阳极点接触的垂直结构二极管为例,其直流扩散电阻可表示为

$$R_{\text{spreading}} = \frac{1}{2\sigma_{\text{buf}}D_{\text{anode}}} \frac{2}{\pi} \arctan \frac{4t_{\text{buf}}}{D_{\text{anode}}} \tag{5-21}$$

式中,D_{anode}——阳极接触点直径;

t_{buf}——缓冲层的厚度;

σ_{buf}——缓冲层的电导率,可以由电子迁移率$\mu_{\text{n,buf}}$和掺杂浓度$N_{\text{d,buf}}$表示:

$$\sigma_{\text{buf}} = q\mu_{\text{n,buf}}N_{\text{d,buf}} \tag{5-22}$$

对于肖特基平面二极管,阳极接触和欧姆阴极接触区位于同一平面,电流横向流过缓冲层。在这种情况下,扩散阻力的解析计算相对复杂。需要利用多物理场方法建立平面二极管扩散电阻的几何模型,然后利用静电场求解扩散电阻的数值解。在直流条件下,缓冲层的厚度越大,电流流过区域的截面积就越大,相应的直流电阻就越小。

需要注意的是,随着肖特基二极管工作频率升高,平面结构所产生的寄生电容效应会引起扩散电阻的变化[15]。因此,在实际设计中,缓冲层的厚度不是越大越好,而是需要在综合考虑高频下的各种寄生情况后,选择相应的最优参数进行设计和流片。

3. 欧姆接触电阻

对于垂直结构的肖特基二极管,欧姆接触电阻可由欧姆接触面积A_{ohmic}和接触电阻率ρ_{c}(取决于半导体工艺)表示:

$$R_{\text{contact}} = \frac{\rho_{\text{c}}}{A_{\text{ohmic}}} \tag{5-23}$$

对于平面二极管,欧姆接触电阻可表示为

$$R_{\text{contact}} = \frac{\sqrt{R\rho_{\text{c}}}}{W_{\text{ohmic}}} \coth\left(L_{\text{t}}\sqrt{\frac{R}{\rho_{\text{c}}}}\right) \tag{5-24}$$

式中,R——金属触点下的薄层电阻;

W_{ohmic}——欧姆接触长度;

L_{t}——接触孔的长度。

由于肖特基二极管所使用的欧姆接触金属通常为典型的镍/锗/金(Ni/Ge/Au),所以能够获得极低的接触电阻,量级一般为$10^{-6}\ \Omega\cdot\text{cm}^2$。

4. 高频效应

当肖特基二极管的工作频率增加时,级联电阻增加,尤其是扩散电阻。在实际情况中,由于受半导体载流子惯性、位移电流和集肤效应的影响,需要将低频扩散电阻模型扩展为复阻抗模型。

当时变电流在导体中传播时,相应的电磁场会产生集肤效应,即电流只在导体表面传输。集肤效应会减小电流的有效传输截面积,从而使内部电流密度降低。当导体内部的电流密度为导体表面的电流密度的$1/e$时,此时的深度称为趋肤深度。当传导电流频率远低于介质弛豫频率时,趋肤深度δ_{s}可表示为

$$\delta_{\text{s}} = \sqrt{\frac{1}{\pi f\mu_0\sigma}} \tag{5-25}$$

式中,f——工作频率;

μ_0——真空磁导率;

σ——电导率。

当导体中存在位移电流时,趋肤深度需要根据传播常数的实部进行计算。

5.2 太赫兹混频器

随着军事和民用通信设备对性能的要求与日俱增，接收机系统的设计技术也在不断发展，其中重要的组成器件混频器经历了波导/同轴结构、混合微波集成电路（MIC）和单片微波集成电路的发展。工作在太赫兹频段的混频器主要有外差式半导体和外差式超导两种形式。外差式半导体形式的混频器主要元件为肖特基二极管。在以往近 60 年的时间里，肖特基二极管由触须接触式结构发展为平面结构，如图 5-8 所示。

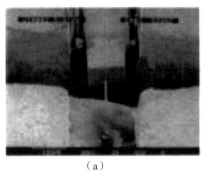
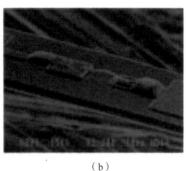

（a） （b）

图 5-8 肖特基二极管

（a）触须接触式肖特基二极管；（b）平面肖特基二极管

为了使工作在太赫兹频段的混频器获得较高的灵敏度，通常需要使其工作在低温环境下。典型的外差式超导形式的混频器有 SIS 隧道结混频器和 HEB 混频器两种，这两种结构的灵敏度都很高。其中，SIS 隧道结混频器所需的本振功率小于肖特基二极管，而 HEB 混频器所需的本振功率要小于 SIS 隧道结混频器的本振功率。如图 5-9 所示，当工作频率相同时，SIS 隧道结混频器的双边带噪声温度最小；在室温（300 K）条件下，肖特基混频器的双边带噪声温度最大。尽管如此，出于成本的考虑，由于肖特基二极管混频器在室温环境下就可以工作，不需要低温冷却，因此所需成本较低。

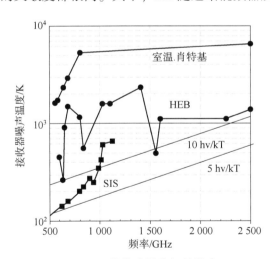

图 5-9 外差式接收机的噪声温度随频率变化的曲线

混频器从结构上可以分为单端混频器（single-ended mixer, SEM）、单平衡混频器（single-balanced mixer, SBM）、双平衡混频器（double balanced mixer, DBM）、双双平衡混频器（double-double balanced mixer, DDBM）、反向平行亚谐波混频器（antiparallel sub-harmonic mixer, ASHM）等。

其中，反向平行亚谐波混频器具有一些特点：本振信号频率只有传统混频器本振频率的一半；电路能够抑制本振和输入信号的基波混频积；输出奇次谐波，同时抑制偶次谐波；等等。因此，这种拓扑结构被广泛应用于太赫兹频段混频器的设计中。

5.2.1 亚谐波混频器技术的发展

1975 年，Ingebrigtsen 等[16]对基于反向平行二极管对的谐波混频功能进行了理论分析，总结出了该结构的几个优点：通过抑制基波混频减小变频损耗；通过抑制本振的噪声边带降低噪声系数；抑制直流；可以防止峰值反向电压击穿。该团队还对此进行了实验验证。

1976 年，McMaster 等[17]提出了反向平行二极管对亚谐波混频器电路。这对文献[16]所述理论的应用进行了补充。通过按比例缩放 5 GHz 模型，给出了电路工作频率为 50 GHz 和 100 GHz 时的变频损耗和接收机的单边带噪声系数。其中，50 GHz 亚谐波混频器如图 5 – 10 所示。工作在 50 GHz 的电路，变频损耗为 3 dB，单边带噪声系数为 7 dB；工作在 100 GHz 的电路，变频损耗为 6 dB，单边带噪声系数为 11 dB。

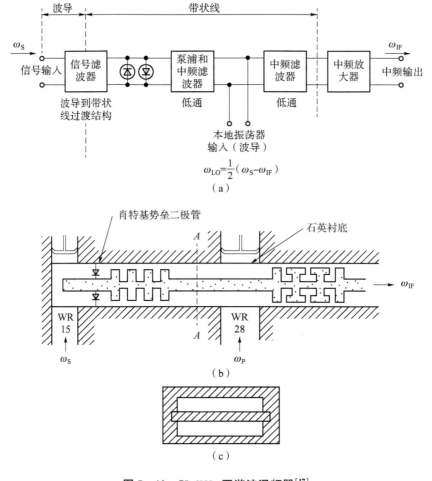

图 5 – 10　50 GHz 亚谐波混频器[17]
（a）接收机框图；（b）俯视图；（c）带状线通道横截面

20 世纪 70 年代，尽管科研工作者已设计出了许多频率较高甚至达到百 GHz 的毫米波混频器，但是受实验条件所限，无法在设计的频率范围内直接对这些混频器的工作参数进行测量。针对这个问题，通常采用电磁缩放技术将设计的混频器缩放成几 GHz 的谐波混频器进行测量[18]。

1981 年，Chang 等[19]设计并制造出了 94 GHz 的亚谐波混频器，如图 5-11 所示。该混频器采用了 GaAs 梁式引线二极管，使用的是成本不高的 Duriod 介质板。该混频器的双边带噪声系数为 8.5 dB。但是该混频器在拓扑结构上依旧使用了 20 世纪 70 年代的结构，从本质上来看没有变化。

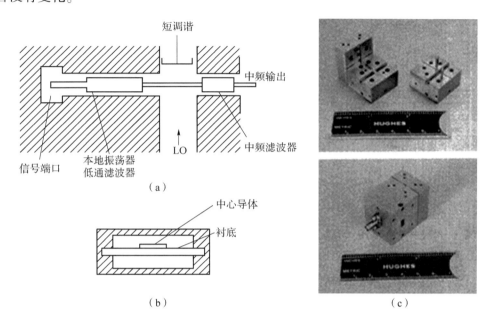

图 5-11 94 GHz 亚谐波混频器[19]

(a) 俯视图；(b) 带状线通道横截面；(c) 实物图

1985 年，王蕴仪等[20]设计出 W 频段亚谐波混频器，并给出了直接在 W 频段测量该混频器的方法和理论依据。这对于在当时技术相对落后的中国来说具有十分重要的意义。

在沿用亚谐波混频器经典拓扑结构的情况下，为了提高混频器的工作频率，关键的一点就是提高所使用二极管的工作频率。要想提高二极管的工作频率，就必须尽量减小二极管在高频条件下的寄生参量。因此，在混频器的工作频率不断提高的同时，二极管设计和制造技术也在不断发展。

在 20 世纪 90 年代中期以前，性能最好的混频器使用的是触须接触式二极管，如图 5-12 所示。典型的触须接触式二极管使用的是 GaAs 芯片，用一根极细极尖的导线（即"触须"）将肖特基的阳极与电气元件相连。对于二极管来说，需要并联电容尽可能地小，触须接触式二极管能够很好地满足这一要求。此外，还可以通过改变触须的形状和长度来调节电感。

不过，触须接触式二极管同样存在一些不容忽视的缺点。首先，它们的机械稳定性在高度振荡的环境（如火箭发射）或制冷环境下极差；其次，这种二极管并不适合集成在电路中，违背了半导体器件集成化、小型化的发展趋势。因此，二极管的设计逐渐向无触须结构发展。

1987 年，Bishop 等[21]设计了一种无触须式肖特基二极管，即平面肖特基二极管。这种二极管相对容易制造，设计加工技术已逐渐发展成熟。以此设计的 110 GHz 的混频器，其在

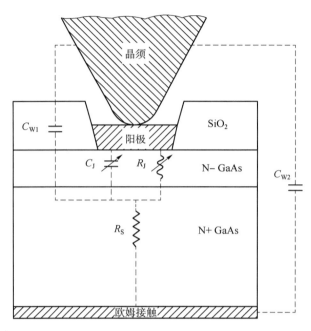

图 5-12 触须接触式二极管

室温下的噪声温度为 950 K,单边带变频损耗为 6.4 dB。

很多性能较好的混频器都依赖于混频器中的一些可变调谐参量,但是当引入这些可变调谐参量后,混频器的损耗及结构复杂度都会随之增加。1997 年,Hesler 等[22]研制了 585 GHz 和 690 GHz 的混频器,这两个混频器不含可变调谐参量,并且都使用了平面肖特基二极管(由弗吉尼亚大学设计的 SC1T5 型二极管),其性能与最好的触须接触式肖特基二极管混频器相当。室温环境中,585 GHz 的混频器本振输入功率为 1.16 mW 时,双边带噪声温度为 2 380 K (9.6 dB);690 GHz 的混频器本振输入功率为 1.04 mW 时,双边带噪声温度为 2 970 K (10.5 dB)。当工作环境为低温时,可以使用更小的本振功率,也能得到更好的噪声温度。

亚谐波混频器使用的反向平行结构肖特基二极管一般不需要外加偏置。虽然使用零偏置的二极管可以获得很好的性能,但是所需的本振功率往往较大;而使用偏置二极管就可以降低所需的本振功率。1994 年,Lee 等[23]首次提出了一种用于亚谐波混频器的反向平行肖特基二极管结构,

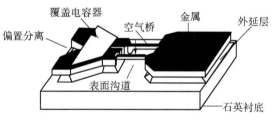

图 5-13 新型反向平行二极管结构[23]

如图 5-13 所示。这种二极管对基于石英介质,两个二极管可以独立偏置。

21 世纪以来,随着计算机技术和仿真软件的快速发展,越来越多的工作都集中于设计和仿真。设计人员的主要工作变成了在仿真软件中建立接近实际的模型,使实测结果和仿真结果能够趋于一致。对于混频器而言,由于需要考虑非线性器件的寄生参量、电路中的噪声等实际问题,因此在 CAD 设计相关方面出现了很多较有参考意义的文献。例如,文献 [24]、[25]

中关于 330 GHz 宽带混频器的设计就提到了二极管噪声的问题；文献 [26] 中介绍了 183 GHz 混频器设计的 CAD 技术，提出了如何更好地利用商用 CAD 软件进行设计。

5.2.2 亚谐波混频器的发展方向

毋庸置疑，混频器将朝着更高频和集成化的方向发展。弗吉尼亚大学在这一方面一直处于领先地位。1997 年，Hesler 等[27] 利用混合集成方式基于平面肖特基二极管构建了工作于 585 GHz 和 690 GHz 的太赫兹混频器，如图 5-14 所示。该混频器在 585 GHz 的变频损耗为 7.6 dB，本振驱动功率为 1.16 mW；在 690 GHz 的变频损耗为 9.2 dB，本振驱动功率为 1.04 mW。

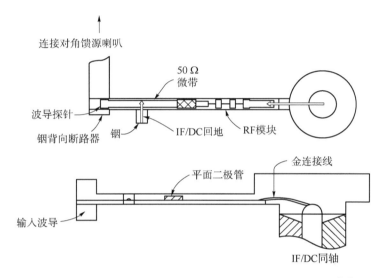

图 5-14　工作于 585 GHz 和 690 GHz 的混频器内部结构[27]

2013 年，Bulcha 等[28] 基于肖特基二极管提出了一款工作于 1.9~2.8 THz 的高次谐波混频器。该混频器的输入功率为 8 μW，可以实现 8 次、9 次和 10 次谐波混频模式，最终被应用于量子级联激光器接收前端的锁相。2014 年，他们在此基础上提出了改进型的太赫兹谐波混频器 WR 0.34[29]，实现了低转换损耗和高信噪比特性。该谐波混频器的内部结构如图 5-15 所示，混频器的射频频率为 1.9~3.2 THz，本振信号频率为 500~750 GHz。

2008 年，Thomas 等[30] 设计了一个 380 GHz 的混频器（图 5-16），该混频器集成了倍频器，完成了混频器和本振集成的设计。

混频器是指将射频信号与本振信号相乘后变换成中频信号的电路，在系统中通常位于低噪声放大器（LNA）的后面[31]。典型的混频器有三个端口：射频端、本振端和中频端。将本振信号和射频信号分别表示为：$v_{LO}(t) = V_{LO}\cos(\omega_{LO}t)$，$v_{RF}(t) = V_{RF}\cos(\omega_{RF}t)$。两者相乘后可得[32]

$$v_{LO}(t) = \frac{1}{2}V_{LO}V_{RF}\{\cos[(\omega_{RF}-\omega_{LO})t] + \cos[(\omega_{RF}+\omega_{LO})t]\} \tag{5-26}$$

经过相应滤波器后，就可以得到差频信号（$\omega_{RF}-\omega_{LO}$）或和频信号（$\omega_{RF}+\omega_{LO}$）作为所需的中频信号进行输出。

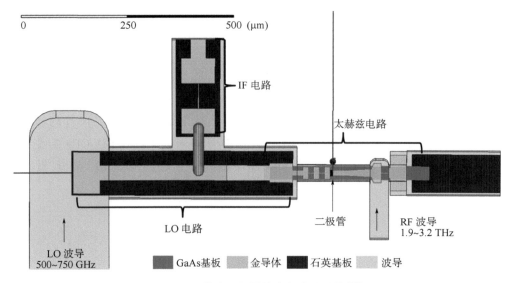

图 5 – 15　WR 0.34 谐波混频器的内部电路结构[29]（附彩图）

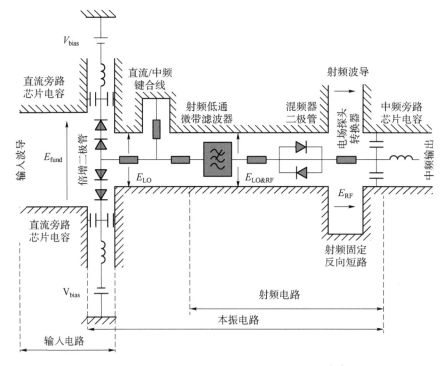

图 5 – 16　380 GHz 混频倍频集成电路原理[30]

如图 5 – 17 所示，从频域来看混频过程，其实质就是频谱的线性搬移。输出中频信号与输入射频信号相比只有载频不同，两者的频谱结构一致。

混频器可以根据参与混频的信号不同进行分类：当本振信号与射频信号直接进行混频时，称为基波混频；当本振信号的谐波与射频信号进行混频时，称为谐波混频。前者由于本振信号和射频信号的频率相近，一般用于稳定波源易得的低频段，但这一方式本振信号的所需功率大，变频损耗通常很低。后者可以用较低频率的本振信号实现与较高频率射频信号的

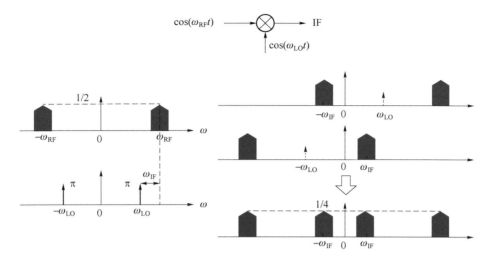

图 5-17 混频器频谱搬移示意图

混频,从而扩大混频频段范围,适用于实现高频混频,不过这种方式下谐波混频的变频损耗会因为谐波信号衰减而变高。

混频器的主要性能参数如下。

1) 噪声

混频器是多频率、多端口网络,其噪声系数定义为

$$F = \frac{P_{no}}{P_{ns}} \tag{5-27}$$

式中,P_{no}——当系统输入端为标准噪声温度(293 K)时,系统传输到输出端的总资用噪声功率;

P_{ns}——仅由有用信号输入所产生的那一部分输出的资用噪声功率。

噪声系数可以根据定义和测量方法的不同分为单边带噪声系数(SSB)和双边带噪声系数(DSB)。对于超外差式接收机,由于射频信号与本振信号处于同一侧,经过混频之后,有用信号频带内的噪声和镜像频带内的噪声都会被搬移到中频,这种情况下测得的噪声系数称为混频器的单边带噪声系数。

对于零中频接收机,本振频率和射频频率本身相等,如果射频是已调制信号,它的频谱位于载频两侧,经过混频之后,只有信号频带内的噪声被搬到了零中频的频带内,所以信号频谱位于本振两侧,这种情况下测得的噪声系数称为混频器的双边带噪声系数。通常,单边带噪声系数比双边带噪声系数高 3 dB。

2) 增益

混频器的增益为输出中频信号与输入射频信号的大小之比,表示频率变换增益。电压增益 A_V 与功率增益 G_P 分别表示为

$$A_V = \frac{V_{IF}}{V_{in}} \tag{5-28}$$

$$G_P = \frac{P_{IF}}{P_{in}} \tag{5-29}$$

根据是否有功率增益，可以将混频器分为有源混频器和无源混频器。有源混频器的增益大于1，而无源混频器的增益小于1。无源混频器的常用元件有二极管和工作在可变电阻区的场效应管，有源混频器则由场效应管和双极型晶体管组成。

3）线性范围

当输入为射频小信号时，混频器可以看成线性网络，此时输出中频信号与输入射频信号的幅度成正比。但当输入信号幅度增大到一定程度时，网络中会出现非线性失真问题。在衡量其线性性能时，观察的指标主要为 1 dB 压缩点、三阶互调截点和线性动态范围。

如图 5 – 18 所示，$P_{1dB(in)}$（$P_{1dB(out)}$）表示变频增益下降 1 dB 时的输入（输出）功率值，即 1 dB 压缩点；IIP_3 表示使三阶互调产生的中频分量与有用中频相等的输入信号功率，OIP_3 表示与 IIP_3 对应的输出功率，即三阶互调截点。虽然三阶互调截点在物理意义上是不存在的，但它可以较好地衡量电路的线性度，一般用 IIP_3 衡量接收机的线性度，而用 OIP_3 衡量发射机的线性度。

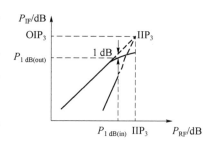

图 5 – 18　混频器的线性动态范围

线性动态范围表示 1 dB 压缩点与混频器的噪声基数之比。因为混频器的输入信号已经经过 LNA 放大，所以对混频器的线性度指标要比对 LNA 的要求更高。在实际应用中，混频器的组合谐波会泄漏到输出端口，还会产生由二阶、三阶交调产物导致的虚假基噪声，因此造成线性度恶化、接收系统灵敏度下降。针对这一问题，需要提高本振与中频之间的隔离度，以及加强中频输出端口的滤波功能，这样才能在一定程度上改善系统的动态范围。

4）失真

混频是靠器件的非线性实现两个信号相乘，但器件的非线性不仅会产生所需的中频分量，还会形成很多其他组合频率，当其中一些组合的频率落到中频带宽内，就会干扰有用的中频信号，所以混频器的失真主要是因为这些组合频率的干扰。这些失真通常可以分成干扰哨声、寄生通道干扰和互调失真三种。

干扰哨声指某些组合频率分量和有用中频信号经过检波器输出产生的差频为音频时所形成的哨叫声。

射频信号与本振信号产生中频的通道称为主通道；当混频器的输入信号中含有干扰信号时，就定义干扰信号与本振信号产生中频的通道为寄生通道。寄生通道干扰就是指寄生通道产生的中频干扰了有用中频信号。

互调失真是指在混频器中出现的非线性效应，导致混频器输出中出现干扰其他干扰频率分量。这些频率分量主要是由混频器的输入信号互调产生，会造成混频器的输出中频信号失真。

5）端口隔离

端口隔离度是指混频器各个端口之间的隔离度，主要指射频信号与本振信号、射频信号与中频信号、本振信号与中频信号这三组信号的隔离度。一般将隔离度定义为本振或射频信号泄漏到其他端口的功率与原有功率之比，单位为 dB。

当射频信号泄漏至本振端，就会对本地振荡器的工作造成如频率牵引等现象的干扰，从而影响本振输出频率。此外，当多通道接收系统共用本振信号时，不同通道的信号相互泄漏会产生交叉干扰，导致信号能量损失，同时对接收灵敏度造成不利影响。

当本振信号泄漏至射频端，会使混频器的本振大信号影响到上级 LNA 的工作，甚至会从接收机信号端反向辐射出干扰信号，影响其他电气设备，使电磁兼容达不到指标要求。

由于本振信号功率较大，本振至中频的泄漏严重时会使后级的中频放大器过载。

射频至中频的泄漏一般会被中频滤波器滤除，不会影响中频输出，但如果是宽带系统且射频信号和中频信号的频带边沿靠近甚至交叠，就会造成直接泄漏干扰。此外，如果接收机采用零中频方案，也会出现类似问题，一些干扰信号不经混频直接穿通到中频输出端，会严重干扰有用信号。

6）驻波比

很多因素都会影响混频器的端口匹配，尤其是宽频带混频器的驻波比通常较差。改善这个问题就需要电路和混频管的宽带匹配特性良好，同时端口隔离也要很好。例如，中频端口不匹配，则反射信号会导致射频端驻波比变坏，还会影响变频损耗；本振功率的变化会同时引起三个端口驻波比的变化，因为本振功率的变化会使混频管工作电流不同、阻抗不同，从而导致匹配状态发生了变化。一般情况下，混频器的许多指标（如驻波比、动态范围、交调系数等）都是在本振功率固定时测量的。

7）中频输出阻抗

加入本振信号后，对特定的中频所呈现的阻抗称为中频输出阻抗，并且不同中频频率对应的输出阻抗的差别比较大。在 70 MHz 中频时，中频输出阻抗大多在 200～400 W 之间，有些微波高频混频器的中频在 1 GHz 左右，其输出阻抗一般小于 100 W。此外，混频器的中频输出端需要和中频滤波器匹配，低于 100 MHz 的中频滤波器阻抗都超过 50 W，如声表面波滤波器阻抗为 200 W、中频陶瓷滤波器阻抗为 330 W、晶体滤波器阻抗为 1 kW 等，所以设计方案时要合理确定中频及中频输出阻抗。

5.2.3 混频器结构与分类

根据是否提供增益，混频器可分为无源混频器和有源混频器，这里主要介绍有源混频器[33]。由于双极型晶体管和场效应管都可以用来构成有源混频器，而且它们的实现原理基本相同，因此接下来仅以场效应管作为分析对象。

1. 单栅混频器

单栅 FET 混频电路有三种形式——栅极混频器、源极混频器和漏极混频器，如图 5-19 所示。这三种类型中，射频信号都是从栅极加入，而本振信号的输入有所区别。栅极混频器是将本振信号和射频信号通过定向耦合器或合成器混合加到栅极，利用耦合器来解决信号与本振的隔离问题，但这样会引入损耗，对噪声系数和变频增益不利；源极混频器是将本振加入源极，可等效为共栅极电路，利用源极和漏极的非线性特性实现了混频，此时本振和射频信号的隔离度提高了，但增益下降且所需的本振功率较大；漏极混频器是从漏极输入本振信号，利用沟道电阻的非线性特性来实现混频，采用这种结构的电路简单，无须栅极输入端的耦合器，但噪声性能较差，且中频和本振的隔离度也会降低。

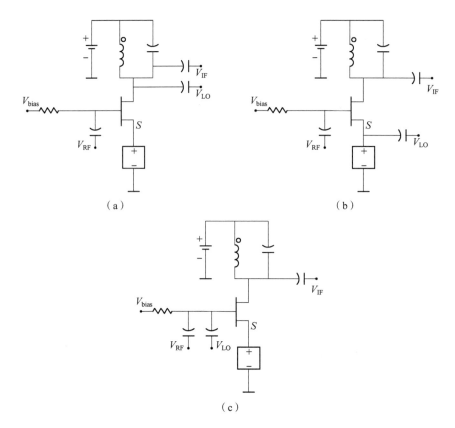

图 5-19 单栅混频器的电路结构
(a) 栅极混频器；(b) 源极混频器；(c) 漏极混频器

栅混频和源混频的原理基本相同，设器件的输出电流为 $i_{ds}=f(v_{gs})$，对于栅混频 v_{gs} 可写为 $v_{gs}=V_{bias}+V_{LO}\cos(\omega_{LO}t)+V_{RF}\cos(\omega_{RF}t)$，由非线性展开式可得

$$\begin{aligned}i_{ds}&=f(V_{bias}+V_{LO}\cos(\omega_{LO}t)+V_{RF}\cos(\omega_{RF}t))\\&=f(V_{bias}+V_{LO}\cos(\omega_{LO}t))+f'(V_{bias}+V_{LO}\cos(\omega_{LO}t))V_{RF}\cos(\omega_{RF}t)+\\&\quad\frac{1}{2!}f''(V_{bias}+V_{LO}\cos(\omega_{LO}t))(V_{RF}\cos(\omega_{RF}t))^2+\cdots\end{aligned} \quad (5-30)$$

对于源混频，v_{gs} 可写为 $v_{gs}=V_{bias}-V_{LO}\cos(\omega_{LO}t)+V_{RF}\cos(\omega_{RF}t)$，由非线性展开式可得

$$\begin{aligned}i_{ds}&=f(V_{bias}-V_{LO}\cos(\omega_{LO}t)+V_{RF}\cos(\omega_{RF}t))\\&=f(V_{bias}-V_{LO}\cos(\omega_{LO}t))+f'(V_{bias}-V_{LO}\cos(\omega_{LO}t))V_{RF}\cos(\omega_{RF}t)+\\&\quad\frac{1}{2!}f''(V_{bias}-\cos(\omega_{LO}t)(V_{RF}\cos(\omega_{RF}t))^2+\cdots\end{aligned} \quad (5-31)$$

通常 $V_{LO}\gg V_{RF}$，因此忽略二次以上的高次项，可得

$$i_{ds}\approx I_{DS}(t)+g_m(t)v_{RF} \quad (5-32)$$

式中，

$$g_m(t)=gm_0+gm_1\cos(\omega_{LO}t)+gm_2\cos(2\omega_{LO}t)+\cdots \quad (5-33)$$

显然，输出信号中含有很多频率组合分量 $(p\omega_{LO}\pm\omega_{RF})(p=0,1,2,\cdots)$，其中只有 $\omega_{LO}-\omega_{RF}$ 是所需的中频信号，其他信号均没有作用，显然这种方式的混频效率不高；并且，由

于射频信号 $gm_0 v_{RF}$ 和本振信号 $I_{DS}(t)$ 都直接出现在中频输出端,因此端口间的隔离度也会非常差。

漏混频的原理是:由于器件的跨导随着漏源电压 $v_{DS} = V_{DS} + V_{LO}(t)$ 而变化,所以输出电流为 $i_{ds} \approx I_{DS} + g_m(\omega_{LO}) v_{RF}$,从而实现混频。

上述三种电路形式,当无法忽略其高阶效应时,输出信号中包含所有的频率组合分量,所以非线性程度很高,混频效率较低。

2. 双栅 FET 混频器

为了便于说明,将双栅管画为两个 FET 管,如图 5-20 所示。上面的 FET_2 作为跟随器工作,本振信号通过它从源极输出并控制下面的 FET_1 的漏电压 V_{DS1},而且在本振信号的整个周期内,下面的 FET_1 管都工作在可变电阻区,其跨导随漏电压 V_{DS1} 而变化,V_{DS1} 又随本振信号而变。因此,输出电流为

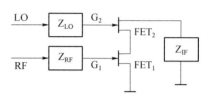

图 5-20 双栅管等效为两个 FET 管

$$i_{out} \approx v_{RF} g_m(v_{LO}) \quad (5-34)$$

由于 FET_1 和 FET_2 的非线性,此时输出电流的组合频率分量非常丰富,使得混频效率不高,且由于 FET_2 管跨导较小,此时噪声较大。为了改善非线性,提高混频效率,可以使 FET_2 工作在开关状态,理想情况下,输出信号为

$$V_{out} = (I_Q + g_m v_{RF}) \frac{1 + \text{sgn}(v_{LO})}{2}$$
$$= (I_Q + g_m V_{RF} \cos(\omega_{RF} t)) \cdot \left[\frac{1}{2} + \frac{2}{\pi} \left(\sin(\omega_{LO} t) - \frac{1}{3} \sin(3\omega_{LO} t) + \cdots \right) \right] \quad (5-35)$$

式中,

$$\frac{1}{2}[1 + \text{sgn}(v_{LO})] = \frac{1}{2} + \frac{2}{\pi} \left(\sin(\omega_{LO} t) - \frac{1}{3} \sin(3\omega_{LO} t) + \cdots \right) \quad (5-36)$$

为单向开关函数。

可以看出,此时输出频率的分量明显减少,混频效率提高;但输出含有直流分量,而且射频 RF 信号和本振 LO 信号仍然出现在中频 IF 输出端,端口隔离性能较差。因此在设计匹配电路时,FET_2 的栅极应对中频短路,其漏极应对本振和射频短路,这样既可以保证足够的中频增益,又可以改善本振端、射频端与中频端的隔离度。

3. 单平衡混频器

图 5-21 所示为 FET 单平衡混频器示意图。该电路的主要特点:FET 管 M1 是射频小信号线性放大器(也称为输入跨导级),它的输出电流受射频信号控制;差分对管 M2、M3 由本振信号激励,在大信号作用下可看作轮流导通的双向开关,这样是为了提高线性度和端口隔离度。

此时,电路的输出电流为

$$i_{out} = (I_Q + g_m v_{RF}) \text{sgn}(v_{LO})$$
$$= (I_Q + g_m v_{RF}) \frac{4}{\pi} \left(\sin(\omega_{LO} t) - \frac{1}{3} \sin(3\omega_{LO} t) + \cdots \right)$$

$$(5-37)$$

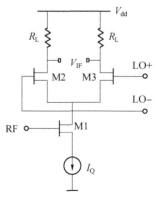

图 5-21 FET 单平衡混频器示意图

式中,输出电流的中频分量为

$$i_{IF} = \frac{2}{\pi}g_m V_{RF}\cos[(\omega_{RF}-\omega_{LO})t] = I_{IF}\cos(\omega_{IF}t) \tag{5-38}$$

从式（5-38）可以看出，变频增益比双栅混频器增加了一倍，输出信号中不再含有射频 RF 分量，而本振 LO 到射频 RF 的隔离度也因为本振 LO 的差分性能得到改善。此外，由于射频端和本振端是分开的，因此可以考虑各自的阻抗匹配，不必在射频匹配与本振效率之间折中考虑了。

在设计中仍需注意的问题有：中频的输出方式；端口之间的隔离度。中频既可以单端输出也可双端输出。单端输出时，电路结构简单，但中频输出会含有射频分量；双端输出时，结构较复杂，需要平衡至不平衡转换器，但这种输出的优点是增益大而且切断了射频端向中频端的直流通路。至于隔离度的问题，当中频双端输出时，射频到中频的隔离是很好的，M2、M3 差分管对也保证了本振到射频的隔离度；但在中频口不论单端输出还是双端输出，均含有本振信号，改进的办法只有采用双平衡混频器结构。

4. 双平衡混频器

双平衡混频器是由吉尔伯特（Gilbert）单元电路组成的，如图 5-22 所示。它由两对差分对管 M1、M3、M4 和 M2、M5、M6 组成，本振信号交叉地加到两个差分管对的输入端，射频信号加到由 M1、M2 组成的差分对管输入端。

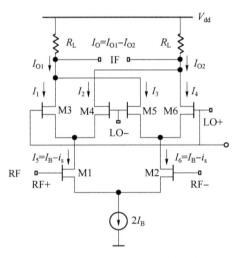

图 5-22　FET 双平衡混频器示意图

当双端输出时，该乘法器的差值电流为

$$i_{out} = (I_1+I_3)-(I_2+I_4) = (I_1-I_2)-(I_4-I_3) \tag{5-39}$$

差值电流 (I_1-I_2) 和 (I_4-I_3) 分别是上面两个差分对的输出电流，它们分别是

$$I_1-I_2 = I_5 \cdot \text{sgn}(v_{LO}) \tag{5-40}$$

$$I_4-I_3 = I_6 \cdot \text{sgn}(v_{LO}) \tag{5-41}$$

$$I_5-I_6 = 2\cdot i_s = 2g_m v_{RF} \tag{5-42}$$

则有

$$i_{out} = (I_1+I_3)-(I_2+I_4)$$
$$= (I_1-I_2)-(I_4-I_3)$$

$$= (I_5 - I_6) \cdot \text{sgn}(v_{\text{LO}})$$
$$= 2g_m V_{\text{RF}} \cdot \text{sgn}(v_{\text{LO}})$$
$$= 2g_m V_{\text{RF}} \cdot \frac{4}{\pi}\left(\sin(\omega_{\text{LO}} t) - \frac{1}{3}\sin(3\omega_{\text{LO}} t) + \cdots\right) \quad (5-43)$$

由式（5-42）可以看出，中频输出中没有本振信号，并且奇次谐波分量被抵消，所以改善了线性度，变频增益也是单平衡混频器的两倍。

双平衡混频器相比于单管或单平衡混频器有两个优点：各端口的隔离度更高，尤其是本振端与中频端的隔离性能相对来说有所改进；线性范围更大，这是因为射频输入级是差分放大器，其伏安特性是双曲正切函数，该函数在零点左右有较大的线性范围，并且双平衡结构可以抵消射频级 $I-V$ 变换中的偶次失真项，从而进一步改善线性动态范围。

5.2.4 太赫兹混频器发展概述

混频器在太赫兹频段主要有基波混频器和谐波混频器两种。其中，谐波混频器又可以分为分谐波混频器（二次谐波混频器）和高次谐波混频器。

1997 年，Hesler 等[34]提出了分别工作在 585 GHz 和 690 GHz 的肖特基二极管固定调谐亚毫米波基波混频器，如图 5-23 所示。工作在 585 GHz 的混频器双边带噪声温度为 2 380 K，本振功率为 1.16 mW；工作在 690 GHz 的混频器双边带噪声温度为 2 970 K，本振功率为 1.04 mW。

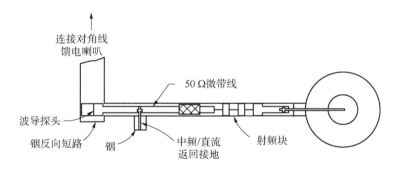

图 5-23 Hesler 等[34]提出的基波混频器

1998 年，Mehdi 等[35]首次提出一款全固态 640 GHz 谐波混频器。当中频频率为 2 GHz 时，混频器噪声温度为 2 500 K，变频损耗为 9 dB。当中频频率处于 1.5~15 GHz 之间时，混频器噪声温度小于 3 700 K。

2005 年，Cojocari 等[36]提出了一款采用准垂直结构二极管的 600 GHz 基波混频器，如图 5-24 所示。该混频器采用了八角角锥天线，并且将直流偏置加在中频输出端，其单边带变频损耗为 9.4 dB。

2010 年，Thomas 等[37]提出了一款 835~900 GHz 有源偏置单片基波混频器。该混频器将平衡结构的同向串联肖特基二极管对、片上电容、滤波器等功能元件集成在了 GaAs 单片上。在室温工作环境下，850 GHz 双边带变频损耗为 9.25 dB，双边带噪声温度为 2 660 K。当工作温度降至 120 K 时，双边带变频损耗变为 8.84 dB，双边带噪声温度降至 1 910 K。

图 5-24　Cojocari 等[36]提出的 600 GHz 基波混频器

2012 年，Sobis 等[38]提出了一款集成了混频器和 LNA 的 340 GHz 接收机，如图 5-25 所示。当本振功率为 1.2 mW 时，整个接收机噪声温度仅为 870 K，具有超低噪声及平坦度的特性。

2015 年，中国科学院国家空间科学中心的赵鑫等[39]设计了一款 450 GHz 分谐波混频器（图 5-26），工作在 440 GHz 时的单边带变频损耗最优为 14 dB，在 433～451 GHz 频段内，变频损耗小于 17 dB。之后，该混频器的性能又得到了较大的提升。

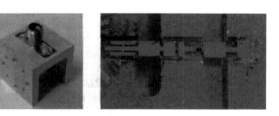

图 5-25　Sobis 等[38]提出的 340 GHz 接收机　　图 5-26　赵鑫等[39]设计的 450 GHz 分谐波混频器

2016 年，Treuttel 等[40]提出了一款工作频率范围为 520～620 GHz 的亚毫米波接收机，如图 5-27 所示。在室温工作环境下，接收机在工作频段内的双边带平均噪声温度为 1 284 K，最优为工作在 557 GHz 时的 1 130 K。当工作温度降至 134 K 时，在 538～600 GHz 频带内双边带平均噪声温度降至 685 K，最优为 585 K。

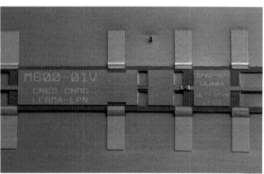

图 5-27　Treuttel 等[40]提出的 520～620 GHz 亚毫米波接收机

2016 年，美国 VDI 公司的研究人员设计了一款工作频率范围为 1.8～3.2 THz 的无偏置谐波混频器[41]，如图 5-28 所示。当射频信号为 2 THz 的固态源时，该混频器采用 3 次谐波混频，变频损耗为 27 dB；当射频信号为 2.696 THz 的量子级联激光器时，采用 4 次谐波混频，变频损耗为 30 dB。该混频器的提出对于未来高分辨率光谱仪、射电天文、等离子体检测、遥感等太赫兹频段接收机的实现具有重要意义。

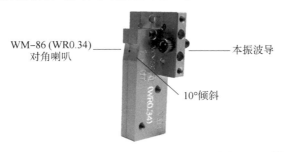

图 5-28　美国 VDI 公司 1.8～3.2 THz 谐波混频器[41]

2019 年，中国工程物理研究院的何月等[42]提出了一款基于分立肖特基二极管的 670 GHz 分谐波混频器，如图 5-29 所示。该混频器采用薄膜石英衬底，厚度为 15 μm，中频输出的阻抗转换使用了 Al_2O_3 衬底。该混频器变频损耗在 645 GHz 时最优为 8.2 dB，噪声温度在 657 GHz 时最优为 2 800 K，3 dB 变频损耗带宽为 75 GHz，相对带宽为 11%（638～715 GHz）。

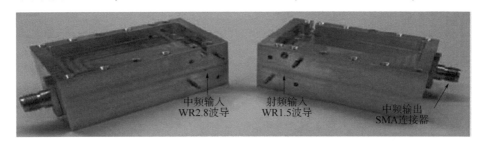

图 5-29　中国工程物理研究院提出的 670 GHz 分谐波混频器[42]

综上所述，国外太赫兹固态混频器发展趋势为单片集成、高频率、高性能。国内相关研究起步较晚，目前相比国外还有一定差距，主要集中在采用分立集成肖特基二极管进行低频段太赫兹谐波混频器设计，几乎没有关于太赫兹单片电路方面的报道，而这也是今后太赫兹器件的主要研究和发展方向[43]。

5.2.5　太赫兹混频器设计方法

目前太赫兹频段高质量的频率源面临着获取难度大、成本高的挑战。由于谐波混频器的本振频率仅为原来的一半（甚至更低），可以极大程度减小这个问题，所以谐波混频器成为当下设计太赫兹频段混频器的主流方式。目前谐波混频器的设计方法可分为三种：分部设计法、整体电路设计法，以及结合了前两种方法的半整体电路设计法[44]。

1. 分部设计法

分部设计法是一种传统的设计方法，需要将混频器拆分成射频探针、本振探针、中频滤波器和本振滤波器等单元电路，如图 5-30 所示。独立设计各单元电路并导出完成的 S 参数，使用电子仿真软件 ADS（Advanced Design System）搭建仿真电路并仿真谐波平衡，优化仿真结果。当 ADS 中的谐波平衡仿真结果满足设计要求后，使用电磁全波仿真软件进行复现。如果全波仿真未能达到目标，则需要根据实际仿真情况重新设计某部分单元电路。然后，导入优化。重复上述设计过程，直至最终的全波仿真结果满足指标要求。

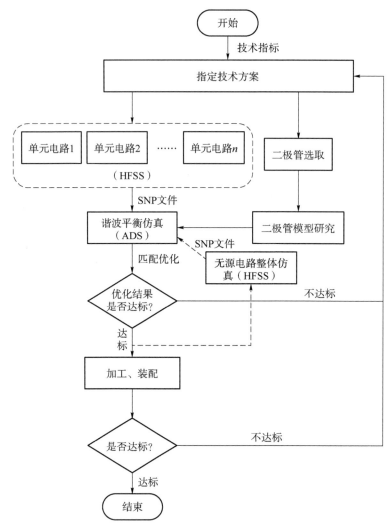

图 5-30　分部设计法设计流程

在分部设计法中，由于每个单元电路单独设计，所以都拥有较好的性能，甚至能够脱离混频电路作为独立元件使用，即使需要更换管芯，也只需要对二极管进行重新建模，其他单元电路则可以保留下来直接使用。但是该方法的优化变量少，因此优化空间有限。此外，当射频频率较高时，为保证电磁波能够单模传输，屏蔽腔需要设计得很窄，而中频滤波器的频率低，结构相对较长，最后所有单元电路拼接成的整体长度较长，这种情况下介质基片的长宽比一般会较高。然而，石英基片质地较脆且易碎，长宽比过高时易发生翘曲，导致混频器的物理结构极其不稳定，也会增加装配难度。这些问题限制了分部设计法的适用范围。整体电路法就是针对这些不足进行了改进。

2. 整体电路设计法

如图 5-31 所示，整体电路法直接将所有单元电路拆分成更小的传输单元，不再要求每个单元电路都达到很高的标准。分别对这些传输单元进行建模仿真后，分别推导 S 参数，采用去嵌入的方法或加入不连续性的梯度结进行仿真，直接在 ADS 中进行谐波平衡仿真。该方法的每个传输单元都可以作为一个优化变量，因此可以通过调整这些变量来优化整体效果。与传统的分部设计法相比，整体电路设计法可以增加优化变量，大幅提高优化空间；又因为整体电路设计法可以控制匹配微带线短截线的数量，所以可以简化电路，从而减少基板的长度。整体电路设计法虽然不需要设计单元电路，但由于优化变量的大量增加，也大幅增加了整体优化时间。此外，由于无须考虑单元电路指标，因此电路的可移植性较分部设计法弱，单元电路不能脱离整体电路单独使用。在电磁全波仿真后期，由于优化变量的增加，复现难度也变大。

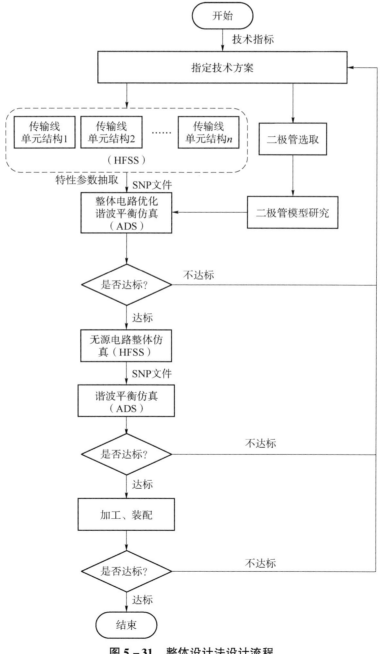

图 5-31　整体设计法设计流程

3. 半整体电路设计法

总体而言，分部设计法与整体电路设计法各有优缺点，针对这一点，电子科技大学张勇团队[45]提出了一种半整体电路设计法，该方法将两者进行了结合与折中。半整体电路设计法一般选择相对重要的部分单元电路进行单独设计，保证这些单元电路指标达到要求，再把剩下的单元电路拆分成最小传输单元，进行整体优化设计，从而提高优化空间。设计时，可以根据实际情况灵活选择需要进行独立设计的单元电路，这样做既能提高优化空间，还能保留一定的可移植性。

综上所述，分部设计法电路性能稳定，可移植性好，但是优化空间不足，并且工作频率受到限制，适用于频率相对较低的情况；整体电路设计法的优化空间大，电路结构简单，适用频率范围更广，但可移植性差，优化时间较长，复现难度高，电路稳定性也不及分部设计法，并且该方法设计出的混频器除了回波损耗与变频损耗外，其他指标一般较差。半整体电路设计法结合了前两者的优缺点，可以根据实际设计需求灵活运用，回避彼此的短板。

5.3 太赫兹倍频器

太赫兹源的发展深刻影响到太赫兹技术的发展，如何获取稳定可靠、高质量、成本可控的太赫兹源一直以来都是亟需解决的问题。利用非线性器件构成的倍频器是目前获得太赫兹源最有效的手段之一，其可以有效降低电路的本振频率并扩展系统的工作频段。倍频器具有稳定可靠、转换效率高、结构简单和可在室温环境工作等特点，目前被广泛应用于制作毫米波甚至太赫兹波固态源。

5.3.1 倍频器机理

倍频器是利用非线性器件将输入频率为 ω_i 的正弦波信号转换成频率为 $N\omega_i$ 的正弦波信号的电路，其中 N 为大于 1 的整数。倍频器的主要元件包括输入滤波匹配单元、非线性器件和输出滤波匹配单元[46]，它的简易原理框图如图 5-32 所示。

图 5-32 倍频器原理框图

通常倍频器中的非线性器件为肖特基二极管，那么倍频电路可以按照肖特基二极管的工作区间分为变容式和变阻式两种。

变容式倍频电路是利用二极管非线性 C-V 特性实现倍频功能。此时二极管耗尽层电荷随电压发生变化，从而产生位移电流，表示为

$$i_d(t) = C_d(t) \cdot \frac{dV_d(t)}{dt} \tag{5-44}$$

式中，$C_d(t)$——耗尽层电容；

$V_d(t)$——二极管两端电压。

理想情况下，寄生和电阻损耗可以忽略不计，则输出功率 P_{out} 与基频功率 P_{in} 符合 Manley-Rowe 关系[47]，即 $\dfrac{P_{out}}{P_{in}} \leqslant 1$。

变阻式倍频电路是利用肖特基二极管非线性 I-V 特性实现倍频功能。此时二极管中热电子发射电流与耗尽层电荷随电压发生变化，两者之和产生漂移电流，表示为

$$i_d(t) = I_s\left[\exp\left(\frac{qV_d(t)}{nKT}\right) - 1\right] + C_d(t) \cdot \frac{dV_d(t)}{dt} \quad (5-45)$$

式中，I_s——反向饱和电流；

n——理想因子。

从式（5-45）可以看出，随着电压增加，电流会呈指数增大，其一部分到达输出端，产生所需的谐波分量，其余由于输入阻抗降低而成为泄漏电流。此时输出功率 P_{out} 与输入基频功率 P_{in} 符合 Page-Pantell 关系[48]，即 $\frac{P_{out}}{P_{in}} \leq \frac{1}{n^2}$。对比两种倍频方式可以发现，变阻式倍频电路的倍频效率远小于变容式。

假设输入信号 v_i 通过非线性网络后得到输出信号 v_o，对输出信号进行泰勒级数展开：

$$v_o = a_0 + a_1 v_i + a_2 v_i^2 + a_3 v_i^3 + \cdots \quad (5-46)$$

式中，a_0——直流分量；

a_1——基波分量；

a_2——二次谐波分量；

a_n——输出信号的 n 次谐波分量。

对于倍频器，将输入信号表示为 $v_i = V_0\cos(\omega_0 t)$，则根据式（5-46）可得输出信号为

$$\begin{aligned}v_o &= a_0 + a_1 V_0\cos(\omega_0 t) + a_2 V_0^2\cos^2(\omega_0 t) + a_3 V_0^3\cos^3(\omega_0 t) + \cdots \\ &= \left(a_0 + \frac{1}{2}a_2 V_0^2\right) + \left(a_1 V_0 + \frac{3}{4}a_3 V_0^3\right)\cos(\omega_0 t) + \\ &\quad \frac{1}{2}a_2 V_0^2\cos(2\omega_0 t) + \frac{1}{4}a_3 V_0^3\cos(3\omega_0 t) + \cdots \\ &= I_0 + I_1\cos(\omega_0 t) + I_2\cos(2\omega_0 t) + I_3\cos(3\omega_0 t) + \cdots\end{aligned} \quad (5-47)$$

由式（5-47）可得，输出信号中既有直流分量与基波分量，还有各次谐波分量，频率为 $2\omega_0$ 和 $3\omega_0$ 的输出信号模值分别为 I_2 和 I_3，如果对其加上特定的输入输出匹配网络与滤波电路，就可以得到所需的谐波分量，完成倍频功能。

如图 5-33 所示，采用二极管反向串联平衡式结构的二倍频电路消除了奇次谐波，只有偶次谐波分量进行输出。

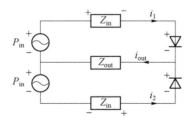

图 5-33 二极管反向串联的平衡式二倍频电路结构

通过二极管的电流 i_1 和 i_2 分别为

$$i_1(t) = a_1 v_i + a_2 v_i^2 + a_3 v_i^3 + \cdots \quad (5-48)$$

$$i_2(t) = a_1(-v_i) + a_2(-v_i)^2 + a_3(-v_i)^3 + \cdots = -a_1 v_i + a_2 v_i^2 - a_3 v_i^3 + \cdots \quad (5-49)$$

将式（5-48）、式（5-49）相加，得到输出电流为

$$i_{out}(t) = i_1(t) + i_1(t) = 2a_2 v_i^2 \quad (5-50)$$

如图5-34所示，采用二极管反向并联平衡式结构的三倍频电路消除了偶次谐波，只有奇次谐波分量进行输出。

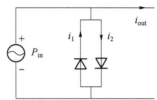

图5-34 二极管反向并联的平衡式三倍频结构

通过二极管的电流 i_1 和 i_2 分别为

$$i_1(t) = a_1(-v_i) + a_2(-v_i)^2 + a_3(-v_i)^3 + \cdots$$
$$= -a_1 v_i + a_2 v_i^2 - a_3 v_i^3 + \cdots \quad (5-51)$$

$$i_2(t) = a_1 v_i + a_2 v_i^2 + a_3 v_i^3 + \cdots \quad (5-52)$$

将式（5-51）、式（5-52）相减，得到输出电流为

$$i_{\text{out}}(t) = i_1(t) - i_1(t) = -2a_1 v_i - 2a_3 v_i^3 \quad (5-53)$$

倍频电路性能的衡量指标主要有输出功率、倍频效率（转换损耗）、工作频率、带宽及功率容量等。其中，倍频效率定义为输出信号与输入信号的功率之比，表示为

$$\eta = \frac{P_{\text{out}}}{P_{\text{in}}} \times 100\% \quad (5-54)$$

通常，在变容式倍频电路中，在保证输入功率足够的前提下，可以对二极管施加一定的直流偏置，使其能够工作在击穿电压和正向导通电压之间，从而增加二极管的电容调制比，以提高倍频效率。在变阻式倍频电路中，可以通过使二极管工作在非线性 $I-V$ 特性最强的零点附近，得到最大倍频效率。

转换损耗也可以用来衡量倍频效率，即

$$\text{Loss} = -10\log\left(\frac{P_{\text{out}}}{P_{\text{in}}}\right) \text{dB} \quad (5-55)$$

功率容量是倍频电路获得高功率输出的保证。对于肖特基变容二极管，击穿电压是衡量其功率容量的重要指标。通常，二极管的击穿电压越高，其所能承受的输入功率就越大，从而说明倍频器的功率容量较大。

5.3.2 太赫兹倍频器发展概述

早在20世纪70年代，国外就已经开始研究工作于太赫兹频段的倍频器，早期的研究对象主要为采用电子学真空器件和触须式肖特基二极管的倍频器。直到20世纪90年代，平面肖特基二极管被设计提出，由于其具有良好的非线性、高质量、便于集成及稳定可靠等特点，被广泛应用于获取太赫兹源[49]。

2005年，Maestrini等[50]提出了一款工作在540～640 GHz的单片集成式三倍频器，如图5-35所示。在室温工作环境下，当输入功率为20 mW时，该倍频器在工作频率范围内的输出功率为0.9～1.8 mW。

2010年，Maestrini团队[51]提出了一种工作在840～900 GHz的倍频链，如图5-36所示，该设计使用3 μm厚GaAs薄膜半导体工艺，并利用平面肖特基二极管的单片集成工

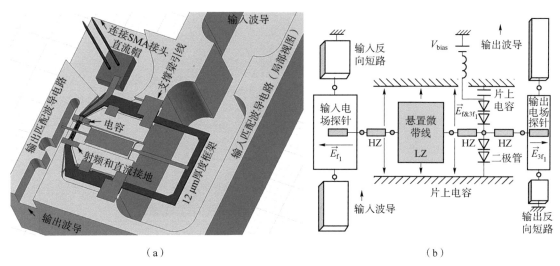

图 5-35 Maestrini 等[50]所提三倍频器的三维结构示意图和框图

(a) 三维结构示意图；(b) 框图

艺、功率合成技术，将两个 900 GHz 三倍频芯片实现功率合成。该三倍频器的输出功率为 1.3 mW，最大转换效率为 2.6%。

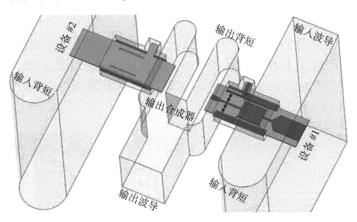

图 5-36 Maestrini 团队[51]提出的 900 GHz 单片集成三倍频器

2011 年，英国卢瑟福·阿普尔顿国家实验室提出采用衬底转移技术将 GaAs 肖特基变容二极管转移到 AlN 衬底上，从而增强电路的散热能力[6]。该实验室还设计了一种工作于 320 GHz 频率倍频电路，其结构如图 5-37 所示。在这个电路中，梁式引线为二极管提供接地并充当芯片的支撑。在室温下，该倍频器电路的输出功率在 305～340 GHz 频段约为 2 mW，在 320 GHz 的最大效率为 13.6%。

2012 年，美国 JPL 实验室基于 GaAs 薄膜技术研制出工作频率为 2.48～2.75 THz 的太赫兹固态源。输入端为工作于 W 波段的六倍频器和功率放大器，可为后端级联的三个倍频器提供 350～450 mW 的输入功率，该电路可以将 W 波段信号倍频到 2.48～2.75 THz，如图 5-38 所示。太赫兹倍频链由三级组成：第一级和第二级为三倍频器，分别提供 300 GHz 和 900 GHz 的输出信号；第三级是采用 GaAs 薄膜工艺设计的无偏置 2.7 THz 三倍频电路，由于太赫兹波在空气中有强烈的吸收现象，传输距离只能在 5 cm 左右，因此需要在干燥的

图 5-37 320 GHz 单片集成二倍频电路[6]

环境或者真空中测量。该倍频电路在纯氮气环境下的峰值输出功率为 14 μW[52-53]。

2016 年，德国 ACST 公司提出了一系列采用 GaAs 薄膜衬底转移技术的倍频单片电路，工作在 332 GHz 的倍频电路最大效率达 30%，工作在 440 GHz 的倍频电路最大效率达 28%，工作在 660 GHz 的三倍频单片电路最大效率达 6%，图 5-39 所示为该公司研制的 440 GHz 二倍频单片集成电路[54]。目前，薄膜工艺是太赫兹高频段单片集成倍频器比较先进的制造技术。该结构的主要优点如下：①高分子聚合物材料光学透明、衬底损耗低并且机械强度高，用于支撑器件可以提高对准精度、降低装配难度；②该结构中的电路设计灵活，既可以用导电胶粘在腔体上，也可以用梁氏引线悬空固定在波导中；③加工中，可实现完全垂直的结构，改善平面工艺带来的寄生效应，提高阳极的散热能力，实现缓冲层电流的均匀分布[55]。

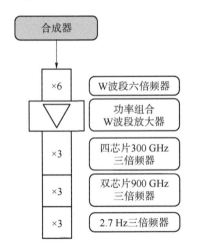

图 5-38 2.7 THz 固态源组成框图[52]

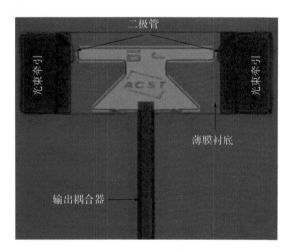

图 5-39 ACST 公司采用薄膜技术工艺制作的 440 GHz 单片集成二倍频器[54]

在太赫兹倍频器及肖特基二极管的商用领域，美国 VDI 公司一直处于国际领先水平。2017 年，该公司研制的基于功率合成技术的 200 GHz 单片集成二倍频器输出功率达 550 mW，峰值效率达 25%；2.55 THz 太赫兹源的输出功率达 6 μW[56]。

2017年，南京理工大学的丁江乔等[57]提出了一款工作在300 GHz的宽带单片集成倍频器，其实现了在5 μm厚的GaAs薄膜衬底上集成6个肖特基二极管。该倍频结构在266～336 GHz的频段内效率大于16%，在314 GHz处达到峰值效率为30.5%。该团队于2019年提出了一款基于功率合成技术的300 GHz二倍频器，如图5-40所示，每个二倍频电路中都集成了6个肖特基二极管。采用了功率合成技术的二倍频器转换效率约为15%，在305 GHz处达到峰值为17%，输出功率峰值为9 mW[58]。这两款倍频电路的加工制作都采用了法国LERMA-C2N工艺线。

图5-40　基于功率合成技术制作的300 GHz二倍频器[58]

2019年，中国电子科技集团公司第十三所设计了一款工作在430 GHz的三倍频单片电路，采用了12 μm厚度的GaAs薄膜，该平衡式电路使用了一对反向并联的肖特基二极管。该倍频电路工作在430 GHz时的输出功率为0.216 mW，峰值效率为4.3%[59]。同年，中国工程物理研究院提出了一款工作频段为410～510 GHz的倍频链，其采用了太赫兹倍频链三维堆叠技术，电路中级联了E波段倍频器及放大器、D波段二倍频及天线。这种设计既保持了传统结构的性能，又缩短了倍频链的尺寸，其输出功率超过50 μW[60]。

综上所述，国外的半导体工艺起步早、技术先进、加工能力强，近年来在太赫兹倍频器方面也进行了大量的科研投入，不断创新电路结构、优化性能、改善指标，已经拥有较为成熟的太赫兹固态源和收发系统等太赫兹器件，在单片集成式倍频电路的研究上也有了一定进展。相比之下，国内关于太赫兹技术的研究起步较晚，并且由于半导体工艺水平和加工精度不高，目前的研究主要停留在太赫兹低频阶段。近些年，国内才开始发展单片集成式倍频器，目前所研制的太赫兹倍频器大多还基于贴片式肖特基二极管，并且面临着测试环境不佳、前级驱动功率不足等问题，现阶段倍频器的输出功率和倍频效率都不高。

5.3.3　太赫兹倍频器设计方法

设计太赫兹频段倍频器的常用方法为将场与路相结合进行分析设计，主要使用的软件有电路仿真软件ADS和三维电磁场仿真软件HFSS。以基于肖特基二极管的倍频器为例[61]，首先根据要求和现有技术水平制订相应的指标，将完整的倍频器电路按照分部设计法分解成各个单元电路。然后，根据电路的总体指标确定各单元电路的指标，利用HFSS软件对各单元电路进行设计建模、优化，直至达到指标，提取S参数；搭建仿真电路于ADS软件，并采用谐波平衡法对倍频电路的主要参数进行仿真分析，不断优化各单元电路的参数，直至整体电路达到目标。最后，在HFSS中将各个单元电路连接在一起，建立整体电路的无源模型,并对整体电路进行无源全波仿真,再将 HFSS 软件中得到的 SNP 文件输入 ADS 软件中建立倍频电路进行整体仿真,根据仿真结果不断优化无源结构的尺寸,直到最终的倍频器满足设计目标。

1. 传输线的选择

传输线是电磁波的传输介质,其性能的好坏将直接影响倍频器的工作特性。特别是当电路工作在太赫兹频段时,要求传输线的传输损耗小、阻抗变化范围大、色散小、单模带宽大;在实际设计中选择传输线时,还需要考虑生产成本、性能和可实现性等因素。目前,毫米波乃至太赫兹频段使用的主流传输线包括微带线、带状线、共面波导、悬置微带线等。相比之下,微带线具有制造简单、易于集成、成本低、稳定可靠等优点,因此在低频应用广泛;但在太赫兹频段,微带线的传输损耗会显著增加,故不再适用于倍频电路的设计。槽线和鳍线结构比较复杂,加工难度和制作成本高,而且是横向电传输模型,高频损耗也大,故不适用于太赫兹频带。悬置微带线悬空在电路元件的空腔内,除芯片衬底材料外,上下导体均充满空气。电磁场分布在导带和腔壁之间,Q 值高,传输损耗低。悬置微带线也具有与微带线相同的优点,即易于集成、成本适中、范围大、阻抗变化小,可作为太赫兹倍频器传输线的良好选择。

2. 介质基片材质选择

介质基片是芯片电路的载体。在太赫兹频段,广泛使用的平面肖特基二极管倍频器芯片衬底主要是 GaAs 和 SiO_2。太赫兹频段常用 25 μm 和 50 μm 厚的石英衬底,其具有介电损耗低、表面光滑、加工精度高等优点,但石英衬底作为衬底容易破碎。相比之下,GaAs 材料的介电常数高,不易损坏,因此更适用于高频电路器件的设计。目前,国内半导体厂商可以加工厚度为 50 μm、25 μm 和 5 μm 的 GaAs 衬底。介质基板越薄,电路传输损耗越小,就越适用于高频电路。

3. 确定屏蔽腔体尺寸

在具体设计倍频器电路前,需要确定屏蔽腔体的物理尺寸。以悬置微带线为例,需要考虑的因素有主模的单模传输、高阶模的抑制、屏蔽腔的加工精度、芯片组装余量等。以倍频器的设计为例,需要保证电路中二次谐波以单模传输、电磁波在悬置微带线上以准 TEM 模式传输、波导主模为 LSM11,屏蔽腔体的截止频率 f_C 与其尺寸大小的关系为

$$f_C = \frac{c}{2A}\sqrt{1 - \frac{H(\varepsilon_r - 1)}{B\varepsilon_r}} \tag{5-56}$$

式中,c ——光在真空中的传播速度;

A,B,H ——屏蔽腔横截面的宽边、窄边及基片的厚度;

ε_r ——基片的相对介电常数。

当电路工作频率高于屏蔽腔体的截止频率时,就会出现高次模。为使输出信号尽量为单一模态,器件的工作频率需要高于悬置微带屏蔽腔的截止频率。

4. 二极管选择

肖特基二极管是太赫兹倍频器的重要元件,二极管的性能决定了倍频器的倍频效率。设计肖特基二极管时,需要考虑的因素主要有外延层和缓冲层。外延层的厚度和掺杂浓度很大程度上影响了耗尽层电容。当外加反向偏置电压增加时,耗尽层厚度会随之增大,因此要保证工作在变容区的二极管达到击穿前的耗尽层厚度与外延层厚度相近,从而使电容调制比最

大；缓冲层是漂移电流的流经通路，同时与阴极金属形成欧姆接触。欧姆接触对太赫兹器件性能的影响较大，良好的欧姆接触的电阻远小于器件的串联电阻，即当电流流经阴极时，该处压降远小于器件自身压降。

截止频率也是进行二极管设计时需要考虑的因素，为保证二极管稳定工作，其截止频率通常要大于3倍的工作频率。

5. 波导与传输线的过渡结构设计

受目前太赫兹源发展的局限，倍频器的输入/输出信号均采用波导传输，需要在输入/输出端的波导与悬置微带线之间增加过渡结构，以实现耦合和信号能量转换。

6. 输入低通滤波器

倍频器中输入的基波信号不仅会在非线性二极管中产生所需的谐波分量，还会产生无用的其他次谐波。为了提高电路倍频效率，需要将输入端口和所需的谐波分量进行隔离，还要尽可能地回收较大能量的其他谐波信号，所以在电路中就很有必要加入输入低通滤波器。

7. 直流偏置滤波器

二极管的工作状态还受到外加直流偏置电压大小的影响，所以设计直流偏置电路时也要考虑周全。为了保证电路倍频性能，通常需要在传输线与输出波导过渡处加载一个直流偏置低通滤波器，从而阻止基波和谐波进入偏置电路。

参 考 文 献

[1] TANG A Y. Modelling and characterisation of terahertz planar Schottky diodes[D]. Gothenburg:Chalmers University of Technology,2013.

[2] YOUNG D T,IRVIN J C. Millimeter frequency conversion using Au－n－type GaAs Schottky barrier epitaxial diodes with a novel contacting technique[J]. Proceedings of the IEEE,1965, 53(12):2130－2131.

[3] BISHOP W L,MCKINNEY K,MATTAUCH R J,et al. A novel whiskerless Schottky diode for millimeter and submillimeter wave application[C]// 1987 IEEE MTT－S International Microwave Symposium Digest,1987:607－610.

[4] CROWE T W,MATTAUCH R J,ROSER H P,et al. GaAs Schottky diodes for THz mixing applications[J]. Proceedings of the IEEE,1992,80(11):1827－1841.

[5] NEWMAN T,BISHOP W L,NG K T,et al. A novel planar diode mixer for submillimeter－wave applications[J]. IEEE transactions on microwave theory and techniques,1991,39(12): 1964－1971.

[6] ALDERMAN B,HENRY M,SANGHERA H,et al. Schottky diode technology at rutherford appleton laboratory[C]//2011 IEEE International Conference on Microwave Technology & Computational Electromagnetics,2011:4－6.

[7] BELIO－APAOLAZA I,SEDDON J,MORO－MELGAR D,et al. Photonically－driven Schottky diode based 0.3 THz heterodyne receiver[J]. Optics express,2022,30(24): 43223－43236.

［8］PREU S, MITTENDORFF M, WINNERL S, et al. THz autocorrelators for ps pulse characterization based on Schottky diodes and rectifying field－effect transistors［J］. IEEE transactions on terahertz science and technology, 2015, 5(6): 922－929.

［9］SEMENOV A, COJOCARI O, HÜBERS H－W, et al. Application of zero－bias quasi－optical Schottky－diode detectors for monitoring short－pulse and weak terahertz radiation［J］. IEEE electron device letters, 2010, 31(7): 674－676.

［10］MOU J, YUAN Y, LV X, et al. Design and fabrication of planar GaAs Schottky barrier diodes for submillimeter－wave applications［C］//International Conference on Microwave & Millimeter Wave Technology, IEEE, 2010: 1746－1749.

［11］MOU J C, LV X, YU W H. Millimeter－wave balanced mixer based on a novel wide－band Schottky diode model［J］. Journal of infrared and millimeter waves, 2012, 30(5): 385－389.

［12］WILLIS A J. Edge effects in Schottky diodes［J］. Solid－State Electronics, 1990, 33(5): 531－536.

［13］COPELAND J A. Diode edge effect on doping－profile measurements［J］. IEEE transactions on electron devices, 1970, 17(5): 404－407.

［14］HJELMGREN H, KOLLBERG E, LUNDGREN L. Numerical simulations of the capacitance of forward－biased Schottky－diodes［J］. Solid－state electronics, 1991, 34(6): 587－590.

［15］TANG A Y, SOBIS P, ZHAO H, et al. Analysis of the high frequency spreading resistance for surface channel planar Schottky diodes［C］//The 35th International Conference on Infrared, Millimeter, and Terahertz Waves, 2010: 1－2.

［16］INGEBRIGTSEN K A, COHEN R A, MOUNTAIN R W. A Schottky－diode acoustic memory and correlator［J］. Applied physics letters, 1975, 26(11): 596－598.

［17］MCMASTER T F, SCHNEIDER M V, SNELL W W. Millimeter－wave receivers with subharmonic pump［J］. IEEE transactions on microwave theory and techniques, 1976, 24(12): 948－952.

［18］KERR A R, MATTAUCH R J, GRANGE J A. A new mixer design for 140～220 GHz［J］. IEEE transactions on microwave theory and techniques, 1977, 25(5): 399－401.

［19］CHANG Y W, PAUL J A. Dielectric image guide integrated harmonic pumped mixer［P］. US4215313, 1980－07－29.

［20］王蕴仪,李可人. W波段固定调谐式波导检波器［J］. 南京工学院学报, 1985(3): 31－38.

［21］BISHOP W L, MCKINNEY K, MATTAUCH R J, et al. A novel whiskerless Schottky diode for millimeter and submillimeter wave application［C］//International Microwave Symposium Digest, 1987: 607－610.

［22］HESLER J L, HALL W R, CROWE T W, et al. Fixed－tuned submillimeter wavelength waveguide mixers using planar Schottky－barrier diodes［J］. IEEE transactions on microwave theory and techniques, 1997, 45(5): 653－658.

［23］LEE T H, CHI C Y, EAST J R, et al. A novel biased anti－parallel Schottky diode structure for subharmonic mixing［J］. IEEE microwave and guided wave letters, 1994, 4(10): 341－343.

［24］THOMAS B, MAESTRINI A, BEAUDIN G. Design of a broadband sub－harmonic mixer using planar Schottky diodes at 330 GHz［C］//International Conference on Conference Digest of the

Joint International Conference on Infrared & Millimeter Waves,2004:457-458.

[25] THOMAS B,MAESTRINI A,BEAUDIN G. A low-noise fixed-tuned 300~360 GHz sub-harmonic mixer using planar Schottky diodes[J]. IEEE microwave and wireless components letters,2005,15(12):865-867.

[26] MARSH S,ALDERMAN B,MATHESON D,et al. Design of low-cost 183 GHz subharmonic mixers for commercial applications[J]. IET circuits,devices & systems,2007,1(1):1-6.

[27] HESLER J L,HALL W R,CROWE T W,et al. Fixed-tuned submillimeter wavelength waveguide mixers using planar Schottky-barrier diodes[J]. IEEE transactions on microwave theory and techniques,1997,45(5):653-658.

[28] BULCHA B T,KURTZ D S,GROPPI C,et al. THz Schottky diode harmonic mixers for QCL phase-locking[C]//2013 38th International Conference on Infrared,Millimeter,and Terahertz Waves,2013:1-2.

[29] BULCHA B T,HESLER J L,DRAKINSKIY V,et al. Design and characterization of 1.8~3.2 THz Schottky-based harmonic mixers[J]. IEEE transactions on terahertz science and technology,2016,6(5):737-746.

[30] THOMAS B,ALDERMAN B,MATHESON D,et al. A combined 380 GHz mixer/doubler circuit based on planar Schottky diodes[J]. IEEE microwave and wireless components letters,2008,18(5):353-355.

[31] 王子宇,王心悦. 射频电路设计:理论与应用[M]. 北京:电子工业出版社,2013.

[32] 陈邦媛. 射频通信电路[M]. 北京:科学出版社,2002.

[33] 言华. 微波固态电路[M]. 北京:北京理工大学出版社,1999.

[34] HESLER J L,HALL W R,CROWE T W,et al. Fixed-tuned submillimeter wavelength waveguide mixers using planar Schottky-barrier diodes[J]. IEEE transactions on microwave theory and techniques,1997,45(5):653-658.

[35] MEHDI I,SIEGEL P H,HUMPHREY D A,et al. An all solid-state 640 GHz subharmonic mixer[C]//1998 IEEE MTT-S International Microwave Symposium Digest,1998:403-406.

[36] SCHUR J,BIBER S,COJOCARI O,et al. 600 GHz GaAs Schottky diode mixer in split-block technology[C]//2005 Joint 30th International Conference on Infrared and Millimeter Waves and 13th International Conference on Terahertz Electronics,2005:469-470.

[37] THOMAS B,MAESTRINI A,GILL J,et al. A broadband 835~900 GHz fundamental balanced mixer based on monolithic GaAs membrane Schottky diodes[J]. IEEE transactions on microwave theory and techniques,2010,58(7):1917-1924.

[38] SOBIS P J,WADEFALK N,EMRICH A,et al. A broadband,low noise,integrated 340 GHz Schottky diode receiver[J]. IEEE microwave and wireless components letters,2012,22(7):366-368.

[39] 赵鑫,蒋长宏,张德海,等. 基于肖特基二极管的450 GHz二次谐波混频器[J]. 红外与毫米波学报,2015,34(3):301-306.

[40] TREUTTEL J,GATILOVA L,MAESTRINI A,et al. A 520~620 GHz Schottky receiver front-end for planetary science and remote sensing with 1070~1500 K DSB noise temperature at

room temperature[J]. IEEE transactions on terahertz science and technology,2016,6(1):148-155.

[41] BULCHA B T,HESLER J L,DRAKINSKIY V,et al. Design and characterization of 1.8~3.2 THz Schottky-based harmonic mixers[J]. IEEE transactions on terahertz science and technology,2016,6(5):737-746.

[42] HE Y,TIAN Y,MIAO L,et al. A broadband 630~720 GHz Schottky based sub-harmonic mixer using intrinsic resonances of hammer-head filter[J]. China communications,2019:9.

[43] 纪广玉. 太赫兹固态混频技术研究[D]. 北京:中国科学院大学(中国科学院国家空间科学中心),2020.

[44] 李宇. 基于肖特基二极管的太赫兹次谐波混频器研究[D]. 成都:电子科技大学,2021

[45] CUI J,ZHANG Y,XU Y,et al. A 200~240 GHz sub-harmonic mixer based on half-subdivision and half-global design method[J]. IEEE access,2020,8:33461-33470.

[46] 祁路伟. "金属檐"结构肖特基二极管的太赫兹倍频特性与应用研究[D]. 北京:中国科学院大学(中国科学院国家空间科学中心),2020.

[47] MANLEY J,ROWE H. Some general properties of nonlinear elements:part Ⅰ:general energy relations[J]. Proceedings of the IRE,1956,44(7):904-913.

[48] PANTELL R. General power relationships for positive and negative nonlinear resistive elements[J]. Proceedings of the IRE,1958,46(12):1910-1913.

[49] KOU W,LIANG S,ZHOU H,et al. A review of terahertz sources based on planarSchottky diodes [J]. Chinese journal of electronics,2022,31(3):467-487.

[50] MAESTRINI A,WARD J S,GILL J J,et al. A 540~640 GHz high-efficiency four-anode frequency tripler[J]. IEEE transactions on microwave theory and techniques,2005,53(9):2835-2843.

[51] MAESTRINI A,WARD J S,GILL J J,et al. A frequency-multiplied source with more than 1mW of power across the 840~900 GHz band[J]. IEEE transactions on microwave theory and techniques,2010,58(7):1925-1932.

[52] MAESTRINI A,MEHDI I,SILES J V,et al. Design and characterization of a room temperature all-solid-state electronic source tunable from 2.48 to 2.75 THz[J]. IEEE transactions on terahertz science and technology,2012,2(2):177-185.

[53] PEARSON J C,DROUIN B J,MAESTRINI A,et al. Demonstration of a room temperature 2.48~2.75 THz coherent spectroscopy source[J]. Review of scientific instruments,2011,82(9):093105.

[54] COJOCARI O,OPREA I,GIBSON H,et al. SubMM-wave multipliers by film-diode technology[C]//The 46th European Microwave Conference,2016:337-340.

[55] SIEGEL P H,SMITH R P,GRAIDIS M C,et al. 2.5 THz GaAs monolithic membrane-diode mixer[J]. IEEE transactions on microwave theory and techniques,1999,47(5):596-604.

[56] CROWE T W,HESLER J L,RETZLOFF S A,et al. Higher power terahertz sources based on diode multipliers[C]//The 42nd International Conference on Infrared,Millimeter,and Terahertz Waves,2017:1.

[57] DING J, MAESTRINI A, GATILOVA L, et al. High efficiency and wideband 300 GHz frequency doubler based on six Schottky diodes[J]. Journal of infrared, millimeter, and terahertz waves, 2017, 38(11): 1331-1341.

[58] DING J Q, MAESTRINI A, GATILOVA L, et al. A 300 GHz power-combined frequency doubler based on E-plane 90°-hybrid and Y-junction[J]. Microwave and optical technology letters, 2020, 62(8): 2683-2691.

[59] 杨大宝, 邢东, 梁士雄, 等. 单片集成430 GHz三倍频器的设计及测试[J]. 中国激光, 2019, 46(6): 318-323.

[60] JUN J, PENG C, LI L, et al. A Schottky diode multiplier chain based on three-dimensional stacking integration at 410 GHz to 510 GHz[C]//The 44th International Conference on Infrared, Millimeter, and Terahertz Waves, 2019: 1.

[61] 刘娟. 基于肖特基二极管的GaAs单片集成太赫兹倍频器的设计[D]. 南京: 东南大学, 2020.

第6章
太赫兹超材料

超材料是一种能够控制电磁波传输的新型人工材料，它的结构主要由亚波长的金属谐振器及其附着的介质板组成[1-4]。超材料的电磁特性主要取决于其谐振单元，而不是像传统材料一样由其原子或分子来决定其性能。"超材料"这一概念最初是由 Walster 提出，其最初的定义是可以产生两个或多个电磁谐振的三维周期性人工结构[5-7]。尽管如此，此后出现的一些超材料结构并没有严格遵从这一定义。目前超材料还没有科学的、一致的分类组成，通常将超材料分为4种——等效均匀电磁参数的结构、微小导电谐振器聚集响应的结构、周期型排列的谐振器、工作波长与晶格常数之比大于10的结构，这些分类可以明确地区分超材料和其他人工操控电磁波的结构，如光子晶体、金属孔阵列、频率选择表面[8-11]。

超材料在任何想要的频率都可以有很大范围的电磁特性，其中包括尚未在自然界现有材料中发现的电磁特性，因此名称中带有"meta"，这也就意味着"beyond"（超）材料[12-14]。现有的介质板材料介电常数和磁导率的实部均是正值，自然界中负值的介电常数的材料可以通过辐射的等离子体相互作用来获得，但是对于固体等离子体，这些相互作用的发生频率要超过红外线才能有很好的效果。超材料（如细的金属线晶格）可以稀释等离子体云，将非常高的等离子体频率降低到较低的频谱范围，并且实现介电常数为负值。在自然界中，负值的磁导率材料非常少见，但是可以通过亚毫米波频率范围内铁磁体的磁谐振获得。利用基于开口谐振环结构的超材料也可以实现磁谐振，从而获得负磁导率特性。经典的超材料，如开口谐振环和金属线阵[15-18]，可以自由地调控电场响应和磁场响应，为实现双负的材料和负折射率的材料带来了可能。尽管通过开口谐振环与金属线阵组合得到的介电常数和磁导率同时为负的频带非常窄，但在频谱范围内能够很好地分离[19-22]。微波频段双负超材料的提出，激发起了广大学者对超材料的研究兴趣[23-25]。

通过开启一种新的电磁响应体制，超材料运用以前并不存在的应用来发展并改善现存的光学设计。目前相关的研究进展和期望主要包含以下几方面：可以打破成像分辨率的绕射限制的超透镜；能够感应到样品中数量和响应微小变化的生物感应器；隐身；通过一幅不同的图像来代替探测物体图像的光学幻象器件。随着超材料研究的逐渐兴盛，基础的研究、新奇的设计、先进的应用已经被全面探索。

6.1　太赫兹超材料吸波器

6.1.1　吸波器原理

超材料本身是一种人工合成的新型材料，其最大特性就是可以通过等效介电常数和磁导率进行表征。超材料可以在特定频率,通过自身等效阻抗与自由空间阻抗匹配实现完美吸收[26-28]。太赫兹吸波器可以实现单频、双频、多频和宽频的太赫兹波吸收,其可以为太赫兹成像和探测提供潜在应用。

太赫兹吸波器一般由金属-介质-金属组成,设计方法主要有两种。第一种,两层金属都是特定结构,如图 6-1(a)所示;第二种,一层是全金属层,另一层是特定金属结构,如图 6-1(b)所示。第一种方法可以实现双向电磁吸收,但阻抗匹配很难调节,所以难度较大。第二种方法可以实现零透射电磁吸收,由于只涉及单层结构,所以较简单,因此很多吸波器的设计都采用第二种方法[29-33]。而且,通过对金属结构的优化设计,可以实现偏振不敏感、宽角度,以及单频、多频和宽频的电磁吸收,具有一定的灵活特性。

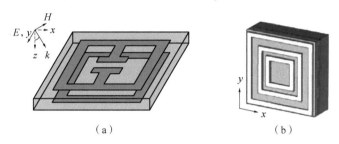

图 6-1　吸收体不同的底层设计方法

超材料吸波器的发展由来可以分为三个方向,最早的设计方向是 Salisbury 吸波屏,其结构采用典型的三层结构——电阻层、介质层(厚度是工作频率对应波长的 1/4)和全金属层底板[34-38]。其工作原理是表面电阻损耗和相位相消原理,但其工作频段决定着其中间介质厚度,所以只能实现单频电磁吸收。为了实现宽带电磁吸收,Jaumann 吸波体被提出[39]。其可以看作多个 Salisbury 吸波屏的叠加实现的宽频吸收,虽然可以有效扩宽工作频段,但其整体厚度过大,不符合吸波器所需的"薄、轻、柔"等特性,所以逐渐被淘汰。Salisbury 吸波屏和 Jaumann 吸波体的结构示意图如图 6-2 所示。

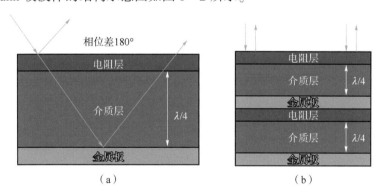

图 6-2　Salisbury 吸波屏和 Jaumann 吸波体的结构和吸收原理
(a) Salisbury 吸波屏;(b) Jaumann 吸波体

近些年来,超材料因其独特的电磁特性,被越来越多的学者用于电磁吸收材料的制备。通过对超材料结构进行简单设计,就可以实现上面两种吸波器不具备的优势,如薄、轻、柔、宽、强。超材料吸波器的主要特征是可调制的双负材料特性(负折射率、负磁导率),并且通过改变单元的形状、尺寸、排列就可以实现特定频率的电磁吸收。它的结构层设计一

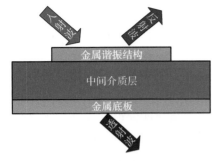

图 6-3 超材料电磁吸收原理

一般也是与 Salisbury 吸波屏一样的三层结构设计，不同的是其介质层不需要特定厚度。它的吸收原理是利用等效阻抗匹配原理，使吸波器的等效阻抗与自由空间阻抗相等，以实现完美吸收，并且不会产生透射情况。它的具体原理如图 6-3 所示。

吸波率表达公式一般可表示为

$$A(\omega) = 1 - R(\omega) - T(\omega) = 1 - |S_{11}|^2 - |S_{21}|^2 \tag{6-1}$$

式中，$R(\omega)$——吸波器的反射率；

$T(\omega)$——吸波器的透射率，当反射率和透射率等于零时，超材料吸波器可以实现完美吸收。

S_{11} 与吸波器的等效阻抗有关，整体输入波的阻抗 Z_{in} 与空气阻抗 Z_0 的匹配程度决定了 S_{11} 的大小。即 S_{11} 与 $|Z_{in} - Z_0|$ 有关，当 $Z_{in} = Z_0 = 377\ \Omega$ 时，$S_{11} = 0$，表示电磁波没有在超材料表面发生反射。S_{21} 一般是 0。这是因为，底部为金属板，故没有透射电磁波产生。所以超材料吸波器的电磁吸收主要与电磁波的反射（即超材料的阻抗匹配程度）有关，可表示为

$$R(\omega) = \frac{Z_{in} - Z_0}{Z_{in} + Z_0} = \frac{\sqrt{\frac{\mu}{\varepsilon}} - \sqrt{\frac{\mu_0}{\varepsilon_0}}}{\sqrt{\frac{\mu}{\varepsilon}} + \sqrt{\frac{\mu_0}{\varepsilon_0}}} \tag{6-2}$$

式中，μ, ε——超材料吸波器的等效介电常数和等效磁导率；

μ_0, ε_0——自由空间中空气的介电常数和磁导率。

当 $Z_{in} = Z_0$ 时，反射率是零。所以在特定频段内，超材料吸波器需要将自身表征的介电常数和等效磁导率与自由空间的介电常数和磁导率匹配，才能实现该频段的完美吸收。超材料吸波器的吸波性能一般可通过 4 种参数进行表征。

（1）峰值吸收率：在工作频段内的最大吸收率。

（2）半波峰宽：吸收率最高值一半的两边峰值横坐标差值。

（3）入射角敏感性：不同入射角度下的电磁波对吸波性能的影响，一般情况下吸波性能会随着入射角加大而下降。

（4）极化敏感：入射电磁波的偏振角度对吸波性能的影响，非对称结构受极化角度变化的影响较大。

通过这 4 种参数就可以对超材料吸波器进行评判。超材料吸波器通过改变结构的形状、大小和组成材料，实现对自身的等效参数进行调节，以实现与自由空间阻抗进行匹配，从而实现完美吸收。这一过程体现了超材料吸波器设计的灵活、简单、方便的特性，成为当前吸波器发展的主要方向。

6.1.2 仿真实例

1. 仿真目的

本节利用 CST 设计一种偏振不敏感的宽带超材料吸波器。

本实例中设计了一种通过叠加三个谐振频率相近的谐振结构，形成宽带太赫兹波吸收的超材料吸波器，如图 6-4 所示。

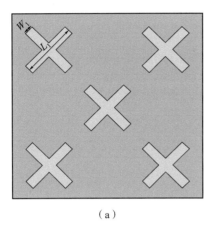 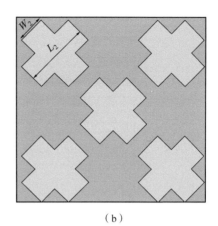

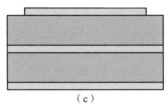

超材料吸波器

图 6-4 宽带超材料吸波体结构

(a) 顶层谐振结构；(b) 中间层谐振结构；(c) 侧视图

2. 仿真设计步骤

本吸波器采用两层介质层和两层谐振层，一层金属底板，中间介质是聚酰亚胺，介电常数为 3.5，损耗角正切为 0.002 7，厚度为 3.8 μm，谐振层金属和背板材料是金，厚度为 0.2 μm，各金属块尺寸如表 6-1 所示。

表 6-1 超材料吸波器尺寸参数

$L_1/\mu m$	$W_1/\mu m$	$L_2/\mu m$	$W_2/\mu m$
40	17	32	6

建立模型后，开始仿真，然后对仿真数据进行后处理。如图 6-5 所示，单击"Post-Processing"选项卡里的"Result Templates Tools"，按图 6-6 所示进行选择。在图 6-7 所示的对话框中输入公式"1 - abs(A)^2 - abs(B)^2"，选择"S11"参数和"S21"参数进行处理，可得到吸收曲线，如图 6-8 所示。从图 6-8 可以看出，吸收率在 4.64 ~ 5.60 THz 之间可以实现 75% 以上，最高电磁吸收率可实现 99.99%。从图 6-9 和图 6-10 可以看出，本吸波器没有发生极化转换，工作频段内的太赫兹波全部电磁吸收。

图 6-5 预处理选项位置

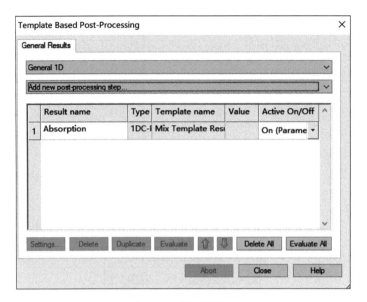

图 6-6 预处理选项

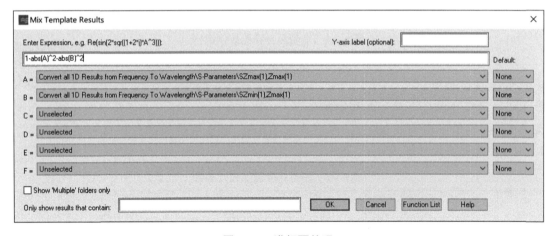

图 6-7 进行预处理

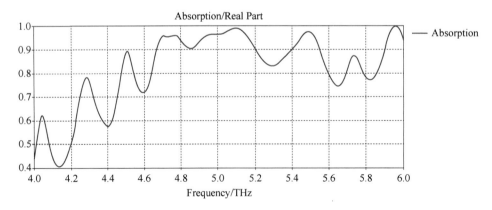

图 6-8 吸收率结果

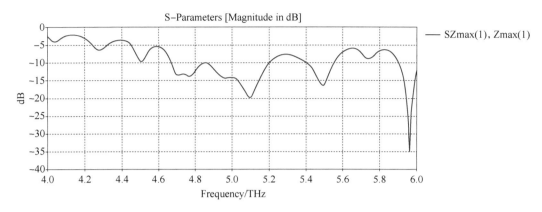

图 6-9 共极化反射系数

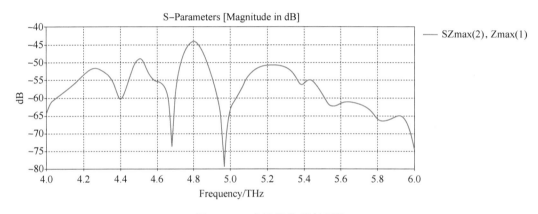

图 6-10 交叉极化反射系数

6.2 太赫兹超表面极化转换器

极化是电磁波的重要性质，用于描述电磁波电场矢量末端随时间变化的轨迹。对电磁波极化状态的控制技术，在很多领域都得到应用。如同电磁场的幅度、相位一样，极化也包含丰富的信息。在通信领域，将正交极化的两个信道安排在同一频段可以有效地提高信道容量，而实时改变的极化状态是实现通信加密的重要条件；在目标识别中，目标物散射电磁波的极化特性可以反映目标物的形状特性，而当散射波极化与雷达接收极化正交时，可以实现目标隐身；在太空卫星和遥感设备上，将线极化波转化为圆极化波可以有效减小由大气电离层法拉第效应引起的信号衰减；在复杂的战场环境中，灵活改变极化状态有利于克服信号干扰，提高无线电通信效率。

极化转换器是控制电磁波极化状态的重要器件。传统的极化转换器主要基于具有双折射率各向异性材料，包括石英、方解石等。以光学中的四分之一波片为例，由于材料分子结构正交的主轴方向上折射率不一样，当与主轴成45°夹角极化方向的入射波分解的两个透射分量相位差为90°时，便能实现将线极化波转化为圆极化波的效果。相位差的积累依赖于材料厚度的堆叠，因此在太赫兹波段波片厚度往往达毫米级，并且带宽非常窄。虽然可以以增加晶体厚度的方式增加带宽，但过大的厚度会极大地降低透射效率。二维超材料的出现有望解决这些问题。相较于自然材料，超表面设计灵活，可以根据要求被自由地设计成宽带、高效率的极化转换器；其厚度薄，有利于片上集成；此外，其透射效率高。

6.2.1 太赫兹正交极化转换器

太赫兹超表面极化转换器主要分为反射型和透射型两种，一般称为太赫兹极化转换超表面（polarization conversion metasurface，PCM）。在极化转换类型上，主要包含线极化-交叉极化、线极化-圆极化。

1. 反射型

2013年，Grady等[40]基于金属-绝缘体-金属（metal-insulator-metal，MIM）的三层超材料结构，提出了太赫兹频段反射型线极化转换器，如图6-11所示。由此，学术界开始了对太赫兹PCM的研究。

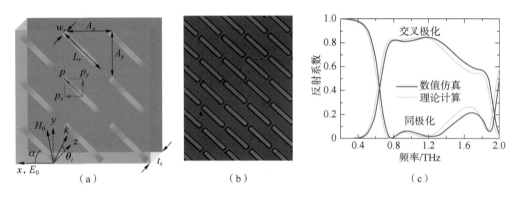

图6-11　Grady等[40]提出的太赫兹反射型超表面
(a) 结构示意图；(b) 光学显微照片；(c) 反射系数

太赫兹反射型PCM一般设计在某个频段内实现线极化到交叉极化的转换，少部分可以在个别频点实现线极化到圆极化的极化转换。其单元主要为轴对称形式，一般在平面内具有一两条对称轴。图6-12展示了文献[41]~[49]中出现的一些典型的用于反射型PCM的单元图案。一般上层为金属或介质，对单元谐振起重要作用；中间为介质层，可以由一种或多种介质形成；最下层为金属背板，可以确保电磁波不会穿透超表面，从而达到高反射的效果。

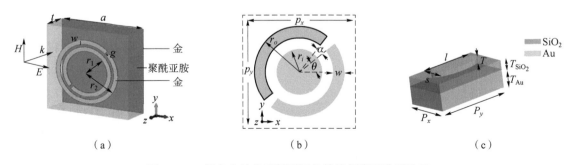

图6-12　部分太赫兹反射型极化转换超表面典型单元
(a) 开口谐振环单元[41]；(b) SRR复合贴片单元[42]；(c) 椭圆形贴片单元[43]；

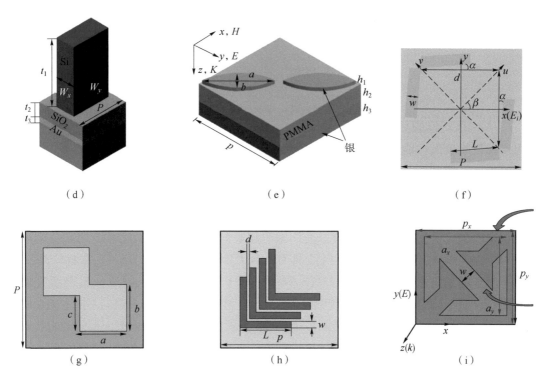

图 6-12 部分太赫兹反射型极化转换超表面典型单元（续）
(d) 截线型介质单元[44]；(e) 双叶片形单元[45]；(f) 双 V 形单元[46]；
(g) 互补正方形单元[47]；(h) 4 个 L 形单元[48]；(i) 双箭头型单元[49]

图 6-12 所展示文献中的反射型 PCM 超表面的性能列在表 6-2 中。

表 6-2 部分太赫兹反射型极化转换超表面性能对比

文献	年份	极化转换方式	极化转换率	对应频率/波长	相对带宽
[40]	2013	线-交叉	80%	0.80~1.36 THz	52%
[41]	2014	线-交叉	90%	0.48~0.72 THz	40%
[42]	2014	线-交叉	80%	0.65~1.45 THz	76%
[43]	2015	线-交叉	91%	730~1 870 nm	87%
[44]	2015	线-交叉	接近100%	0.75~1.00 THz	28.6%
[45]	2015	线-交叉	96%	0.55~1.05 THz	47.6%
[46]	2017	线-交叉	88%	0.67~1.76 THz	90%
[47]	2018	线-交叉	80%	0.37~1.05 THz	95.8%
[48]	2018	线-交叉,线-圆	80%	线-交叉：0.64~1.19 THz；线-圆：0.61 THz、1.28 THz	60%
[49]	2018	线-交叉	80%	0.59~1.24 THz	71%

对 PCM 描述时，常选用极化转换率（polarization conversion rate，PCR）来衡量，可以由入射极化和目标极化的电场强度来计算。对于反射型 PCM，PCR 的表达式为

$$\mathrm{PCR} = \frac{r_{\mathrm{aim}}^2}{r_{\mathrm{co}}^2 + r_{\mathrm{aim}}^2} \tag{6-3}$$

式中，r_{co}——与入射电磁波极化相同的反射分量；

r_{aim}——欲转换的目标极化反射分量。

用来衡量超表面性能的指标还有能量转换率、目标极化的反射率等。从表 6-2 中可以看出，对于反射型 PCM，不同文献在衡量超表面性能时会选择不同的 PCR 值作为标准。由于反射型超表面金属背板的存在，因此几乎没有能量损失，目标极化的反射分量都比较高，且可以获得较大的带宽。

除传统的单元构型设计外，还可以使用编码超表面的方案实现太赫兹波的高效率极化转换[50]。采用 4 种对左右旋圆极化入射波具有不同反射相位的各向异性超表面单元，构成图 6-13 所示的编码超表面。在 1~2 THz 频段，对于不同形式的入射波，超表面反射模式各不相同：当垂直入射的电磁波为右旋圆极化（RCP）波时，反射波为两束向不同方向偏转的左旋圆极化（LCP）波；当入射波为左旋圆极化波时，反射波为四束向不同方向偏转的右旋圆极化波；当入射波为线极化波（LP）时，反射波中既包含左旋圆极化波，又包含右旋圆极化波。

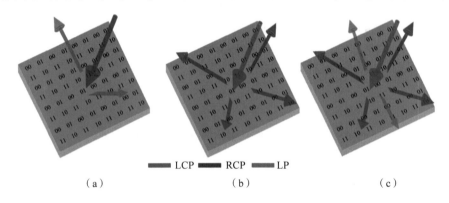

图 6-13　基于编码超表面的太赫兹反射型极化转换器[50]

(a) 可以将入射 RCP 波转换为双波束 LCP 反射波的编码超表面；

(b) 可以将入射 LCP 波转换为四波束 RCP 反射波的编码超表面；

(c) 可以将入射线极化 LP 波转换为双波束 LCP 反射波和四波束 RCP 反射波的编码超表面

使用编码的方案，可以配合优化算法来设计具有独特结构、多种功能的高性能极化转换超表面，但是设计难度较大。

2. 透射型

Grady 等[40]除了提出反射型 PCM 外，还提出了透射式极化转换器，如图 6-14 所示。相较于反射型 PCM，透射型 PCM 高透射带宽窄。图 6-15[51-56]展示了一些太赫兹透射型 PCM 的单元。可以看出，透射型单元中不再以轴对称图案作为主要类型。表 6-3 列出了图 6-14 所示单元的性能。可以看出，单元的对称性会使得透射型 PCM 具有更多特性。例如，具有旋转对称性的单元可以实现极化角度无关的特性[52]，即对任意入射的线极化太赫兹波均可以将其极化方向旋转一个特定的方向；线极化-交叉极化转换频带两端也可以出现

线-圆极化转换的频点；手性图案可以实现非对称传输，并针对正向和反向传输具有不同频段的极化转换效果。

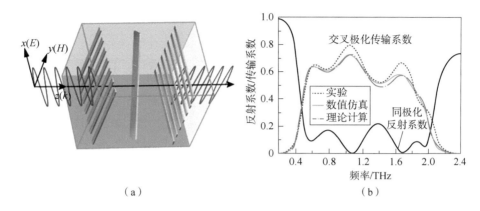

图 6-14 Grady 等[40]提出的太赫兹透射型超表面
(a) 超表面单元结构示意图；(b) 反射系数和传输系数

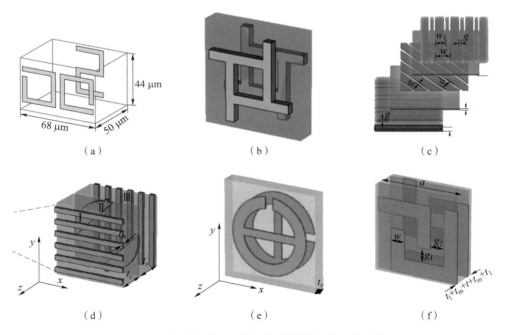

图 6-15 部分太赫兹透射型极化转换超表面典型单元
(a) 双层非对称 SRR 环 + S 形[51]；(b) 双层风车形[52]；(c) 三层光栅形[53]；
(d) 三层条栅 + 双弓形[54]；(e) 双层 WSR 环形[55]；(f) 双层扭曲 S 形[56]

表 6-3 部分太赫兹透射型极化转换超表面性能对比

文献	年份	极化转换方式	最大透射率	极化转换率	对应频率	相对带宽
[40]	2013	线-交叉	0.8	50%	0.52～1.82 THz	110%
[51]	2013	线-交叉	0.48	90%	0.9～1.1 THz	20%
[53]	2013	线-交叉	接近 1	85%	0.57～0.83 THz	37.1%

续表

文献	年份	极化转换方式	最大透射率	极化转换率	对应频率	相对带宽
[52]	2016	极化角度无关：线－旋转18°	约0.25	—	1.7～2.7 THz	45.5%
[54]	2017	线－交叉	0.99	90%	0.23～1.17 THz	134.3%
[55]	2019	线－圆；线－交叉	交叉极化：0.84；圆极化：0.7	90%	线－交叉：2.19～2.47 THz；线－圆：1.14 THz、1.34 THz	12.1%
[56]	2020	双频段：线－交叉	正：0.82；反：0.71	透射60%	正：0.5～1.0 THz；反：1.3～1.5 THz	66.7%；14.3%

对于透射型 PCM，也常将极化转换率作为衡量其性能的指标。与反射型 PCM 类似，透射型 PCM 的 PCR 可由下式计算：

$$\text{PCR} = \frac{t_{\text{aim}}^2}{t_{\text{co}}^2 + t_{\text{aim}}^2} \tag{6-4}$$

式中，t_{co}——与入射电磁波极化相同的透射分量；

t_{aim}——欲转换的目标极化透射分量。

除了 PCR 外，目标极化的透射率也成为衡量其特性的一个重要指标。当电磁波入射到 PCM 后，将在分界面同时产生反射与透射。对反射型 PCM 来说，由于底部的金属背板，透射的能量几乎为 0；对透射型 PCM 来说，反射能量和透射能量将均存在。从式（6-4）可以看出，对透射型 PCM 来说，PCR 计算只与透射分量相关，因此在某个频率下，即使具有较高的 PCR，但由于总的透射能量较低，PCM 的效率也可能比较低。

透射型 PCM 的带宽与层数相关。一般来说，透射型 PCM 的金属层数越多，其带宽就越大。本书作者认为在考察透射型 PCM 带宽时，使用目标极化的透射率作为指标更为合适。

此外，反射型和透射型 PCM 可以使用石墨烯进行可重构设计。例如，通过改变施加于石墨烯表面的偏置电压来改变石墨烯的费米能力，进而实现动态调谐[57-58]或极化转换功能的可重构[59-60]。

6.2.2 太赫兹极化转换器工作原理

极化转换原理可通过琼斯矩阵及其衍生的反射矩阵进行分析。

对于透射型 PCM，可以通过琼斯矩阵来分析。1941 年，琼斯（R. C. Jones）提出了琼斯矩阵的概念，极大地方便了描述电磁波极化转换的过程。以沿着 z 轴入射的均匀平面波为例，可将其用两个正交的极化分量表示：

$$\boldsymbol{E}_i(z,t) = \begin{bmatrix} i_x \\ i_y \end{bmatrix} e^{-j(kz-\omega t)} \tag{6-5}$$

式中，ω——角频率；

k——传播常数，$k = \omega\sqrt{\varepsilon(\omega)}/c$；

i_x, i_y——入射波 x 和 y 方向电场分量，$[i_x \quad i_y]^T$ 称为琼斯矢量。

一些常见的极化状态可以用对应的琼斯矢量表示：

(1) 沿 x 轴方向线极化：$[1 \quad 0]^T$。

(2) 沿 y 轴方向线极化：$[0 \quad 1]^T$。

(3) 与 x 轴逆时针夹角 θ 的线极化：$[\cos\theta \quad \sin\theta]^T$。

(4) 左旋圆极化：$\dfrac{1}{\sqrt{2}}[1 \quad j]^T$。

(5) 右旋圆极化：$\dfrac{1}{\sqrt{2}}[1 \quad -j]^T$。

入射电磁波与透射波之间的关系可以表示为

$$\begin{bmatrix} t_x \\ t_y \end{bmatrix} = \boldsymbol{T} \begin{bmatrix} i_x \\ i_y \end{bmatrix} = \begin{bmatrix} T_{xx} & T_{xy} \\ T_{yx} & T_{yy} \end{bmatrix} \begin{bmatrix} i_x \\ i_y \end{bmatrix} \tag{6-6}$$

式中，t_x, t_y——透射波在 x 和 y 方向的电场分量；

$\boldsymbol{T}$——琼斯矩阵，可以表示为

$$\boldsymbol{T} = \begin{bmatrix} T_{xx} & T_{xy} \\ T_{yx} & T_{yy} \end{bmatrix} = \begin{bmatrix} A & B \\ C & D \end{bmatrix} \tag{6-7}$$

琼斯矩阵满足以下性质：

(1) 琼斯矩阵相乘定理。如果入射波 E_i 依次进入多个极化转换装置，并且它们的琼斯矩阵分别为 $\boldsymbol{T}_i (i=1,2,\cdots,n)$，则最终透射波 E_t 的状态可以通过琼斯矩阵的乘积表示为

$$E_t = \boldsymbol{T}_n \boldsymbol{T}_{n-1} \cdots \boldsymbol{T}_1 E_i \tag{6-8}$$

(2) 琼斯矩阵的反向传输定理。在直角坐标系下，如果入射波经过的媒质是互易的，则当电磁波从媒质的背面入射时，琼斯矩阵 $\boldsymbol{T}^b$ 具有下面的形式：

$$\boldsymbol{T}^b = \begin{bmatrix} A & -C \\ -B & D \end{bmatrix} \tag{6-9}$$

(3) 琼斯矩阵的变换定理。在直角坐标系下，如果对媒质进行一系列变换，且 $\boldsymbol{M}$ 表示变换矩阵，则经过变换后，媒质的新琼斯矩阵 $\boldsymbol{T}_{new}$ 的形式为

$$\boldsymbol{T}_{new} = \boldsymbol{M}^{-1} \boldsymbol{T} \boldsymbol{M} \tag{6-10}$$

常见的变换操作对应的变换矩阵有如下形式：

(1) 媒质顺时针旋转。变换矩阵的具体形式为

$$\boldsymbol{M}_\alpha = \begin{bmatrix} \cos\alpha & \sin\alpha \\ -\sin\alpha & \cos\alpha \end{bmatrix} \tag{6-11}$$

(2) 媒质镜像对称变换。

①关于 xz 面镜像对称。变换矩阵的具体形式为

$$\boldsymbol{M}_x = \begin{bmatrix} 1 & 0 \\ 0 & -1 \end{bmatrix} \tag{6-12}$$

②关于 yz 面镜像对称。变换矩阵的具体形式为

$$\boldsymbol{M}_y = \begin{bmatrix} -1 & 0 \\ 0 & 1 \end{bmatrix} \tag{6-13}$$

(3) 线极化坐标系变换到圆极化坐标系。

式(6-7)是使用两个线极化标准正交基时的琼斯矩阵形式。当使用圆极化标准正交基时,琼斯矩阵的形式也会随之发生改变。变换矩阵的具体形式为

$$\boldsymbol{M}_c = \frac{1}{\sqrt{2}} \begin{bmatrix} 1 & 1 \\ -j & j \end{bmatrix} \tag{6-14}$$

类似地,对于反射型 PCM,可以借用琼斯矩阵的形式,采用反射矩阵描述极化转换的过程。反射矩阵描述了入射电磁波与反射电磁波之间的关系:

$$\begin{bmatrix} r_x \\ r_y \end{bmatrix} = \boldsymbol{R} \begin{bmatrix} i_x \\ i_y \end{bmatrix} = \begin{bmatrix} R_{xx} & R_{xy} \\ R_{yx} & R_{yy} \end{bmatrix} \begin{bmatrix} i_x \\ i_y \end{bmatrix} \tag{6-15}$$

式中,r_x,r_y——反射波在 x 和 y 方向的电场分量;

$\boldsymbol{R}$——反射矩阵,

$$\boldsymbol{R} = \begin{bmatrix} R_{xx} & R_{xy} \\ R_{yx} & R_{yy} \end{bmatrix} \tag{6-16}$$

本质上,反射矩阵是包含了极化特性的单端口散射矩阵,与琼斯矩阵相比,其区别不仅仅体现在能量传输形式上。首先,由于反射矩阵研究的是单端口的散射问题,所以不具备反向传输性质和相乘定理;其次,根据互易性定理,反射矩阵的反对角线元素一定相等,即 $R_{xy} = R_{yx}$。反射矩阵依然满足琼斯矩阵坐标系变换的一些操作。

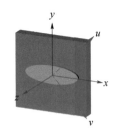

图 6-16 椭圆形贴片反射型
PCM 单元结构示意图

通过琼斯矩阵/反射矩阵的推导,可以迅速判断单元可能具有的极化转换效果,对 PCM 单元的选择有指导意义。线极化 - 交叉极化反射型 PCM 往往具有轴对称特性,此处将以一个具有轴对称特性的椭圆形贴片超表面单元为例,进行本征模式的分析。如图 6-16 所示,椭圆形贴片的长轴沿 x 轴方向,短轴沿 y 轴方向,u 和 v 方向则与 x 轴正方向呈 ±45°。

超表面单元关于 xz 面做镜像对称变换,单元的形式不发生任何改变,因此反射矩阵也将不会发生变化。由此,根据式(6-10)、式(6-12)、式(6-16)可得

$$\boldsymbol{R}_{\text{new}} = \boldsymbol{M}_x^{-1} \boldsymbol{R} \boldsymbol{M}_x = \begin{bmatrix} R_{xx} & -R_{yx} \\ -R_{xy} & R_{yy} \end{bmatrix} = \boldsymbol{R} = \begin{bmatrix} R_{xx} & R_{xy} \\ R_{yx} & R_{yy} \end{bmatrix} \tag{6-17}$$

再根据 $R_{xy} = R_{yx}$ 的互易性,可以得出此类超表面单元反射矩阵形式为

$$\boldsymbol{R} = \begin{bmatrix} R_{xx} & 0 \\ 0 & R_{yy} \end{bmatrix} \tag{6-18}$$

由于该矩阵为对角矩阵,因此可以判断 $[1 \ 0]^T$ 和 $[0 \ 1]^T$ 是其本征向量,而 R_{xx} 和 R_{yy} 是与之对应的特征值。所以与反映面 xz 平面平行和垂直的 x 轴和 y 轴方向为本征极化方向,x 和 y 极化为该超表面单元的本征极化。本征极化入射波对应的反射波的极化方向不会发生改变,可以作为琼斯向量的正交基。任意入射的极化波的反射特性,都可以用分解成的 x 和 y 极化波的反射特性的线性组合完备表示:

$$\begin{bmatrix} R_{xx} & 0 \\ 0 & R_{yy} \end{bmatrix} \begin{bmatrix} i_x \\ i_y \end{bmatrix} = R_{xx} \begin{bmatrix} i_x \\ 0 \end{bmatrix} + R_{yy} \begin{bmatrix} 0 \\ i_y \end{bmatrix} \tag{6-19}$$

当线极化入射波的极化方向为 u 方向且幅度为 1 时,可以分解成极化方向为 x 和 y 的两个等幅度入射波的叠加:

$$E_u = \frac{\sqrt{2}}{2}\begin{bmatrix}1\\1\end{bmatrix} = \frac{\sqrt{2}}{2}\begin{bmatrix}1\\0\end{bmatrix} + \frac{\sqrt{2}}{2}\begin{bmatrix}0\\1\end{bmatrix} \tag{6-20}$$

当 $|R_{xx}| = |R_{yy}| = 1$,且 x 和 y 极化波的反射相位差为 π 时,反射波极化为

$$\begin{bmatrix}r_x\\r_y\end{bmatrix} = \frac{\sqrt{2}}{2}\begin{bmatrix}e^{j\varphi_{xx}} & 0\\0 & e^{j(\varphi_{xx}+\pi)}\end{bmatrix}\begin{bmatrix}1\\1\end{bmatrix} = \frac{\sqrt{2}}{2}\begin{bmatrix}1\\-1\end{bmatrix}e^{j\varphi_{xx}} = E_v e^{j\varphi_{xx}} \tag{6-21}$$

此时可以实现将 u 极化入射波全部转化为 v 极化波。

只要将以上分析中的反射矩阵 R 换成琼斯矩阵 T,就可以得到透射型极化转换器实现交叉极化转换的条件,即 $|T_{xx}| = |T_{yy}| = 1$,且 x 和 y 极化波的透射相位差为 π。

6.2.3 仿真实例

在太赫兹正交极化转换器的设计中,透射型 PCM 转换器比反射型 PCM 的设计难度大,在设计过程中不仅要考虑如何提高极化转换率,还要考虑如何提高能量的透射效率。反射型 PCM 在使用高电导率金属和低损耗介质的情况下,由于背面金属底板的存在,整个超表面结构相当于电抗元件,可以较容易地实现高于 90% 的反射效率;而透射型 PCM 的透射率取决于超表面单元与空气的阻抗匹配情况,这就要求在设计过程中合理地调整结构尺寸,以取得良好的阻抗匹配效果。

此处介绍一种基于 V 形谐振器和条栅复合结构的线 – 交叉极化透射型 PCM,如图 6 – 17 所示。其单元由三层金属和两层介质构成,最上层和底层的金属为相互垂直的条栅,中间层金属是两个相对的 V 形谐振器。金属层均由厚度为 t 的金(电导率为 4.56×10^7 S/m)构成。两层介质由厚度为 h 的 TOPAS 多聚物(相对介电常数为 2.34,损耗角正切为 7×10^{-5})构成。具体参数在表 6 – 4 中列出,g_1 表示相邻金属条栅的间隔长度,w_2 表示 V 形谐振器的臂宽,l 表示 V 形谐振器的臂长,g_2 表示 V 形谐振器与单元边缘的距离。

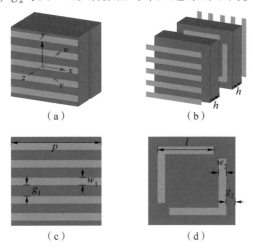

图 6 – 17 基于 V 形谐振器和条栅复合结构的线 – 交叉极化透射型 PCM 单元示意图
(a) 直观图;(b) 爆炸图;(c) 金属条栅;(d) V 形谐振器

表6-4 基于V形谐振器和条栅复合结构的PCM单元结构参数　　单位：μm

w_1	g_1	w_2	g_2	l	p	h	t
9	11	8	11	64	100	48	0.2

本案例使用 CST Microwave Studio 进行电磁仿真。由于 PCM 为周期性结构，因此在 x 和 y 方向设置 unit cell 边界，z 方向设置 Floquet 端口激励，入射电磁波极化方向为 y 方向。

图 6-18 所示为基于 V 形谐振器和条栅复合结构的透射型 PCM 的透射幅度和极化转换率。由图 6-18（a）可知，在 0.63~1.61 THz 频率范围内，交叉极化的透射系数高于 0.9，相对带宽为 87.5%；同时，在整个频带内，同极化的透射系数均低于 0.1。通过式（6-4）可以计算得到该透射型 PCM 的极化转换率（PCR），结果如图 6-18（b）所示。在 0.4~2.0 THz 范围内，极化转换率均高于 90%，具有良好的极化转换效果。

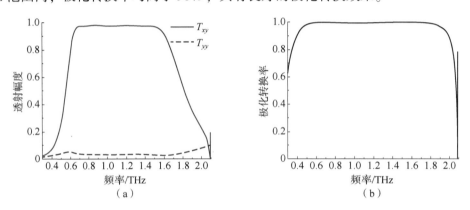

图6-18 基于V形谐振器和条栅复合结构的透射型PCM的透射幅度和极化转换率
(a) 透射幅度；(b) 极化转换率

图 6-19 所示为基于 V 形谐振器和条栅复合结构的极化转换器的电场分布。可以看出，当入射波的极化沿着 x 方向时，入射波无法透过第一层金属条栅（即沿 x 轴方向延伸

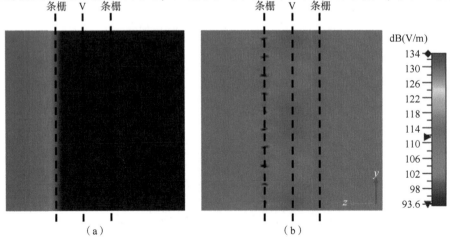

图6-19 基于V形谐振器和条栅复合结构的极化转换器的电场分布（附彩图）
(a) x 极化方向入射；(b) y 极化方向入射

的金属条栅），电场均分布在第一层金属条栅的左侧；当入射波的极化沿着 y 方向时，入射电场强度分布与透射电场相同，大部分能量可以透过 PCM，且在 V 形谐振器附近具有较强的电场。

产生该电场分布主要是因为金属条栅的极化选择特性。沿 x 轴方向延伸的金属条栅：对于 y 极化入射波可以看作电容，相当于低通滤波器；对于 x 极化入射波可以看作电感，相当于高通滤波器。在一定频率下，只有 y 极化入射波可以通过第一层金属条栅，x 极化波将在界面发生反射。类似地，对于沿 y 轴方向延伸的金属条栅，只有 x 极化入射波可以透过，因此只有 x 极化入射波可以通过第二层金属条栅。

在 y 极化入射波通过第一层金属条栅后，经过 V 形谐振器，转换为 x 极化波，x 极化波将透过第二层金属条栅，完成极化转换。未完成极化转换的 y 极化波可以在 V 形谐振器和第二层金属条栅之间多重反射，进一步极化转换；而被 V 形谐振器反射的 x 极化波会被第一层金属条栅反射，继续正向传播。两层金属栅格的存在形成了类似 FP 谐振腔的结构，最终提高了极化转换率和交叉极化波的透射率。

6.3 太赫兹涡旋波超表面

6.3.1 涡旋波原理

电磁波可以携带轨道角动量（orbital angular momentum，OAM），由于携带 OAM 的电磁波波前具有旋涡状的相位分布，所以又可以将其称为涡旋波束。其螺旋状分布可以表示为 $\exp(il\varphi)$，φ 是方位角，l 是拓扑荷（取值可以是整数或非整数）[61]。这种独特的电磁特性在光学、原子物理和通信领域中有着潜在的应用[62-63]。迄今为止，研究人员已经提出了很多产生涡旋波的方法，如螺旋相位板[64]、空间光调制器（SLM）[65]、衍射相全息图[66]等。虽然利用上述方法设计的光学器件易于实现，但是这些器件存在着尺寸大、价格昂贵、信息不能长距离传输等问题。因此，基于超表面的涡旋波束产生受到广大学者的关注。

由于太赫兹频段频率较高，并且传统的 PCB 加工及制造技术已经不能满足太赫兹器件的加工要求，因此一般采用光刻技术实现。

超表面主要通过阵面各个单元对入射波的相位调控产生太赫兹涡旋波束。常见的超表面单元相位调控方式主要有两种：电路型相位调控、P-B（Pancharatnam-Berry）相位型调控。

电路型相位调控是通过调节单元的结构参数获得不同的反射/透射相位。在太赫兹涡旋波超表面的设计中，需要获得能覆盖 2π 范围相位的若干个单元，因此对相位的量化和对应单元的设计非常重要。2011 年，Yu 等[67]设计了 V 形单元，通过在 8 个相位间隔 45°的 V 形单元结构排布的超表面引入相位不连续性的方式，实现了红外波段相位 $0 \sim 2\pi$ 的分布，产生了涡旋波束。此后，电路型相位调控式太赫兹涡旋波超表面的研究围绕着单元基本形式展开，如 V 形缝隙单元[68]、C 形槽单元[69]、开口谐振环加双 V 形单元[70]、中空耶路撒冷

"十"字单元[71]等形式。同时，除了单纯设计金属贴片的形式，还可以加载其他材料协同设计，如使用 C 形金属环加载二氧化钒[72]。此外，使用相位叠加原理，可以利用单元实现多模式[71]、多波束[69]的涡旋波。

图 6-20 列举了太赫兹涡旋波超表面电路型相位单元组。可以看到，每组单元均由 8 个不同的透射/反射相位单元组成。一般来说，每隔 45°进行相位量化，可以基本获得较好的涡旋特性。

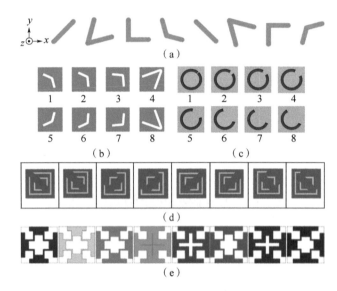

图 6-20　太赫兹涡旋波超表面电路型相位单元组
(a) V 形单元[67]；(b) V 形缝隙单元[68]；(c) C 形槽单元[69]；
(d) 开口谐振环加双 V 形单元[70]；(e) 中空耶路撒冷"十"字单元[71]

P-B 相位又称为几何相位，由英国 Berry 教授在 1984 年提出。Berry[73]研究发现，当一个绝热物理系统从初态沿着某一路径（一定的参数空间或者态空间）演变一个周期并回到初始状态时，其最终态与初始态并不等效，而需要增加一个额外的相位因子。该相位因子只与系统演变的几何路径相关，因此被称为几何相位。对几何相位的利用最早出现在微波系统中[74]。1956 年，Pancharatnam[75]研究得到电磁波在偏振态转化过程中会产生一个额外的相位。某一偏振态的电磁波沿庞加莱球表面某一路径演变并回到初态，其终态与初始态相差一个相位因子，其值等于演变路径测地线所围闭合环路立体角的一半。因此，圆极化电磁波可以使用 P-B 相位型单元进行相位调控。此时，只需要设计一个具有圆极化-交叉极化的单元，便可以通过旋转单元的方式获得 0~2π 范围内的所有相位。在太赫兹涡旋波超表面的应用中，使用的 P-B 型相位调控单元一般为轴对称图形，如圆环加椭圆贴片[76]、双箭头形[77]、"王"字形[78]、"一"字形[79]、铜钱形[80]、双环形[81]等，如图 6-21 所示。与电路型相位单元相同，P-B 相位型单元也可以使用其他材料（如石墨烯[79]）来代替金属贴片部分进行设计。

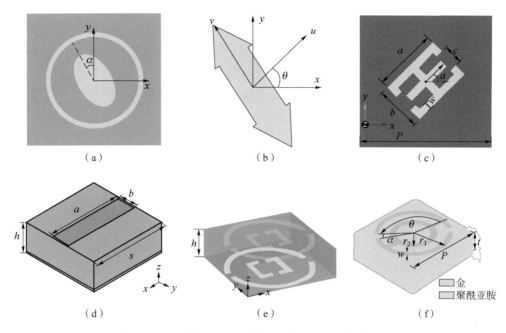

图 6-21 太赫兹涡旋波超表面 P-B 相位型单元

(a) 圆环加椭圆贴片[76]；(b) 双箭头形[77]；(c) "王"字形[78]；
(d) "一"字形[79]；(e) 铜钱形[80]；(f) 双环形[81]

6.3.2 太赫兹涡旋波超表面工作原理

使用超表面产生涡旋波时，阵面的调控相位 ϕ 分布与位置的关系为

$$\phi = l\varphi \tag{6-22}$$

式中，l——目标涡旋波的拓扑荷；

φ——极坐标下的角向分量。

使用相位调控单元按照式（6-22）的相位分布进行排布，即可产生涡旋波。接下来，简述电路型和 P-B 相位型单元的相位调控原理。

如前文所述，电路型单元通过调整单元的结构尺寸获得不同的相位响应。本质上，调整单元结构尺寸是改变单元的等效电参数，从而改变超表面的表面阻抗，使得不同单元获得不同的频率响应。值得注意的是，反射式超表面由于金属反射面的存在，在改变结构几何参数的过程中，其反射电磁波的振幅基本不变，使用高电导率的金属也可以忽略损耗，反射效率接近 100%，因此其频率响应主要为相位响应。对透射式超表面而言，在改变结构几何参数时，会同时带来幅度和相位的变化。然而，在涡旋波超表面的应用中，单元组中各个单元之间需要保证幅度近似不变、相位等间隔分布，因此使用电路型单元设计透射式涡旋波超表面会有更大的难度。

P-B 相位型单元的工作原理可以通过庞加莱球和琼斯矩阵来解释。图 6-22 所示为采用庞加莱球描述电磁波极化态及 P-B 相位的示意图。在一个单位半径的球面上，其表面的每一个点都对应一种极化态。路径①和②分别表示左旋圆极化波经过方位角为 ψ_1 和 ψ_2 的半波片变化为右旋圆极化波的极化态变化过程。路径①和②的夹角为 $2(\psi_2 - \psi_1)$，则路径①和

②构成的闭合面对应的立体角 Ω 为

$$\Omega = \frac{2(\psi_2 - \psi_1)}{2\pi} \times \frac{4\pi R^2}{R^2} = 4(\psi_2 - \psi_1)$$

光波经过这两个半波片后的相位差值为立体角 Ω 的一半，即 $2(\psi_2 - \psi_1)$，为这两个半波片方位角差值的两倍。因此，当半波片发生旋转，经过半波片后的圆极化波会产生两倍于旋转角大小的几何相位差。

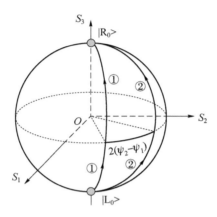

图 6-22　P-B 相位的庞加莱球表示

为了便于理解，电磁波在超表面中的传输过程和 P-B 相位的产生可通过琼斯矩阵来描述：

$$\begin{bmatrix} E_{x\text{out}} \\ E_{y\text{out}} \end{bmatrix} = \boldsymbol{J}_\zeta \begin{bmatrix} E_{x\text{in}} \\ E_{y\text{in}} \end{bmatrix} \tag{6-23}$$

式中，$E_{x\text{out}}$，$E_{y\text{out}}$——出射电磁波的 x 和 y 极化分量；

$\boldsymbol{J}_\zeta$——琼斯矩阵，

$$\boldsymbol{J}_\zeta = \begin{bmatrix} J_{11} & J_{12} \\ J_{21} & J_{22} \end{bmatrix} \tag{6-24}$$

对于各向异性的超表面单元，假设其两个主轴方向 u 和 v 上的复振幅分别为 t_u 和 t_v，其中主轴 u 与 x 轴的夹角为 ζ，则可以推导得出琼斯矩阵的形式：

$$\boldsymbol{J}_\zeta = \begin{bmatrix} t_u \cos^2 \zeta + t_v \sin^2 \zeta & (t_u - t_v) \sin \zeta \cos \zeta \\ (t_u - t_v) \sin \zeta \cos \zeta & t_u \sin^2 \zeta + t_v \cos^2 \zeta \end{bmatrix} \tag{6-25}$$

因此，对于 x 极化电磁波入射，其对应的输出电磁波为

$$\begin{bmatrix} E_{x\text{out}} \\ E_{y\text{out}} \end{bmatrix} = \boldsymbol{J}_\zeta \begin{bmatrix} 1 \\ 0 \end{bmatrix} = \begin{bmatrix} t_u \cos^2 \zeta + t_v \sin^2 \zeta \\ (t_u - t_v) \sin \zeta \cos \zeta \end{bmatrix} \tag{6-26}$$

当各向异性结构围绕 z 轴旋转 $\pm \dfrac{\pi}{2}$ 时，坐标轴 u 与 x 轴的夹角变为 $\zeta \pm \dfrac{\pi}{2}$，根据式（6-25）可得 x 极化入射下输出电场为

$$\begin{bmatrix} E_{x\text{out}} \\ E_{y\text{out}} \end{bmatrix} = \begin{bmatrix} t_u \cos^2 \zeta + t_v \sin^2 \zeta \\ -(t_u - t_v) \sin \zeta \cos \zeta \end{bmatrix} \tag{6-27}$$

可以看出，同极化分量不发生变化，而交叉极化分量幅度不变，相位相差 π。从图 6-20

(a)(b)(d)中可以看出,在一组 8 个单元中,后 4 个单元均为前 4 个单元旋转 $\frac{\pi}{4}$ 得到。也就是说,通过选用极化转换单元,利用其 P-B 相位特性可减少一半的电路型单元设计。

对于圆极化电磁波入射情况,经过各向异性超表面后输出电场的表达式为

$$\begin{bmatrix} E_{x\text{out}} \\ E_{y\text{out}} \end{bmatrix} = \frac{\boldsymbol{J}_\zeta}{\sqrt{2}} \begin{bmatrix} 1 \\ \mathrm{i}\sigma \end{bmatrix} = \frac{1}{2\sqrt{2}} \left((t_u + t_v) \begin{bmatrix} 1 \\ \mathrm{i}\sigma \end{bmatrix} + (t_u - t_v) \mathrm{e}^{2\mathrm{i}\sigma\zeta} \begin{bmatrix} 1 \\ -\mathrm{i}\sigma \end{bmatrix} \right) \quad (6-28)$$

式中,$\sigma = \pm 1$,对应于右旋和左旋极化态。

从式(6-28)可以看出,出射电磁波的正交极化态携带了 $2\sigma\zeta$ 的附加几何相位。

同理,对于反射型超表面,只需要将复振幅透射系数 t_u、t_v 用反射系数 r_u、r_v 替代,便可以得到输出电场的表达式。

6.3.3 太赫兹涡旋波超表面仿真流程

本节将介绍一种线极化太赫兹涡旋波超表面的仿真。选用的单元为方环形单元,通过调节方环形尺寸来实现电路型相位的调控。单元的基本形式如图 6-23 所示,其中方环结构和底部金属地板材质为金,中间介质为聚酰亚胺,相对介电常数为 3,损耗角正切为 0.03。

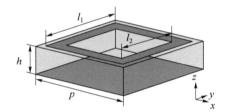

图 6-23 方环形太赫兹涡旋波超表面单元结构示意图

固定单元周期 $p = 80$ μm,介质厚度 $h = 20$ μm,通过调节方环的外边长 l_1 和内边长 l_2,可以实现不同的反射相位。如图 6-24 所示,一共选用了 6 个不同尺寸的单元,每个单元之间的反射相位相差 60°。每个单元的具体尺寸列在表 6-5 中。

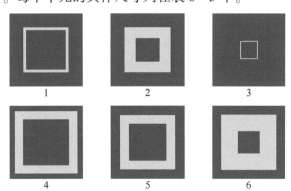

图 6-24 方环形太赫兹涡旋波超表面单元组

表 6-5 方环形太赫兹涡旋波超表面单元组的尺寸

单元序号	1	2	3	4	5	6
l_1/μm	50	50	20	70	60	60
l_2/μm	43	26	5	50	40	24

在选定单元后，就对阵面进行布阵设计。以拓扑荷为 1 的涡旋波超表面为例，将阵列分成 6 个区域，按照单元序号 1~6 放置单元。本节的超表面采用 Python 控制 CST 进行建模仿真，最终的超表面模型如图 6-25 所示。

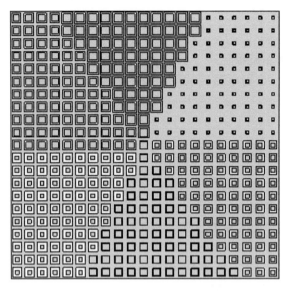

图 6-25　方环形太赫兹涡旋波超表面（$l=1$）

仿真时，采用 x 极化的平面波激励，设置电场监视器以观察近场的电场分布，设置远场检测器观察方向图。在对近场观测面的电场结果进行后处理时，需要结合放置超表面与不放置超表面的电场结果进行作差运算，从而得到散射场的电场幅度、相位分布、极化能量占比及 OAM 谱分布。

6.3.4　仿真结果与分析

首先，对方环形单元组进行 CST 仿真，得到的反射性能如图 6-26 所示。从图 6-26（a）中可以看出，6 个单元在 1 THz 下的反射幅度均大于 0.8，幅度的损耗主要来自介质损耗。从图 6-26（b）可以看出，从 1 号单元到 6 号单元，相邻单元的反射相位相差约为 60°，符合设计要求。

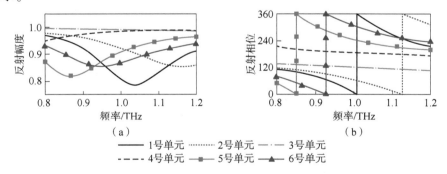

图 6-26　方环形单元组的反射幅度与反射相位
（a）反射幅度；（b）反射相位

接下来,观测距离超表面 3 倍波长处,在 1 THz 下近场的电场幅度及相位的结果如图 6-27 所示。从图 6-27(a)可以看出,电场幅度具有中空特性,符合涡旋波传输的幅度分布。从图 6-27(b)可以看出,电场相位逆时针从 0 均匀变化到 2π,符合拓扑荷为 1 的涡旋波相位分布。

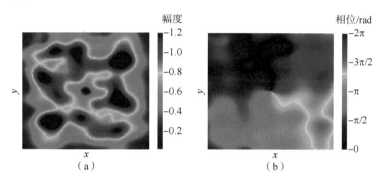

图 6-27 方环形太赫兹涡旋波超表面在与传输方向垂直截面处的电场分布(附彩图)
(a)幅度分布;(b)相位分布

图 6-28 给出了超表面的能量分布及 OAM 谱。从图 6-28(a)可以看出,反射波均为 x 极化的电磁波。OAM 谱是利用谱分解的方式获得各个模态的占比,因此可以获得主模态的纯度,这是衡量涡旋波的重要指标之一。

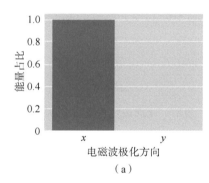
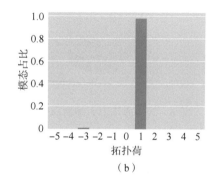

图 6-28 方环形太赫兹涡旋波超表面的能量分布和 OAM 谱
(a)不同极化出射电磁波的能量占比;(b)OAM 谱

任意电磁波 E 均可以在柱坐标系表示为

$$E(r,\varphi,z) = \frac{1}{\sqrt{2\pi}} \sum_{l=-\infty}^{+\infty} a_l(r,z) \exp(jl\varphi) \quad (6-29)$$

式中,$a_l(r,z)$——φ 方向上,在位置 (r,z) 角量子数为 l 的涡旋波电场强度。

如果已知某个平面内的电场分布,则可以通过傅里叶级数求解各个模态下的系数 $a_l(r,z)$:

$$a_l(r,z) = \frac{1}{\sqrt{2\pi}} \int_0^{2\pi} E(r,\varphi,z) \exp(jl\varphi) d\varphi \quad (6-30)$$

进一步在整个无穷区域进行积分,得到角量子数为 l 的涡旋光束能量 W_l:

$$W_l = 2\varepsilon_0 \int_0^\infty |a_l(r,z)|^2 r dr \quad (6-31)$$

则每个模态的能量占比 M_l 为

$$M_l = \frac{W_l}{\sum_{q=-\infty}^{+\infty} W_q} \qquad (6-32)$$

实际观测平面的积分区域无法为无穷大，因此积分区域只需要将大部分能量包括，就可以得到较为准确的 OAM 谱分布。

方环形太赫兹涡旋波超表面的 OAM 谱分布如图 6-28（b）所示。可以看出，$l=1$ 模态的占比最大，高于 98%，这表明反射电磁波具有良好的涡旋波效果。

最后，给出平面波激励下，方环形太赫兹涡旋波超表面的三维归一化远场方向图，如图 6-29 所示。可以看出，三维方向图在传播轴向也具有中空的特性，符合涡旋波的远场辐射特性。

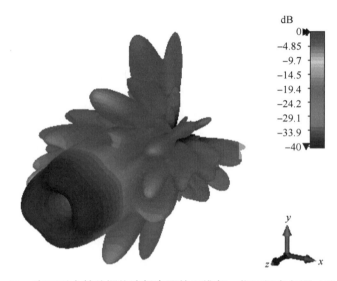

图 6-29　方环形太赫兹涡旋波超表面的三维归一化远场方向图（附彩图）

6.4　集成石墨烯太赫兹可调谐超表面

6.4.1　石墨烯特性

石墨烯（graphene）是一种由单层碳原子按照 sp^2 杂化正六边形晶体构成的新型平面结构，如图 6-30 所示。石墨烯与零维富勒烯（C_{60}）、碳纳米管及石墨属于同素异形体。在很长一段时期，学术界认为石墨烯这种一维层状结构仅存在理论中，在自然界中难以找到。直至 2004 年，英国曼彻斯特大学的 Geim 和 Novoselov 利用胶带微机械剥离的方法制备获得了石墨烯，石墨烯逐渐成为学术界和工业界的研究热点，这两位科学家也因此获得了 2010 年诺贝尔物理学奖。

石墨烯仅由单层碳原子构成，厚度为 0.35 nm。石墨烯特殊的六边形原子排列结构使其具有良好的力学、热学、光学、化学和电学性能。

（1）力学特性。石墨烯是自然界中已知的力学强度最高的材料之一。石墨烯的理论弹性模量为 1 TPa，拉伸强度为 130 GPa，具有较强的受压能力、良好的韧性和可弯曲性。

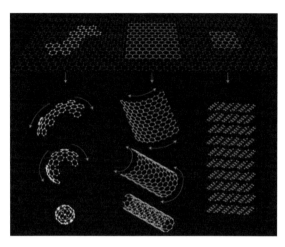

图 6-30 石墨烯

(2) 热学特性。石墨烯的导热系数为 5.3 kW/(m·K), 为金刚石的 2~5 倍, 为金属铜的 13 倍。利用高导热性, 石墨烯可以用于开发散热膜、涂层材料等。

(3) 光学特性。石墨烯透明度高, 对于垂直入射的可见光的吸收率仅为 2.3%。多层石墨烯的透光性会随着层数的改变而改变, 由于受邻近层的扰动较少, 因此可以等效为多个单层石墨烯的叠加。

(4) 化学特性。由于石墨烯碳–碳键的长度仅为 0.142 nm, 常温条件下化学性能较稳定。其生物相容性强, 适合于构建生物材料; 氧化性强, 可以与活泼金属反应。除此之外, 石墨烯还可以吸附和脱附各种原子和分子。

(5) 电学特性。石墨烯具有很高的电子迁移率, 可达 10^5 cm²/(V·s), 大约是硅的 100 倍; 导电性能强, 电阻率仅为 10^{-6} Ω·cm。

石墨烯由于具备上述独特性质, 在电子器件及一些复合材料的设计中展现出优异的性能和应用潜力, 越来越被广大研究者关注。

6.4.2 石墨烯的表面电导率模型

物质的导电性可以追溯其微观现象。微观上, 载流子的移动产生导电性。宏观上, 衡量物质导电性能的标准量是电导率。电导率会随着频率的变化发生改变, 这主要归结于两方面原因: ①物质中的电子处于本身的价带中, 由于吸收光子中的能量足以产生能级跃迁, 由原来的价带上升到导带; ②原来的电子运动流向受到外界电磁波的干扰, 导致电子脱离轨道, 发生散射。

单层石墨烯的电磁特性可以由无限薄的复数表面电导率 $\sigma_s(\omega, \mu_c, \Gamma, T)$ 进行表征, 其中 $\omega = 2\pi f$ 为电磁波的角频率, μ_c 是石墨烯的化学势能 (费米能级), T 为环境温度 (K), $\Gamma = 1/(2\tau)$ 为散射率, 并且与能量无关 (τ 为弛豫时间), $\hbar = h/(2\pi)$ 是约化普朗克常量。根据久保公式 (Kubo formula), 可以得出石墨烯的电导率模型的结果:

$$\sigma = \frac{e^2(\omega + i2\Gamma)}{i\pi\hbar^2} \cdot \left[\frac{1}{(\omega + i2\Gamma)^2} \int_0^\infty \varepsilon \left(\frac{\partial f_d(\varepsilon)}{\partial \varepsilon} - \frac{\partial f_d(-\varepsilon)}{\partial \varepsilon} \right) d\varepsilon - \int_0^\infty \frac{f_d(\varepsilon) - f_d(-\varepsilon)}{(\omega + i2\Gamma)^2 - 4(\varepsilon/\hbar)^2} d\varepsilon \right]$$

(6-33)

式中，$f_d(\varepsilon)$——费米-狄拉克（Fermi-Dirac）分布函数，$f_d(\varepsilon) = (e^{(\varepsilon-\mu_c)/K_BT} + 1)^{-1}$，$K_B$ 为玻尔兹曼常量。

对于独立的单层石墨烯，化学势能 μ_c 主要受载流子密度 n_c 的影响而决定：

$$n_c = \frac{2}{\pi \hbar^2 v_F^2} \int_0^\infty \varepsilon [f_d(\varepsilon) - f_d(\varepsilon + 2\mu_c)] d\varepsilon \tag{6-34}$$

式中，v_F——费米速度，约为 10^6 m/s。

石墨烯载流子的浓度可以通过外加偏置电压或化学掺杂来进行控制。

石墨烯的电导率可以表示为上述两种电子跃迁作用的和，即 $\sigma = \sigma_{intra} + \sigma_{inter}$，$\sigma_{intra}$ 表示带内跃迁的贡献，σ_{inter} 则是带间跃迁。其中，石墨烯电子带内跃迁贡献部分可以简化如下：

$$\sigma_{intra}(\omega) = \frac{ie^2 K_B T}{\pi \hbar^2 (\omega + i\tau^{-1})} \left(\frac{\mu_c}{K_B T} + 2\ln e^{-\frac{\mu_c}{K_B T}+1} \right) \tag{6-35}$$

当 $K_B T \ll \mu_c$ 时，带间跃迁部分可以简化为

$$\begin{aligned}\sigma_{inter}(\omega) &= \frac{e^2 i(\omega + i\tau^{-1})}{4\pi K_B T} \times \int_0^\infty \frac{G(\xi)}{\hbar^2(\omega + i\tau^{-1})^2/(2K_B T)^2 - \xi^2} d\xi \\ &= \frac{e^2}{4\hbar} \left[1 + \frac{i}{\pi} \ln \frac{\hbar(\omega + i2\Gamma) - 2\mu_c}{\hbar(\omega + i2\Gamma) + 2\mu_c} \right] \end{aligned} \tag{6-36}$$

式中，$G(\xi) = \frac{\sinh \xi}{\cosh(\mu_c/(K_B T)) + \cosh \xi}$，$\xi = \frac{\varepsilon}{K_B T}$。

当所涉及的频率较低并满足 $\hbar\omega \ll 2\mu_c$ 条件时（如中红外波段太赫兹波段），电磁波带来的能量不足以激发电子产生能级间的跃迁，因此电导率主要考虑电子带内跃迁的因素，这时电导率可近似为类德鲁德模型（Drude model）：

$$\sigma_s(\omega) \approx \sigma_{intra} = \frac{2ie^2 K_B T}{\pi \hbar^2 (\omega + i\tau^{-1})} \ln\left(2\cosh \frac{\mu_c}{2K_B T}\right) = \frac{ie^2 \mu_c}{\pi \hbar^2 (\omega + i\tau^{-1})} \tag{6-37}$$

对于石墨烯的化学势能与载流子浓度关系式，可化简为

$$\mu_c = \sqrt{(\hbar v_F)^2 n_c \pi - (\pi K_B T)^2/3} \approx \hbar v_F \sqrt{n_c \pi} \tag{6-38}$$

改变载流子浓度的方式一般有化学掺杂、外加电压和掺入电解质，本章后续研究工作主要通过外加电压来控制石墨烯的调谐功能。外加电压 V_g 与石墨烯载流子密度 n_c 之间的关系式为

$$n_c = \varepsilon_0 \varepsilon_r V_g/(de) \tag{6-39}$$

式中，ε_r——石墨烯下介质的相对介电常数；

d——衬底的厚度。

由此，可以将石墨烯的化学势能表示为外加电压的函数：

$$\mu_c \approx \hbar v_F \left(V_g \frac{\varepsilon_0 \varepsilon_r}{de\pi}\right)^{1/2} \tag{6-40}$$

根据上述研究所得到的石墨烯电导率模型表达式，发现石墨烯的电导率与频率、弛豫时间、化学势能（费米能级）、温度有关，而化学势能可以通过外加电压进行控制。

6.4.3 石墨烯的制备方法

石墨烯材料的提出打开了二维原子晶体材料应用的大门，其具有的独特性质使得它拥有良好的发展前景和研究价值，但石墨烯实际应用的发展却受限于其制备方法的技术成熟程度。目前制备石墨烯的有效可行方法有 10 余种，且仍在不断地探究和扩充中，以满足不同

的工作需求，制备出不同形状和尺寸的石墨烯样品。通过对石墨烯制备方式和其各自品质成本之间的关系图示分析，发现基底类型材料品质等因素会影响石墨烯的性能等级，而制备工艺也会对这几种因素产生影响。常用的制备方式有机械剥离法、液相与热剥离法、化学气相沉淀法、碳化硅外延生长法等。

1. 机械剥离法

这是最早且应用较广的制备方法，主要是通过机械外力对多层的石墨烯进行剥离，这种方式常常把石墨烯附着在单晶硅或二氧化硅的表面，后续用超声刀切取厚度在 10 nm 左右的薄片。这种制备方法的优点是成本低、污染小且应用广泛，但也存在加工精度尺寸受限的缺点。

2. 液相与热剥离法

这种制备方法是指将石墨或膨胀石墨放到水或有机溶剂等具有表面张力的溶剂中，在热冲击或超声波振荡的作用下将石墨烯分裂，并静置获得一定浓度的单层与多层石墨烯悬浮液。然后，对悬浮液通过磁力搅拌机进行离心处理，分离出石墨烯碎片样品。

制作石墨烯氧化物也可以采用这种方法。首先，将石墨烯颗粒氧化。这一步要用到强酸或强氧化剂。然后，利用超声波振荡分离并用离心处理分离出混合液之后，用还原剂将表层石墨烯薄膜还原。这种制备方法可以生成较大面积的石墨烯（甚至可以吨计量生产），并可应用于很多方面，如石墨烯油墨和涂料在电子印刷、涂料隔离、超级电容器等领域得到广泛应用。

3. 化学气相沉积法

化学气相沉积法的原理是将含至少一种碳化合物的气态物质导入反应腔，通过化学反应生成石墨烯。例如，可以让石墨烯在铜或其他金属薄膜表面反应生成，然后将生成的石墨烯转移到其他介质表面。利用化学气相沉积法可以制备面积较大且厚度可控的石墨烯，还可以与半导体工艺相辅相成，这是目前广泛应用的工业化大规模制造石墨烯的方法。然而，其需要的转印过程需要较高的工艺和技术难度，故未来的发展突破方向应该是石墨烯在很多介质的表面都可以生长，这可以避免转印过程价格高昂的消耗，并有利于石墨烯晶体与其他材料的整合。

4. 碳化硅外延生长法

在高温且极高真空度的环境条件下，硅原子会升华，从原来的碳化硅（SiC）材料脱离出来，于是剩下的碳原子自组重构，便能够得到碳化硅衬底的石墨烯层。此方法能得到尺寸接近几百微米的高质量石墨烯，其主要局限是所需的温度极高、碳化硅成本高，且仅能利用这一种衬底。目前利用碳化硅制备的石墨烯可应用于短沟道晶体管、计量电阻标准。已有的研究证明，基于碳化硅制备的石墨烯样品在高温区域比常规 GaAs 异质结构具有的电阻精度要更高。

5. 其他制备石墨烯的方法

还有一些方法因成本过高，在未来几年内还不会被商业广泛应用，但也具有一定的特点和优势，有待进一步发展。例如：将碳纳米管用特殊方法切开，可以制备石墨烯纳米带，若想获得更复杂的结构，还可以运用化学自上而下驱动法；分子束外延法可以制备纯石墨烯；激光剥蚀技术甚至可以做到在任意表面制备石墨烯层。以上方法均由于成本较高而不能用于制备大面积的石墨烯材料。

6.4.4 石墨烯超材料最新研究进展

作为一种新型的晶格结构材料，石墨烯拥有载流子迁移率高、机械强度大、可调谐性能强等优点，在太赫兹领域有着巨大的应用潜力。各种基于石墨烯的太赫兹超材料，随着研究方法及加工工艺的成熟而日益涌现。

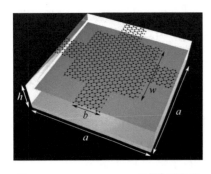

图 6-31 Andryieuski 等[82]设计的石墨烯吸波器

2013 年，Andryieuski 等[82]基于表面电导率理论，设计了基于石墨烯的吸波器（图 6-31），研究了石墨烯线性介质和渔网型复合结构的特性，并且对窄带吸波和宽带吸波的可调谐性做了分析验证。

2016 年，Yang 等[83]设计了图 6-32 所示的极化转换单元，选用开菱形槽隙的石墨烯贴片，介电常数为 2.1 的 ZnSe 介质基板和金地板。用门电路的方式给石墨烯层施加偏置电压，弛豫时间为 0.5 ps。小尺寸的单元结构对于大角度入射的电磁波能够表现出不错的极化转换效果，50°倾斜入射角度内极化转换器性能保持优良。最终，该结构在以 46.8 THz 频率为中心频率实现了 5%带宽的高极化转换率效果。在不同费米能级下，单元的工作频率和极化转换率都会发生变化，其原因在于石墨烯电导率的变化导致单元的谐振频率改变。

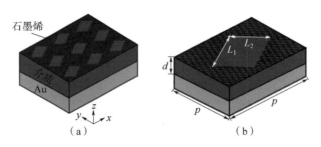

图 6-32 Yang 等[83]设计的石墨烯超材料极化转换器

2019 年，Zeng 等[84]设计了一款太赫兹频段基于石墨烯的可调谐超宽带线-圆极化超材料转换器（LCPC），如图 6-33 所示。该结构由两个 I 形金谐振器、一个镶嵌在金谐振器之间的条形石墨烯片、两段介质基板和一个底部金反射器构成。独立的石墨烯片使用一层旋涂离子凝胶或硅和氧化铝的混合层作为电极。通过改变石墨烯的费米能级，该 LCPC 可以在超宽带频率范围内将线极化波转换为圆极化波。当费米能级为 0.4 eV、0.6 eV、0.8 eV 和 1.0 eV 时，3 dB 轴比的带宽分别为 84.9%、83.5%、80.9%和 80.2%。该设计为实现可重构 LCPC 提供了一种新的有效途径，具有巨大的潜在应用价值。

2020 年，Guan 等[85]提出了一种介质-石墨烯极化转换超材料单元，如图 6-34 所示。该单元使用介质硅代替传统金属贴片谐振单元，通过介质谐振特性产生双折射率现象，将传统结构的金属地板用 10 层石墨烯替代。石墨烯的电导率会随着层数的增加而增加，使得单元能同时拥有不错的反射率。通过调控偏置电压改变石墨烯层的费米能级，石墨烯电导率的虚部会发生变化，因此石墨烯地板的反射相位补偿改变，导致入射波在不同偏置电压下的极化转换效果不一样，达到动态调谐的效果。

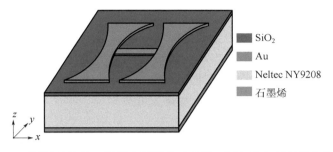

图 6-33 Zeng 等[84]设计的石墨烯可调谐超宽带线-圆极化超材料转换器（附彩图）

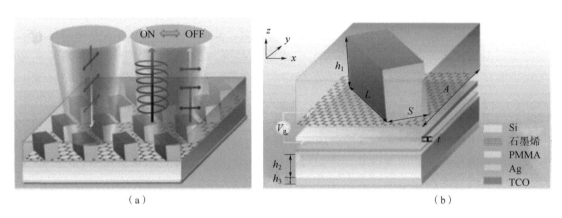

图 6-34 Guan 等[85]设计的介质-石墨烯极化转换超材料单元（附彩图）
(a) 超表面结构示意图；(b) 超表面单元结构示意图

2020 年，Xu 等[86]利用单层方形石墨烯环结构和 T 形石墨烯带的组合，模拟了一种具有近完美吸波的可调谐双频太赫兹超材料吸波器，如图 6-35 所示。通过周期性地将 4 条 T 形石墨烯条带加载到方形石墨烯环上，原有的谐振频率将发生红移，同时在更高的频率下产生新的谐振，实现双频吸收；通过改变石墨烯环和 T 形条带的几何参数，可以将这两个吸收峰调谐到需要的共振频率，也可以通过调整石墨烯的化学势能来控制吸波效果。此外，该吸波器具有极化不敏感和宽入射角的特性。该研究工作对于设计不同频带的石墨烯可调谐多波段吸波器具有很好的应用前景。

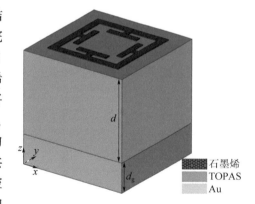

图 6-35 Xu 等[86]设计的单层方形石墨烯环超材料吸波器（附彩图）

6.4.5 集成石墨烯的太赫兹智能超表面

为减少太赫兹通信链路高损耗和低视线连通性的影响[87]，近年来，研究者提出利用可重构智能超表面（RIS）来动态传输和接收电磁波，实现波束成形[88]。集成有源器件使得由亚波长人工电磁结构二维周期排布形成的超表面具备主动调控电磁波的功能。RIS 对电磁波的主要调控功能包括波束偏转、波束分裂、极化变换、轨道角动量调控、幅度控制和相位控制等，旨在以智能方式重新配置无线环境，将在非视距通信场景中得到广泛应用，可以有效弥补无线通信中的一些不足，有利于实现无线信号的多用户覆盖。

受限于较低的截止频率和较高的损耗，传统有源器件难以高效率地工作于太赫兹波段。研究者们探索了集成肖特基二极管、互补金属氧化物半导体（CMOS）晶体管、光活性半导体材料、二氧化钒等可调谐器件和材料在太赫兹可重构超表面上的应用[89]。石墨烯作为一种新兴的二维晶格结构材料，拥有载流子迁移率高、机械强度大、可调谐性能强等优点，可以高效调节电磁波，具有巨大的应用潜力[90]。因为电磁特性可以通过改变化学势能来实现轻松调谐，石墨烯越来越多地被运用于衰减器、可调谐天线、吸波器等可重构射频器件的设计和制作中[91]。相位是电磁波的一个重要基本属性，是 RIS 实现波束调控和波束成形的核心参数。在集成石墨烯太赫兹智能超表面的研究方面，Miao 等[92]设计的具有栅极调控功能的反射型石墨烯超表面实现了 243°的动态相位调控范围，Zhang 等[93]提出的石墨烯－金属杂化超表面在 4.5 THz 实现了 295°的动态相位调控范围，但是这些成果都没有实现 360°的动态相位调控范围。

本节介绍一种集成石墨烯太赫兹智能超表面，其特点是能够实现更宽的动态相位调控范围（可达 360°），可以更灵活有效地调控太赫兹反射相位。更宽的动态相位调控范围是应对各种复杂波束成形需求的前提。基于所设计的超单元，本节将探究太赫兹波束成形 RIS 前端设计思路，实现对太赫兹电磁波的近场和远场波束调控。

智能超表面由二维周期排列的超单元构成。本节介绍的集成石墨烯太赫兹智能超表面及其超单元结构如图 6-36 所示。超单元沿着 x 轴和 y 轴周期分布，由高度为 h 的 TOPAS（环烯烃类共聚物）介质基板支撑。TOPAS（相对介电常数为 2.34，损耗角正切为 0.000 07）在太赫兹频段上能够保持稳定的介电常数，并且拥有较低的吸收损耗，是理想的太赫兹介质基板材料[94]。最上层是厚度为 t 的工字形金属谐振器，介质基板和工字形谐振器之间为石墨烯条带，最下层为金属地板。工字形谐振器和金属地板均为 Ag（电导率为 4.56×10^7 S/m）材质。超单元的具体结构参数如表 6-6 所示。该超表面可以采用先进微制造工艺进行加工制造。首先，在 SiO_2 衬底上沉积一层厚的金薄膜，在顶部旋涂 TOPAS；然后，通过湿法转移石墨烯层，并使用光刻和等离子体刻蚀技术对石墨烯进行蚀刻，得到条带结构；最后，使用光刻和剥离工艺对金结构进行图案化处理。

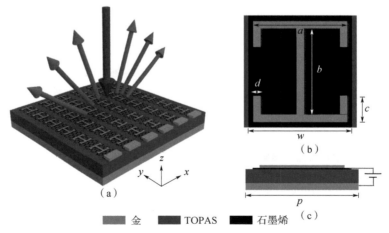

图 6-36 集成石墨烯太赫兹智能超表面及其超单元结构（附彩图）

表 6-6 集成石墨烯太赫兹智能超表面结构参数　　　　　　　　单位：μm

a	b	c	d	w	p	h	t
100	84	20	8	110	120	78	0.2

本书所设计的超表面的可重构特性源于选用的石墨烯材料导电特性可调。单层石墨烯的厚度很薄，仅为 0.35 nm。为了便于计算和分析，通常选用复电导率面模型表征。石墨烯的导电特性由载流子带内跃迁和带间跃迁共同产生，可以由久保公式来描述[95]：

$$\sigma_{\mathrm{g}} = \sigma_{\mathrm{intra}} + \sigma_{\mathrm{inter}} \tag{6-41}$$

$$\sigma_{\mathrm{intra}} = \frac{\mathrm{i}}{\omega + \mathrm{i}\tau^{-1}} \frac{e^2}{\pi \hbar^2} \cdot 2k_{\mathrm{B}} T \cdot \ln\left(2\cosh\frac{\mu}{2k_{\mathrm{B}}T}\right) \tag{6-42}$$

$$\sigma_{\mathrm{inter}} = \mathrm{i}\frac{e^2}{4\pi\hbar} \ln\frac{2|\mu| - (\hbar\omega + \mathrm{i}\tau^{-1})}{2|\mu| + (\hbar\omega + \mathrm{i}\tau^{-1})} \tag{6-43}$$

式中，ω——角频率；
　　　τ——弛豫时间；
　　　e——基本电荷电量；
　　　$\hbar$——约化普朗克常量；
　　　k_{B}——玻尔兹曼常量；
　　　T——温度；
　　　μ——化学势能。

根据泡利不相容原理，在红外线频率以下波段上，石墨烯的导电特性主要由带内跃迁产生。如果 $\mu \gg k_{\mathrm{B}}T$ 且 $\mu \gg \hbar\omega/2$，则式（6-43）可以继续简化为德鲁德模型：

$$\sigma_{\mathrm{s}} = \frac{\mathrm{i}e^2\mu}{\pi\hbar^2(\omega + \mathrm{i}\tau^{-1})} \tag{6-44}$$

石墨烯的化学势能由载流子密度 n_{s} 决定：

$$n_{\mathrm{s}} = \frac{2}{\pi\hbar^2 v_{\mathrm{f}}^2} \int_0^\infty \varepsilon [f_{\mathrm{d}}(\varepsilon - \mu) - f_{\mathrm{d}}(\varepsilon + \mu)] \partial\varepsilon \tag{6-45}$$

式中，ε——电子（空穴）的动力学能量；
　　　$f_{\mathrm{d}}(\varepsilon)$——费米-狄拉克分布函数；
　　　v_{f}——电子速度。

偏置电压 E_{bias} 对石墨烯载流子密度 n_{s} 的影响可描述为

$$n_{\mathrm{s}} = \frac{E_{\mathrm{bias}}\varepsilon_{\mathrm{r}}\varepsilon_0}{eh} \tag{6-46}$$

式中，ε_{r}——绝缘层的相对介电常数；
　　　ε_0——真空介电常数；
　　　h——绝缘层的厚度。

当施加于石墨烯的偏置电压改变时，载流子密度会随之发生变化，因此可以进一步推导出偏置电压 E_{bias} 和化学势能 μ 之间的关系：

$$\frac{\varepsilon_{\mathrm{r}}\varepsilon_0 \pi\hbar^2 v_{\mathrm{f}}^2}{2eh} E_{\mathrm{bias}} = \int_0^\infty \varepsilon[f_{\mathrm{d}}(\varepsilon - \mu) - f_{\mathrm{d}}(\varepsilon + \mu)]\partial\varepsilon \tag{6-47}$$

如图 6-36（a）所示，沿着 y 轴方向延伸的石墨烯条带将超单元分成了一排排子阵。石墨烯条带的宽度为 w。在石墨烯条带的末端设置一系列独立的金属电极，并在金属电极和地板之间构造偏置电路。当对每一列超单元施加不同的栅极电压 $V_i(i=1,2,\cdots)$ 时，同一列中石墨烯的化学势能将同时被对应调整[96]。选用条带形石墨烯可以有效减小相邻超单元子阵之间的耦合。

6.4.6 仿真结果与分析

使用 CST 微波工作室的频域求解器，对本章提出的集成石墨烯太赫兹智能超单元的反射幅度和相位进行仿真计算。激励为沿 $-z$ 轴方向垂直入射的 y 轴方向线极化电磁波。在仿真过程中，超单元的 x 和 y 方向均设置为单元边界，以模拟二维周期排布的情形。石墨烯的弛豫时间设置为 1 ps，温度为 293 K，化学势能范围为 0～0.6 eV。

图 6-37 描绘了不同化学势能条件下，超单元在 0.5～1.5 THz 频段上的反射幅度和反射相位。如图 6-37（a）所示，当化学势能为 0 时，0.85 THz 和 1.3 THz 附近超单元的反射幅度较低。这说明超单元在这两个频点上对电磁波的吸收能力较强，并产生了谐振。随着化学势能提高，低频点处的吸收峰发生蓝移，吸收带宽变窄，吸收峰值变高，高频点处的吸收峰逐渐消失。超单元的谐振特性会对反射相位特性产生影响，反射幅度的变化趋势同样体现在反射相位上。由图 6-37（b）可知，当化学势能为 0 时，反射相位在 0.85 THz 附近发生接近 360°的陡峭变化，在 1.3 THz 附近发生微扰。随着化学势能的提高，低频点处相位陡峭变化的范围缩小，斜率变大，并发生蓝移，同时高频处的相位扰动消失。超单元的谐振频点不断偏移，使得 1 THz 频点处反射相位经历了接近 360°的非线性变化。

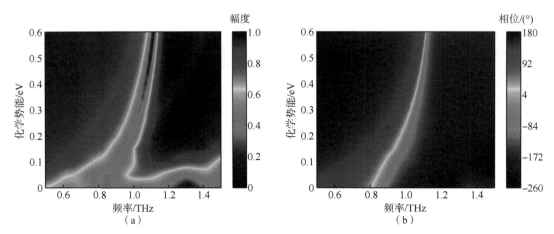

图 6-37 超单元反射特性热力图（附彩图）
(a) 反射幅度；(b) 反射相位

图 6-38（a）对比了 1 THz 频点处，传统石墨烯条带和本章提出的集成石墨烯太赫兹智能超单元在化学势能 0～0.6 eV 变化区间归一化的相位变化特性。传统石墨烯条带的反射相位变化范围为 0°～251°。复合金属谐振器的集成石墨烯超单元的反射相位变化范围为 0°～360°，相位变化范围相较于前者拓宽了 43%。图 6-38（b）（c）展示了石墨烯复合金属超表面 xoz 横截面的电场分布，相邻的超单元之间产生了较强的局部电场。

图6-38（d）（e）表明石墨烯条带超表面的电场主要集中在石墨烯层和地板之间。石墨烯复合金属超表面中的工字形谐振器引入了新的金属谐振模式，使超表面反射相位的变化范围得到展宽。

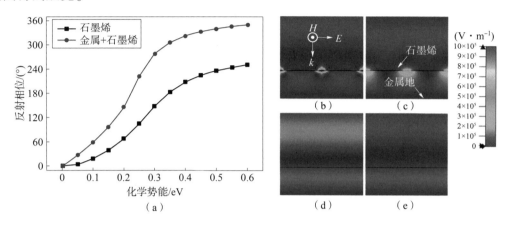

图6-38 超单元在1 THz频点的反射相位及电场分布

RIS的总辐射场可以看作构成它的超单元的辐射场总和。因此，对每个单元的散射特性进行独立控制，便可以实现对波束的自由调控，即波束成形。常见超表面波束调控原理包括异常反射原理、编码超材料原理等。

1. 太赫兹波近场调控

异常反射原理由哈佛大学的Capasso教授团队于2011年在 *Science* 期刊上提出[97]。在媒质分界面利用金属平面谐振器可实现电磁波的相位跳变，从而突破传统光学元件依靠光程差积累逐渐相位变化的设计框架限制。相位的不连续性为电磁波的波束设计提供了极大的灵活性。在媒质分界面上引入呈线性变化的传播相位，能够实现对电磁波束前进方向的控制。相位梯度和角度偏转之间存在的对应关系可以用广义斯涅尔定律来描述：

$$n_r \sin\theta_r - n_i \sin\theta_i = \frac{\lambda_0}{2\pi} \frac{d\varphi}{dx} \tag{6-48}$$

式中，θ_i, θ_r——反射角和入射角（与超表面法线方向的夹角）；

n_i, n_r——入射面、反射面介质的折射率；

$d\varphi/dx$——单位长度上反射相位的变化；

λ_0——工作频率上电磁波对应的真空中的波长。

如果以等相位周期的排布方式形成梯度相位超表面，一旦周期长度确定，就可以根据下式计算反射角度：

$$\theta_r = \arcsin\frac{\lambda_0}{L} \tag{6-49}$$

式中，L——一个反射相位变化周期（360°）对应超单元的排布长度。

在实际过程中，L不能小于波长，否则会产生表面波。由于超表面由具有离散反射相位的超单元构成，因此$L=np$。其中，p表示单元的晶格长度，n表示一个反射相位变化周期对应的单元个数。

由式（6-49）反推，根据所需的反射角度，可以计算超单元反射相位梯度（相邻单元反射相位差）：

$$\Delta\varphi = \frac{2\pi p}{\lambda_0}\sin\theta_r \qquad (6-50)$$

例如，在 1 THz 频点处，当反射波发生 10°、20°和 30°的近场波束偏转时，对应的相位梯度可以由式（6-50）计算得出，约为 25°、50°、72°。如果沿着 x 轴方向，将超材料子阵顺序标号，则根据图 6-37（b）所示的化学势能与超单元反射相位的对应关系，可以得到不同编号子阵对应的需要设置的化学势能，如图 6-39 所示。需要注意的是，图 6-39 仅给出一个反射相位变化周期内超表面子阵的化学势能设置情况。

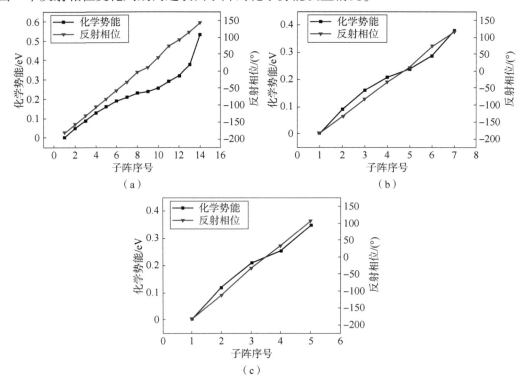

图 6-39　不同偏转角度需求下智能超表面化学势能的设置情况
（a）偏转角度为 10°；（b）偏转角度为 20°；（c）偏转角度为 30°

按照计算得出的化学势能排布顺序，可实现 28×28 规模的超表面构建。激励设置为沿 $-z$ 轴方向入射的 y 方向线极化平面波，y 极化反射波的近场电场瞬时值可通过仿真获得。仿真结果如图 6-40 所示。反射波的等相位面分别发生 9.8°、19.5°和 30.1°的偏转，与理论值相符。反射波之所以为非均匀平面波，是因为随着化学势能的改变，在反射相位发生变化的同时，反射幅度也发生了变化。

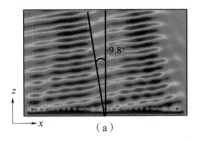 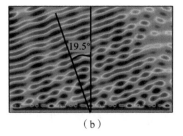 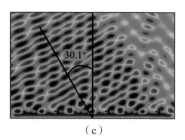

图 6-40　反射波的近场电场瞬时值

近场波束偏转可以有效解决非视距通信发生的信号衰减问题。多个可重构智能超表面相互配合，将使得空间电磁环境的调控自由度变得更大。

2. 基于 1 bit 编码原理的太赫兹波远场调控

编码超材料的概念由崔铁军院士于 2014 年首次提出[98]，即将超材料的散射特性离散化，进而实现超材料的数字编码表征。超材料的数字编码表征能有效建立超材料物理世界和数字世界之间的桥梁。由于超单元结构的亚波长特性，超材料可以由连续的等效媒质参数来描述。类比于电路，具有连续媒质参数的超材料可以称为模拟超材料。模拟超材料的缺点在于当系统结构变得复杂时，分析和设计难度会变得很大。用数字编码的思路来表征超材料的电磁特性，和通过改变数字编码的空间排布来控制电磁波，有利于后续与可编程器件（FPGA）的结合。

编码超表面的远场调控原理可以用天线阵列原理来解释。对于垂直入射的平面电磁波，超表面（包含 $M \times N$ 个单元）的散射场远场函数为

$$f(\theta,\varphi) = f_e(\theta,\varphi) \sum_{m=1}^{M} \sum_{n=1}^{N} \exp\left\{-i\left\{\psi(m,n) + KD\sin\theta\left[\left(m-\frac{1}{2}\right)\cos\varphi + \left(n-\frac{1}{2}\right)\sin\varphi\right]\right\}\right\}$$

(6-51)

式中，θ——俯仰角；

φ——方位角；

$f_e(\theta,\varphi)$——反射幅度（假设每个单元的反射幅度相等）；

$\psi(m,n)$——每个单元的反射相位；

D——单元间距；

K——相位常数。

反射相位相差为 180°的两种超单元（以数字"0"和"1"表示）通过编码构成阵面。该类超表面称为 1 bit 编码超表面。数字编码"0"和"1"的排列组合方式有 2^N 种，理论上可以实现 2^N 种散射方向图。在此将化学势能分别为 0.15 eV 和 0.33 eV 条件下的本章所设计的超单元映射为数字编码"0"和"1"。图 6-41 所示为 1 bit 编码超单元的反射特性曲线。其中，1 THz 频点处编码 0 和编码 1 的单元反射相位相差 182°，反射幅度接近，分别为 0.61 和 0.6。

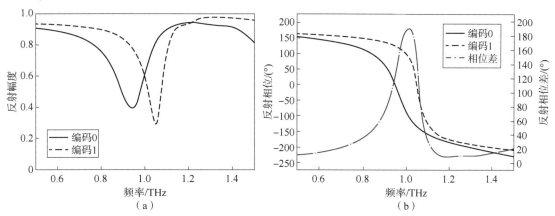

图 6-41 1 bit 编码超单元的反射特性曲线

(a) 反射幅度；(b) 反射相位

4组超表面子阵可以组成更大的子阵。对此按照000000、010101和001011的编码方式设置化学势能,并构成24×24规模的超表面。仿真得到1 THz频点超表面的远场散射方向图,如图6-42所示。其中,000000对应的阵面实现了单波束反射,010101对应的阵面实现了双波束反射,001011对应的阵面实现了四波束反射。

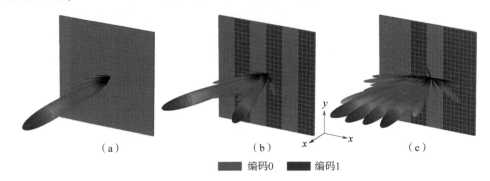

图6-42 编码超表面排布方式及散射远场图（附彩图）
(a) 单波束反射超表面; (b) 双波束反射超表面; (c) 四波束反射超表面

基于编码超材料思想的远场波束分裂有利于实现空间维度上多用户接入。实际实现中,通常提前将不同电磁响应的编码序列存储于控制单元。通过加载切换序列,可完成多种不同功能的切换。

参 考 文 献

[1] PAN W, YU X, ZHANG J, et al. A broadband terahertz metamaterial absorber based on two circular split rings[J]. IEEE journal of quantum electronics, 2017, 53(1): 1-6.

[2] BEEHARRY T, YAHIAOUI R, SELEMANI K, et al. A dual layer broadband radar absorber to minimize electromagnetic interference in radomes[J]. Scientific reports, 2018, 8(1): 382.

[3] ZHANG Y, DUAN J, ZHANG B, et al. A flexible metamaterial absorber with four bands and two resonators[J]. Journal of alloys and compounds, 2017, 705: 262-268.

[4] TAO H, LANDY N I, BINGHAM C M, et al. A metamaterial absorber for the terahertz regime: design, fabrication and characterization[J]. Optics express, 2008, 16(10): 7181.

[5] LI M, YI Z, LUO Y, et al. A novel integrated switchable absorber and radiator[J]. IEEE transactions on antennas and propagation, 2016, 64(3): 944-952.

[6] MA Y, CHEN Q, GRANT J, et al. A terahertz polarization insensitive dual band metamaterial absorber[J]. Optics letters, 2011, 36(6): 945.

[7] LI L, YANG Y, LIANG C. A wide-angle polarization-insensitive ultra-thin metamaterial absorber with three resonant modes[J]. Journal of applied physics, 2011, 110(6): 063702.

[8] WANG J, TAN P, LI S, et al. Active polarization-independent plasmon-induced transparency metasurface with suppressed magnetic attenuation[J]. Optics express, 2021, 29(10): 15541.

[9] SUN J, LIU L, DONG G, et al. An extremely broad band metamaterial absorber based on destructive interference[J]. Optics express, 2011, 19(22): 21155.

[10] LIM D, LEE D, LIM S. Angle – and polarization – insensitive metamaterial absorber using via array[J]. Scientific reports, 2016, 6(1): 39686.

[11] CHEN H T, ZHOU J, O'HARA J F, et al. Antireflection coating using metamaterials and identification of its mechanism[J]. Physical review letters, 2010, 105(7): 073901.

[12] XU J, FAN Y, SU X, et al. Broadband and wide angle microwave absorption with optically transparent metamaterial[J]. Optical materials, 2021, 113: 110852.

[13] ZHANG C, CHENG Q, YANG J, et al. Broadband metamaterial for optical transparency and microwave absorption[J]. Applied physics letters, 2017, 110(14): 143511.

[14] AYDIN K, FERRY V E, BRIGGS R M, et al. Broadband polarization – independent resonant light absorption using ultrathin plasmonic super absorbers[J]. Nature communications, 2011, 2(1): 517.

[15] MISHRA S, F, PAVLASEK T. Design of absorber – lined chambers for EMC measurements using a geometrical optics approach[J]. IEEE transactions on electromagnetic compatibility, 1984, EMC – 26(3): 111 – 119.

[16] SHAHZAD F, ALHABEB M, HATTER C B, et al. Electromagnetic interference shielding with 2D transition metal carbides (MXenes)[J]. Science, 2016, 353(6304): 1137 – 1140.

[17] LI W, JIN H, ZENG Z, et al. Flexible and easy – to – tune broadband electromagnetic wave absorber based on carbon resistive film sandwiched by silicon rubber/multi – walled carbon nanotube composites[J]. Carbon, 2017, 121: 544 – 551.

[18] ZHANG Y, DONG H, MOU N, et al. High – performance broadband electromagnetic interference shielding optical window based on a metamaterial absorber[J]. Optics express, 2020, 28(18): 26836.

[19] YOO Y J, JU S, PARK S Y, et al. Metamaterial absorber for electromagnetic waves in periodic water droplets[J]. Scientific reports, 2015, 5(1): 14018.

[20] BENNETT J C, SMITH F C, CHAMBERS B. Methodology for accurate free – space characterisation of radar absorbing materials[J]. IEE proceedings: science, measurement and technology, 1994, 141(6): 538 – 546.

[21] MULLA B, SABAH C. Multiband metamaterial absorber design based on plasmonic resonances for solar energy harvesting[J]. Plasmonics, 2016, 11(5): 1313 – 1321.

[22] WANG N, TONG J, ZHOU W, et al. Novel quadruple – band microwave metamaterial absorber[J]. IEEE photonics journal, 2015, 7(1): 1 – 6.

[23] FIROUZFAR A, AFSAHI M, OROUJI A A. Novel synthesis formulas to design square patch frequency selective surface absorber based on equivalent circuit model[J]. International journal of RF and microwave computer – aided engineering, 2019, 29(6): e21680.

[24] ZHOU Q, YIN X, YE F, et al. Optically transparent and flexible broadband microwave metamaterial absorber with sandwich structure[J]. Applied physics A, 2019, 125(2): 131.

[25] HU D, CAO J, LI W, et al. Optically transparent broadband microwave absorption metamaterial

by standing-up closed-ring resonators[J]. Advanced optical materials, 2017, 5(13): 1700109.

[26] LANDY N I, SAJUYIGBE S, MOCK J J, et al. Perfect metamaterial absorber[J]. Physical review letters, 2008, 100(20):207402.

[27] GRANT J, MA Y, SAHA S, et al. Polarization insensitive, broadband terahertz metamaterial absorber[J]. Optics letters, 2011, 36(17):3476.

[28] WANG B X, WANG G Z, ZHAI X, et al. Polarization tunable terahertz metamaterial absorber[J]. IEEE photonics journal, 2015, 7(4):1-7.

[29] DENG R, LI M, MUNEER B, et al. Theoretical analysis and design of ultrathin broadband optically transparent microwave metamaterial absorbers[J]. Materials, 2018, 11(1):107.

[30] JANG T, YOUN H, SHIN Y J, et al. Transparent and flexible polarization-independent microwave broadband absorber[J]. ACS photonics, 2014, 1(3):279-284.

[31] JIANG H, YANG W, LEI S, et al. Transparent and ultra-wideband metamaterial absorber using coupled hexagonal combined elements[J]. Optics express, 2021, 29(18):29439.

[32] SHEN Y, ZHANG J, PANG Y, et al. Transparent broadband metamaterial absorber enhanced by water-substrate incorporation[J]. Optics express, 2018, 26(12):15665.

[33] LI H, DONG H, ZHANG Y, et al. Transparent ultra-wideband double-resonance-layer metamaterial absorber designed by a semiempirical optimization method[J]. Optics express, 2021, 29(12):18446.

[34] ZHANG C, YANG J, CAO W, et al. Transparently curved metamaterial with broadband millimeter wave absorption[J]. Photonics research, 2019, 7(4):478.

[35] BHATTACHARYYA S, GHOSH S, SRIVASTAVA K V. Triple band polarization-independent metamaterial absorber with bandwidth enhancement at X-band[J]. Journal of applied physics, 2013, 114(9):094514.

[36] HUANG X, YANG H, YU S, et al. Triple-band polarization-insensitive wide-angle ultra-thin planar spiral metamaterial absorber[J]. Journal of applied physics, 2013, 113(21):213516.

[37] NOURBAKHSH M, ZAREIAN-JAHROMI E, BASIRIR. Ultra-wideband terahertz metamaterial absorber based on snowflake Koch fractal dielectric loaded graphene[J]. Optics express, 2019, 27(23):32958-32969.

[38] ZHAO J, CHENG Y. Ultrabroadband microwave metamaterial absorber based on electric SRR loaded with lumped resistors[J]. Journal of electronic materials, 2016, 45(10):5033-5039.

[39] KNOTT E F, SHAEFFER J F, TULEY M T. Radar cross section[M]. Boston: Artech House, 1993.

[40] GRADY N K, HEYES J E, CHOWDHURY D R, et al. Terahertz metamaterials for linear polarization conversion and anomalous refraction[J]. Science, 2013, 340(6138):1304-1307.

[41] WEN X, ZHENG J. Broadband THz reflective polarization rotator by multiple plasmon

resonances[J]. Optics express,2014,22(23):28292.

[42] CHENG Y Z,WITHAYACHUMNANKUL W,UPADHYAY A,et al. Ultrabroadband reflective polarization convertor for terahertz waves[J]. Applied physics letters,2014,105(18):181111.

[43] ZHANG Z,LUO J,SONG M,et al. Large-area,broadband and high-efficiency near-infrared linear polarization manipulating metasurface fabricated by orthogonal interference lithography[J]. Applied physics letters,2015,107(24):241904.

[44] SONG Z,ZHU J,ZHU C,et al. Broadband cross polarization converter with unity efficiency for terahertz waves based on anisotropic dielectric meta-reflectarrays[J]. Materials letters,2015,159:269-272.

[45] 王维,夏云,官建国,等.一种叶片型太赫兹波宽带线极化器:201510230533.3[P]. 2015-07-29.

[46] XIA R,JING X,GUI X,et al. Broadband terahertz half-wave plate based on anisotropic polarization conversion metamaterials[J]. Optical materials express,2017,7(3):977.

[47] 李永花,周璐,赵国忠.基于各向异性超表面的太赫兹宽带偏振转换器[J]. 中国激光,2018,45(3):0314001.

[48] 周璐,赵国忠,李永花.基于L形超材料的太赫兹宽带偏振转换器[J]. 激光与光电子学进展,2018,55(4):041602.

[49] 付亚男,张新群,赵国忠,等.基于谐振环的太赫兹宽带偏振转换器件研究[J]. 物理学报,2017,66(18):180701.

[50] ZHOU C,LI J S. Polarization conversion metasurface in terahertz region[J]. Chinese physics B,2020,29(7):078706.

[51] CHIANG Y J,YEN T J. A composite-metamaterial-based terahertz-wave polarization rotator with an ultrathin thickness,an excellent conversion ratio,and enhanced transmission [J]. Applied physics letters,2013,102(1):011129.

[52] MA X,XIAO Z,LIU D,et al. Dispersionless optical activity based on novel windmill-shaped chiral metamaterial[J]. Modern physics letters B,2016,30(04):1650033.

[53] CONG L,CAO W,ZHANG X,et al. A perfect metamaterial polarization rotator[J]. Applied physics letters,2013,103(17):171107.

[54] CHENG Y,GONG R,WU L. Ultra-broadband linear polarization conversion via diode-like asymmetric transmission with composite metamaterial for terahertz waves[J]. Plasmonics,2017,12(4):1113-1120.

[55] CHENG Z,CHENG Y. A multi-functional polarization convertor based on chiral metamaterial for terahertz waves[J]. Optics communications,2019,435:178-182.

[56] LV T,CHEN X,DONG G,et al. Dual-band dichroic asymmetric transmission of linearly polarized waves in terahertz chiral metamaterial[J]. Nanophotonics,2020,9(10):3235-3242.

[57] LUO S,LI B,YU A,et al. Broadband tunable terahertz polarization converter based on graphene metamaterial[J]. Optics communications,2018,413:184-189.

[58] YADAV V S,GHOSH S K,DAS S,et al. Wideband tunable mid-infrared cross-polarisation converter using monolayered graphene-based metasurface over a wide angle of incidence[J].

IET microwaves, antennas & propagation, 2019, 13(1):82-87.

[59] ZHANG Y, FENG Y, JIANG T, et al. Tunable broadband polarization rotator in terahertz frequency based on graphene metamaterial[J]. Carbon, 2018, 133:170-175.

[60] GUAN S, CHENG J, CHEN T, et al. Widely tunable polarization conversion in low-doped graphene-dielectric metasurfaces based on phase compensation[J]. Optics letters, 2020, 45(7):1742-1745.

[61] ALLEN L, BEIJERSBERGEN M W, SPREEUW R J C, et al. Orbital angular momentum of light and the transformation of Laguerre-Gaussian laser modes[J]. Physical review A, 1992, 45(11):8185-8189.

[62] 曾军,陈亚红,刘显龙,等. 部分相干涡旋光束研究进展[J]. 光学学报,2019,39(1):70-93.

[63] 罗蒙. 一种产生涡旋光束的勾型阵列超表面结构设计[J]. 激光与光电子学进展,2021,58(1):52-157.

[64] UCHIDA M, TONOMURA A. Generation of electron beams carrying orbital angular momentum[J]. Nature, 2010, 464(7289):737-739.

[65] OSTROVSKY A S, RICKENSTORFF-PARRAO C, ARRIZÓN V. Generation of the "perfect" optical vortex using a liquid-crystal spatial light modulator[J]. Optics letters, 2013, 38(4):534.

[66] MIRHOSSEINI M, MAGAÑA-LOAIZA O S, CHEN C, et al. Rapid generation of light beams carrying orbital angular momentum[J]. Optics express, 2013, 21(25):30196.

[67] YU N, GENEVET P, KATS M A, et al. Light propagation with phase discontinuities: generalized laws of reflection and refraction[J]. Science, 2011, 334(6054):333-337.

[68] HE J, WANG X, HU D, et al. Generation and evolution of the terahertz vortex beam[J]. Optics express, 2013, 21(17):20230.

[69] ZHAO H, QUAN B, WANG X, et al. Demonstration of orbital angular momentum multiplexing and demultiplexing based on a metasurface in the terahertz band[J]. ACS photonics, 2018, 5(5):1726-1732.

[70] ZHANG L, LI J S. Vortex beam generator working in terahertz region based on transmissive metasurfaces[J]. Optik, 2021, 243:167452.

[71] LI J S, CHEN J Z. Multi-beam and multi-mode orbital angular momentum by utilizing a single metasurface[J]. Optics express, 2021, 29(17):27332.

[72] WANG L, YANG Y, LI S, et al. Terahertz reconfigurable metasurface for dynamic non-diffractive orbital angular momentum beams using vanadium dioxide[J]. IEEE photonics journal, 2020, 12(3):1-12.

[73] BERRY M V. Quantal phase factors accompanying adiabatic changes[J]. Proceedings of the Royal Society of London: mathematical and physical sciences, 1984, 392(1802):45-57.

[74] SICHAK W, LEVINE D. Microwave high-speed continuous phase shifter[J]. Proceedings of the IRE, 1955, 43(11):1661-1663.

[75] PANCHARATNAM S. Generalized theory of interference, and its applications[J]. Resonance, 2013,18(4):387-389.

[76] 李国强,施宏宇,刘康,等. 基于超表面的多波束多模态太赫兹涡旋波产生[J]. 物理学报,2021,70(18):359-365.

[77] 郭姣艳,李文宇,孙然,等. 基于双箭头超表面宽带太赫兹涡旋光束的产生[J]. 中国激光,2021,48(20):194-200.

[78] CHEN J Z, LI J S. Reflected metasurface carrying orbital angular momentum for a vortex beam in the terahertz region[J]. Laser physics,2021,31(12):126204.

[79] ZHANG C, DENG L, ZHU J, et al. Control of the spin angular momentum and orbital angular momentum of a reflected wave by multifunctional graphene metasurfaces[J]. Materials,2018, 11(7):1054.

[80] WANG Y, WANG H, SU R, et al. Flexible bilayer terahertz metasurface for the manipulation of orbital angular momentum states[J]. Optics express,2021,29(21):33445.

[81] LI J S, ZHANG L N. Simple terahertz vortex beam generator based on reflective metasurfaces[J]. Optics express,2020,28(24):36403.

[82] ANDRYIEUSKI A, LAVRINENKO A V. Graphene metamaterials based tunable terahertz absorber: effective surface conductivity approach[J]. Optics express,2013,21(7):9144.

[83] YANG C, LUO Y, GUO J, et al. Wideband tunable mid-infrared cross polarization converter using rectangle-shape perforated graphene[J]. Optics express,2016,24(15):16913.

[84] ZENG L, HUANG T, LIU G B, et al. A tunable ultra-broadband linear-to-circular polarization converter containing the graphene[J]. Optics communications,2019,436:7-13.

[85] GUAN S, CHENG J R, CHEN T. Widely tunable polarization conversion in low-doped graphene dielectric metasurfaces based on phase compensation[J]. Optics letters,2020,45(7):8-12.

[86] XU K D, LI J, ZHANG A, et al. Tunable multi-band terahertz absorber using a single-layer square graphene ring structure with T-shaped graphene strips[J]. Optics express,2020,28(8):11482.

[87] LIU K, JIA S, WANG S, et al. 100 Gbit/s THz photonic wireless transmission in the 350 GHz band with extended reach[J]. IEEE photonics technology letters,2018,30(11):1064-1067.

[88] LI L L, CUI T J, JI W, et al. Electromagnetic reprogrammable coding-metasurface holograms[J]. Nature communications,2017,8(1):197.

[89] YANG F, PITCHAPPA P, WANG N. Terahertz reconfigurable intelligent surfaces (RISs) for 6G communication links[J]. Micromachines,2022,13(2):285.

[90] ZHU W, RUKHLENKO I D, SI L M, et al. Graphene-enabled tunability of optical fishnet metamaterial[J]. Applied physics letters,2013,102(12):121911.

[91] RYZHII V, OTSUJI T, SHUR M. Graphene based plasma-wave devices for terahertz applications[J]. Applied physics letters,2020,116(14):140501.

[92] MIAO Z, WU Q, LI X, et al. Widely tunable terahertz phase modulation with gate-controlled graphene metasurfaces[J]. Physical review X,2015,5(4):041027.

[93] ZHANG Z, YAN X, LIANG L, et al. The novel hybrid metal – graphene metasurfaces for broadband focusing and beam – steering in farfield at the terahertz frequencies[J]. Carbon, 2018, 132:529 – 538.

[94] ZHANG Y, FENG Y, ZHAO J. Graphene – enabled tunable multifunctional metamaterial for dynamical polarization manipulation of broadband terahertz wave[J]. Carbon, 2020, 163: 244 – 252.

[95] HANSON G W. Dyadic Green's functions and guided surface waves for a surface conductivity model of graphene[J]. Journal of applied physics, 2008, 103(6):064302.

[96] WANG Y, WANG Y, YANG G, et al. All – solid – state optical phased arrays of mid – infrared based graphene – metal hybrid metasurfaces[J]. Nanomaterials, 2021, 11(6):1552.

[97] YU N, GENEVET P, KATS M A, et al. Light propagation with phase discontinuities: generalized laws of reflection and refraction[J]. Science, 2011, 334(6054):333 – 337.

[98] CUI T J, QI M Q, WAN X, et al. Coding metamaterials, digital metamaterials and programmable metamaterials[J]. Light: science & applications, 2014, 3(10):e218.

第 7 章
微纳集成工艺在太赫兹器件制备中的应用

太赫兹集成电路可实现太赫兹信号的产生、放大、选择、混频和滤波等一系列重要功能,是小型化高性能太赫兹系统的关键组成部分。近年来,随着硅基工艺的不断进步,工艺的特征尺寸逐渐缩小,并被应用于低频段太赫兹器件的制作中,具有成本低、集成度高和易于量产等优点。与此同时,传统毫米波频段单片集成电路常用的化合物(如砷化镓、磷化铟等)半导体工艺随着技术的进步,也在太赫兹器件的制备领域得到了巨大的发展,器件的截止频率不断提高;并且,相较于硅基工艺,由于材料电子迁移率更高,其在太赫兹更高的频段拥有巨大的应用潜力。本章将围绕硅基 CMOS 工艺、硅基 MEMS 工艺及 Ⅲ - Ⅴ 族化合物半导体在太赫兹器件制备中的应用展开介绍。

7.1 太赫兹硅基 CMOS 工艺

硅基互补型金属氧化物半导体(complementary mental oxide semiconductor,CMOS)工艺是集成电路技术发展的基础。随着技术快速发展,CMOS 工艺尺寸按照摩尔定律不断缩小。由于尺寸不断缩小,单位面积集成芯片上的半导体晶体管数量将不断增长。CMOS 工艺尺寸的进步对于集成电路加强集成、降低功耗、提高运算效率有着非常重要的意义。

CMOS 工艺一直向更小线宽、更快速的方向发展。近年来,随着 CMOS 技术的不断发展,器件尺寸不断按比例缩小,MOSFET 器件的速度大大提高,逐渐克服了电路工作慢的缺点,截止频率也逐渐接近太赫兹频段。此外,该工艺具有功耗小、成本低、成品率高的优点,适合大规模生产。因此,采用 CMOS 工艺可以实现高集成、大规模的小型便携太赫兹成像设备,而且制造成本低,有利于市场化推广。

7.1.1 CMOS 工艺简介

1963 年,仙童半导体公司的 Frank Wanlass 在 PMOS 和 NMOS 工艺基础上发明了 CMOS 电路。CMOS 中的 C 表示"互补",指在同一块衬底上同时实现 PMOS 和 NMOS 器件的制作。1968 年,美国无线电公司的研究团队成功研制出世界上第一个 CMOS 集成电路。早期的 CMOS 元件虽然功耗很低,但是工作速度缓慢,只能用于一些低功耗场合,如电子手表等。如今,CMOS 工艺已经成为集成电路设计中的一种常用工艺。无论是面积、速度、功耗,还是制作成本,CMOS 都比双极型晶体管(bipolar junction transistor,BJT)有优势。

CMOS 的互补结构具有很好的数字特性,因此最早被应用于数字电路。在大多数的高频电路应用中，BJT 占据了主导地位。微波频段的集成电路常常采用工作频率较高的 InP 和 GaAs 工艺。随着硅基 CMOS 工艺的特征尺寸不断减小，CMOS 工艺应用频段也不断提高，出现了以 CMOS 射频集成电路为主要应用的行业。如今，7 nm 和 5 nm 制程的 CMOS 工艺已经走向应用，更先进的工艺正在开发之中。

在介绍 CMOS 结构之前，先介绍 MOS 晶体管的基本结构。如图 7-1 所示，MOS 晶体管可分为 N 沟道和 P 沟道两大类。NMOS 在掺杂浓度较低的 P 型衬底中制备，具有重掺杂的源极和漏极；PMOS 则在重掺杂的衬底中制备，具有掺杂浓度的源极和漏极。中间凸起的部分表示栅极，一般由导电的多晶硅构成（早期的栅极用金属制作）。衬底和栅极之间是一层薄薄的 SiO_2。

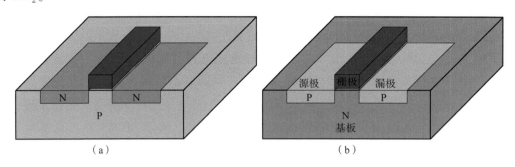

图 7-1　MOS 晶体管的横截面

(a) NMOS 晶体管；(b) PMOS 晶体管

在 CMOS 工艺中，同一片晶圆上可以同时存在 NMOS 和 PMOS。这样的技术可以给电路设计带来极大的便利。实现 CMOS 需要将一种 MOS 晶体管做在衬底上，而将另一种 MOS 晶体管在高于衬底浓度的阱上。根据导电类型，CMOS 可以分为 P 阱 CMOS、N 阱 CMOS、双阱 CMOS。图 7-2 所示为一种 N 阱 CMOS 晶体管。

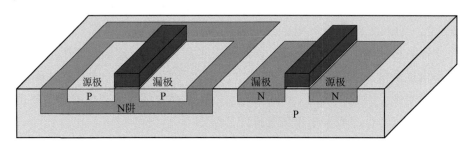

图 7-2　N 阱 CMOS 晶体管

与 MOS 晶体管和 BJT 晶体管相比，CMOS 晶体管的主要优势是功耗低。CMOS 晶体管几乎没有静态功耗，非常有利于集成。

7.1.2　CMOS 工艺流程

CMOS 工艺包含约 20 个基本步骤，接下来以 N 阱 CMOS 的制作为例进行介绍。

1) 衬底选择

对于 N 阱 CMOS，选择 P 型硅衬底，如图 7-3 所示。

2）氧化

N 型杂质的选择性扩散是通过将 SiO$_2$ 作为屏障来实现的，该屏障保护晶圆的某些部分免受基板的污染。在 1 000 ℃ 的氧化室中，将衬底暴露于高质量氧气和氢气间，通过氧化工艺实现 SiO$_2$ 屏障的制备，如图 7-4 所示。

图 7-3　衬底选择

图 7-4　氧化

3）光刻胶生长

为了进行选择性蚀刻，需要对 SiO$_2$ 层进行光刻。对此，需要在晶片上均匀地涂一层感光乳剂膜，如图 7-5 所示。

4）掩膜

按照所需开放图案，制作掩膜。将衬底暴露于紫外线下，掩膜暴露区域下的光刻胶被聚合，如图 7-6 所示。

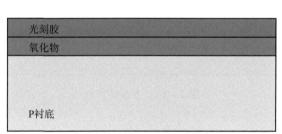

图 7-5　光刻胶生长　　　　　　　　图 7-6　光刻胶掩膜

5）去除未曝光的光刻胶

去除掩膜，并通过使用三氯乙烯等化学显影晶片来溶解未曝光的光刻胶区域，如图 7-7 所示。

6）刻蚀

将晶片浸入氢氟酸蚀刻溶液，去除掺杂剂扩散区域的氧化物，如图 7-8 所示。

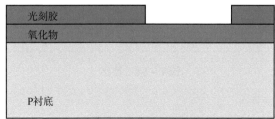

图 7-7　去除光刻胶　　　　　　　　图 7-8　SiO$_2$ 刻蚀

7) 去除光刻胶层

使用热 H_2SO_4 溶剂去除光刻胶掩膜,如图 7-9 所示。

8) 制备 N 阱

N 型杂质通过暴露区域扩散到 P 型衬底中,从而制备 N 阱,如图 7-10 所示。

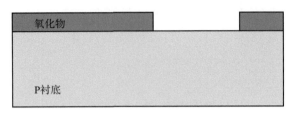

图 7-9 去除光刻胶层

图 7-10 制备 N 阱

9) 去除 SiO_2 层

使用氢氟酸去除 SiO_2 层,如图 7-11 所示。

10) 多晶硅沉积

首先,使用离子注入工艺形成栅极氧化物薄层;然后,使用化学沉积工艺将多晶硅沉积在栅极氧化物薄层上,如图 7-12 所示。

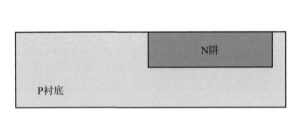

图 7-11 去除 SiO_2 层

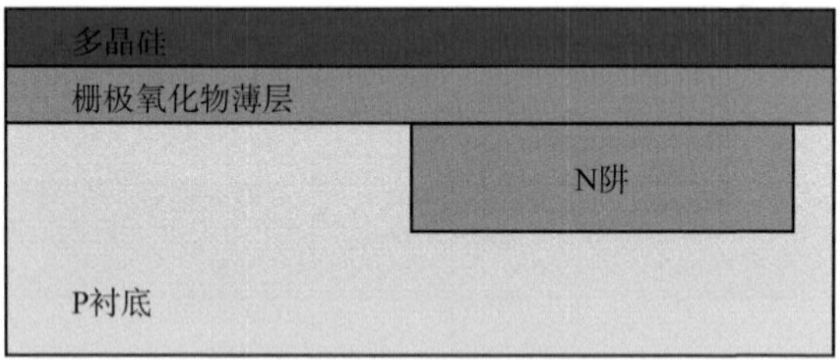

图 7-12 多晶硅沉积

11) 制备栅极

剥离为了形成 NMOS 和 CMOS 晶体管栅极所需区域外的多晶硅,如图 7-13 所示。

12) 氧化

在晶圆上沉积一层氧化层,作为进一步扩散和金属化工艺的屏蔽层,如图 7-14 所示。

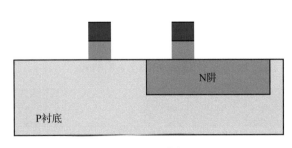

图 7-13 制备栅极

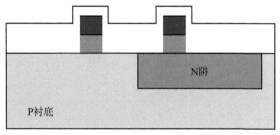

图 7-14 氧化

13) 掩膜和扩散

在氧化层上开槽,制备掩膜版,如图 7-15 所示。使用扩散工艺制备三个 N+ 区域,用于形成 NMOS 的端子,如图 7-16 所示。

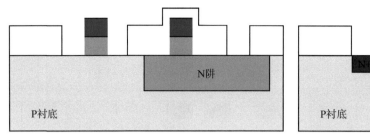
图 7-15 掩膜

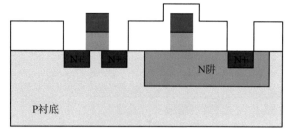
图 7-16 N 型扩散

14) 去除氧化物

剥离氧化层，如图 7-17 所示。

15) P 型扩散

使用扩散工艺制备三个 P+ 区域，用于形成 PMOS 的端子，如图 7-18 所示。

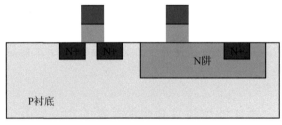
图 7-17 剥离氧化层

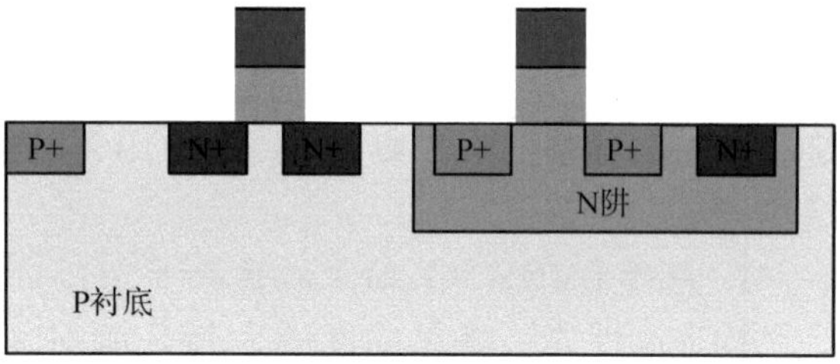

图 7-18 P 型扩散

16) 厚场氧化层的铺设

在形成金属端子之前，铺设厚场氧化层，以便为不需要端子的晶圆区域形成保护层，如图 7-19 所示。

17) 金属化

将铝涂敷于整个晶片上，如图 7-20 所示。

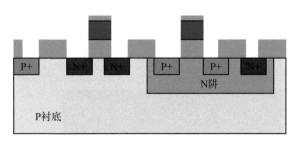
图 7-19 铺设厚场氧化层

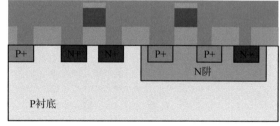
图 7-20 金属化

18) 去除多余金属

从晶圆上去除多余的金属。

19) 制备端子

在去除多余金属后形成的间隙中，形成用于互连的端子，如图 7-21 所示。

20) 分配端子名称

为 NMOS 和 PMOS 晶体管的端子分配名称，如图 7-22 所示。

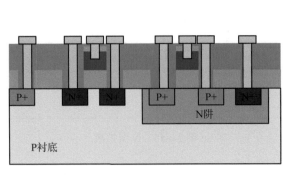

图 7-21 制备端子

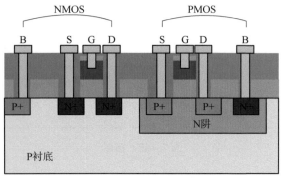

图 7-22 分配端子名称

7.1.3 太赫兹硅基 CMOS 研究进展

得益于 CMOS 工艺本身的技术优势,太赫兹硅基 CMOS 集成电路同样具有尺寸小、功耗低、成本低等优点,能够满足低成本和高集成度的市场化需求,逐渐引起了人们的研究兴趣。太赫兹硅基 CMOS 集成电路的应用领域包括高集成度的太赫兹源、太赫兹成像和太赫兹通信等。

1. 基于 CMOS 工艺的太赫兹源

构造高性能、高集成度的太赫兹源对太赫兹系统的组建具有非常重要的意义。由于 CMOS 晶体管的振荡频率有限,因此在基于 CMOS 工艺的太赫兹源的设计中需要用到晶体管的非线性特性,以提高太赫兹辐射的频率。利用硅基 CMOS 技术产生太赫兹辐射的主要方法有两种:从片上振荡器中提取谐波;将基波信号进行倍频。

2016 年,东南大学洪伟教授团队[1]对基于谐波技术的硅基 CMOS 太赫兹源展开研究,如图 7-23 所示,通过 90 nm 工艺设计了工作于 V/W/D/Y 频段的 Push-Push 振荡器,并利用这 4 组振荡器组建了一款四推太赫兹源,对于输入的 173 GHz 基波信号,能够实现输出功率为 -54 dBm、工作频率为 520 GHz 的谐波信号输出。

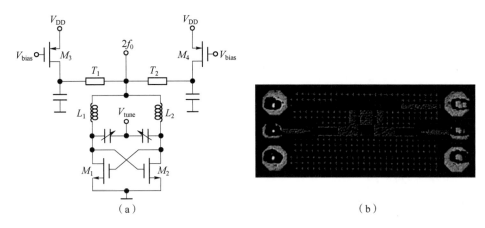

图 7-23 东南大学研究团队设计的谐波振荡器[1]
(a) Push-Push 振荡器电路结构;(b) 四推芯片显微图

2018年，Guo等[2]通过28 nm CMOS工艺设计了对称式三推太赫兹源，如图7-24所示。该太赫兹源同样基于谐波技术，可以对输入的基波信号提取三次谐波。为了提高辐射功率，他们在该太赫兹源芯片的顶部安装了电透镜，最终实现最大输出功率为-22 dBm，工作带宽为524.7~555.8 GHz，能量转换率为0.33%。

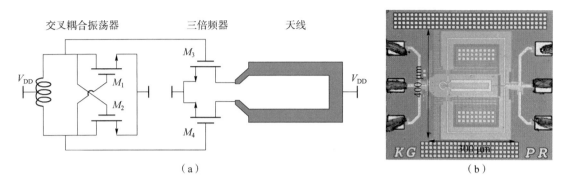

图7-24　基于28 nm CMOS工艺的525 GHz太赫兹源[2]
（a）电路结构；（b）芯片显微图

上述从片上振荡器中提取谐波的方法对于产生更高频率太赫兹辐射具有一定局限，随着频率的提高，信号源的输出功率、相位噪声等性能指标将难以达到应用要求。为了解决该问题，有些学者提出采用倍频的方法提高硅基CMOS太赫兹源的工作频率。2016年，Ahmad等[3]结合对称MOS变容管和非对称变容管利用65 nm CMOS工艺，将140 GHz信号分别经过五次倍频和二次倍频后，达到1.4 THz，从而实现了1.4 THz太赫兹源的设计，如图7-25所示。

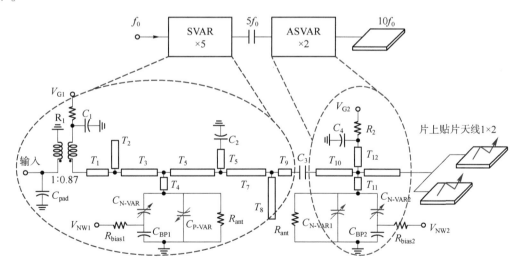

图7-25　基于65 nm CMOS工艺的1.4 THz太赫兹原理图

2. 基于CMOS工艺的太赫兹成像芯片

太赫兹辐射具有穿透能力强、安全性高、光子能量低、分辨率高等优点，非常适合在安检、生物医疗和无损检测等领域应用。这些应用领域对于高性能太赫兹成像集成芯片的需求日益迫切。

2012年，德国伍佰塔尔大学的研究团队设计了一款可用于正常室温环境下的32像素×32像素的太赫兹成像芯片[4]，如图7-26所示。该成像芯片由差分环形天线和NMOS探测器阵列构成，同时集成了读取和存储电路，通过65 nm CMOS工艺组件。在芯片设计过程中利用了分布式电阻自混频技术提高工作频率，最终该芯片能够工作于0.7~1.1 THz频段，可实现500帧的太赫兹视频捕获。当芯片工作于856 GHz时，单像素的最大响应度为140 kV/W，噪声等效功率为100 pW/Hz$^{1/2}$。

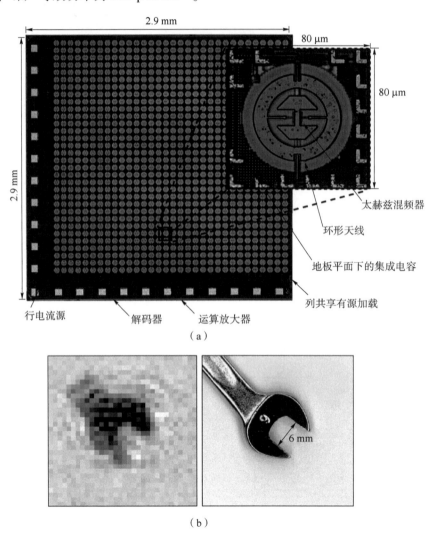

图7-26 基于65 nm CMOS工艺的成像阵列[4]
(a) 太赫兹成像芯片；(b) 扳手成像图

2019年，美国麻省理工学院的研究团队通过65 nm CMOS工艺，基于去中心化架构，设计了一款工作于240 GHz的32像素外差式太赫兹成像芯片[5]，如图7-27所示。每个成像单元的尺寸仅为$(\lambda_{240\text{ GHz}}/4) \times (\lambda_{240\text{ GHz}}/2)$，芯片集成度高，整体尺寸为2.8 mm×2.8 mm。交错式的阵列排列方式使得芯片能够独立操控两个太赫兹探测波束，成像效率更高。相比同等规模的平方律太赫兹成像阵列，该太赫兹成像芯片的灵敏度提高了大概4 300倍。

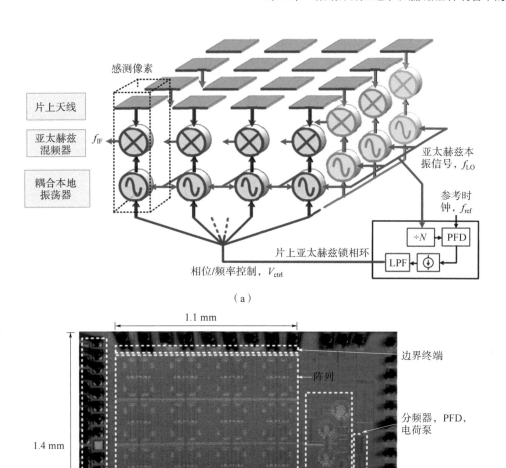

图 7-27 32 单元太赫兹外差传感器阵列[5]
(a) 去中心化架构；(b) 芯片显微结构

3. 基于 CMOS 工艺的太赫兹通信芯片

相较于红外线，太赫兹波的穿透能力强，能够在相对恶劣的天气条件下（如沙尘、雾霾等）传播；同时，相较于微波，在同等相对带宽下，太赫兹波的绝对带宽更快，容易实现更高速率、更大容量信息的传播。正是由于这些优点，太赫兹通信当前正成为学术界和工业界的研究热点。为了降低太赫兹通信系统的成本、提高集成度，国内外的研究者将硅基 CMOS 工艺运用于太赫兹通信系统设计中。

2019 年，日本广岛大学的研究团队通过 40 nm CMOS 工艺设计了一部太赫兹单芯片收发系统[6]，如图 7-28 所示。该太赫兹收发系统的工作频段为 252~279 GHz，发射机的功率为 -1.6 dBm，接收机的单边带噪声系数为 22.9 dB，整机功耗为 1.79 W，支持 16QAM 调制，传输速率可达 80 Gbit/s。该收发系统中太赫兹通信芯片的设计巧妙之处在于利用双环形耦合器（double-rat-race）将发射机和接收机整合在一起，提高集成度的同时，可以有效地抑制谐波信号的产生。

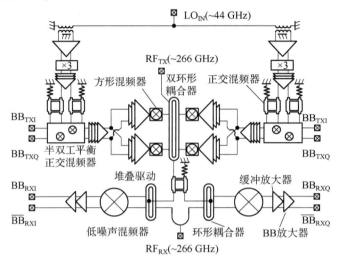

图 7-28　基于 40 nm CMOS 工艺的 300 GHz 太赫兹通信芯片原理图[6]

2021 年，清华大学的研究团队通过 28 nm CMOS 工艺设计了一款太赫兹双模式收发机[7]，工作频带为 122~168 GHz，如图 7-29 所示。通过双功能多路复用器，该收发机能够在雷达模式和通信模式之间自由切换。当该收发机工作于雷达模式时，射频前端的带宽为 46 GHz，片上锁相环/本振产生的调频连续波啁啾信号带宽为 30 GHz，调频斜率为 30 GHz/50 μs。当收发机工作于通信模式时，工作带宽为 20 GHz，镜像抑制比大于 40 dB，最大输出功率为 13 dBm，QPSK 和 16QAM 调制方式对应的误差矢量幅度分别为 -20.7 dB 和 -19.7 dB。

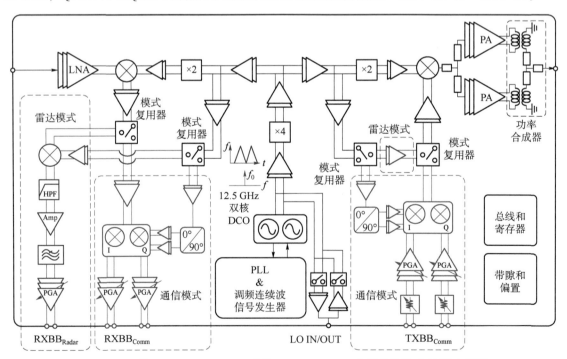

图 7-29　基于 28 nm CMOS 工艺的 122~168 GHz 太赫兹通信芯片原理图[7]

7.1.4　太赫兹 CMOS 工艺发展的难点

1. 芯片尺寸极限

现有的硅芯片可能在未来几年内达到物理极限。按照摩尔定律，CMOS 工艺下一代的线宽大约是上一代的 70%。如果芯片生产集成度仍然以三年翻两番的速度发展，CMOS 工艺将在几年之后面临硅芯片技术的物理极限。

2. 隧穿效应

根据相关理论，当"栅极"的长度小于 5 nm 时，会发生隧穿效应。隧穿效应是指当源极和栅极的距离很近时，电子自行穿越通道，造成"0"和"1"的逻辑错误。隧穿效应与晶体管的材质无关，当晶体管缩小到一定程度后，一定会发生隧穿效应。

3. 功耗和散热

处理器的功耗密度不可能无限提高。虽然可以通过多种方式来降低功耗，但难以从成本上解决这个问题，因此功耗和散热问题成为一大难点。

4. 电路设计

当有源器件工作于太赫兹频率时，传统低频段对应的等效模型将不再奏效；当无源器件工作于太赫兹频率时，损耗将大幅度增加。与此同时，硅基 CMOS 工艺的多层金属和介质结构带来非常复杂的耦合特性。这些原因都使得硅基 CMOS 太赫兹电路的设计变得非常复杂。

5. 封装技术

太赫兹电路的尺寸小，对加工工艺的精细度要求更高，由表面粗糙度产生的分布效应很容易影响到太赫兹电路的正常工作。为了解决该问题，亟需提出更高效的封装技术。

6. 去嵌入技术

太赫兹有源器件等效模型的准确建立，依赖于准确的测量数据。太赫兹电路中器件互连部分的分布式寄生效应会严重影响在片测试的精确性。因此，需要提出能够准确分析寄生参数高频分布效应的去嵌入技术。

7.2　太赫兹硅基 MEMS 工艺

经过多年发展，MEMS 技术在小型化、高性能传感和微米/纳米尺度驱动等领域有着广泛的应用[8-9]。MEMS 驱动器的微尺度尺寸与微米级太赫兹超材料单元完美互补。因此，MEMS 为集成太赫兹元器件的发展提供了理想的平台[10]。MEMS 制造工艺是包含纳米到毫米尺度的微结构加工工艺的总称。广义来说，MEMS 制造工艺的加工技术类型十分丰富，几乎覆盖了所有的现代加工技术。它源于半导体和微电子工艺，主要通过光刻、外延、薄膜淀积、氧化、扩散、注入、溅射、蒸镀、刻蚀、划片和封装等基本工艺实现微结构的加工[11]。

MEMS 使各种各样微驱动器在变形范围、配置方向、响应时间、功耗、集成的易用性和 CMOS 兼容性方面具有不同的性能。MEMS 可以实现各种类型的微结构，包括悬臂、梁、隔板和框架。这些微结构可以通过外部应用磁场进行机械变形，称为微驱动器。与超材料单元集成的微驱动器可以动态重塑单元的几何形状，从而提供可调的太赫兹响应[12]。

目前出现的制备微纳结构的相关工艺可按照加工方式分为光制作工艺、微机械加工工艺。

（1）光制作工艺：主要由 LIGA 工艺、电子束曝光、激光烧蚀、等离子体蚀刻技术等组成。

(2) 微机械加工工艺：主要由纳米压印、电火花加工、3D 打印、微车削等组成。

微米量级零件的加工一般采用以光制作为主的微加工工艺，其精度可实现在 10 nm 以下，通常应用于太赫兹器件制备。毫米量级零件的加工一般采用微机械加工工艺，其加工精度可实现在 1 μm 以下。

7.2.1 MEMS 工艺流程

光刻为主的太赫兹硅基 MEMS 工艺主要包括以下过程：

第 1 步，在干净基片上进行金属沉积。

第 2 步，旋涂特定的光刻胶，进行适当前烘，然后经过紫外光刻、后烘、显影等流程，得到所需的胶体微结构。

第 3 步，利用磁控溅射，在基板上溅射所需的金属，去掉光刻胶后就可以得到纯金属结构。

下面介绍主要的相关步骤：

(1) 在微加工工艺中，光刻是图形刻印的一个关键步骤，利用紫外线对光刻胶的曝光，使其产生胶联反应，并利用显影液得到所需的结构。光刻技术因其高精度特性被广泛应用于太赫兹器件的制备。在太赫兹器件光刻过程中，一般会选用正胶。这是因为，负性光刻胶容易产生变相的"溶胀"，使图形发生扭曲，降低结构精度，而正胶就不会发生这样的情况。

(2) 曝光是指将光刻胶置于紫外线下，打破未被遮挡部分的分子链，使其溶入显影液。例如，将 RZJ-304 正胶处于波长为 200~450 nm 紫外光的辐射下，紫外光能量将破坏未遮挡部分正胶的分子链，从而实现其在显影液 RZX-3038 中溶解。

(3) 剥离一般是 MEMS 工艺中比较靠后的一道工艺，是指通过将光刻胶上的金属层或氧化物层在去胶液中溶解，从而实现微结构的剥离。

(4) 干法刻蚀是利用两种气体（F6S 和 F8C）袭击暴露的晶圆剖光面，进行反应，以达到刻蚀的目的。一般是先用光刻、显影实现微结构掩膜，再用干法刻蚀实现微结构成型。

(5) 磁控溅射是物理气相沉积（physical vapor deposition，PVD）中的一种工艺。一般是利用磁场约束粒子，使其沉积在基板的表面上，通常是在基板表面要镀金属膜和氧化物膜时使用该工艺。它可以实现多靶材、短时间、厚度可调的物理气相沉积，所以在微结构制备过程中广受青睐。图 7-30 所示是一种基于 MEMS 工艺的天线制备工序。

7.2.2 太赫兹 MEMS 元器件微结构

用于太赫兹 MEMS 元器件的各种微结构设计主要如下：悬臂梁是一种最简单的微结构，一端固定，另一端可自由移动。在施加力时，悬臂的自由端会产生最大位移。梁类似于悬臂，但两端固定。当施加力时，最大变形发生在梁的中点。横膈膜是一种膜状结构，固定在整个周长上，在膜的中心点观察到最大变形。这些微驱动器中的锚和驱动区域合并在一起，因此微观结构的变形是不均匀的。为了实现均匀变形，带隔离锚栓的膜被广泛使用。

上述所有微结构通常被用于单元胞几何的面外重构。另外，通过附加外部驱动器，可以采用框架对单元胞体几何进行平面内重构。框架是带有穿孔孔阵列的材料板，通常由硅制成。框架容纳单元胞的一部分，并连接外部驱动器；单元胞的另一部分制造在固定硅结构上。平面内的活动驱动器相对于单元胞的固定部分驱动框架，以提供动态太赫兹响应[13-14]。

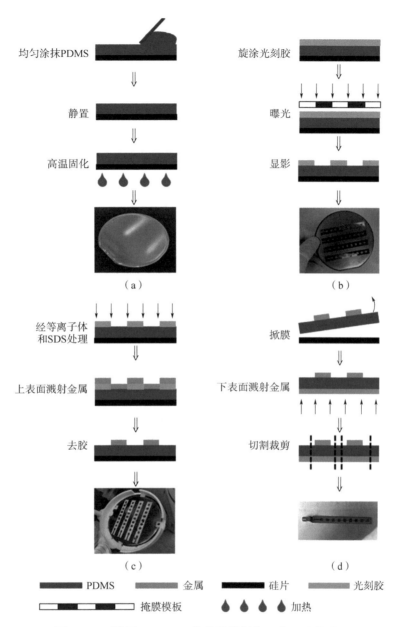

图 7-30 基于 MEMS 工艺的天线制备工序（附彩图）
(a) 材料沉积; (b) 光刻; (c) 刻蚀; (d) 封装

多种驱动机制（如热、静电、压电和电磁）可以用于驱动上述微结构。其中，热和静电两种方法因其变形范围大、易于集成而被广泛采用。由于集成的复杂性，使用压电和电磁方法的实验演示还没有具体的实施方案。除了这四种驱动方案外，气动方法也可以用于大规模的双向重构，这对于手性切换等特定应用至关重要。此外，电活性聚合物在施加电压时会膨胀和收缩，也可以用于面内可重构太赫兹 MEMS 元器件。在柔性和可拉伸基板上制备的超材料提供了一种通过机械弯曲（或应变）来实现结构重构的直接方法，并应用于太赫兹 MEMS 元器件。微流体集成的太赫兹元器件可以与液态金属的控制部分进行碰撞，也广泛应用于太赫兹 MEMS 元器件[15-17]。

7.2.3 太赫兹 MEMS 元器件研究进展

根据前文提到的各类太赫兹 MEMS 器件的调控方式,接下来将围绕这些研究方向的最新进展进行介绍。

1. 热调控的太赫兹 MEMS 元器件

波士顿大学机械工程学院利用平面外热重构提出了一种使用热可重构双材料悬臂的太赫兹 MEMS 元器件[18]。由氮化硅(SiN)膜上的金(Au)分裂环谐振器(SRR)组成的超材料单元如图 7-31(a)所示。晶胞下方的硅基板被完全蚀刻,使 SiN 膜悬吊着两个悬臂锚,并附着在基板上。悬臂由 Au/SiN 层的双材料堆叠制成。在制作过程中,保持 SiN 膜相对平坦,如图 7-31(b)所示。快速热退火用于以 50 ℃ 的步长将所制造的元器件从 350 ℃ 退火至 550 ℃。在每个退火步骤之后,如图 7-31(c)所示,双材料悬臂以较大的变形永久弯曲。超材料在 550 ℃ 退火后,弯曲角度从 0°(平坦)变化到 65°。超表面的透射性也随着退火温度的变化而改变,如图 7-31(d)所示。

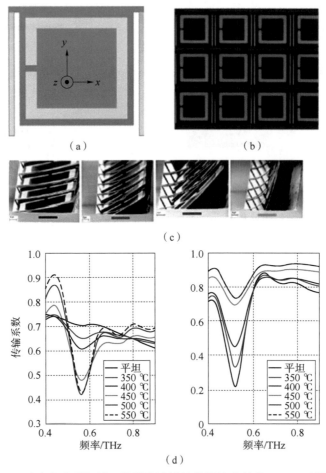

图 7-31 波士顿大学机械工程学院设计的热调控太赫兹 MEMS 元器件[18]
(a) 超材料单元示意图;(b) 超材料示意图;
(c) 超材料不同弯曲角度下对应的照片;(d) 不同退火温度下,超材料的透射性能

2. 电调控的太赫兹 MEMS 元器件

静电是用于实现太赫兹 MEMS 元器件致动机制的最常见选择。静电致动器通常由两个电极组成，其中一个是固定的，另一个是可移动的，它们之间有气隙。当在电极上施加电压时，极性相反的电荷会在电极表面积聚，类似于电容器。这种电荷积累将导致电极之间的吸引力，并将悬浮电极拉向固定电极。

最简单的静电致动器是在轻掺杂硅衬底顶部制造的导电悬臂，其间有绝缘层。例如，新加坡国立大学提出的静电致动器[19]由 Al/Al$_2$O$_3$ 双材料堆叠制成的悬臂阵列在轻掺杂硅衬底的顶部制造，以提供出色的动态太赫兹性能。悬臂因双材料层之间的残余应力而受到预应力，并在释放过程后向上弯曲，如图 7-32（a）所示。与仅 100 nm 的牺牲氧化硅 6 层厚度相比，允许释放的悬臂的尖端位移（以 μm 为单位）大得多。这表明，通过减小 Al 层的厚度，同时保持 Al$_2$O$_3$ 厚度不变，可以增强所制造的悬臂的初始尖端位移。因此，这增加了基于悬臂的太赫兹 MEMS 元设备的谐振频率的可调范围。如图 7-32（b）所示，对于 Al 层厚度为 100 nm、300 nm 和 500 nm 的悬臂元器件，偶极共振被测量为 0.88 THz、0.935 THz 和 0.96 THz。

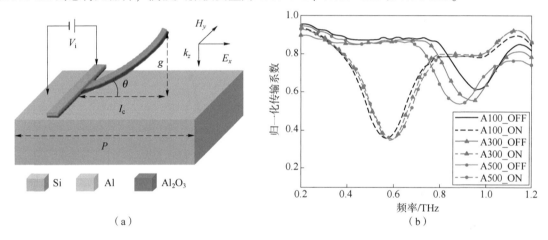

图 7-32 新加坡国立大学提出的 MEMS 元器件
（a）悬臂结构的示意图；（b）不同 Al 层厚度和开关状态条件下的太赫兹透射光谱

3. 应变力调控的太赫兹 MEMS 元器件

柔性基板提供了通过弯曲（或拉伸）容纳超材料的基板来实现机械可重构的直接手段。由文献［12］知，在可机械变形的柔性基板上制造的各种超材料可用于主动太赫兹控制。例如，柔性基板（如 PDMS）的一部分在本质上是弹性的，因此在施加面内应变时会膨胀。弹性基板的这种特性也已用于实现面内可重构的太赫兹元器件，如图 7-33 所示。

4. 气动驱动的太赫兹 MEMS 元器件

气动驱动是通过在无基材的微结构上产生压力差来实现的。例如，东京大学提出基于气动驱动的用于手性切换功能太赫兹 MEMS 元器件[20]。超材料由释放的平面阿基米德螺旋的二维阵列组成，如图 7-34（b）所示。制造的螺旋元设备容纳在压力室中，该压力室可以在平面外方向上提供可逆的压差。当元设备下方的压力增加时，二维螺旋向上移动并转换为右旋（RH）三维螺旋，如图 7-34（a）所示。对于 10 Pa 的压差，测量到尖端处的最大变形高达60 μm，如图7-34（c）所示。

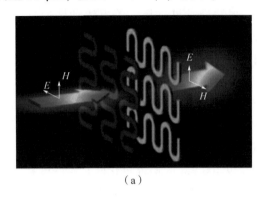
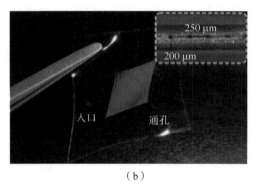

图7-33 基于机械应力调控的柔性太赫兹MEMS元器件[12]
（a）结构示意图；（b）实物图像

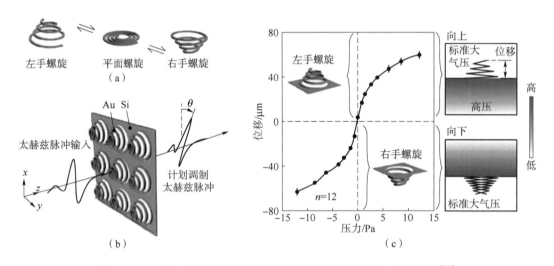

图7-34 东京大学提出的基于气动驱动的太赫兹MEMS元器件[20]
（a）螺旋示意图；（b）结构示意图；（c）螺旋结构在不同压力条件下的位移长度

到目前为止，太赫兹技术与MEMS工艺结合的重点一直是开发用于单一功能的太赫兹MEMS元器件，如频率可调性、调制、极化控制、可调谐吸收、手性切换和可重构延迟线。预计太赫兹MEMS元器件的未来发展将是多向的。当前太赫兹MEMS元器件这一研究方向的研究重点在于改进器件的性能，包括提高开关速度、提高操作功率和增强可靠性等方面。探索新型重构方案的研究方向，如压电驱动、相变供电的太赫兹元器件，是不久的将来的主要推动力。同时，通过集成控制电路和MEMS封装的太赫兹元器件的系统级演示，将成为转化为商业生产的必要，并将在6G通信、超灵敏的生物传感、食品质量检查和用于安全筛查的低能耗成像中找到应用价值。

7.3 太赫兹Ⅲ-Ⅴ族化合物半导体集成工艺

Ⅲ-Ⅴ族化合物是指由ⅢA族和ⅤA族元素组成的化合物。ⅢA族元素包括硼（B）、铝（Al）、镓（Ga）、铟（In）、铊（Tl），VA族元素包括氮（N）、磷（P）、砷（As）、锑（Sb）、铋（Bi）。根据组成化合物的元素种类多少，Ⅲ-V族化合物可以分为二元、三元和多元化合物。二元Ⅲ-V族化合物包括砷化镓（GaAs）、磷化镓（GaP）、氮化镓（GaN）、锑化镓（GaSb）、磷化铟（InP）、砷化铟（InAs）等；三元Ⅲ-V族化合物包括铝砷化镓（$Al_xGa_{1-x}As$）、铟砷化镓（$In_xGa_{1-x}As$）、铝氮化镓（$Al_xGa_{1-x}N$）等；多元化合物包括铝镓铟砷（$In_xGa_yAl_{1-x-y}As$）、镓铟砷磷（$In_xGa_{1-x}As_yP_{1-y}$）等。

太赫兹Ⅲ-V族半导体工艺是指利用Ⅲ-V族化合物材料进行太赫兹器件的制备。相较于传统硅基半导体工艺，Ⅲ-V族半导体工艺具有更高的电子迁移率、更宽带隙，在高频率、高温、高辐射和大功率等应用场景具有更大的潜力，逐渐成为太赫兹半导体集成技术中的重要研究方向。相较于硅基半导体工艺，Ⅲ-V族半导体工艺的优势具体体现在以下几方面：

（1）硅基半导体工艺受限于硅基半导体的最高振荡频率，大多用于100 GHz以下射频器件的制备，而Ⅲ-V族化合物的电子迁移率更高，因此Ⅲ-V族半导体工艺更适合应用在更高的太赫兹频段上。

（2）当利用Ⅲ-V族半导体工艺制备太赫兹器件衬底时，由于电阻率远高于硅基衬底，因此衬底损耗更小，器件的效率更高，在高频的优势更明显。

（3）Ⅲ-V族化合物的禁带宽度更宽，这使得利用Ⅲ-V族半导体工艺制备的太赫兹器件导通电阻更小，抗辐射能力更强，雪崩击穿电压更高，更适合于高温、高辐射和大功率等应用场景。

相比Si基器件，Ⅲ-V族化合物基器件也有自己明显的劣势，主要表现在电路集成度低、成本高、长期可靠性差、器件模型不够精确和可用仿真软件少等方面。虽然硅基器件主要应用在100 GHz以下频段，但是随着工艺的进步，器件特征尺寸越来越小，器件最大振荡频率越来越高，使得硅基器件也可以应用在太赫兹频段。表7-1[21]比较了硅和一些常见的Ⅲ-V族化合物半导体材料的特征参数。另外，CMOS绝缘衬底上硅（silicon on insulator, SOI）技术和SiGe技术可以在很大程度上减少衬底损耗，并且SiGe器件也可以提供大的功率密度，这些改善都使得硅基器件在太赫兹频段的应用非常有潜力，只不过目前从性能上来说，Ⅲ-V族化合物基器件仍然优于硅基器件。

表7-1 半导体材料的特征参数[21]

材料	Si	SiGe	GaAs	InP	GaN
禁带宽度 E_g/eV	1.1	0.9	1.4	1.35	3.4
迁移率/[$cm^2 \cdot (V \cdot s)^{-1}$]	1 300	7 700	5 000	13 800	1 500
击穿电压/($\times 10^6$ V·cm^{-1})	0.3	0.3	0.4	0.5	3.3
介电常数	11.9	14	13.18	12.5	9.5
热导率/[W·($cm \cdot K$)$^{-1}$]	1.4	0.5	0.5	0.68	1.3
饱和电子漂移速度/($\times 10^7$ cm·s^{-1})	1	0.65	2	2	2.5
工作温度/℃	200	155	175	300	600
抗辐照能力/Gy	10^2	10^4	10^4	10^4	10^8

接下来，就 GaAs、InP、GaN 三种主流Ⅲ-Ⅴ族化合物器件技术及产业趋势展开分析。

7.3.1 GaAs 集成工艺

GaAs 属于第二代半导体结构，因其卓越的性能，如今在太赫兹器件的制备中有着广泛的应用。GaAs 的优势有：①由于 GaAs 的电子有效质量小，因此电子迁移率较高，为 8 500 $cm^2/(V·s)$，大约为硅的 6 倍；②禁带宽度宽，为 1.43 eV，能够在较高的功率和温度下工作；③肖特基势垒高，为 0.7~0.8 V，有利于用于制备高性能栅控晶体管；④饱和迁移速率高，有利于工作在更高的频率。

相较于第一代半导体 Si，GaAs 有两个最显著的优点：相同功耗时，GaAs 具有更快的速度；相同速度时，GaAs 的功耗更小。GaAs 具备相对稳定的特性，并且相对于第三代半导体，它的制作技术成熟，价格合理，这些优势使 GaAs 成功跻身主流半导体化合物的市场。早在 1966 年，GaAs MESFET 就率先出现；1974 年，基于 GaAs 工艺运用 MESFET 制作的逻辑门 IC 电路由惠普公司推出；1980 年，HEMT 诞生；1982 年，HBT 问世。近些年来，GaAs 器件和由 GaAs 器件搭建的电路发展迅速，在设计制造上应用广泛，GaAs 器件的研究与应用随着无线通信的发展而蓬勃生长。

1. GaAs 基肖特基二极管集成电路

早期肖特基二极管的设计通常采用触须结构，这样的设计存在集成性差、工艺复杂、工作频率低等缺陷。为了避免这些缺陷，基于半导体工艺平面肖特基二极管逐渐被提出，用于固态电子器件的设计。GaAs 基平面肖特基二极管就是其中的代表之一。研究者通常利用其非线性特性，将其应用于太赫兹倍频电路和混频电路的设计中。近年来，国内外在这一领域也取得了不少进展。

在太赫兹倍频器电路方面，20 世纪 90 年代开始引入 GaAs 基平面肖特基变容二极管作倍频器件，其发展方向是更高频率和更高输出功率。

由文献［22］可知，2.7 THz 的倍频链的输出功率可达微瓦级[22]（图 7-35），其采用 GaAs 平面肖特基二极管和厚 5 μm 的 GaAs 厚薄膜构成的平衡电路结构技术，由三个接连的三倍频器组成。以 GaAs 平面肖特基二极管为基础的倍频链已覆盖 0.3~2.7 THz，并用于航天工程。

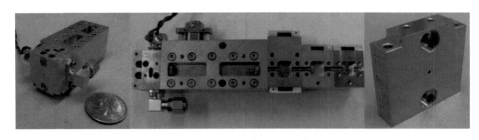

图 7-35 2.7 THz 倍频链[22]

2015 年，电子科技大学的韩祎炜等[23]基于 12 μm 厚的 GaAs 基片，设计了基于平面肖特基二极管的 650 GHz 三倍频集成电路，如图 7-36 所示，利用场路结合的方法对平面肖特基二极管的三维电磁模型和非线性参数进行了分析优化。该单片集成电路在 633~652 GHz 频率范围内，输出功率超过 0.02 mW，倍频效率为 0.5%。

图 7-36　GaAs 单片集成 650 GHz 三倍频器[23]

2020 年，Viegas 等[24]研制了一个 GaAs 肖特基二极管单片 186 GHz 二倍频器，该二倍频器通过梁氏引线集成了一个片上的等效波导膜片短路面，其 3D 原理图和倍频器的实物照片如图 7-37 所示。该集成短路面由 1～2 μm 厚的独立金属边框构成，在波导短路面一定距离处建立了一个短路面。灵敏度仿真分析表明，集成的波导短路面降低了对输出金属波导短路面的高精度加工要求。测试结果显示，在 250 mW 输入功率驱动下，该倍频器可以产生约 100 mW 的输出功率，峰值效率为 40%。集成波导膜片短路面技术将倍频器对腔体加工的高精度要求转移到单片集成电路光刻工艺中，后者明显具有更高的加工精度。仿真结果显示，该单片倍频器的整体性能几乎不受短路面的机械加工误差的影响。

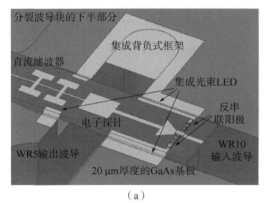
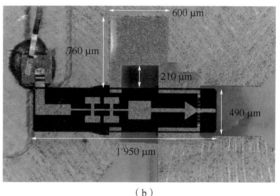

(a)　　　　　　　　　　(b)

图 7-37　集成短路面的 186 GHz 单片二倍频器件[24]

(a) 3D 原理图；(b) 倍频器实物照片

有关太赫兹混频电路的研究经历了从反向并联二极管对形式到基波混频，再到分谐波混频的变化。材料和工艺技术的突破，以及肖特基二极管的出现和快速发展，大大推动了太赫兹谐波混频器的进步。

2013 年，美国弗吉尼亚大学和 VDI 公司合作研制了一款太赫兹高次谐波混频器[25]，用于解决量子级联激光器的锁相问题。该混频器的核心部件为 VDI 公司研制的 GaAs 肖特基二极管，通过 8 μm 厚的硅衬底实现高度集成，可以对输入的 2 THz 射频信号实现三次谐波混频和九次谐波混频，变频损耗分别为 45 dB 和 63 dB。图 7-38 所示为九次谐波混频器与三次谐波混频器的电路结构。

2016 年，Treuttel 等[26]提出了一种新型结构的次谐波混频器。该结构基于砷化镓悬置微带电路，以肖特基二极管为核心混频器件，如图 7-39 所示。混频器主体采用了 4 μm 厚的砷化镓基片，通过砷化镓悬浮在带有金属束线的波导中，新型工艺使电路能在 520～

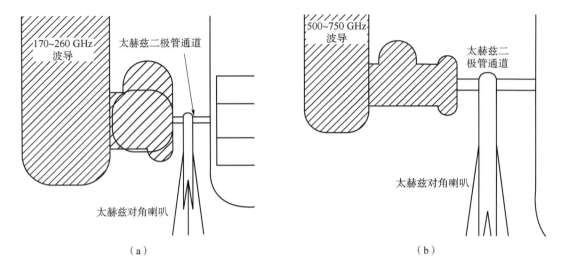

图7-38　1.9~2.8 THz 混频器[25]
(a) 九次谐波混频；(b) 三次谐波混频

620 GHz 频段工作。次谐波混频器的本振信号为其射频频率的一半，混频器选择了反向并联二极管对配置，允许通道保持恒定的宽度，并将其连接到使用与金纳米管兼容的金束引线，耦合到波导具有低阻抗与低损耗的特点，通过悬浮的砷化镓薄膜线结构实现传输。

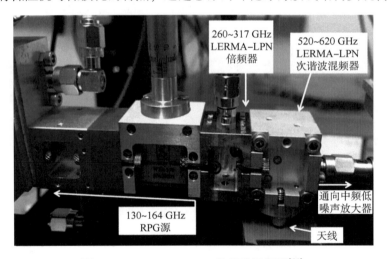

图7-39　510~620 GHz 次谐波混频器[26]

2018年，中电十三所的杨大宝等[27]提出了一种工作在330 GHz 的单片集成分谐波混频器，其电路结构如图7-40所示。该电路基于12 μm 厚的 GaAs 基片，单片电路悬置安装在本振和射频之间剖开的减高波导腔体内。相对于传统的分立元件谐波混频器，这种结构省去了复杂的安装过程，提高了灵活性与可靠性。

2. GaAs 基 PHEMT 器件

GaAs 基 PHEMT 器件可以用于设计低噪声功率放大器、上变频器、移相器、衰减器等器件。例如，在相控阵天线中，利用基于 GaAs 基 PHEMT 的多功能器件，可以有效降低系统的设计成本和复杂度。

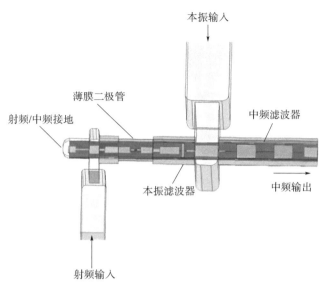

图 7-40　330 GHz 肖特基二极管单片集成分谐波混频器电路结构[27]

2006 年，Lei 等[28] 基于 0.15 μm GaAs PHEMT 设计了一款太赫兹四次谐波混频器，如图 7-41 所示。该混频器基于并联二极管对结构，通过微带支型结构提供射频端口和本振端口之间的隔离度，工作频率为 100～120 GHz，对于 15 dBm 的本振信号，其对应变频损耗为 20～35 dB。

3. GaAs 基 MHEMT 器件

GaAs 基 MHEMT 器件可以用于制冷型低噪声放大器、矢量调制器等太赫兹器件的设计。目前 GaAs 基 MHEMT 的常见工艺栅长为 20 μm、35 μm、50 μm、70 μm 和 100 μm。

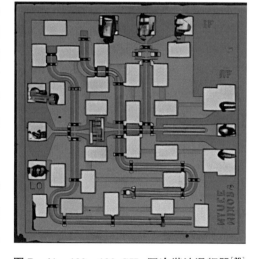

图 7-41　100～120 GHz 四次谐波混频器[28]

2015 年，Messinger 等[29] 通过 100 nm GaAs 基 MHEMT 工艺（特征频率为 220 GHz，最大振荡频率为 300 GHz），设计了可用于通信系统的八分频器和鉴相器相结合的 E 波段单片集成电路。八分频器在 -8 dBm 输入功率条件下的灵敏度最低为 -54 dBm，工作带宽为 4.2 GHz。鉴相器的检波器增益为 293 mV/rad。集成电路的直流功率为 734 mW，尺寸为 1.5 mm×3.5 mm。

2017 年，Cheng 等[30] 通过 70 nm GaAs 基 MHEMT（特征频率和最大振荡频率均为 300 GHz）设计了一款工作于 Ka 波段的 3 级低噪声放大器。该放大器的芯片大小为 1.5 mm×1.5 mm，在 24～30 GHz 频段范围的平均噪声系数为 1.1 dB，最小信号功率增益为 27 dB，功率为 80 mW@1.5 V，具有带宽宽、增益高、噪声低、体积小等优点，有望进一步应用于宽带通信接收机的设计中。

7.3.2 InP 集成工艺

InP 材料的生长工艺成熟，载流子迁移率高，禁带宽度易于控制，适合应用于太赫兹频段高增益、低噪声放大器的设计。发展 InP 基电子器件具有重要的战略意义。进入 21 世纪之后，美国启动了众多关于 InP 基的太赫兹电子器件的研究项目，包括"亚毫米波焦平面成像技术""反馈型线性放大器技术"等。InP 基晶体管主要包括 HEMT 和 HBT，能在较高的频率范围工作，增益性能表现良好。

1. InP 基 HBT/DHBT 器件

InP 基 HBT（heterojunction bipolar transistor，异质结双极晶体管）通常由宽带隙 InP 形成的发射极和窄带隙 InGaAs 形成的基极和集电极构成，当前的主要研究方向有：提高特征频率和最大振荡频率；消除 InP 和 InGaAs 之间存在的异带尖峰。

2011 年，美国 Teledyne 公司通过 130 nm InP 基 DHBT（双异质结双极晶体管）工艺设计了一款用于 0.3~3.0 THz 频段收发器件的太赫兹晶体管[31]，特征频率大于 520 GHz，最大振荡频率大于 1.1 THz，其发射极击穿电压为 3.5 V。

2015 年，美国诺思罗普·格鲁曼（Northrop Grurnman）公司的研究团队设计了基于 InP 转移衬底的 9 级和 5 级太赫兹集成放大器[32]。在放大器的设计中，首先通过单片集成技术将 200 nm InP 基 HBT 和苯并环丁烯倒置微带线相连，然后通过转移基板工艺将结构转移至高导热的 SiC 基板，以降低 HBT 的结温。9 级共发射极放大器在 521 GHz 的小信号增益为 −9 dB，5 级共基极放大器在 576 GHz 的小信号增益为 −19 dB。

2018 年，中国电子科技集团公司第五十五研究所的研究团队设计了一款工作在 275~310 GHz 频段的紧凑型 6 级太赫兹集成放大器[33]。该太赫兹集成放大器由 0.5 μm InP 基 DHBT 器件和多层薄膜微带线构成，整体尺寸仅为 1.7 mm×0.9 mm，在 280 GHz 的峰值增益为 12.5 dB，在 300 GHz 的小信号增益大于 7.4 dB，如图 7-42 所示。

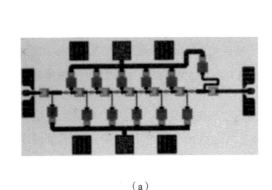
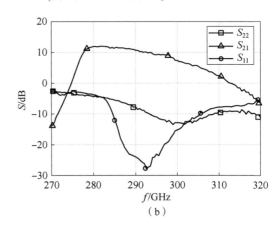

(a)　　　　　　　　　　　　(b)

图 7-42　文献[33]的 H 波段 HBT 功放
(a) 芯片图；(b) S 参数曲线

2. InP 基 HEMT 器件

HEMT（high electron mobility transistor，高电子迁移率晶体管）是一种异质结场效应晶体管，通过提高晶体管的电子迁移率以缩短信号传输的延迟时间，因此能在较高的频率工作。HEMT 的噪声特性低，常用于构建低噪声器件。InP 基 HEMT 器件的主要研究方向有提高电子迁移率、增强栅控能力、降低器件的寄生效应、缩短栅长，最终实现晶体管特征频率和最大振荡频率的提高。

2008 年，德国 IAF 研究所采用 50 nm 栅工艺技术制备了 210 GHz 低噪声单片电路[34]。该工艺采用沟道 InGaAs 含量为 0.8 的 HEMT 材料，制备的管芯的最大电流密度及最大跨导分别达 1 200 mA/mm 及 1 800 mS/mm，其管芯的渡越频率、最大振荡频率分别可达 380 GHz 及 500 GHz，该电路可在 180~210 GHz 频段内增益达 16 dB，噪声系数达 4.8 dB。

2015 年，美国 Northrop Grumman（诺思罗普·格鲁曼）公司的研究团队通过 25 nm InP 基 HEMT 工艺设计了一款 10 级太赫兹单片集成放大器[35]，如图 7-43 所示，其在 1 THz 频点具有 9 dB 放大增益。HEMT 晶体管的最大振荡频率为 1.5 THz，特征频率为 610 GHz，峰值跨导大于 3 S/mm。该太赫兹集成放大电路是当时报道的第一款可用于 1 THz 频率以上的 InP 基 HEMT 功率放大器，在高速率通信系统、大气传感、行星探测和太赫兹成像方面有着巨大的应用潜力。

2016 年，Estella 等[36]通过 35 nm InP 基 HEMT 工艺设计了工作于 E 波段和 W 波段的低噪声放大器。该放大器在实现良好的低噪声和匹配性能的同时，具备较宽的带宽。工作于 81~86 GHz 的单端 3 级低噪声放大器的增益约为 28 dB，噪声系数为 1.6~1.9 dB；工作于 56~110 GHz 的平衡式低噪声放大器（图 7-44）的增益大于 20 dB，噪声系数约为 2.7 dB。

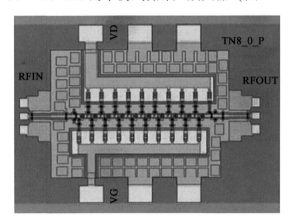

图 7-43　1 THz 低噪声功率放大器集成电路[35]

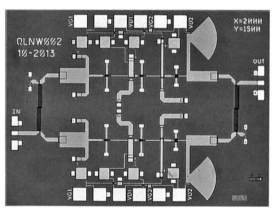

图 7-44　平衡式低噪声放大器芯片[36]

7.3.3　GaN 集成工艺

GaN 基 HEMT 工艺诞生于 20 世纪 90 年代，GaN 的电子饱和速率高、禁带宽度宽、击穿场强高，GaN 基 HEMT 可用于高功率的场景。然而，GaN 的电子迁移率不是很高，工作频率难以提升，因此 GaN 基的 HEMT 工艺一般用于低频率太赫兹器件的设计。

GaN 基 T 型栅 HEMT 器件在保持 GaN 工艺高击穿电压和高线性度的同时，具有高特征频率、高最大振荡频率和低噪声等优势。2014 年，美国 HRL 实验室的研究团队通过 T 型栅技术设计了一款工作于 180 GHz 的 GaN 基 HEMT 放大器[37]，如图 7-45 所示，在 8 V 的偏置电压条件下，输出功率密度为 296 mW/mm，功率附加效率为 3.5%。2017 年，该研究团队基于 T 型栅技术设计了可以覆盖 W 波段和 D 波段的宽带 GaN 基 DHFET 集成电路[38]，5 级低噪声放大器在 60~105 GHz 的增益为 23 dB，6 级低噪声放大器在 110~170 GHz 的增益为 25 dB。

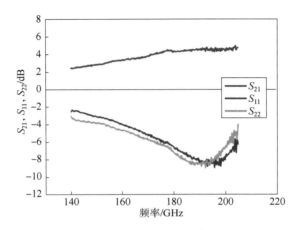

图 7-45 单级 G 波段功率放大器小信号增益[37]

($V_d = 10$ V，$I_d = 300$ mA/mm)

2017 年，中国电子科技集团公司第五十五研究所设计了一款带 Lange 耦合器和微带匹配元件的平衡式 4 级 W 波段 GaN 基集成功率放大器[39]。该功率放大器基于 100 nm 栅长 GaN 基 HEMT 工艺实现，在 88~93 GHz 的频率范围内，小信号增益大于 18 dB，输出功率大于 2.5 W，在 91 GHz 频点连续波模式下的峰值输出功率为 3.1 W，功率密度为 3.23 W/mm。

2018 年，Romanczyk 等[40]提出了一款 N 极型太赫兹 GaN 基 HEMT 器件（图 7-46），通过在接入区设置 GaN 盖帽层实现色散控制，不仅提高了接入区电导率，还最大限度地减少了由于结构的内部极化而产生的源阻塞效应。该 HEMT 器件的特征频率为 113 GHz，最大振荡频率为 238 GHz，在工作频率为 94 GHz、工作电压为 20 V 的条件下，测得峰值功率附加效率为 28.8%，输出功率为 8.08 mW。

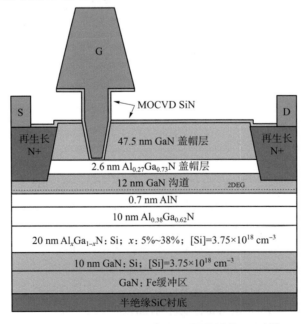

图 7-46 N 极型 GaN HEMT 器件横截面图[40]

参 考 文 献

[1] CHEN J, LIANG W, YAN P, et al. Design of silicon based millimeter wave oscillators[C]// 2016 IEEE International Conference on Microwave and Millimeter Wave Technology, 2016: 261-263.

[2] GUO K, STANDAERT A, REYNAERT P. A 525~556 GHz radiating source with a dielectric lens antenna in 28 nm CMOS[J]. IEEE transactions on terahertz science and technology, 2018, 8(3):340-349.

[3] AHMAD Z, LEE M, KENNETH K O. 1.4 THz, -13dBm-EIRP frequency multiplier chain using symmetric- and asymmetric-CV varactors in 65 nm CMOS[C]//2016 IEEE International Solid-State Circuits Conference, 2016:350-351.

[4] AL HADI R, SHERRY H, GRZYB J, et al. A 1 k-pixel video camera for 0.7~1.1 terahertz imaging applications in 65 nm CMOS[J]. IEEE journal of solid-state circuits, 2012, 47(12): 2999-3012.

[5] HU Z, WANG C, HAN R. A 32unit 240 GHz heterodyne receiver array in 65 nm CMOS with array-wide phase locking[J]. IEEE journal of solid-state circuits, 2019, 54(5):1216-1227.

[6] LEE S, HARA S, YOSHIDA T, et al. An 80-Gb/s 300-GHz-band single-chip CMOS transceiver[J]. IEEE journal of solid-state circuits, 2019, 54(12):3577-3588.

[7] CHEN Z, DENG W, JIA H, et al. A 122~168 GHz radar/communication fusion-mode transceiver with 30 GHz chirp bandwidth, 13 dBm Psat, and 8.3 dBm OP1 dB in 28 nm CMOS [C]//2021 Symposium on VLSI Circuits. IEEE, 2021:1-2.

[8] PITCHAPPA P, HO C P, DHAKAR L, et al. Periodic array of subwavelength MEMS cantilevers for dynamic manipulation of terahertz waves[J]. Journal of microelectromechanical systems, 2015, 24(3):525-527.

[9] REN Z, CHANG Y, MA Y, et al. Leveraging of MEMS technologies for optical metamaterials applications [J]. Advanced optical materials, 2020, 8(3):1900653.

[10] BELACEL C, TODOROV Y, BARBIERI S, et al. Optomechanical terahertz detection with single meta-atom resonator[J]. Nature communications, 2017, 8(1):1578.

[11] PITCHAPPA P, KUMAR A, LIANG H, et al. Frequency-agile temporal terahertz metamaterials[J]. Advanced optical materials, 2020, 8(12):2000101.

[12] PITCHAPPA P, KUMAR A, SINGH R, et al. Terahertz MEMS metadevices[J]. Journal of micromechanics and microengineering, 2021, 31(11):113001.

[13] PITCHAPPA P, HO C P, DHAKAR L, et al. Microelectromechanically reconfigurable interpixelated metamaterial for independent tuning of multiple resonances at terahertz spectral region[J]. Optica, 2015, 2(6):571.

[14] MORF T, KLEIN B, DESPONT M, et al. Wide bandwidth room-temperature THz imaging array based on antenna-coupled MOSFET bolometer[J]. Sensors and actuators A:physical, 2014, 215:96-104.

[15] DEAN R N, NORDINE P C, CHRISTODOULOU C G. 3-D helical THz antennas[J]. Microwave and optical technology letters,2000,24(2):106-111.

[16] MA H,XIAO X,ZHANG X,et al. Recent advances for phase-transition materials for actuators[J]. Journal of applied physics,2020,128(10):101101.

[17] FENG Y,TSAO H,BARKER N S. THz MEMS switch design[J]. Micromachines,2022,13(5):745.

[18] TAO H,STRIKWERDA A C,FAN K,et al. Reconfigurable terahertz metamaterials[J]. Physical review letters,2009,103(14):147401.

[19] ZHU W M,DONG B,SONG Q H,et al. Tunable meta-fluidic-materials base on multilayered microfluidic system[C]//2014 IEEE 27th International Conference on Micro Electro Mechanical Systems,2014:88-91.

[20] KAN T,ISOZAKI A,KANDA N,et al. Enantiomeric switching of chiral metamaterial for terahertz polarization modulation employing vertically deformable MEMS spirals[J]. Nature communications,2015,6(1):8422.

[21] 郭方金,王维波,陈忠飞,等. 太赫兹固态放大器研究进展[J]. 电子技术应用, 2019,45(8):19-25.

[22] PEARSON J C,DROUIN B J,MAESTRINI A,et al. Demonstration of a room temperature 2.48~2.75 THz coherent spectroscopy source[J]. Review of scientific instruments,2011,82(9):093105.

[23] HAN Y W,ZHANG B,FAN Y. A 650 GHz four-anode GaAs monolithic integrated frequencytripler[C]//2014 IEEE International Conference on Electron Devices and Solid-State Circuits,2014:1-2.

[24] VIEGAS C,POWELL J,LIU H,et al. On-chip integrated backshort for relaxation of machining accuracy requirements in frequency multipliers[J]. IEEE microwave and wireless components letters,2021,31(2):188-191.

[25] BULCHA B T,KURTZ D S,GROPPI C,et al. THz Schottky diode harmonic mixers for QCL phase-locking[C]//The 38th International Conference on Infrared, Millimeter, and Terahertz Waves,2013:1-2.

[26] TREUTTEL J,GATILOVA L,MAESTRINI A,et al. A 520~620 GHz Schottky receiver front-end for planetary science and remote sensing with 1070~1500 K DSB noise temperature at room temperature[J]. IEEE transactions on terahertz science and technology,2016,6(1):148-155.

[27] 杨大宝,王俊龙,张立森,等. 330 GHz 单片集成分谐波混频器[J]. 红外与激光工程, 2019,48(2):259-263.

[28] LEI M F,WANG H. A 100~120 GHz quadruple-LO pumped harmonic diode mixer using standard GaAs based 0.15-/spl mu/m PHEMT process[C]//2005 Asia-Pacific Microwave Conference Proceedings,2005:3.

[29] MESSINGER T,MULLER D,ANTES J. Divide-by-8 phase detector MMIC for PLL-based carrier recovery in E-band communication[C]//Proceedings of the 9th German Microwave

Conference,2015:237-240.

[30] CHENG X,ZHANG L,DENG X J. Ka-band low noise amplifier using 70 nm MHEMT process for wideband communication[C]//Proceedings of the Semiconductor Technology International Conference,2017:7919889.

[31] URTEAGA M,PIERSON R,ROWELL P,et al. 130 nm InP DHBTs with $f_t>0.52$ THz and $f_{max}>1.1$ THz[C]//The 69th Device Research Conference,2011:281-282.

[32] RADISIC V,SCOTT D W,MONIER C,et al. InP HBT transferred substrate amplifiers operating to 600 GHz[C]//2015 IEEE MTT-S International Microwave Symposium,2015:1-3.

[33] YAN S,WEI C,YAN L H,et al. A 300 GHz monolithic integrated amplifier in 0.5 μm InP double heterojunction bipolar transistor technology[C]//2018 International Conference on Microwave and Millimeter Wave Technology,2018:1-3.

[34] TESSMANN A,KALLFASS I,LEUTHER A,et al. Metamorphic HEMT MMICs and modules for use in a high-bandwidth 210 GHz radar[J]. IEEE journal of solid-state circuits,2008, 43(10):2194-2205.

[35] MEI X,YOSHIDA W,LANGE M,et al. First demonstration of amplification at 1 THz using 25 nm InP high electron mobility transistor process[J]. IEEE electron device letters,2015,36 (4):327-329.

[36] ESTELLA N,BUI L,CAMARGO E,et al. 35 nm InP HEMT LNAs at E/W-band frequencies [C]//2016 IEEE Compound Semiconductor Integrated Circuit Symposium,2016:1-3.

[37] MARGOMENOS A,KURDOGHLIAN A,MICOVIC M,et al. GaN technology for E,W and G-band applications[C]//2014 IEEE Compound Semiconductor Integrated Circuit Symposium,2014:1-4.

[38] KURDOGHLIAN A,MOYER H,SHARIFI H,et al. First demonstration of broadband W-band and D-band GaN MMICs for next generation communication systems[C]//2017 IEEE MTT-S International Microwave Symposium,2017:1126-1128.

[39] WU S B,GUO F J,GAO J F,et al. W-band AlGaN/GaN MMIC PA with 3.1 W output power[C]//The 14th China International Forum on Solid State Lighting:International Forum on Wide Bandgap Semiconductors China,2017:219-223.

[40] ROMANCZYK B,WIENECKE S,GUIDRY M,et al. Demonstration of constant 8 W/mm power density at 10,30,and 94 GHz in state-of-the-art millimeter-wave N-polar GaN MISHEMTs[J]. IEEE transactions on electron devices,2018,65(1):45-50.

第8章
太赫兹多模复合制导技术

精准制导是一种帮助导弹或弹药等武器获得对复杂环境信息的感知,实现对感兴趣目标的检测、分类和跟踪,进而实现精确打击的技术。导弹之所以可以精准命中目标,实施精确打击,就是因为我们可以按照导引规律对导弹实施精确控制。精准制导在复杂作战环境下的多目标打击中发挥着重要作用。衡量精准制导的主要指标参数包括制导精确度、目标识别能力、抗干扰能力、响应时间、可靠性,以及是否具有小型化、低剖面、低成本等。现代战争战场环境日益复杂,针对精准制导武器的对抗技术也快速发展,目标隐身、高速突防、多方位饱和攻击等战术不断涌现,因此使用单一模式完成制导已经越来越难以满足精准打击的要求。

对作战环境信息的感知和交互主要由导引头来实现,即精准制导的核心,其工作原理如图8-1所示。导引头作为导弹的核心子系统之一,肩负着目标检测、分类和抗干扰的职责,为目标的拦截、选择、跟踪和打击提供支持。多模复合制导技术采用多种制导模式,能同时完成对目标检测的任务,克服了采用单一模式导引头的缺点与使用上的局限性,越来越受到各国的重视[1-2]。如今多模复合技术已经从双模复合制导发展到三模(甚至更多)复合制导,可复合模式的数量也在增多;同时,随着新频段的挖掘开发(如太赫兹波),多模复合制导逐渐可以在更加丰富的频段内进行工作。多模复合制导技术可以大幅度提高制导精度,增强制导系统的抗干扰能力,应用范围广泛,可应用于空空、地空、地舰等制导系统中,具有巨大的发展潜力[3-4]。

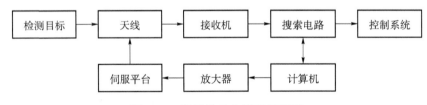

图8-1 导引头工作原理示意图

多模复合制导的重点在于"多模",即多种模式,是指可以在不同频段的电磁波(红外线、紫外线、可见光、微波、太赫兹波、毫米波等)或不同的工作体制(主动、半主动、被动、指令等)下工作的一种制导技术。多模复合制导根据导弹在整个飞行过程中的不同飞行段,选择不同模式的制导方式。目前,多模式复合制导的技术问题主要包括以下几方面:在结构设计上,必须在有限的空间内同时考虑两种以上的制导模式,如将激光、红外、电视探测系统集成在一个伺服框架上,多个模式之间不会产生相互干扰;在信号处理上,能够同时快速地处理多种模式发送和接收的信号,并对不同模式接收到的信号进行比对和组合,以获取更多情报,特别是对于干扰或复杂的作战场景,不同模式之间的切换和信息融合问题更为重要[5-8]。

8.1 多模复合制导技术概述

8.1.1 单模与多模复合制导技术对比

传统单模制导技术基于弹上传感器来探测、跟踪目标,并提取制导信息。由于制导作用距离较短,因此通常被用于末段制导。目前国内外较为成熟的单模制导技术主要包括惯性制导、卫星制导、电视制导、红外制导、激光制导和雷达制导等[9]。

1. 惯性制导

惯性制导是通过对安装在稳定平台上加速度计的输出进行积分来确定载体的速度和位置的制导方式。惯性制导不受外界电磁干扰影响,也不受电波传播条件所带来的工作环境限制,可以全球运行,其工作环境不仅包括空中、地面,甚至包括水下电磁波无法有效工作的环境。惯性制导不但可以获得导弹的位置和速度信息,还可以给出导弹的姿态数据,所提供的导航和制导数据相对全面。惯性制导的优点为抗外界干扰能力强,且在短期内的位置、速度和姿态信息准确;其缺点为制导精度会累积,因此需要定期修正,否则在振动冲击下会出现目标偏差。

2. 卫星制导

卫星导航系统(global navigation satellite system,GNSS)是以人造卫星作为导航台的星基无线电导航系统,是覆盖全球的自主地理空间定位的卫星系统,主要包括美国的全球定位系统(GPS)、俄罗斯的格洛纳斯系统(GLONASS)和中国的北斗卫星导航系统(BDS,图8-2)。卫星导航系统能提供全天时全天候的位置、速度和时间的全球定位。卫星制导的优点是利用卫星导航系统可以获取导弹实时的速度、位置及姿态信息;缺点是导弹上的接收机易受干扰而与卫星失联,还可能被来自敌方的虚假信号欺骗。

3. 电视制导

电视制导是一种被动制导方式,其将目标物反射的可见光信号作为参考,利用摄像头采集信号以实现对目标的定位和跟踪,从而指导制导系统命中目标。电视制导基于电耦合器件(charge coupled device,CCD),依据的是目标的可见光信息。电视制导的优点是隐蔽性好、分辨率高、成本低;缺点是不能获得目标的距离等信息,且较易受能见度、天气等影响,夜间无法使用。美国的AGM-65"幼畜"系列导弹中的A、B型均采用电视制导,如图8-3所示。

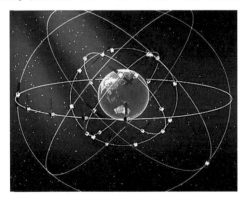

图8-2 北斗卫星导航系统

图8-3 AGM-65"幼畜"导弹

4. 红外制导

红外制导是一种被动制导方式，其将目标产生的红外辐射作为参考，利用红外探测器采集信号，提取目标的角位置和视线角速度等信息，实现对目标的捕获和跟踪。一般选择 3~5 μm 的中波红外和 8~12 μm 的长波红外。近年来，红外成像技术快速发展，从点源成像、光学扫描成像，发展到凝视焦平面阵列成像，红外成像制导技术逐渐成为红外制导技术发展的主流[10]。红外制导的优点是灵敏度和分辨率高（角分辨率比雷达高出 1~2 个数量级），目标识别能力强、隐蔽性好，可昼夜作战；缺点是易受云、雾和烟尘等环境因素影响，无法获取弹目距离信息[11]。采用红外制导的典型代表是美国的 AIM-9X "响尾蛇" 导弹，如图 8-4 所示，其搭载的红外成像导引头采用了 128 像素×128 像素的碲化铟中波红外焦平面阵列（infrared focal plane array，IRFPA）。

图 8-4　AIM-9X "响尾蛇" 导弹

5. 激光制导

激光制导是一种主动制导方式，其先将激光器产生的激光波束照射于目标，再通过激光探测器接收由目标反射的激光信号，从而实现对目标的定位和跟踪。激光制导主要分为驾束制导、半主动寻的制导和主动寻的制导。其中，当前应用最广泛的是半主动寻的制导，工作波长一般为 1.06 μm 和 10.6 μm。激光半主动寻的制导的优点是制导精度高、抗干扰能力强、结构简单；缺点是较易受云、雨、雾和烟尘等环境因素影响，无法全天候工作，且需他机照射。美国的 "宝石路" 系列炸弹和 AGM-114 "海尔法" 导弹均是半主动寻的制导的典型代表[11]，如图 8-5 和图 8-6 所示。

图 8-5　"宝石路" 系列导弹

图 8-6　AGM-114 "海尔法" 导弹

6. 雷达制导

雷达制导分为主动寻的制导、半主动寻的制导和被动制导，应用得较多的是主动寻的制导和被动制导。主动寻的制导是指利用雷达发射电磁波，通过空间辐射照射到目标后产生回波,从而发现和跟踪目标。主动寻的制导的优点是可以获取目标的距离、角度、速度等信息,能够在云、雾及烟尘等环境下工作,具备一定的目标识别能力;缺点是设计和制造难度大,易被敌方发现和易受到干扰[12]。美国的 AIM-120 导弹是美军研制的第一款主动雷达制导空空导弹[10],如图 8-7 所示。相比主动寻的制导,被动制导只接收不发射,较难被敌方发现,覆盖频段范围更宽,但其无法获取弹目距离信息且无法抗目标关机[13],故通常与主动寻的制导复合使用,较为著名的有美国的 AGM-88E 导弹[14](图 8-8),该导弹采用主动雷达/被动雷达双模复合导引头进行末制导。

图 8-7　AIM-120 导弹

图 8-8　AGM-88E 导弹

表 8-1 对各种单模制导方式的优缺点进行了总结,从中可以看出,单模制导方式的技术成熟度高、成本较低,但是很难应对未来复杂多变的战场环境和干扰类型,特别是在提倡武器装备通用化、系列化理念的驱使下,研发跨平台、通用型的武器更是未来精准制导装备发展的现实需求。多模复合制导系统是指通过两种或两种以上模式制导系统组合形成的一套性能更强的制导系统,有望解决单一模式制导中存在的问题。

表 8-1　单模制导方式的优缺点比较

制导方式	优点	缺点
惯性制导	抗外界干扰能力强,短期内的位置、速度和姿态信息准确	制导精度会累积,需要定期修正,在振动冲击下会出现目标偏差
卫星制导	可以获取导弹实时的速度、位置及姿态信息	易受干扰而与卫星失联,还可能被来自敌方的虚假信号欺骗
电视制导	隐蔽性好;分辨率高;成本低	无法获得目标的距离信息;易受能见度、天气的影响
红外制导	灵敏度高;分辨率高;目标识别能力强;隐蔽性好;可昼夜作战	无法获得目标的距离信息;易受云、雾和烟尘等环境影响
激光制导	制导精度高;抗干扰能力强;结构简单	易受云、雾和烟尘等环境因素影响;需要辅助照射
雷达制导	可以获取目标的距离、角度、速度等信息;能够在云、雾及烟尘等环境下工作,具备一定的目标识别能力	设计和制造难度大;易被敌方发现和易受到干扰

与单模制导相比,多模复合制导具有以下优势[11]:

（1）可以弥补不同制导机制、不同制导频段的不足。通过多模探测模式的优势互补，可以提高制导精度，增强制导系统的抗干扰能力。

（2）能够缓解制导距离和制导精度之间的矛盾。在保证制导精度的同时，合理利用多种模式协同运作，可以增加探测的距离。

（3）与不同作战武器的兼容性更强。不同的战场环境对作战武器的需求不统一，而多模复合制导系统能够适应各种不同的复杂战场环境。

与单模制导相比，多模复合制导具有以下劣势：

（1）结构设计较复杂，制造加工难度大，设计和研发成本较高。

（2）对器件的体积、功耗和性能的要求较高，电磁兼容难度较大。

（3）限制并降低了各自单模传感器的性能。

8.1.2 多模复合制导原则

广义的多模复合制导包括多导引头复合制导、多制导方式的复合制导、多功能复合制导、多频谱复合制导等。一般把导弹飞行过程分为初段、中段和末段三个阶段，如图 8-9 所示。每个阶段使用某种制导方式，这样的组合制导方式称为串联复合制导。串联复合制导实现了全程制导，可有效提高制导抗干扰能力、制导精度和制导范围。

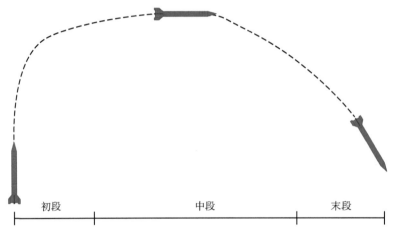

图 8-9 导弹飞行的三个阶段：初段、中段和末段

多模复合制导系统能够正常高效工作的前提是不同制导模式之间的相互干扰要尽可能小，兼容性要强。多模复合制导系统的最终目的是突破各种复杂的干扰，实现对目标的精准探测。多模复合制导系统的设计需要遵循以下原则[15]：

（1）不同制导模式的工作频率要尽可能避开，相差越大越好。

（2）不同制导模式的制导机制要尽可能不一样，包括制导系统接收信号的形式、制导系统的主被动性等。

（3）不同制导模式要尽可能在探测范围和抗干扰能力上形成功能互补，以提高制导系统的性能。

（4）不同制导模式组件的口径要尽可能统一，便于实现其口径复合，提高系统的空间利用率。

(5) 制导系统组件要尽可能使用固态电路设计，便于整体系统实现集成化、小型化。

8.1.3 多模复合制导技术国内外研究现状

自 20 世纪 70 年代中期起，国外便展开了对多模复合制导技术的研究。早期的多模复合制导技术主要包括微波/红外复合制导和双频段光学复合制导。例如，美国的单兵携带式"毒刺"近程地空导弹（图 8-10）配备了光学双色导引头，能够对在低空飞行的飞机造成较大的威胁。苏联的"金花鼠"地空导弹武器系统（SA-13）同时配备雷达测距和红外制导系统，拥有较高的自动化水平，作战反应时间短，仅为 12 s。俄罗斯的"小妖精"SA-N-8 舰空导弹采用了微波/红外复合制导技术，提高系统抗红外干扰能力的同时，缩短了制导系统的反应时间。

图 8-10 美国"毒刺"近程地空导弹

20 世纪 80 年代，微波雷达多模复合制导技术得到发展，如苏联的蚊式"白蛉"3M80 超声速掠海反舰导弹；20 世纪 90 年代，美国雷锡恩公司对"爱国者"PAC-2 地空导弹系统进行改进，将惯性加指令修正制导和半主动雷达制导技术运用到其中。随着红外成像技术的进步，美国研制了装配雷达/红外成像双模导引头的 AGM-84E"斯拉姆"远程对地攻击导弹，如图 8-11 所示。

8-11 AGM-84E"斯拉姆"远程对地攻击导弹

进入 21 世纪后，毫米波/红外多模复合制导技术成为各国广泛研究的对象。例如，德国研制了用于长距离间接射击的 SMArt 155 mm 智能精准制导集束弹，如图 8-12 所示，到达攻击范围后会利用红外线/毫米波雷达进行区域扫描。由于该导弹制导系统中使用了多种探测器,能够在多种环境和天气状态下正常运行。

目前,国外现役的多模复合制导导弹装备的制导系统主要以光学双色、雷达/红外、毫米波/红外等双模复合制导系统为主。三模制导正处于研究和试验阶段,装备量较少。2008年,英国空军对"硫磺石"导弹(图8-13)进行升级,采用先进的毫米波/激光半主动技术取代先前的单模毫米波制导方式,使其能够在更加复杂的环境中完成对目标的搜索和跟踪[14]。"硫磺石"导弹的主要作战对象为地面装甲类目标,具备全天候作战能力,双模中的激光半主动模式主要针对地面静止目标,毫米波雷达模式主要针对地面移动目标。实际作战中,导引头首先根据地面或他机的激光指示在较远距离处截获目标,待稳定跟踪目标后切换至毫米波跟踪模式;如果雷达已锁定目标,则无须激光指引,仅靠主动雷达便可实现对目标的持续跟踪。

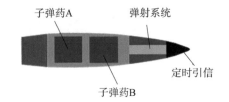

图 8-12 SMArt 155 mm 导弹结构示意图

图 8-13 "硫磺石"导弹

2019年,超远距离反舰导弹LRASM导弹(图8-14)正式装备美国海军[16]。LRASM是美国洛克希德·马丁公司在研的一款亚声速远程反舰导弹。LRASM导弹的复合导引头由英国BAE系统公司研制,综合了红外成像和被动雷达的双模导引头。LRASM导弹在飞行过程中利用双向数据链获取卫星、无人机、舰船等平台的数据进行中继制导,末段则依靠复合导引头自主探测并锁定目标。其复合导引头可探测和感知飞行航迹内的舰船,绕开威胁区域或无关舰船,并对探测局域的信号进行智能分类。LRASM导弹的双模制导均属于被动制导,自身不发射电磁波,可以有效地减少导弹被发现和侦测的概率,具备较强的抗干扰和突防能力。

图 8-14 LRASM 导弹

精准制导技术是海湾战争中至关重要的技术,受海湾战争启示,国内开始了对多模复合制导技术的研究,先后发展了红外成像/激光复合制导、毫米波/红外成像制导等系统,并在一些武器上得到实际应用。2012年,小直径灵巧炸弹CM-506KG在珠海第九届航展上亮相,其采用红外成像/毫米波复合制导方式,提高了导弹在复杂城区作战环境的适应能力。

2017 年，FL3000 近程防空导弹（图 8 – 15）首次亮相，其同时具备雷达/被动式红外成像制导和主动式红外成像制导两种制导模式，可以有效地对抗各种反舰武器。2019 年 10 月 1 日，长剑 – 100 巡航导弹在天安门广场接受检阅，该导弹配备了卫星数据链/北斗卫星定位/红外成像/北斗卫星定位多模复合制导技术，目标选择能力得到大幅增强。

图 8 – 15　FL3000 舰空导弹

8.2　高效多模复合策略分析

多模复合的前提是要充分考虑作战目标和电磁波干扰状态，根据敌方目标和天文地理环境，选择较为优化的复合方案。因此，高效的多模复合制导技术需要考虑下面几方面。

1. 总体设计

多模复合制导技术与单模制导技术的不同点在于，虽然能提高制导系统在复杂环境下的精准寻的性能，但会增加系统设计的复杂度。在系统设计过程中，需要综合考虑导弹的弹体结构、尺寸、目标物的散射特性、成本等因素，需要考核的指标包括导引头的工作模式、工作频段、弹体尺寸等。

2. 多模探测器的结构复合技术

多模探测器是多模复合系统的核心部件，其复合结构的设计过程中不仅要考虑各个工作模式的单独性能指标，还要考虑不同工作模式之间的耦合和干扰，同时需要保证整体结构能与武器相兼容，包括体积、形态、气动性能等。经典的微波/红外复合制导技术的探测器设计包含以下三种方案。

1）共孔径方案

共孔径方案将红外探测器和雷达探测器置于同一平面（通常将红外探头置于雷达天线中心），如图 8 – 16 所示，具有结构紧凑、占据空间小、光/电轴重合等特点。当前，相控阵天线成为应用热点，相较于传统依靠机械转动实现波束扫描的伺服系统，它具有扫描速度快、体积小等优势，逐渐成为多模复合制导系统中的关键技术。双频天线罩是该方案实现的难点，由于双频带的频谱距离较远，因此天线罩的设计和加工成为难点，通常利用频率选择表面和镀膜等技术实现。

2）分孔径方案

分孔径方案与共孔径方案的不同点在于分孔径方案将雷达天线与红外探头放置于不同平面，从空间结构上解决了红外与雷达信号相互干扰的问题，但是往往需要牺牲一定的空间，

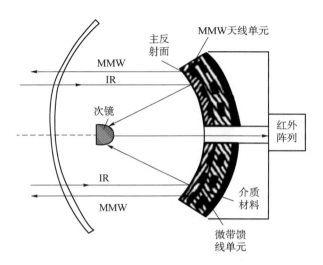

图 8-16　卡塞格伦光学-阵列天线复合方案

故其对弹体空间的要求更高，一般应用于大型导弹系统的设计中。例如，美国的"海麻雀" RIM-7R 导弹采用了分孔径式雷达/红外复合制导技术，将红外探测器安置于雷达天线后方舱体的侧面。

3）共形天线方案

共形天线方案属于较为前沿的解决方案，其将雷达天线通过蚀刻/预埋等方法安置于导引头罩体表面或内部，将红外探测器安置于罩体后方的中心位置，如图 8-17 所示，巧妙地解决了空间占用问题。但是，共形天线的实现对设计和加工提出了很高的要求。不同于传统规则的平面天线，共形天线将天线形态与导引头的形态融为一体，附着于曲面的天线辐射特性的计算仿真难度大大增加。同时，如何降低共形天线罩体对于红外探测器透射率的影响，也是一项待解决的难题。

图 8-17　共形天线

3. 多模复合导引头头罩设计

作为导引头的头罩，选用的材料必须具有耐高温、耐腐蚀、高硬度、物理特性稳定等特点，还要能兼容雷达/红外等多个频段辐射的透射。实际选材过程中会发现，耐高温的材料在做到透射雷达信号的同时，能够保证红外线具有较高的透射率；而能够保证红外线高透射率材料的硬度和耐热性很难达到作为导引头使用的要求。因此，在多模复合导引头的实际设计中，往往采用两层头罩结构，使雷达系统处于长时间的工作状态中，而当红外探测系统需要工作时，便使外层的头罩自动脱落，实现有限时间内的多模复合工作模式。

4. 多模复合信息融合技术

多模复合信息融合技术通过高性能处理器将多模探测器接收到的信号进行融合，以获得更精确和更有效的指导信息。多模复合信号处理包括了数据预处理、数据关联和数据融合等步骤。

数据预处理的目的就是将不同模式的信号进行调整优化并变换到统一的对比体系，以便更直观地对不同类型的信号进行比对和融合，主要包括以下方面。

（1）时间匹配：通过最小二乘法等方法将不同模式传感器接收到的信号用统一时间尺度表示。

（2）空间匹配：通过复合捷联去耦等方法对空间测量误差进行补偿。

（3）滤除野值：通过卡尔曼滤波等方法对接收到的信号中的异常值进行筛除。

数据关联是为了找出不同模式信号中关于同一被探测目标的部分，主要包括：统计学方法，如加权法、独立序贯法、相关序贯法等；模糊数学方法，如利用隶属度函数描述不同数据的相似度。

5. 复合模式信号处理技术

由于需要对大规模多层次不同频率信号进行复杂处理，同时需要保证计算的速度，因此对数据处理器提出了极高的要求。例如，美国 VPX 总线标准系统是一款经典的处理系统设计架构，兼具高速串行交换、矢量并行计算、复杂软硬件系统、高速通信模块和实时操作系统等先进技术，已成功应用于 F-16、F-22 等战斗机，是国际上先进嵌入式处理机的代表。

8.3 太赫兹多模复合

太赫兹技术因其通信容量大、方向性好、保密性及抗干扰能力强等特点，将对制导技术的发展带来革命性变化。在新型战争形态下，制导武器的作战目标、使命任务以及战场环境将发生显著变化，这将给多模复合制导技术带来前所未有的挑战，并促使多模复合技术向多模复合成像、分布式、网络化、低成本、小型化和高精度等方向发展。依托微波/毫米波/太赫兹/红外/可见光多模复合技术，对于推动未来精准制导技术突破性进步具有重要意义。

8.3.1 太赫兹多模复合策略分析

太赫兹波具有频率高、带宽极高、烟雾穿透能力强、受气动光学效应影响小等特点。而且，在相同相对带宽的条件下，太赫兹波相较于微波及毫米波拥有更宽的绝对带宽，将其用于高分辨成像具有显著的优势，同时对于运动目标的检测也更加灵敏。诸多优势使得太赫兹制导技术拥有良好的发展前景。总的来说，太赫兹制导具备以下优势。

（1）宽带宽：将宽带信号特性用于探测中，能够获得目标物更多的成像信息。

（2）角度分辨率高：相较于微波和毫米波，太赫兹波的波长短，天线的尺寸更小。在相同孔径的条件下，太赫兹天线的增益更高，天线辐射波束的宽度更窄。

（3）抗干扰能力强：相较于红外制导和电视制导，太赫兹制导更不容易受云雾的干扰。同时，太赫兹雷达的波束极窄，不易被侦察。

（4）反隐身能力强：目前，针对微波制导技术、毫米波制导技术及红外制导技术等，已有相对成熟的反制策略。基于此，太赫兹制导技术以其独特的技术优势，能更有效地对抗等离子体隐身技术。

然而，水分子、氨分子等极性分子对太赫兹波具有明显的吸收性，使用太赫兹波进行制导只能在有效穿透距离内进行。并且由于现阶段太赫兹源和探测器不成熟，太赫兹制导技术的发展受到制约。总的来说，太赫兹制导具备以下劣势：

（1）太赫兹波会因为容易被水分子、氨分子等极性分子吸收而制导能力下降[17]。

（2）太赫兹探测器受外界环境温度的影响大，战场温度的改变可能引起太赫兹探测的探测精度下降。

（3）当前太赫兹源的发射功率不够高。

（4）当前太赫兹探测器的灵敏度、线性度、噪声等效功率等性能指标不够优秀。

如上所述，太赫兹具有窄波束优势，但是目前存在反射功率不够高的问题，在与常规的制导方式结合时，可以采用远端利用常规制导方式，当导弹进入距离目标较近的范围时，就切换成太赫兹制导，发挥太赫兹制导的优势，实现精准制导。在使用太赫兹制导时，需要考虑大气吸收问题，选取合适的大气窗口频率。

8.3.2 微波太赫兹广角共口径复合前端实例

在太赫兹探测应用中[18]，接收前端天线增益和扫描角度是最重要的两个指标，它们分别决定了太赫兹探测的作用距离与覆盖范围。实现高增益前端的方法一般是利用高增益天线（如反射面、卡塞格伦天线等），这种方法需要配合机械伺服结构才能实现大角度的扫描，但是机械扫描的波束覆盖效率低，已经难以满足现代高速移动目标探测的需求[19]。为同时实现高增益与广角波束覆盖，需要采用相控阵的方式设计接收前端，但是微波频段相控阵的体积大、制作成本高，而太赫兹频段缺乏相应的 TR 组件。

结合微波频段的电磁波损耗小、探测距离远的优势，以及太赫兹频段电磁波的带宽宽、分辨率高的特点，在此提出两种微波太赫兹广角共口径复合前端设计的方案，以实现远距离发现探测目标、近距离高分辨识别的复合探测系统。反射式的反射面天线和卡塞格伦天线常用于小视场焦平面成像中，焦平面视场角仅有几度，远远不能满足大视场的需求。除相控阵天线、机械扫描的方法外，利用广角透镜天线实现大角度范围内的波束会聚，能有效解决焦平面成像的视场角问题。

微波太赫兹广角共口径复合前端设计中需要考虑以下几方面：工作体制的选择、天伺馈形式、微波和太赫兹的大气传播特性、探测识别目标特性、雷达杂波影响、作用距离和威力、信号识别与处理技术。作为一个设计实例，给出一种微波与太赫兹复合广角共口径焦平面天线前端的设计方案（图 8-18），双频共口径天线为广角透镜组，分束器是具有分束功能的超表面

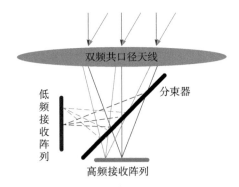

图 8-18　微波与太赫兹复合广角共口径焦平面天线前端的设计方案

结构，微波频段和太赫兹频段的电磁波经由广角透镜组和 FSS 分束器分别会聚于对应的焦平面上，实现微波太赫兹复合探测前端设计。利用广角透镜设计的天线前端，其优势在于视场角可自由设计，解决波束覆盖问题；其缺点在于增益较低、透镜天线设计较为复杂。根据分束位置的不同，以下提出两种微波太赫兹广角共口径复合前端的设计方案。

1. 第一种设计方案的广角共口径焦平面前端

如图 8-19 所示，广角透镜组由三片透镜组成，S1~S6 分别为透镜组的六个折射面，实现对广角波束的会聚及像差校准。FSS（frequency selective surface，频率选择表面）分束器位于焦平面（探测阵列）和透镜组之间，实现波束分离。

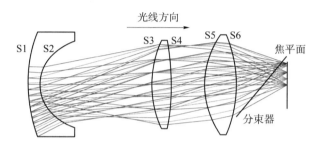

图 8-19 第一种设计方案的广角共口径焦平面前端

1）材料选择

在透镜组的设计中，考虑到介质材料的介质损耗，以及电磁波入射至介质表面产生的反射损耗，机制材料的选择偏向于低介电常数及低损耗。此外，微波和太赫兹波频率相差较大，在实际应用中应选择宽频段的介质，以避免设计中色散带来的影响。在更严格的设计中，设计双频段工作的介质透镜时需要考虑介质色散带来的影响，即进一步校准色差。因此，材料的选择在太赫兹透镜组的设计中尤为重要。常用的宽频带介质材料有特氟龙（相对介电常数 $\varepsilon_r = 2.10$，带宽 BW $= 0.1 \sim 2.6$ THz），高聚乙烯（$\varepsilon_r = 2.36$，BW $= 0.1 \sim 4.25$ THz）等。综合考虑，此处选用高聚乙烯作为透镜设计的介质材料。

2）透镜设计

以视场角为 66°的广角透镜天线设计为例。设微波波段的工作频率为 f_1，太赫兹波段的工作频段为 f_2，采用高聚乙烯材料作为介质材料，在 0°~33°的波束会聚效果如图 8-20 所示，0°、10°、20°、30°、33°对应在像面上的位置分别为 0 mm、7.367 mm、14.934 mm、22.869 mm、25.337 mm。因此，66°视场角对应的焦平面直径为 50.674 mm。从点列图上看，透镜的会聚性能良好，艾里斑尺寸小于 1 mm。

3）FSS 分束器仿真设计

在 FSS 分束器的设计中，根据透射或反射特性，FSS 可以分为带通滤波器、带阻滤波器两种类型。以设计在 100 GHz 的带通滤波器 FSS 为例，要求在 50 GHz 时电磁波反射，在 100 GHz 时电磁波透射。介质基板选用 0.5 mm 厚度的 Rogers 5880 材料，FSS 单元结构如图 8-21 所示，超表面单元由两层相同的金属图案及中间的介质结构构成。FSS 周期为 2 mm，金属图案为方环型结构，外边长为 1.6 mm，金属环宽度为 0.2 mm。从 FSS 单元结构的 S11 参数仿真结果（图 8-22）来看，该 FSS 单元结构在 100 GHz 具有良好的透射性能，反射系数为 -35.2 dB，在 50 GHz 处具有良好的反射性能，反射系数为 -0.04 dB。因此，

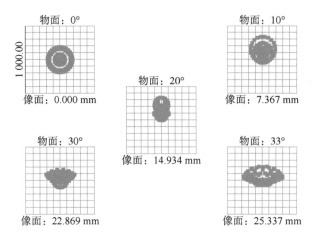

图 8-20　广角透镜点列图仿真结果

该 FSS 为 100 GHz 频率下的带通滤波器,在广角共口径微波太赫兹复合前端中可以作为透射高频电磁波、反射低频电磁波的超表面分束器来使用。

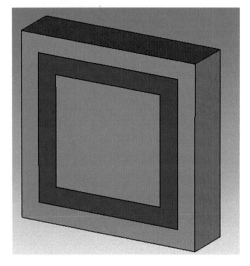

图 8-21　FSS 单元结构

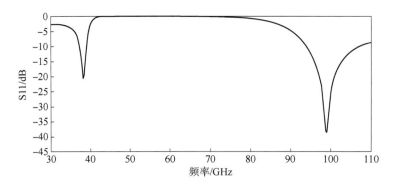

图 8-22　FSS 单元结构的 S11 参数仿真结果

2. 第二种设计方案的广角共口径焦平面前端

在实际应用中,微波和太赫兹频段的焦平面尺寸并不相同,此时若继续采用第一种设计方案,则会在两个频率中产生一定的视场损失。因此,考虑到不同焦距和焦面大小的情况,提出第二种广角共口径焦平面前端设计。如图 8-23 所示,双频电磁波经第一级透镜后,由 FSS 分束器分束并分别经后续两级透镜,最终会聚于两个不同大小的焦平面上。

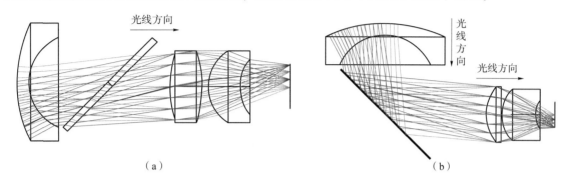

图 8-23 第二种广角共口径焦平面前端

(a) FSS 透射时,透射光线会聚示意图;(b) FSS 反射时,透镜光线会聚示意图

在此设计了 60°视场角的微波太赫兹复合前端,透镜点列图仿真结果如图 8-24 所示,从图中可知,物面角度为 0°、30°时对应的反射焦点 y 轴位置分别为 -0.886 mm 和 28.492 mm,即反射焦平面半像高为 29.378 mm(28.492 mm + 0.886 mm),由于透镜口径为圆形,对所有对称轴上的 ±30°视场组成的焦平面区域为圆形,总像高(焦平面直径)为 58.756 mm(29.378 mm×2);同理可得,反射时总像高(焦平面直径)为 32.36 mm。且从艾里斑的大小可以看出,透镜在透射和反射时的会聚效果良好。因此,第二种设计方案的广角共口径焦平面天线前端能够实现不同焦面大小的设计需求,使得共口径焦面探测前端的设计更为灵活。

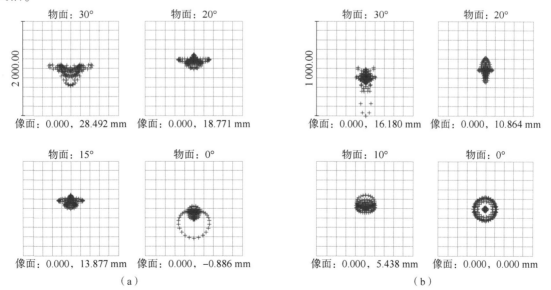

图 8-24 第二种广角透镜点列图仿真结果

(a) 透射结果;(b) 反射结果

8.3.3 太赫兹多模复合制导技术前景展望

为了有效发挥太赫兹制导技术在复杂战场环境中强大的抗干扰能力和对于运动目标的高分辨率快速探测能力，同时与传统的制导技术形成良好的兼容，降低多模复合系统的生产和应用成本，太赫兹多模复合制导系统有望向以下几个方向发展。

1) 多模成像制导技术

近年来，多模成像制导技术（包括雷达/红外、雷达/激光、红外/激光等双模制导技术）成为各国的研究热点。相较于单模成像技术，多模复合成像技术能够获得被探测目标在更多频段上的成像信息，从而能够增强对目标的有效辨别能力。太赫兹成像技术的引入能丰富多模成像制导技术获取的光谱信息类型，使其更加能够适应多变的战场环境[20-21]。

2) 分布式复合制导技术

相较于传统战争，现代战争的形态发生了翻天覆地的变化，对智能化、协同化、网络化的要求更高。发展分布式复合制导技术，将成为未来精准制导的重要研究方向。分布式复合制导技术通过多层次空间范围（包括太空、天空、海洋、陆地）内多频率信息的获取，掌握实时多变的复杂战场的目标信息。太赫兹制导技术将与传统制导技术共同构建分布式复合制导信息网络[21]。

3) 低成本的多模复合制导技术

多模式制导技术的大规模应用，引起了各国对于制导技术制导精度的关注，使得各国不得不考虑其应用成本。由于惯性导航技术在多模复合精准制导系统中得到越来越广泛的应用，多模复合系统对末端制导技术的覆盖距离的要求降低，因此系统成本也可以得到降低。GPS/红外成像、GPS/激光、北斗/红外等多模复合制导系统已经得到实际应用。太赫兹/毫米波/微波等成本高的半主动式多模复合制导技术有望成为潜在的发展方向[22]。

参 考 文 献

[1] 刘箴,张宁,吴馨远.多模复合导引头发展现状及趋势[J].飞航导弹,2019(10):90-96.

[2] 徐春夷.复合制导技术的现状与发展[J].制导与引信,2008(1):17-21.

[3] JACKSON P B. Overview of missile flight control systems [J]. Johns Hopkins APL technical digest,2010,29(1):9-24.

[4] 何国俊.双模复合制导导弹系统[J].现代防御技术,2004(4):43-47.

[5] 张宏飞,周旭宜.多模复合制导武器现状与分析[J].航空兵器,2012(6):24-27.

[6] 池庆玺,裴虎城.复合制导信息融合技术在飞行器中的应用探讨[J].计算机与数字工程,2010,38(3):154-156.

[7] 韦道知,赵岩,黄树彩,等.复合导引头多源异步信息融合精确拦截算法[J].国防科技大学学报,2016,38(3):154-159.

[8] 刘富强,张领军,贺珍.雷达/红外复合制导模拟方法研究[J].航天电子对抗,2011,27(3):1-3.

[9] 魏政,杜勇,刘辉,等.多模复合制导技术的发展现状与分析[J].航空兵器,2022,29(6):26-33.

[10] 李同顺,奚勇,印剑飞.对空红外制导关键技术发展分析[J].上海航天,2021,38(3):163-170.

[11] 张宏飞,周旭宜.多模复合制导武器现状与分析[J].航空兵器,2012(6):24-27.

[12] 磨国瑞,张江华,李超,等.毫米波雷达/红外成像复合制导技术研究[J].火控雷达技术,2018,47(1):1-5.

[13] 张雷雷,王铎.复合导引头制导技术研究[J].红外,2019,40(5):18-22.

[14] 刘箴,张宁,吴馨远.多模复合导引头发展现状及趋势[J].飞航导弹,2019(10):90-96.

[15] 杨祖快,刘鼎臣,李红军.多模复合制导应用技术研究[J].导弹与航天运载技术,2003(3):13-18.

[16] 孟博.美国远程反舰导弹LRASM分析与思考[J].指挥控制与仿真,2022,44(2):137-140.

[17] 赵国忠,申彦春,刘影.太赫兹技术在军事和安全领域的应用[J].电子测量与仪器学报,2015,29(8):1097-1101.

[18] ERGUN S, SONMEZ S. Terahertz technology for military applications [J]. Journal of management and information science, 2015, 3(1):13-16.

[19] ELFERGANI I, HUSSAINI A S, RODRIGUEZ J, et al. Antenna fundamentals for legacy mobile applications and beyond [M]. Berlin: Springer, 2018.

[20] 陈浩川,张彬,张振华.精确制导多体制探测技术新进展[J].遥测遥控,2017,38(6):23-29.

[21] 左卫,周波华,李文柱.多模及复合精确制导技术的研究进展与发展分析[J].空天防御,2019,2(3):44-52.

[22] 高晓冬,王枫,范晋祥.精确制导系统面临的挑战与对策[J].战术导弹技术,2017(6):62-69.

第 9 章
太赫兹通信

随着计算机、互联网及人工智能等技术的不断进步，人类对无线通信系统的带宽和速率的需求飞速增长。为了增加通信带宽，采用高频率的通信载波是一种有效的方法。太赫兹通信链路的优势在于：与毫米波链路相比，它的载波频率更高，可用带宽更大；与红外线链路相比，太赫兹链路的安全性、保密性更强，且不容易受到大气闪烁的影响。因此，太赫兹通信技术具有重大的应用潜力，本章旨在对以太赫兹波作为数据的自由空间载波的太赫兹通信系统进行全面综述。

9.1 太赫兹通信基本特征

太赫兹通信是指利用太赫兹波作为信息载体的通信技术。在外太空中近似真空的状态下，太赫兹通信技术能实现较当前的超宽带通信技术快近千倍的信息传输速率。国际电信联盟已经为卫星通信预留了 200 GHz 频段，随着卫星通信技术的快速发展，未来 300 GHz 以上频率范围的卫星通信应用也将展开。2022 年，第二届全球 6G 技术大会对现阶段太赫兹技术的发展进行了阶段性总结，并对太赫兹技术在 6G 通信中的应用展开探讨。面向 2030 年及更遥远的未来，6G 通信将加速万物智联时代的开启，促进数字世界与现实世界的融合。太赫兹波在电磁频谱中所处的位置特殊，相较于微波、毫米波、红外线、可见光，太赫兹波具备众多独特的技术特征。了解太赫兹通信的基本特征是设计太赫兹通信系统的重要前提。

9.1.1 太赫兹辐射的方向性

假设太赫兹通信系统的辐射功率与输入功率匹配，则天线的增益等于方向性，在这种情况下可用简化的弗里斯传输方式（Friis transmission equation）分析自由空间衍射效应对太赫兹系统的影响[1]：

$$P_{out} = P_{in} \frac{A_t A_r}{d^2 \lambda^2} F_r \cdot F_t \cdot \tau \cdot \varepsilon_p \tag{9-1}$$

式中，A_t, A_r——发射机和接收机的有效孔径；

P_{in}, P_{out}——输入功率和输出功率；

d——发射机和接收机之间的距离；

λ——工作波长；

F_t, F_r——发射机和接收机的天线方向图；

τ——功率传输因子；

ε_p——极化耦合效率。

在太赫兹通信系统中，相同的天线口径条件下，太赫兹波相对于微波和毫米波具有波束宽度窄、方向性强、探测效率高等特性。

1）波束宽度窄

由于太赫兹波的波长较短，因此波束宽度相对较窄。这使得太赫兹通信系统能够更精确地定向和聚焦信号，提高系统的方向性和定位精度。因此，太赫兹波适合于对方向性要求很高的定点保密通信。但是，较窄的波束也使得对太赫兹波波束的精准控制和跟踪变得具有挑战性。

2）方向性强

太赫兹波的方向性与天线的增益直接相关。在相同的辐射功率和输入功率匹配的条件下，太赫兹通信系统的天线增益较高，表现出更好的方向性。这意味着在太赫兹通信系统中，波束的传播范围更为集中，有助于减少信号在空间传播过程中的能量损失。这对于构建视距通信系统尤为重要，尤其在需要精确定向传输的场景中。

3）探测效率高

根据式（9-1），探测器的接收功率随 $1/\lambda^2$ 发生变化，当波长减小或频率变高时，自由路径衍射损耗降低，探测效率就会相应提高。因此，太赫兹波相对较高的频率使得探测效率相应提高。这意味着太赫兹通信系统在传输时可以更有效地接收和利用能量。

9.1.2 太赫兹辐射的大气衰减特征

利用太赫兹波在大气环境中进行远距离通信时，太赫兹波的能量会发生大幅度衰减。由于大气中氧气分子和水分子的吸收峰基本上位于太赫兹频段范围，因此相较于 100 GHz 以下的微波和毫米波频段，太赫兹波在大气中的传输衰减要大得多。图 9-1 所示为标准环境（温度 $T=288$ K，水汽密度 $\rho=7.5$ g/m³，大气压强 $P=101.3$ kPa）条件下，在 0~1 000 GHz 频段，大气中氧气分子和水分子对太赫兹波的吸收衰减率。除了氧气分子和水分子对太赫兹波的吸收，大气环境中的散射效应也会降低太赫兹波的传输效率。散射会使太赫兹辐射在不同方向上发生传播，从而增加传播路径长度，引起信号衰减。大气对太赫兹辐射的衰减效应不仅会限制通信信号的传输距离，而且会降低通信系统的信噪比，从而降低通信质量。

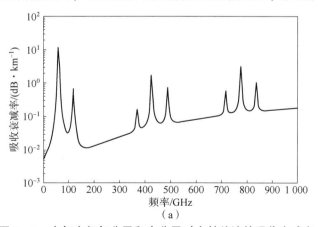

图 9-1 大气中氧气分子和水分子对太赫兹波的吸收衰减率

（a）氧气分子对太赫兹波的吸收衰减率

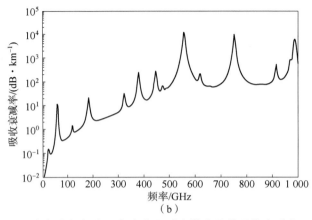

图 9-1 大气中氧气分子和水分子对太赫兹波的吸收衰减率（续）
(b) 水分子对太赫兹波的吸收衰减率

根据国际电信联盟无线通信委员会（ITU-R）提出的大气吸收率估算模型[2]，得到标准环境条件下，在 0~1 000 GHz 频段，太赫兹波在大气中的传输衰减率，如图 9-2 所示。随着频率的升高，太赫兹波在大气中的衰减率呈指数增加趋势，尤其是超过 310 GHz 后，太赫兹波的大气衰减较大，超过 10 dB/km。由于水分子为极性分子，对太赫兹波的衰减效应远强于氧气分子，所以在有水分子存在的条件下，太赫兹波在大气中的传输衰减率曲线图与大气环境中水分子对太赫兹波的吸收衰减率曲线图近似。太赫兹波的衰减率随频率升高而增大的过程中，会出现一些衰减峰；在这些衰减峰对应的频率附近，太赫兹波衰减率会急剧增大。避开这些衰减峰，选择对应相对较低衰减率的传输频率对于提高通信质量很重要。对应相对较低衰减率的频段称为"大气窗口"。对太赫兹大气窗口的研究表明，太赫兹波在 220 GHz、340 GHz、410 GHz、650 GHz 和 850 GHz 等频段附近存在相对透明的大气窗口，为太赫兹波在空气中的远距离传输提供了理论依据。

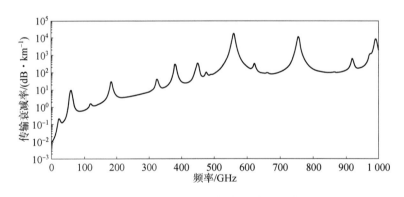

图 9-2 太赫兹波在大气中的传输衰减率

事实上，在雨天、雾天等天气情况下，水汽凝结体、雾气及雨滴散射等会额外衰减，并且不同地区和不同季节条件下，水汽分布特性也大不相同，太赫兹波的衰减率都会发生变化。而且，大气湍流引起的大气折射率变化可能导致太赫兹波等相位面被破坏，产生闪烁效应。尽管太赫兹波相较于红外线对于这种闪烁效应的抗干扰能力更强，但是在远距离通信中依然要考虑闪烁效应对太赫兹通信链路的恶化。在大气环境中进行通信时，选择合适的通信频率可以更有效地发挥太赫兹辐射方向性强的优势。由于在太空中不存在对太赫兹波产生吸收的空气,因此太赫兹波量子噪声低、能量效率高、方向性强的优点将进一步凸显。

9.1.3 太赫兹辐射的高传播损耗特性

假设太赫兹通信系统的天线是理想的全向天线,且不考虑功率传输因子和极化耦合效率,则弗里斯传输方程式(9-1)可以进一步简化为

$$P_{\text{out}} = P_{\text{in}} \frac{A_t A_r}{d^2 \lambda^2} \tag{9-2}$$

根据有效孔径 A 与功率增益 G 之间的关系:

$$A = \frac{\lambda^2}{4\pi} G \tag{9-3}$$

式(9-2)可以转换为

$$P_{\text{out}} = P_{\text{in}} G_t G_r \left(\frac{\lambda}{4\pi d}\right)^2 = P_{\text{in}} G_t G_r \left(\frac{c}{4\pi d f}\right)^2 \tag{9-4}$$

式中,G_t, G_r——发射机和接收机的功率增益;
c——光速;
f——频率。

将式(9-4)改写成以 dB 为单位的形式:

$$P_{\text{out}} = P_{\text{in}} + G_t + G_r + 20\lg \frac{c}{4\pi} - 20\lg d - 20\lg f \tag{9-5}$$

由此可推算出弗里斯自由空间传输损耗模型的计算公式:

$$L = P_{\text{in}} - P_{\text{out}} = -20\lg \frac{c}{4\pi} + 20\lg d + 20\lg f - G_t - G_r \tag{9-6}$$

由式(9-6)可知,电磁波的自由空间传输损耗会随着频率的升高而增加。由于太赫兹波的频率远高于微波/毫米波,因此自由空间传输损耗会更大。

根据弗里斯自由空间传输损耗模型,计算得出太赫兹波相较于 26 GHz 毫米波自由空间传输损耗差,如图 9-3 所示。频率在 1 THz 以下的太赫兹波相较于 26 GHz 毫米波自由空间传输损耗会增加 12~31 dB。并且,弗里斯自由空间传输损耗模型没有考虑到实际应用中大气中水分子对太赫兹波的吸收特性。因此,相同的发射功率和接收灵敏度条件下,太赫兹波通信的距离会比较短,更适用于室内短距离通信。如果将其应用于室外远距离通信,则需要超大规模阵列、中继通信等技术。

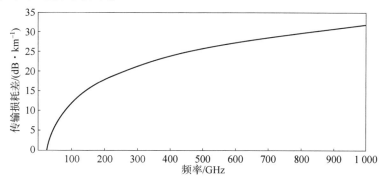

图 9-3 太赫兹波相较于 26 GHz 毫米波自由空间传输损耗差

9.2 太赫兹通信关键技术

未来太赫兹通信技术将意味着带来 Tbit/s 级别的通信速率，有望在全息通信、短距离超高速信息传输、微小尺寸通信等场景中得到应用。为了推动太赫兹通信走向实用化舞台，仍然有很多需要解决的问题。为此，学术界和工业界提出了相应的太赫兹通信关键技术。

9.2.1 太赫兹信道研究

1. 太赫兹信道建模

相较于微波/毫米波，太赫兹波具有频率高、波长短的特点，在空气中的传播损耗大、传输距离短。也因为波长短，太赫兹通信器件体积小、容易集成化，太赫兹辐射的定向性强。如何根据太赫兹波的特性来制订高效的通信方案，发挥太赫兹波的优势，对解决太赫兹波用于通信时的弊端问题至关重要。建立准确的太赫兹信道模型、提高频谱利用率、实现网络的优化部署，是提高太赫兹通信效率的基础研究内容，也是其走向实际应用的重要前提。

当前较成熟的信道建模方法包含三种类型，包括随机性信道建模、确定性信道建模和半确定性信道建模，下文将对这三种建模方法展开详细论述。

1) 随机性信道建模

随机性信道建模主要包括几何随机信道建模和相关性随机信道建模。几何随机信道建模是指通过几何理论，根据幅度、相位、位置、时延、出发角和到达角等参数，计算相应路径对应的信道响应。实际应用中，情况可能会更复杂，最终得到的信道响应往往是多个路径的叠加。几何随机信道建模的关键是将通信环境用概率密度函数表示，然后用不同的几何体构建出来。根据建模时使用的几何体的形状是否规则，几何随机信道建模可分为两类——规则几何随机信道建模、非规则几何随机信道建模。相关性随机信道建模是根据子信道之间的相关性计算最终的信道传输函数。

2) 确定性信道建模

确定性信道建模主要是指利用几何光学法和计算电磁学理论来实现信道建模。确定性信道建模在信道建模的过程中考虑到了实际通信环境中地形特征、建筑结构、材料特性等参数，因此计算精度很高，但一旦通信环境的复杂度增加，所需消耗的计算资源将大幅增加，所以确定性信道模型一般用于静态通信环境的建模。射线追踪法是一种常用的几何光学算法，通过对电磁波传播过程中的折射、反射、衍射等主要物理现象进行建模，然后计算获得确定的信道建模结果。计算电磁学的经典算法包括有限元法、矩量法和时域有限差分法等。

3) 半确定性信道建模

半确定性信道建模融合了随机性信道建模和确定性信道建模的优势，能对大多数无线通信信道模型进行准确估计，并且计算复杂度相对较低。半确定性信道建模将关键的路径分量用确定性信道模型表示计算，而其余部分利用随机性信道模型表示计算。常见的半确定性信道建模方法有 Q-D、COST 259、IMT-Advanced、SCM/SCME、Kronecker、VCR 等。

由于太赫兹波频率高、波束宽度窄、在空气中的传输损耗大，相较于微波/毫米波更接近光学特性，因此确定性信道建模中的几何光学法和半确定性信道建模方法更适用于太赫兹的信道建模。但无论哪种建模方式，都需要大量的实验测试数据作为支撑。为了适应未来多场景太赫兹通信应用，仍需科研工作者辛勤付出。

2. 太赫兹信道测量

常用的太赫兹信道测量仪器有矢量网络分析仪和信道探测器。利用矢量网络分析仪进行信道测量的原理：首先在频域依次测试子窄带的信道传递函数，然后利用快速傅里叶逆变换得到信道冲激响应。不同于矢量网络分析仪，信道探测器通过将接收信号与超宽带 M 序列进行自相关运算，得到宽带信道冲激响应。矢量网络分析仪的优势在于系统噪声小，对窄带信道传函数的测量较精确，最终得到的信道冲激响应更精确，但其测量速度慢，难以实现实时测量和对动态通信场景测量。信道探测器可以实现对动态通信场景的信道测量，但由于系统噪声大，因此测量精度相对较低。除此之外，射线追踪法常用于对太赫兹信道测试数据的拓展。

3. 太赫兹信道估计

太赫兹频段的信道估计可以根据通信系统中是否使用大规模 MIMO（多输入多输出）技术进行划分。不使用大规模 MIMO 技术的通信系统的信道估计相对简单，目前的信道估计方法主要基于对到达角（angle of arrival，AoA）的估算。实际的通信场景中，用户往往具有移动的特点，所以信道估计需要具有很强的实时性，以实现 AoA 的及时改变。然后，依据 AoA 调整用户终端天线的波束方向，以最佳的接收角度实现最佳接收增益，提高通信的质量。

目前学术界关于大规模 MIMO 通信系统的信道估计的研究还不够成熟。尽管大规模 MIMO 技术能大幅度增强太赫兹辐射的增益，但目前的信道估计技术对于用户群体庞大、移动性强的应用场景的实时信道估计能力还有待提高。

9.2.2 太赫兹通信增强覆盖技术

太赫兹波具有较大的路径损耗，这一缺陷限制了其远距离传输。为了扩大太赫兹波通信的覆盖范围，解决太赫兹波通信链路受阻挡等问题，智能反射面和无人机技术被提出。

1. 太赫兹智能反射面

智能反射面（intelligent reflecting surface，IRS；reconfigurable intelligent surface，RIS）是在超表面技术发展的基础上，结合通信的概念而提出的一种新型结构，如图 9-4 所示。相较于传统超表面，IRS/RIS 的设计中引入了一些可调控器件（如二极管），结合现场可编程器件，能够实现对入射电磁波的相位、幅度、极化等参数实时调控，重新构建无线通信环境，最终实现无线通信系统频率效率的显著提高。

与传统的大规模 MIMO 技术类似，IRS/RIS 的所有超表面单元反射相位均可以独立调控。不同之处在于，IRS/RIS 简化了 MIMO 的结构，IRS/RIS 作为一种无源结构，不需要使用发射机和移相器等复杂器件，从而大大降低了应用成本。IRS/RIS 也与传统的放大转发技术有所不同，其设计中不包含放大器等装置，因此不会产生自干扰。IRS/RIS 仅需要极低的功耗就能实现工作状态的转换，是一种绿色的、轻量化的技术。而且，IRS/RIS 剖面小，可以附着于墙壁、窗户、建筑物外表面等，其位置非常灵活。这些优点都使得 IRS/RIS 未来有望用于提高太赫兹无线通信系统的性能。

用于毫米波微波频段的可重构器件（如 PIN 二极管）的截止频率较低，其在太赫兹频段下并不适用[3]。学术界对此展开了大量研究，提出了多种新的调谐机制以实现太赫兹

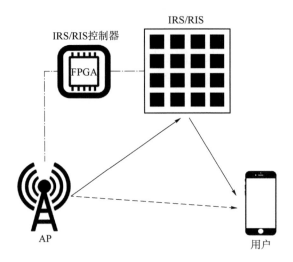

图 9-4　IRS/RIS 辅助的太赫兹通信

IRS/RIS 单元的构建，包括电子学方法（CMOS 晶体管、肖特基二极管、高电子迁移率晶体管、石墨烯等），光学方法（光活性半导体材料），相变材料（二氧化钒、液晶等），以及微机电系统[4-10]。

太赫兹 IRS/RIS 潜在的应用场景[11]包括 6G 蜂窝通信系统、室内信号增强、车联网、加密通信。

1）6G 蜂窝通信系统

为了满足高数据传输速率的要求，未来 6G 通信系统预计将采用高密度的蜂窝小区部署形式，利用大规模天线阵列完成波束成形，实现通信信号的高增益传输。太赫兹 IRS/RIS 的被动波束成形与大规模天线阵列的主动波束成形相配合，不仅可以增加信号传输的强度，还能通过提供多条信号传播路径来减少中断的发生，进一步提高 6G 通信系统的吞吐量。

2）室内信号增强

室内通信场景中的墙壁、桌椅、人体等会阻碍太赫兹信号的视距传输，从而影响通信的质量。简单地增加发射功率不仅会增加能源的消耗，还可能对人体健康造成影响。IRS/RIS 可以对无线信号的传输角度进行实时和灵活的调控，在室内通信场景的应用有利于增强无线信号的覆盖率，甚至实现无死角覆盖。IRS/RIS 结构简单、外形轻薄，不仅成本低廉，还可以轻松地配置于室内环境。

3）车联网

车联网将为未来智能交通和自动驾驶的实现提供基础，然而要面临联通性、通信速度、时延和可靠性等多种性能指标的苛刻要求。太赫兹通信很可能成为车联网的载体。太赫兹波束的连接稳定性和对准速度可能受到交通拥挤和人流密集的影响。在拥堵交通位置，IRS/RIS 可以跟随交通流动实时调控和跟踪太赫兹波束，为车辆提供高速、实时和稳定的太赫兹连接。

4）加密通信

单纯地通过加密算法提高无线网络的安全性，会存在一定的局限性。使用大规模天线阵列生成高度定向的太赫兹波束，可以很大程度上提高物理层传输的安全性。然而，在波束覆盖范围内，窃听者仍然可能危害信息安全。IRS/RIS 辅助的太赫兹通信系统可以通过结合主动和被动波束成形，将波束能量集中在合法用户身上，同时降低窃听者的接收功率，进一步提高通信的安全性。

2. 无人机辅助通信

近年来，无人机（unmanned aerial vehicle，UAV）在无线通信系统的构建中得到了广泛的应用。UAV 具有极强的机动性和灵活性，可以作为空中基站/中继系统，完成地面受到障碍物阻碍的视距通信。同时，太赫兹技术的快速发展使得太赫兹设备的小型化成为可能，太赫兹设备在 UAV 上的部署问题得到解决。UAV 辅助的太赫兹通信逐渐成为学术界的研究热点。

太赫兹波束方向性强，可以实现厘米级的定位精度。利用太赫兹探测技术，可以增强对天气条件、飞行障碍物和其他风险等的实时感知，从而提高 UAV 在复杂环境中的飞行安全性。此外，UAV 通过调整与发射机/接收机之间的相对位置，可以提高太赫兹通信的效率。

将 UAV 与 IRS/RIS 结合，可通过合理的部署来同时放大两者的优势，再结合太赫兹通信的高速数据传输，能有效提高通信的可靠性。如图 9-5 所示，UAV 有效地解决了直接链路被阻断的通信问题；通过带有 IRS 的 UAV 进行位置调整，能够帮助通信链路重新建立；当用户的位置发生改变时，UAV 可以实时移动并调整链路。

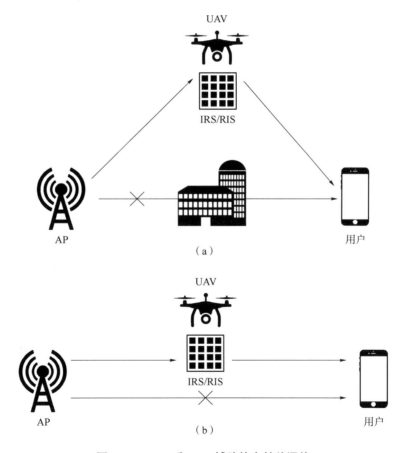

图 9-5 UAV 和 IRS 辅助的太赫兹通信
(a) 直接链路被阻断；(b) 通信距离超过覆盖范围

UAV 辅助的太赫兹通信潜在应用场景包括环境监测、空中远程交互、偏远地区信号增强和应急通信[12-13]。

1）环境监测

UAV 辅助的太赫兹通信技术在环境检测这一应用场景中具有重大的应用潜力。UAV 能够深入人类难以直接到达的区域，为探测有毒气体和污染物等提供了一种新的解决方案。不同气态介质在太赫兹频段振动吸收特性不一样，利用该特性可实现对于不同气体分子含量的检测。太赫兹通信技术驱动的 UAV 可以飞到污染源附近，以检测各种污染物的浓度，还可以飞到各种地形环境检测水蒸气浓度，有助于对抗空气污染，以及跟踪气候变化。

2）空中远程交互

太赫兹通信技术能够提供远距离高速率的数据传输，从而有利于实现远距离交互感知。配备有太赫兹设备的 UAV 可以帮助人们执行空中远程交互任务。当远程交互结合增强现实（AR）技术时，可以提供对任务环境的实时 3D 可视化和感知，加深交互任务执行时人们的沉浸感和互动感。

3）偏远地区信号增强和应急通信

偏远地区的通信信号覆盖率往往远不如城市地区，然而偏远地区对于高带宽通信信号的需求有时候又不可或缺，如远程医疗等应用。为了保证偏远地区的通信畅通，可以在需要超高带宽通信时按需使用 UAV 辅助的太赫兹通信技术。同样地，UAV 太赫兹通信也能很好地适应需要用到应急通信的应用场景（如战场、遇到自然灾害等）。除此之外，为了提升无人机网络的性能并克服单个无人机的限制，可将无人机组成无人机群，以满足通信需求。

9.2.3　太赫兹通信物理层设计

基于太赫兹的频谱特性，太赫兹通信必然具有超大带宽、超高速率的特点，除了硬件无线链路传输能力的支持，对用于无线接入的场景，太赫兹通信系统也需要设计相应的物理层技术，包括帧结构、波形调制和调制编码等。太赫兹通信物理层技术将成为承载太赫兹通信技术特征和优势的关键核心技术。

1. 帧结构设计

太赫兹具有超大带宽资源可供利用，未来太赫兹通信系统的工作带宽可能高达几十 GHz。目前业界对于太赫兹低频段通信有一些物理层相关技术的讨论，有观点认为[34]可以继续以正交频分复用（orthogonal frequency division multiplexing，OFDM）为技术基础来设计新波形，帧结构参数集可以按照子载波间隔 $\Delta f = 2n \times 15$ kHz 设计，增加较大的子载波间隔，如到 480 kHz 或 960 kHz 等。无论是原有的以 OFDM 为基础的帧结构设计，还是面向 6G 技术的新型波形设计和帧结构参数集设计，都需要在有效提升频谱利用效率的同时，能够有效地应对硬件链路相噪、变频损耗等问题。与此同时，还需要考虑计算的复杂度，提高计算资源的利用率。例如，单符号数据长度过大，就会导致基带处理时 FFT（快速傅里叶变换）运算量过大。

2. 波形设计

太赫兹通信系统目前在系统链路的性能上面临很多挑战，这些挑战包括功率放大器效率低、相位噪声大、路损大、工作频段宽、器件性能受限等，为了克服这些问题，需要进行新波形研究。新波形的设计除了需要在带外抑制、时频同步偏差鲁棒性等方面有性能增强外，还需要有良好的可扩展性，能够通过简单配置来修改，以支撑新的应用场景和业务需求，而且要能与调制编码、新型多址和大规模天线技术等实现良好兼容。

一些5G NR技术研究时期提出的多载波候选波形技术有望应用于未来6G通信，如滤波正交频分复用（filtered OFDM，F－OFDM）波形、通用滤波器正交频分复用（universally filtered OFDM，UF－OFDM）波形和滤波器组多载波（filter bank multi carrier，FBMC）波形等。这些技术的共同特征是都使用了滤波机制，通过滤波减小子带或子载波的频谱泄漏，从而放松对时频同步的要求，避免OFDM的主要缺点。上述几种候选波形都存在峰均比（peak-to-average power ratio，PAPR）很高的缺点。在未来太赫兹通信超大带宽配置（≫2 GHz）条件下，PAPR可能会进一步有较大幅度提升，对系统射频性能和功耗能效造成不利影响，因此需要进一步研究更适用于太赫兹通信超大带宽需求的波形技术。

3．调制编码方式

未来可能会继续采用5G NR的基本调制方式。由于高频场景路损大且功率放大器效率低，因此有必要研究更低PAPR的调制技术。目前业界的研究进展包括频域赋形（frequency domain spectrum shaping，FDSS）调制方案（如pi/2 BPSK + FDSS、连续相位调制（continuous phase modulation，CPM）方案）、抑制相位噪声能力相对更好的APSK调制方案，以及1+D pi/4 BPSK方案等。

对于太赫兹波段的超宽带和高比特率通信，在设计和选择信道编码时要考虑解码功率和解码时间。在太赫兹编码技术方面，目前主要面临以下两方面挑战：

（1）要表征太赫兹波段的误差源。太赫兹波段信道的特性（特别是分子吸收噪声和多径衰落）决定了产生信道比特错误的概率及错误的特性。

（2）需要开发新的低复杂度的信道编码方案，还要考虑发射功率和解码功率。例如，在短距离通信的情况下结合基于飞秒长脉冲的调制低权值编码方案，可用于防止信道错误发生，避免事后校正。

9.2.4　太赫兹通信关键器件及模块

太赫兹通信系统目前有两种链路调制架构[14]。一种是光电组合架构，采用光外差法产生太赫兹信号，其频率为输入的两束光的频率差，如图9－6所示。太赫兹通信系统的光电调制方案具有传输速率高的优点，其缺点是传输功率小、系统体积大、功耗高，故适用于地面近距离高速通信，难以用于远距离通信。

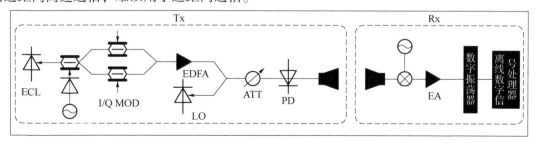

图9－6　光电调制方案示意图

另一种太赫兹通信链路是类似于微波无线链路的全固态电子链路，使用混频器将基带或中频调制信号转换为太赫兹频段。图9-7所示为使用全电子耦合器件的全固态电子混合调制太赫兹通信系统示意图。这类方案的优点是射频前端易于集成和小型化，且功耗低，但其发射功率也低，多次倍频后相位噪声变差，变频损耗大，载波信号输出功率为微瓦级。因此，这类系统还需要进一步发展高增益宽带性能。全固态电子混合调制太赫兹通信系统还有另一种实现方案，即利用外部高速调制器直接调制空间传输的太赫兹信号。这类方案的核心技术是高速调制器，需要实现对太赫兹波幅度或相位的直接调制。直接调制方案的应用优势是易于集成、体积小、发射功率高（毫瓦量级），可用于实现远距离通信，但受限于太赫兹高速调制器件的能力，目前的通信效率比较低。

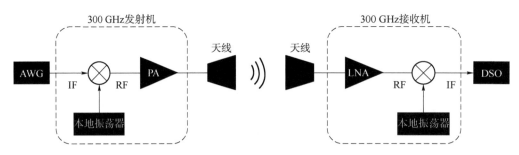

图9-7 全固态电子混频方案示意图

真正制约太赫兹通信发展的是太赫兹关键器件和芯片的研发和生产。目前，国内外对太赫兹芯片的研究十分重视，各类半导体电子链路关键太赫兹通信器件已应用于多种通信原型系统的无线传输能力测试。设备的功能已得到了有效验证，但在性能上还存在一些不足。例如，关键部件的性能和效率低下；收发链路相位噪声指标恶化；工作带宽大，导致变频损耗大；等等。对于实际应用，除了不断优化和提升器件性能外，还需要解决小型化和低成本化的问题，因此关键分立元件必须向前端太赫兹收发器的集成化和芯片化方向发展。由于各种半导体工艺存在特征频率，因此有必要研究异构集成电路技术，以集成各种工艺的独特优势，实现高集成度、高性能和多功能的单片电路。综上所述，太赫兹器件关键技术的发展和追求的技术方向主要包括更高性能和更高效率的突破，以及从分立元件发展向低成本、小型化和集成化的演进。太赫兹关键器件的高性能研发能力和低成本产业化能力，对未来太赫兹通信技术的应用具有基础性和决定性的影响，是当前太赫兹通信最关键的技术发展方向。

接下来，介绍太赫兹天线。太赫兹频段的天线可能需要支持小至2 GHz和大至10 GHz或更宽的工作带宽。目前已发表的太赫兹原型系统研发成果大多采用角天线或抛物面天线，这些天线可以提供其中心频率辐射带宽的10%。此外，为保证发射功率，目前全电子太赫兹原型系统采用的太赫兹天线体积较大，不适合综合天线系统和移动通信。基于太赫兹通信的未来应用愿景，太赫兹频段的通信需要超宽带天线和超大天线阵，以克服太赫兹频段的高路径损耗。实现超宽带、小型化、一体化的太赫兹天线阵列，也是未来太赫兹通信系统应用于实际场景必须克服的关键技术挑战之一。从目前学术界的研究进展来看，纳米材料、石墨烯等超材料（图9-8）[15-17]在未来太赫兹天线技术中具有很大的应用潜力，可以实现超宽带、超大规模、小型化和太赫兹天线阵列的集成。

除了倍频器、混频器等太赫兹模拟器件，超宽带数模转换芯片和高速基带处理硬件是

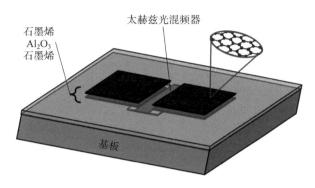

图 9-8 石墨烯等离子体太赫兹天线

实现太赫兹通信系统的关键芯片和功能模块。目前 5G 设备主要采用时间交织方案来满足大宽带采样率的需求,存在硬件成本高、功耗高等问题。太赫兹频段相对较高,可用频段的窗口频率多为几十 GHz。目前太赫兹通信原型收发验证系统的工作带宽大多在 GHz 量级(>2 GHz)。对于高频毫米波频段(400 MHz/800 MHz),以及未来太赫兹通信系统的工作带宽也会远大于 5G 设备,目前的采样芯片能力难以满足数十倍的带宽需求。超宽带宽往往意味着将大幅增加基带处理复杂度和计算资源需求,带来更高的功耗和基带芯片成本压力。未来太赫兹通信系统的有效应用需要有效解决宽带数模转换和高速基带处理等问题。面对以上问题,一种技术途径是研制一种具有更高采样频率、低成本、低功耗的超大带宽数模转换芯片;另一种技术途径是研究低量化的精确信号处理技术,如比特量化与信号算法联合优化设计、联合自适应量化门限单比特解调优化、基于概率计算的 LDPC(低密度校验码)译码电路级 ASIC 芯片等。未来太赫兹通信系统的实现,可能需要综合应用这两条技术路线。

9.3 太赫兹通信应用场景

9.3.1 宽带通信和高速信息网

提高无线通信速率的关键途径有两种:提高频谱利用率、增加频谱带宽。尽管可以通过各种先进的调制技术和复用技术提高频谱利用率,但这对于通信速率的提升很有限。而且,目前通信频道日益拥挤,频谱资源日益匮乏,无线通信向高频发展愈发重要。

根据香农公式:

$$C = B \cdot \log_2\left(1 + \frac{S}{N}\right) \tag{9-7}$$

式中,C——信道容量;

B——信道带宽;

S/N——信噪比。

增加信道带宽可以有效地扩大通信的信道容量,从而提高通信速率。太赫兹频段相较于微波毫米波频段,频谱资源更丰富,在相同的相对带宽条件下可以提供更宽的绝对带宽。

图 9-9 描述了无线通信技术中传输速率与载波频率之间的关系[18]。从图 9-9 中可观察到,随着载波频率的升高,传输速率也呈现增加的趋势。通常情况下,在振幅键控

(amplitude shift keying，ASK）调制方式下，传输速率约为载波频率的 10% ~ 20%。要想传输速率达到 10 ~ 100 Gbit/s，则需要采用 100 ~ 500 GHz 的载波频率。

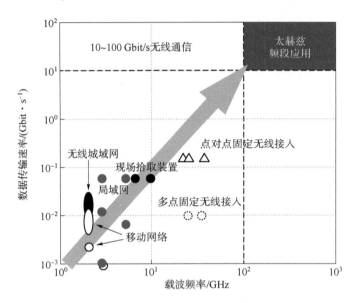

图 9-9 传输速率与载波频率的关系

即使目前光纤通信技术已经得到广泛应用，并且在一定程度上能够满足人们对于通信速率和带宽的需求，但是光纤通信"最后一公里"问题依然难以解决。"最后一公里"问题是指在光纤通信网络中，光纤传输主干网络覆盖了大部分距离，但在接近用户终端的最后一段连接通常采用其他传输媒介，如铜缆或无线连接。这部分通常是出于一些技术、经济或实施上的考虑，而无法直接采用光纤传输。这导致了在这一段距离内的传输速率较低、带宽有限，限制了用户体验的提升和高速数据传输的实现。

太赫兹无线通信技术将为解决用户与高速信息网络之间的高效连接问题提供新的思路。利用太赫兹无线通信不仅可以实现超高速有线网络与个人无线设备之间的无线连接，还可以在未来用于分层蜂窝网络或异构网络的小区构建，为小区内的室内外的移动和静态用户提供大范围的超高速数据通信服务。基于宽带通信和高速信息网，将可以实现超高分辨率视频传输、超高清全息视频会议、高速无线回传及虚拟现实等应用。

9.3.2 高速短距离无线通信

太赫兹波在大气中传输时容易被水分子、氧气分子等吸收，而且根据弗里斯信道损耗模型，太赫兹波的自由空间路径损耗大，因此会造成远距离传输效率下降。而太赫兹波被用于短距离通信时，大气衰减现象和自由空间路径损耗现象对通信效率的影响会减少很多，通信频率选择也更加灵活，适合于作为高速短距离无线通信的载体。

太赫兹短距离无线通信主要是指室内范围的无线通信，传输距离约为 0.1 ~ 10 m，包括无线个域网络（wireless personal area network，WPAN）、无线局域网络（wireless local area network，WLAN）和室内蜂窝网络通信。与现有的 WPAN（工作频段为毫米波）和 WLAN（工作频段为 2.4 GHz 和 5 GHz）相比，太赫兹短距离无线通信网络的通信频率更高，波束的方向性更好，但更容易受到遮挡效应的影响。

理论上，太赫兹高速短距离无线通信技术可以为用户提供高达 1 Tbit/s 级别的传输速率，实现用户个人设备与数据中心或者多媒体设备之间的超高速数据交换，完成设备间接口（如 PCI-E 接口、高清晰度多媒体接口（high definition multimedia interface，HDMI）、显示端口（display port，DP）、统一显示接口（unified display interface，UDI）等）的高速互联，以及一些点对点的通信应用。使用太赫兹高速短距离无线通信技术构建 WPAN，在 1 Tbit/s 的传输速率下，蓝光光盘的内容传输到个人计算机、手机和平板计算机等设备所需的时间可能不到 1 s，从而可以大幅提高现有的如 WiFi Direct、Airplay 或 Miracast 等技术的数据传输速率[19-20]。

基于太赫兹高速短距离无线通信技术的 WLAN 可以在未来应用于人流密集的室内场所。与低频无线接入点（access port，AP）相比，太赫兹无线 AP 的信道带宽更宽、传输速率更快、时延更低，并且随着大规模子阵列天线的应用，同时向不同方向多用户传输信息的能力会更强。

此外，太赫兹高速短距离无线通信技术还可以用于部署具有大规模蜂窝结构的室内蜂窝网络。通过室内蜂窝网络，静态用户和移动用户都可以在这些小型蜂窝中享受超高速数据通信服务，实现全息通信、多感知通信和虚拟现实等以前因通信技术带宽有限而难以实现的应用。

9.3.3 太赫兹空间通信

太赫兹通信技术能够满足空间通信网络对于数据传输速率高和能耗低的要求。太赫兹波的波长短，相较于微波和毫米波，在相同天线口径条件下，太赫兹天线能够产生更窄的辐射波束，而且尺寸可以显著减小，有利于在卫星系统中集成。由于太空中不存在对太赫兹波产生吸收的空气，因此太赫兹波量子噪声低、能量效率高、方向性强的优点将进一步凸显。仅通过很小输出功率，太赫兹波便能够实现远距离传输。基于太赫兹波的空间通信系统在很多方面都要优于当前现有的无线系统[21]。一方面，太赫兹波系统可以提供比传统微波和毫米波系统更高的带宽资源。现有的航天器 S 波段、Ku 波段和 Ka 波段系统，都受到通信带宽的限制，为了提高数据传输速率，往往需要利用复杂的调制方案，从而增加了系统设计和维护的难度。另一方面，在卫星和地面之间建立通信链路时，与激光通信系统相比，太赫兹波系统在恶劣环境（如雨、雾、霾和战场）的衰减较小。

由于太赫兹波的能量不易被等离子体吸收，因此一个重要应用就是用于与返回大气层的飞行器进行通信和定位。由于飞行器返回大气层时会与空气摩擦，飞行器表面的空气会被电离成等离子体（图 9-10），等离子体会吸收低频率的电磁波，从而阻断用于通信或遥感的信号。当用于通信的太赫兹波的频率大于等离子体的特征频率时，等离子体便呈现低损耗特性，信号便能够轻易地穿过等离子体，完成通信任务。

图 9-10 飞行器表面产生等离子鞘套

随着太赫兹电子元件的制造技术的进步和成熟,太赫兹空间通信技术也不断得到发展。NASA 已成功地部署并发射了带有太赫兹仪器和传感器的卫星,用于空间通信的应用,赫歇尔空间天文台(HSO)也是太赫兹空间通信技术研发的成功案例,其载有 480~1 980 GHz 的六个不同波段的太赫兹通信仪器[22]。

9.3.4 地面无线通信

1. 无线回传

目前在通信系统的构建中,大面积利用到光纤和电缆。光纤和电缆具备高速率信息传输能力,但其部署区域受地形影响,如很难在江河、山峰、沙漠等地形部署。太赫兹无线通信系统有望弥补这些欠缺,在这些区域代替光纤构建基站数据的高速回传系统,如图 9-11 所示。如今已经有些研究机构提出了相应具有高速无线回传能力的太赫兹通信系统,但在功耗、成本、效率等方面仍有待改进。

图 9-11 无线回传应用

2. 固定无线接入

固定无线接入(fixed wireless access,FWA)是在 5G 通信中已实现商用的一种通信场景,如图 9-12 所示,目前较多应用毫米波技术实现。由于太赫兹通信可支持的带宽和速率会远远大于毫米波频段,因此未来可应用于 FWA 场景,以满足 6G 通信能力需求。

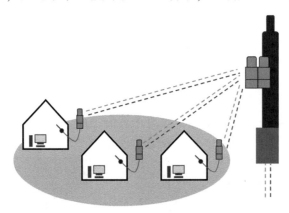

图 9-12 固定无线接入

3. 无线数据中心

随着 ICT 技术的不断发展,云服务应用的需求不断增加,对数据中心的应用需求也快速增长,如图 9-13 所示。传统的数据中心架构基于线缆连接,海量线缆的空间占用和维护成本较高，对于数据中心的散热成本和服务器性能都有一定影响[23]。太赫兹以其超高通信速率特点，被认为可能广泛应用于无线数据中心，以降低数据中心空间成本、线缆维护成本和功耗，目前已有较多相关研究成果发表[24-27]。

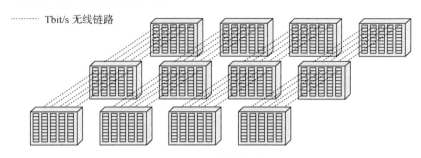

图 9-13　无线数据中心

4. 热点地区超宽带覆盖

随着无线通信技术的发展，未来对于高速率、高信息量、低延迟通信的需求将越来越迫切，如图 9-14 所示，包括自动驾驶、人工智能、虚拟现实、全息通信、超高清视频、物联网等。6G 未来应用愿景的特点包括无处不在的泛在链接，这意味着家庭、办公室、餐厅、商场、机场、体育场、旅游景点等场所都会有超高的移动通信能力需求。太赫兹通信速率高的特点，使其将来可以用于为繁忙的蜂窝网络小区提供超宽带、高速率的无线通信服务。但太赫兹波的路损较高，仍需要使用大规模天线阵列以支持移动通信能力，并且需要适配的太赫兹通信空口技术以实现超宽带高速率移动通信功能。

图 9-14　热点地区超宽带覆盖
(a) 交通枢纽；(b) 旅游景点；(c) 广场；(d) 步行街；(e) 体育场；(f) 机场

未来实现网络部署的前提是，在太赫兹通信系统中，包括关键器件/芯片/组件、室外信道建模、大规模天线阵列等各项关键技术的标准化成型和产业化成熟。从目前国内外太赫兹通信技术能力来看，该类场景应用面临的关键技术挑战和问题瓶颈较多，距离应用落地还有一定距离。

5. 无线局域网/无线个域网

随着无线通信技术的发展，WLAN（图 9-15）与移动通信网络一样，也会面临现有系统能力无法满足未来 6G 通信业务需求的问题。考虑到太赫兹设备对于高速、宽带的支持能力，未来具备小型化、低功耗和低成本特点的太赫兹设备可考虑用以实现太赫兹 WLAN[28]，以满足未来 6G 通信业务的需求。

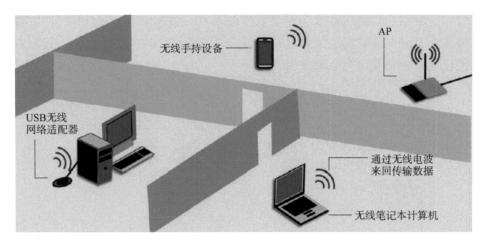

图 9-15 太赫兹无线局域网/无线个域网

9.3.5 太赫兹空天地一体化通信

随着通信技术的快速发展,通信技术覆盖的空间范围不断扩大,各种天基、海基、地基通信服务涌现,人们对于综合性网络的应用需求也逐渐提升。空天地一体化网络便是应对这种综合性的网络需求提出的概念,将空中、海洋和地面等不同空间的网络资源整合在一起,以实现更高效、更智能的信息交流和管理,为海陆空用户提供全面的通信服务,以满足未来网络全时间全空间互联互通的要求,这涉及航空、航天、地面通信、物联网等多个领域的技术和系统。

如图 9-16 所示,空天地一体化网络包括三个层次,分别是天基网络、空基网络、地基

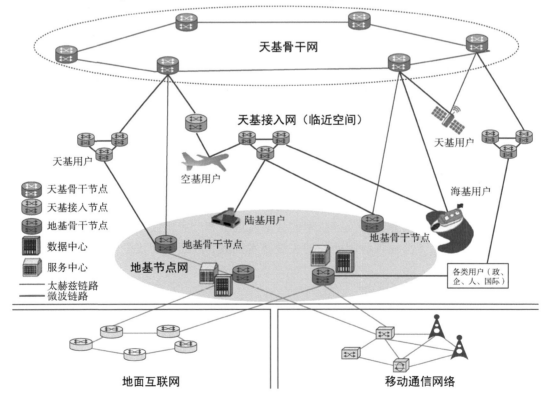

图 9-16 空天地一体化通信场景

网络。天基网络由运行在不同高度的静止轨道卫星、中等轨道卫星和低轨道卫星构成。空基网络由空中基站、航空自组网络、边缘服务网络构成。地基网络作为空天地一体化网络的基础，主要由地面互联网和移动通信网络构成[29]。

6G 无线蜂窝网络是下一代移动通信网络技术。6G 网络在传输速率、频谱带宽和端到端可靠性等方面相较于 5G 网络有较大的优势，将能够解决 5G 网络在构建空天地一体化网络时面临的前程和回程集成、移动管理、扩展安全、用户隐私、延迟及可靠性等方面的问题。太赫兹技术凭借大带宽、高速率和低延时等优势，有望在未来成为 6G 通信的关键技术。此外，太赫兹波的短波长特性赋予了太赫兹通信系统显著的小型化、平面化和集成化优势。这些优势使得太赫兹技术能够有效集成到卫星、飞机、无人机等平台，用于构建天基和空基网络。太赫兹通信技术的应用，能够实现卫星之间、天地之间的高速通信通道，覆盖广泛的区域。这不仅能提升通信效率，还能推动太赫兹空天地一体化通信网络的构建。

9.3.6 微小尺度通信

随着太赫兹技术的持续发展和不断突破，有望未来在毫微尺寸甚至是微纳尺寸上实现通信收发设备和组件的构建，并在极短距离范围内实现超高速数据链应用。太赫兹微小尺寸通信技术的潜在应用场景包括超高速片上无线通信、纳米体域网络、纳米物联网。

1）超高速片上无线通信

片上无线通信[30]是指通过集成天线的方式实现芯片内或芯片间的链接，能够有效改善相距较远的芯片或处理单元之间的通信，缓解由于输入/输出引脚限制所导致的现有带宽瓶颈，从而实现芯片通道的全局构建，如图 9-17 所示。近年来，随着集成电路的规模不断扩大，出现了集成数百个核心的多核架构[31]。传统的片上有线网络框架解决多核心之间的通信问题时，要面临延迟、功耗和面积开销等方面存在的多个挑战。得益于太赫兹通信低延迟、低功耗、易小型化等优势，太赫兹片上无线通信技术有助于解决多核心芯片内的通信瓶颈问题，提高芯片设计的可拓展性和灵活性。

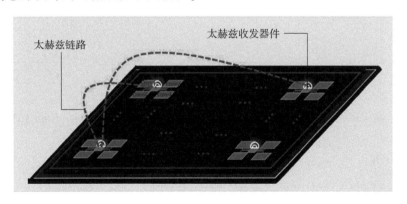

图 9-17 片上无线通信

2）纳米体域网络

纳米体域网络是指在纳米尺度范围内建立的体域网络。体域网络是一种网络结构，用于连接人体表面或体内的微小设备，以进行生物体监测、医疗诊断等应用[32]，如图 9-18 所示。太赫兹辐射电离效应较小，对于人体组织伤害很小，并且穿透力强，可以轻松穿透皮肤等人体组织，非常适用于纳米传感器的构建。通过在人体周围布置多个可以检测血液中钠、葡萄糖、胆固醇、癌细胞等物质的太赫兹纳米传感器，构建太赫兹纳米体域网络，用于及时收集患者健康状况的相关数据，并利用太赫兹纳米体域网络与微型设备（如手机或专业医疗设备）之间建立起的高速无线接口，未来医疗机构能够为患者提供更全面的诊疗服务。

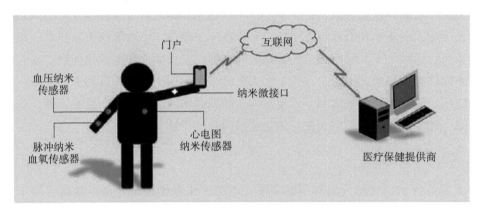

图 9-18 用于健康监测的纳米体域网络

3）纳米物联网

物联网是一种革命性的技术，将生活中的物体通过数字化的方式与互联网连接，实现远程监控和控制等执行操作，使得人们的生活更加智能化。随着技术的发展进步，基于纳米尺寸微型设备的纳米物联网概念被提出。小型化的太赫兹器件能够很好地兼容纳米物联网，完成医疗保健、环境监测、智慧城市、农业等领域智能化、高效化、精准化的数据采集、通信和控制任务[33]。纳米物联网作为物联网的微型版本，同样涉及安全性和隐私性问题，需要在未来的研究中得到关注。

太赫兹微小尺寸通信技术拥有广泛的应用价值，从工艺实现的角度来看，未来需要通过将太赫兹技术与新型材料及工艺技术相结合，实现微小尺寸、高效率、低成本的太赫兹器件的构建。

参 考 文 献

[1] FRIIS H T. A note on a simple transmission formula[J]. Proceedings of the IRE,1946,34(5): 254-256.

[2] ITU-R,P.676-13. Attenuation by atmospheric gases and related effects [C]// International Telecommunication Union,Geneva,Switzerland,2022.

[3] YANG F,PITCHAPPA P,WANG N. Terahertz reconfigurable intelligent surfaces(RISs) for 6G communication links [J]. Micromachines,2022,13(2):285.

[4] SU X,OUYANG C,XU N,et al. Active metasurface terahertz deflector with phase discontinuities [J]. Optics express,2015,23(21):27152.

[5] CHEN H T,PADILLA W J,ZIDE J M O,et al. Active terahertz metamaterial devices [J].

Nature,2006,444(7119):597-600.

[6] VENKATESH S,LU X,SAEIDI H,et al. A high-speed programmable and scalable terahertz holographic metasurface based on tiled CMOS chips [J]. Nature electronics,2020,3(12): 785-793.

[7] WANG W,SRIVASTAVA Y K,GUPTA M,et al. Photoswitchable anapole metasurfaces [J]. Advanced optical materials,2022,10(4):2102284.

[8] PADMANABHAN P,BOUBANGA-TOMBET S,FUKIDOME H,et al. A graphene-based magnetoplasmonic metasurface for actively tunable transmission and polarization rotation at terahertz frequencies [J]. Applied physics letters,2020,116(22):221107.

[9] CONG X,ZENG H,WANG S,et al. Dynamic bifunctional THz metasurface via dual-mode decoupling [J]. Photonics research,2022,10(9):2008.

[10] YAO Y,SHANKAR R,KATS M A,et al. Electrically tunable metasurface perfect absorbers for ultrathin mid-infrared optical modulators [J]. Nano letters,2014,14(11):6526-6532.

[11] RAZA A,IJAZ U,ISHFAQ M K,et al. Intelligent reflecting surface-assisted terahertz communication towards B5G and 6G:state-of-the-art [J]. Microwave and optical technology letters,2022,64(5):858-866.

[12] AMODU O A,JARRAY C,BUSARI S A,et al. THz-enabled UAV communications: motivations,results,applications,challenges,and future considerations [J]. Ad hoc networks, 2023,140:103073.

[13] AZARI M M,SOLANKI S,CHATZINOTAS S,et al. THz-empowered UAVs in 6G: opportunities,challenges,and trade-offs [J]. IEEE communications magazine,2022,60(5): 24-30.

[14] 马静艳,李福昌,张忠皓,等. 太赫兹通信关键技术及挑战分析[J]. 信息通信技术, 2021,15(5):39-45.

[15] CHEN Y,HAN C. Channel modeling and characterization for wireless networks-on-chip communications in the millimeter wave and terahertz bands [J]. IEEE transactions on molecular,biological and multi-scale communications,2019,5(1):30-43.

[16] JORNET J M,AKYILDIZ I F. Graphene-based plasmonic nano-antenna for terahertz band communication in nanonetworks[J]. IEEE journal on selected areas in communications,2013, 31(12):685-694.

[17] ZAKRAJSEK L,EINARSSON E,THAWDAR N,et al. Design of graphene-based plasmonic nano-antenna arrays in the presence of mutual coupling[C]//The 11th European Conference on Antennas and Propagation,2017:1381-1385.

[18] NAGATSUMA T. Terahertz technologies:present and future [J]. IEICE electronics express, 2011,8(14):1127-1142.

[19] CHEN Z,MA X Y,ZHANG B,et al. A survey on terahertz communications [J]. China communications,2019,16(2):1-35.

[20] AKKAŞ M A. Terahertz wireless data communication [J]. Wireless networks,2019,25(1): 145-155.

[21] HANSWAL P. Terahertz Communication for Satellite Networks[D]. Buffalo: State University of New York, 2018.

[22] AKYILDIZ I F, JORNET J M, HAN C. Terahertz band: next frontier for wireless communications[J]. Physical communication, 2014, 12: 16 – 32.

[23] CHEN Z, MA X Y, ZHANG B, et al. A survey on terahertz communications[J]. China communications, 2019, 16(2): 1 – 35.

[24] MAMUN S A, UMAMAHESWARAN S G, GANGULY A, et al. Performance evaluation of a power – efficient and robust 60 GHz wireless server – to – server datacenter network[J]. IEEE transactions on green communications and networking, 2018, 2(4): 1174 – 1185.

[25] PENG B, KURNER T. A stochastic channel model for future wireless THz data centers[C]// 2015 International Symposium on Wireless Communication Systems, 2015: 741 – 745.

[26] SHIN J Y, SIRER E G, WEATHERSPOON H, et al. On the feasibility of completely wireless datacenters[C]// The 8th ACM/IEEE Symposium on architectures for Networking and Communications Systems, 2012: 3 – 14.

[27] UMAMAHESWARAN S G, MAMUN S A, GANGULY A, et al. Reducing power consumption of datacenter networks with 60 GHz wireless server – to – server links[C]// 2017 IEEE Global Communications Conference, 2017: 1 – 7.

[28] IEEE Standard for High Data Rate Wireless Multi – Media Networks—Amendment 2: 100 Gbit/s Wireless Switched Point – to – Point Physical Layer[R]. IEEE, 2017.

[29] LIAO A W, GAO Z, WANG D M, et al. Terahertz ultra – massive MIMO – based aeronautical communications in space – air – ground integrated networks[J]. IEEE journal on selected areas in communications, 2021, 39(6): 1741 – 1767.

[30] AKYILDIZ I F, JORNET J M, HAN C. Terahertz band: next frontier for wireless communications[J]. Physical communication, 2014, 12: 16 – 32.

[31] MRUNALINI S, MANOHARAN A. Dual – band re – configurable graphene – based patch antenna in terahertz band for wireless network – on – chip applications[J]. IET microwaves, antennas & propagation, 2017, 11(14): 2104 – 2108.

[32] YIN X, BAGHAI – WADJI A, ZHANG Y. A biomedical perspective in terahertz nano – communications: a review[J]. IEEE sensors journal, 2022, 22(10): 9215 – 9227.

[33] AKYILDIZ I, JORNET J. The internet of nano – things[J]. IEEE wireless communications, 2010, 17(6): 58 – 63.

[34] SAMARA L, ZUGNO T, BOBAN M, et al. Adapt and aggregate: adaptive OFDM numerology and carrier aggregation for high data rate terahertz communications[J]. IEEE journal of selected topics in signal processing, 2023, 17(4): 794 – 805.

第 10 章
太赫兹成像

20世纪80年代以前，受技术手段的限制，太赫兹波段的研究基本处于空白状态。在此后近40年的时间，随着电子学、半导体、超快光学和微加工等技术的快速提升，太赫兹波在生成和探测技术方面趋于成熟完备，其中太赫兹科学技术重要的基本应用是太赫兹成像，在安检、国防、生物、物理和化学等领域发挥着重要作用。

10.1 太赫兹成像特征

太赫兹成像技术是一门涉及物理学、化学、材料学及工程等学科领域的前沿交叉科学技术。1995年，Hu等[1]利用太赫兹时域光谱技术构建了第一套太赫兹成像系统，实现了对于电路芯片内部结构和树叶脉络结构的成像，证明了太赫兹辐射用于成像的可行性，引起了人们对太赫兹成像技术的关注。经过近30年的快速发展，关于太赫兹成像技术的研究也越来越成熟。太赫兹成像的基本原理是利用太赫兹脉冲辐射照射目标物，通过对目标物的透射或反射太赫兹波电场强度和相位信息进行数字信号处理和频谱分析，从而获得关于目标物的太赫兹图像。太赫兹成像技术目前已经成为可见光成像、X射线成像、毫米波成像、微波成像等成像技术的有力补充。太赫兹成像技术的优势源于太赫兹辐射，相较于其他频段电磁波，其具有如下优异成像特性：

（1）太赫兹波的光子能量非常低，只有毫伏数量级，低于各种化学键的键能。因此，太赫兹波不会对被检测物体产生电离破坏，非常适合对生物组织进行成像检测。

（2）太赫兹脉冲源是包含多个周期的电磁振荡源，我们所熟知的偶极子转动、振动跃迁（包括某些晶体材料的声子振动）能级都会落在该范围内。所以对太赫兹脉冲源的研究在药物化学元素组成[2]、检测电子元器件、指纹识别及鉴定炸药属性[3]等方面具有重要意义。

（3）利用太赫兹辐射的指纹谱特性，可以方便地测定被测物体的空间密度、空间折射率等材料特性。

（4）太赫兹脉冲的带宽较宽且脉冲波具有相干性，所以太赫兹脉冲波可在亚皮秒分辨率的基础上直接测量电磁场，这种特性为研究散射机理提供了新的技术支撑，也为军事目标识别及生物成像等[4]等应用提供了新的研究思路。

（5）相较于可见光和中长波红外光，太赫兹波的穿透性能更强。同时，由于太赫兹波相较于微波与毫米波的工作频率更高，因此极大的信号带宽和极窄的天线波束变得易于实现。在太赫兹雷达成像技术中，可通过测量脉冲相干的太赫兹信号时域波谱来获得保密性更强、更精确的小目标定位[5]。

10.2 太赫兹成像关键技术

在近几十年的研究中，太赫兹成像应用大多利用太赫兹时域光谱技术来实现，其中太赫兹波辐射大多以单周期脉冲的形式产生，脉冲持续时间约为 1 ps（甚至更短）。现阶段太赫兹成像研究主要包括脉冲成像技术、连续波成像技术、层析成像技术、近场成像技术、实时成像技术、共焦扫描成像技术、压缩感知成像技术、被动遥感技术、雷达成像技术等。

10.2.1 太赫兹脉冲成像技术

太赫兹脉冲成像技术是指通过对二维扫描平移台上的目标物发射太赫兹脉冲信号，从而进行逐点扫描的一种成像技术。具体来说，就是将目标物放置在与太赫兹波传输方向垂直的二维平面内移动，不论移动脉冲信号还是移动目标物，都可以探测记录到目标物不同位置上的透射信息或反射信息，之后将每个像素点获得的时域波形通过傅里叶变换提取出有效的相位和振幅等信息，从而经过频谱分析技术可以构建出目标物的图像及其有效信息。太赫兹脉冲成像具有信噪比较高的优点，其分辨率可以达到亚毫米级。

在早期，AT&T 公司、美国贝尔实验室（Bell Laboratory）和 IBM 公司通过光电导或光整流的方法获得宽频太赫兹脉冲。随着各项技术的成熟进步，现阶段也可以通过空气等离子体的光学非线性效应理论来生成太赫兹脉冲，具体方法是利用聚焦飞秒激光技术使焦点处的空气产生电离，从而形成空气等离子体。

1995 年，Hu 等[1]利用 800 nm 的脉冲激光技术对样品逐点扫描成像，同时利用语音识别算法将样品扫描到的信息进行了相位和振幅信息的提取。如图 10-1 所示，该系统没有采用锁相放大器，这导致系统信噪比偏低。基于 Hu 等[1]所提系统信噪比低的缺点，1997—2001 年，Dorney 等[6]研制了反射式太赫兹成像系统来提升信噪比，具体方法则是利用具有位相转换的干涉仪装置抑制背景噪声，从而可以极大地提高系统的深度分辨率和信噪比。实验结果表明，Dorney 等[6]所提系统的分辨能力可达到分辨相干长度

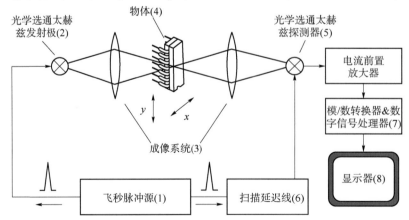

图 10-1　Hu 等[1]等提出的太赫兹脉冲成像系统

的 2%。2006 年，Zhong 等[7]研究了反射测量模式的反射式太赫兹脉冲焦平面成像系统，并利用该系统对多种化学物质进行光谱检测，实验结果表明，该系统可以有效提高成像系统的实用性能。

我们知道，耗费太长时间的成像会对成像质量产生不利影响，而太赫兹脉冲成像不可避免地存在一定程度耗时的问题。日本大阪大学的 Yasui 等[8]针对太赫兹成像系统耗时久的问题，将系统进行改进升级，研发制造了脉冲焦线成像系统，该系统的光路原理如图 10-2 所示，柱透镜（CL1）将太赫兹波会聚成一条焦线并照射在样品上，球透镜（L2）和另一个柱透镜（CL2）将透过样品后的太赫兹焦线校准为平行光。在探测光路中，探测光经过扩束后与太赫兹光束形成非共线重合。该成像技术不需要对太赫兹信号进行时域扫描，而是在重合区域范围内由探测晶体对太赫兹信号进行光电采样，所以该系统能够直接从 CMOS 相机获取的图像中提取出太赫兹时域信号，这在很大程度上解决了太赫兹成像系统的耗时问题。

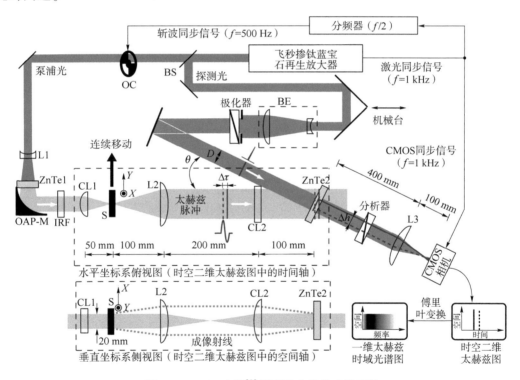

图 10-2　Yasui 等[8]提出的太赫兹成像系统

2011 年，Blanchard 等[9]对采用准近场探测和差分电光探测测量方式的太赫兹脉冲焦平面成像系统进行了研究，该系统实现了太赫兹近场显微，将图像分辨率提升到 14 μm，达到了太赫兹相对波长（430 μm，0.7 THz）的 1/30，如图 10-3 所示。值得一提的是，该系统使用的是 20 μm 厚的 $LiNbO_3$ 晶体探头，$LiNbO_3$ 的特点是有较强的电光系数，所以可以对太赫兹脉冲信号的变化产生较为敏感的响应。此工作表明，太赫兹脉冲焦平面成像系统能够对微米尺寸的样品进行有效检测，从而对太赫兹成像技术的应用领域进一步扩展提升。

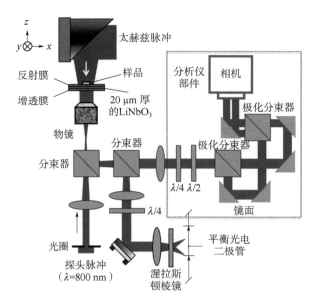

图 10-3　Blanchard 等[9]提出的太赫兹脉冲焦平面成像系统

2021 年，Stantchev 等[10]提出了基于单像素探测器和空间光调制器的太赫兹脉冲成像系统（图 10-4），通过优化空间光调制器和光学延迟单元之间的同步，缩短了成像系统的采集时间。为了进一步提高成像速率，时间欠采样技术被应用到其中，同时通过神经网络技术提高成像质量。最终，该系统实现了成像速率为 33 帧/s、成像像素为 32×32 的成像效果。

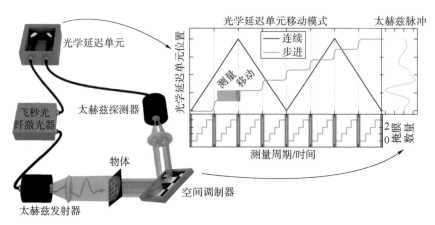

图 10-4　Stantchev 等[10]提出的太赫兹脉冲成像系统

为了进一步完善太赫兹脉冲成像的理论，2021 年，Fabrizio 等[11]对自制的工作于 0.2～2.5 THz 的宽带脉冲太赫兹成像系统进行了性能表征，对光电导天线发射的宽带太赫兹波束的三维轮廓进行计算，并对成像系统的点扩散函数和空间分辨率进行了数学建模。

10.2.2　太赫兹连续波成像技术

太赫兹连续波成像系统的太赫兹源为连续波。相较于太赫兹脉冲成像技术，太赫兹连续波成像技术可以克服耗时久、应用场合限制条件多的问题，而且太赫兹连续波成像技术可以进行实时成像，扫描速度快且成像质量高，但是太赫兹连续波成像技术因为无法获得像素点的时域波形，只能进行幅度成像。太赫兹连续波成像系统没有泵浦-探测装置，这不仅减少了元器件数量，还可以降低系统复杂性，提高数据采集效率。传统的太赫兹连续波成像系统可通过像素点获得的强度信息对样品进行成像和重构，太赫兹连续波成像系统因其结构简单、操作方便、相对成本低、数据获取快速、信噪比高的特点，在实际应用方面有着巨大的应用前景。例如，检测样品时，样品的不同位置因其不均匀性而对太赫兹波的吸收有所不同，通过太赫兹成像系统得到的强度信息会随着空间而发生变化，在太赫兹图像上表现为灰度值的不均匀，所以可以利用太赫兹成像系统特性找出样品内部的缺陷。

太赫兹脉冲成像系统和太赫兹连续波成像系统的特点对比总结如表10-1所示。

表10-1 太赫兹脉冲成像和连续波成像系统对比

指标	脉冲成像系统	连续波成像系统
系统复杂度	高	低
采集速度	慢	快
光谱信息	有	无
数据处理复杂度	高	低

2003年，谢旭等[12]研制了第一套小型化、便携式太赫兹连续波成像系统，用来探测哥伦比亚号航天飞机失事的原因。该实验研究结果表明，太赫兹成像技术在无损检测方面相较于X射线检测等其他传统的检测方法有着不可替代的作用。2005年，Karpowicz等[13]构建了用于机场安检的小型化太赫兹透射和反射成像系统，该系统可以对隐藏有危险物品的公文包进行有效的透射成像。近年来，一些新型的连续太赫兹波源也被应用于连续波太赫兹成像系统中。例如，Dobroiu等[14]利用输出波束质量高和发射功率高的返波管作为太赫兹源，从而可以有效提高成像数据的对比度和系统的信噪比。通过上述工作可知，由于太赫兹连续波成像技术不可或缺的优越性，针对其系统的各项研究还在不断深入中。

为满足食品检测和生物医学研究的实时成像需求，2017年，Song等[15]提出一种基于双频信号生成和自混频探测技术的太赫兹连续波矢量成像系统（图10-5），该成像系统可用于提取被测样品的幅度和相位响应，信噪比为50 dB、323 GHz频率下的探测分辨率为57.5 μm，积分时间为100 μs。

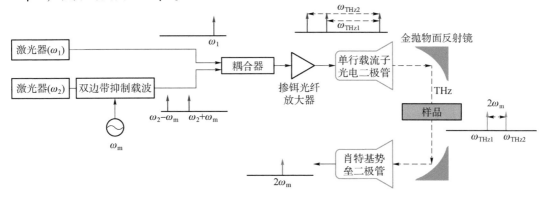

图10-5 Song等[15]提出的太赫兹连续波矢量成像系统

三维成像仍然是太赫兹频段一项昂贵且具有挑战性的任务。2022 年，Yi 等[16]提出一种工作于 300 GHz 频段的调频连续波成像系统（图 10 - 6），该成像系统可以在 120 GHz 的 6 dB 带宽范围内实现 800 mm 的最大可检测距离和 1.1 mm 的距离分辨率。为了获得所需的三维信息，该成像系统引入了合成孔径雷达技术，可以在高达 300 mm 的三维成像范围内提供 1.5 mm 的空间分辨率。

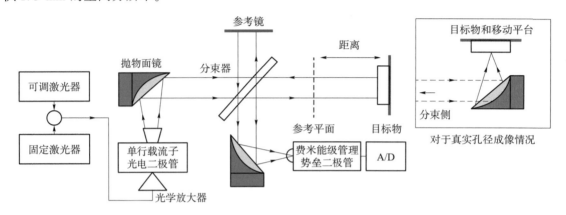

图 10 - 6　Yi 等[16]提出的太赫兹调频连续波成像系统

10.2.3　太赫兹层析成像技术

太赫兹波计算机辅助层析成像（T - CT）技术是一种全新的成像方式。该技术采用全新的重构计算方法，利用太赫兹波源，不仅能够将被测物的三维结构描绘出来，还能通过对多个投影角度的成像，直接测量宽波带太赫兹脉冲的相位和振幅信息。

层析算法成像技术的主要原理：首先，将 CT 扫描发射的平面波照射到被测样品上，采集透过样品的波形或被样品反射回来的波形，不断改变扫描角度重复进行 CT 扫描，就可以获得多幅太赫兹二维图像；其次，利用傅里叶滤波反投影算法（或其他算法）将实验得到的特征参数进行分析，就可以重构出被测样品的太赫兹层析图像，其中层析成像重构算法的重要参数是太赫兹脉冲的振幅信息和峰值时间延迟信息。通过振幅信息重构出的太赫兹图像可以反映出被测样品的三维吸收分布情况，通过峰值时间延迟信息重构出的太赫兹图像则可以反映出被测样品的三维折射率分布情况。现阶段对层析成像技术的研究主要是为了提高图像的质量及缩短成像时间，从而实现实时成像，主要研究方向有太赫兹激光源选取、层析成像方式及重构算法等。

2006 年，Nguyen 等[17]利用量子级联激光器进行层析成像的系统如图 10 - 7 所示，该系统可以对被测物品实现连续太赫兹波三维层析成像。2007 年，Yin 等[18]研制了局部重构图像系统，该系统主要利用小波变换的滤波反投影法将部分区域的投影结果进行数据重构，研究表明，该系统不仅可以有效提升在临床中疾病状态诊断的可行性，还可以针对固体材料的缺陷进行高质量探测。

2011 年，Recur 等[19]研究了 FBP、SART 及 OSEM 重构算法对大尺寸三维物体的影响，主要基于重构图像在强度、对比度和几何复原度进行比较，其在研究中采用耿氏振荡器生成 240 GHz 和 110 GHz 的太赫兹连续波源。同年 10 月，Ozanyan 等[20]提出了太赫兹层析成像的新系统（图 10 - 8），该系统利用瞄准仪对透射光进行空间滤波，以过滤由散射和衍射产

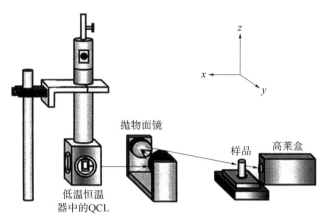

图 10-7 Nguyen 等[17]提出的太赫兹层析成像系统

生的大量杂散光,该研究通过对相位延迟的数据进行分析重构,获得了聚苯乙烯泡沫样品的有效二维图像。

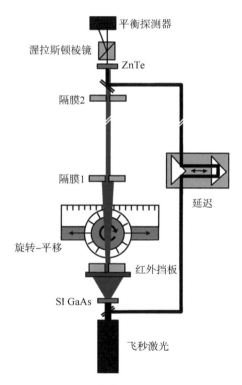

图 10-8 Ozanyan 等[20]提出的太赫兹层析成像系统

层析成像技术已被证明可用于结构和材料的无损检查。2017年,Zhou 等[21]利用光子产生的非相干噪声源和太赫兹频段(90~140 GHz)的肖特基势垒二极管探测器构建了一个三维层析成像系统(图 10-9),该系统基于计算机层析技术,通过堆叠不同高度的切片,成功重建了陶瓷样品的三维图像。其成像结果不仅表明了太赫兹波在无创传感和无损检测应用中的能力,而且证明了单行载流子光电二极管作为太赫兹源在成像应用中的有效性和优越性。

在太赫兹层析成像过程中,为了保证重建结果的质量,需要从许多不同角度获得样品的

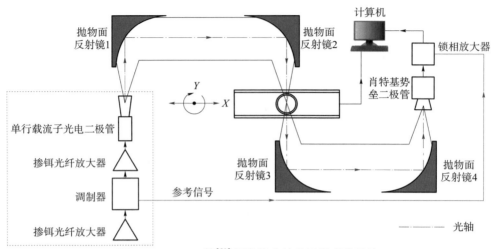

图 10-9 Zhou 等[21] 提出的太赫兹层析成像系统

完整测量结果。然而，这个过程非常耗时，并且在实践中通常会获得不完整的太赫兹层析投影，这会导致在最终的重建图像中产生伪影。为了解决这个问题，2021 年，Zhong 等[22] 提出了基于字典学习的太赫兹层析重建模型。首先，其使用 K-SVD 算法从先前的重建图像中提取图像块，用于训练初始字典。其次，字典在太赫兹层析重建过程中自适应更新，更新后的字典可以进一步用于更新重建图像。实验结果表明，基于字典学习的太赫兹层析重建算法具有良好的噪声抑制和结构重建效果。

10.2.4 太赫兹近场成像技术

近场成像方案的提出是为了突破波长相关的衍射极限，实现亚微米级（甚至纳米级）分辨率。20 世纪 80 年代以来，随着近场光学原理和扫描探针显微技术的研究与提升，在微波、红外线及可见光等波段的近场成像技术的发展也趋于成熟。为了实现对物体表面和亚表面的无损扫描，研究人员基于这些波段的完备理论，类比提出了太赫兹近场成像技术。太赫兹近场成像技术的原理：当物体距离太赫兹辐射源约亚波长尺度时，会产生隐矢场和传播场两种电场，其中隐矢场可以获取物体的亚波长信息，传播场可获取能流的传播信息。由此可知，太赫兹近场成像技术高分辨率的关键在于对隐矢场电磁波的捕获采集。隐矢波的电磁振幅随着传播距离的增加呈指数级衰减趋势，这就需要在距离成像物体极近的区域内，且未借助转换器件的条件下捕捉隐失波的信息。目前的研究热点主要是基于孔径和基于尖端散射的太赫兹近场成像技术两种。

1998 年，Hunsche 等[23] 利用 220 μm 波长的太赫兹波第一次基于亚波长孔径实现了太赫兹波高分辨率成像，该系统如图 10-10 所示，太赫兹波经过锥形尖端物理通光孔径局域后，对样品进行近场照明，而远场的太赫兹波将由光电导天线采集，孔径的尺寸主要影响成像系统的空间分辨率，该研究针对高阻硅基底上的金线实现了空间分辨率为 50 μm 的成像。同时，该研究也对照明模式条件下的孔径成像的高分辨机理进行了研究分析，发现光在微小范围内会受到亚波长结构的干扰，从而可以激发出携带超分辨信息的隐矢波。2010 年，Zhan 等[24] 研究表明，平行板随板间距离的减小，板间能量会呈指数增加。基于此发现，研究者[24] 实现了太赫兹在 $\lambda/250$ 以下等离子体平行板波导中的聚焦效果，进一步利用物理孔径缩小了太赫兹波照射条件下的样品入射光斑。

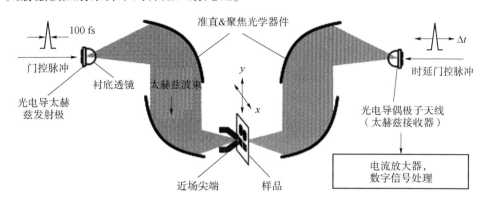

图 10 – 10　Hunsche 等[23]提出的太赫兹孔径成像系统

实现近场成像最直接的方式是使用亚波长孔径，但是成像灵敏度会因孔径尺寸的减小以超线性的方式快速衰减。2018 年，Giordano 等[26]实现了太赫兹干涉近场成像（图 10 – 11），该研究的重点是孔径探测器的探头是由 InAs 纳米线集成上去的。除此之外，实现亚波长分辨率的另一个有效措施是在单个芯片上集成近场探头和太赫兹光电导天线。2015 年，Mitrofanov 等[26]就将孔径探头放置在单个芯片上实现了亚波长分辨率目标，该系统的芯片在 1 μm 处利用分布式布拉格反射器与太赫兹光电导天线实现了分离。为了实现 2 μm 的空间分辨率，该系统在光电导天线的有源层排布了金纳米天线阵列。实验结果表明，虽然减小孔径尺寸可以提高横向分辨率，但是当孔径尺寸减小到某种程度时，反而无法获得信号。

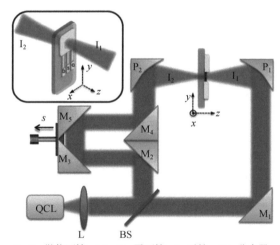

P_1，P_2-抛物面镜；M_1~M_5-平面镜；L-透镜；BS-分束器；
QCL-量子级联激光器；I_1-前侧照射光；I_2-背侧照射光；s-移动距离

图 10 – 11　Giordano 等[25]提出的太赫兹孔径成像系统

2015 年，Moon 等[27]研制了亚表面光栅的宽带纳米级近场成像技术，该系统在 1 THz 处的横向分辨率可达 90 nm，该研究利用原子力宽带脉冲显微镜来控制样品与针尖的距离，对嵌入介电膜中的金属光栅进行了近场成像，其原理如图 10 – 12 所示图中，E_i 为入射场，E_r 为反射场，E_s 为散射场，Ω 为调制深度，$h(t)$ 为探针 – 样品间距。由于在太赫兹频段内原子力显微镜尖端的散射效率非常低，因此该系统需要使用复杂的信号解调技术、强大的太赫兹激光器和昂贵的太赫兹时域光谱系统来检测原子力显微镜尖端散射出的微弱太赫兹波，该技术虽然实施起来具有挑战性，但是对于探测通常嵌入背景介质中的固态和生物纳米分子的低能光物质相互作用具有重要意义。

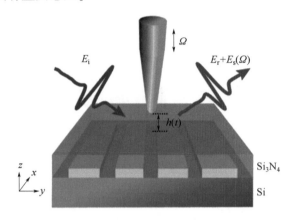

图 10-12　Moon 等[27]提出的太赫兹 s-SNOM 系统

在近场探测中，动态孔径往往会造成系统信噪比下降、针尖尺寸与样品间距不易控制、针尖散射信号微弱难以提取等困难。2016 年，天津大学的张学迁等[28]研制了新型的近场扫描太赫兹光谱仪 N/F-STS，该系统具有高灵敏度、高信噪比和便捷扫描的优点，且可以同时采集到电场的相位信息和幅度信息。其因方便快速的三维空间扫描能力，在生物学、纳米光谱学、表面等离子体学等领域可以发挥巨大作用，有着广阔的应用前景。2017 年，Mitrofanov 等[29]基于 NW（纳米线）或 BP（黑磷）的太赫兹纳米探测器，研制了一种独特的近场探针架构，该系统结构如图 10-13 所示，其中太赫兹纳米探头被嵌入孔径区域，可以将隐矢场区域内快速变化的太赫兹场转变为可被探测的电信号，实现对透射波亚波长分辨率的有效检测。这种新型的太赫兹近场探测器不需要飞秒脉冲激光器、原子力相互作用和复杂的解调技术，在较为紧凑的空间内可以实现太赫兹亚波长分辨率的近场成像，同时这种纳米级太赫兹探测器在突破空间分辨力从纳米级到衍射极限方面也被看好。

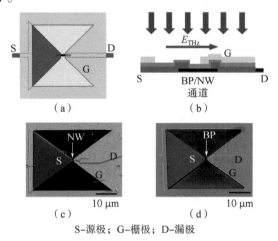

S-源极；G-栅极；D-漏极

图 10-13　带有嵌入式纳米探测器的太赫兹近场探头[29]

(a) 俯视图；(b) 截面图；(c) 内嵌纳米线的近场探头图像；(d) 内嵌黑磷薄片的近场探头图像

太赫兹波长与扫描近场光学显微镜（scanning near-field optical microscope，SNOM）的尖端尺寸不匹配的问题，会使光耦合效率极低，从而产生成像性能下降的问题。为了克服上述问题，2019 年，Zhou 等[30]提出了新型的太赫兹近场源器件（图 10-14），该器件的一侧介质板是同心环形金属光栅，另一侧介质板被安装了微尖端，其中金属光栅的周期和介质板的厚度可以改变器件的谐振频率，太赫兹波通过器件会产生径向极化效应，可以将能量聚焦在微尖端附近，提高耦合效率，从而可以加强尖端与样品之间的相互作用，因此该器件具有高空间分辨率和高散射效率的优点。

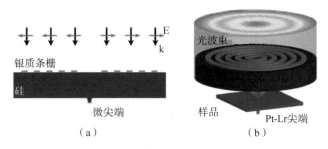

图 10-14　Zhou 等[30]提出的太赫兹近场源器件

为了获得更多的聚束和进一步增强通过孔径传输的太赫兹光束，2020 年，Wang 等[31]设计了一种新型探针结构（图 10-15），该探针将探头与空气透镜相结合，形成了弯曲（凹）孔径，正是因为孔径有一定程度弯折，可以在一定程度上避免太赫兹波在探头孔径处大量反射，所以孔径外近场域内相较于普通孔径可以通过较多的电场强度，从而有效提升太赫兹波的会聚效果和透射率。实验结果表明，该探头在尖端与样品距离增加 4 μm 的条件下，0.11 THz 的一维成像分辨率至少为 10 μm，该研究在组织细胞的生物医学成像、超表面等离子体基础表征和复合材料/结构的无损检测等实际应用方面有着非常广阔的前景。

图 10-15　Wang 等[31]提出的新型探针结构

10.2.5　太赫兹实时成像技术

相比于太赫兹实时成像技术，太赫兹扫描成像技术因其需要较长的成像时间，所以在实时反映被测样品的动态信息方面有一定困难，而太赫兹实时成像技术不仅可以像扫描成像技术那样对样品进行一次成像，还可以实时对样品进行动态信息监控。太赫兹实时成像系统主要是指焦平面阵列探测系统，通常又称"面阵相机"。现阶段研究较为成熟的焦平面成像器件主要包括电荷耦合器件（charge-coupled device，CCD）相机、互补金属氧化物半导体（complementary metal oxide semiconductor，CMOS）相机和微测热辐射计（microbo-lometer）相机三种类型[32]。

早期的 CCD 相机并不能直接对太赫兹波段进行成像，它需要把太赫兹波段的图像转换成可见红外波段的图像后才能进行实时监控。1996 年，Zhang 等[33]最早提出了将焦平面阵列应用于探测太赫兹波段的想法,并研制了基于电光采样方法的太赫兹脉冲实时成像系统,该系统的光路系统原理如图 10 – 16 所示。在太赫兹实时成像系统中,读出波束经过极化器后,与太赫兹波束一起照射到位于薄膜上的被测物体,太赫兹波束的二维电场信息会被直接加载到读出波束上。读出波束经过 ZnTe 晶体后,ZnTe 晶体会发生极化效应。极化调制信息通过分析仪转换为二维光强分布。最后,CCD 相机将探测到的光信号转换为二维图像。太赫兹实时成像技术不仅可以有效缩短太赫兹成像时间,还能够实时观测太赫兹光波经被测样品后的衍射效果。正是因为太赫兹实时成像技术的实用性,此技术已经成为太赫兹脉冲成像技术中的研究热点,基于此技术展开的有关实际应用研究也愈加热烈[34-36]。

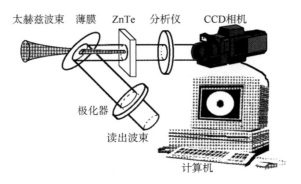

图 10 – 16　太赫兹脉冲实时成像系统示意图[33]

目前微测辐射热计焦平面探测器的种类主要有美国的 VO_x 和法国的多晶硅,其中 VO_x 焦平面探测器通常被认为有更高的灵敏度,现阶段太赫兹波段的微测辐射热计研究也多以 VO_x 焦平面探测器为主[37]。VO_x 焦平面探测器可以认为是一种热电阻探测器,通过镀膜工艺可以使其工作在可以作为实际应用的长波红外焦平面探测器。2005 年,麻省理工学院的 Lee 等[38]基于 VO_x 焦平面探测器研制了全新的连续波太赫兹透射成像系统(图 10 – 17),该系统采用的 VO_x 焦平面探测器件是 BAE Systems 公司的 SCC 500L 型号,系统发射源是 2.52 THz 的气体激光器,太赫兹光波经高密度聚乙烯的滤波作用后被聚焦,最终该系统可以实现 2.52 THz 较为清晰的太赫兹连续波实时透射成像。

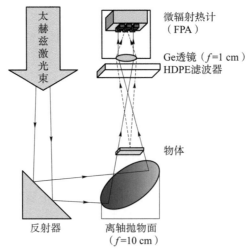

图 10 – 17　Lee 等[38]**研制的连续波太赫兹透射成像系统**

2011年，NEC公司研制了宽带型和窄带型的太赫兹焦平面探测器件[39]，该手持器件基于VO_x探测器实现了对人体的实时动态成像。2012年，NEC公司基于宽带型太赫兹焦平面探测器提出了THz-TDS成像系统，利用该系统设计了用于测量太赫兹波光束模式[40]的太赫兹相机。同年，NEC公司又提出了全新的太赫兹焦平面相机IRV-T0831，如图10-18所示，该相机仅600 g，并且可以与等量子激光器结合实现太赫兹焦平面成像。

随着集成电路工艺的进步，CMOS相机作为一种图像传感器也逐渐应用广泛。2010年，Schuster等[41]利用130 nm低成本CMOS晶体管成功研制出工作于太赫兹频段的63像元成像探测器，如图10-19所示。成像探测器包含C5、C14和C15三种探测器单元。探测器单元宽带蝶形结天线和nMOS场效应晶体管构成。该太赫兹成像探测器在0.3 THz源照射下，完成了空间分辨率达到0.3 mm的225像素×300像素的太赫兹连续波成像，响应度超过5 kV/W，等效噪声功率低于10 $pW/Hz^{1/2}$。此外，该成像探测器还被证明在0.27~1.05 THz的宽频带范围内仍具有较高的成像效率。

图10-18　NEC公司研发的
太赫兹焦平面相机

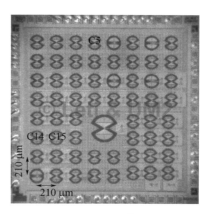

图10-19　Schuster等[42]提出的
CMOS太赫兹探测器

2017年，英国格拉斯哥大学的Escorcia等[42]同样使用CMOS晶体管工艺，提出了新型的太赫兹焦平面阵列，该阵列工作于2.5 THz，阵列规模为64×64像元，其中每个像元都包含测辐射热计并且具有超材料吸波功能，探测器的像元尺寸为40 μm×40 μm，在2.52 THz处的噪声等效功率（NEP）为108 $pW/Hz^{1/2}$。

10.2.6　太赫兹共焦扫描成像技术

太赫兹共焦扫描显微成像技术是太赫兹成像技术的又一重大突破，它可以将太赫兹成像技术与激光共聚焦扫描显微成像技术的优点融合于一体。现阶段，太赫兹共焦扫描成像技术已经是太赫兹成像技术的研究热点，主要分为反射式和透射式两大类。随着像实验装置的不断改进与提升，太赫兹辐射强度和探测器灵敏度也不断加强，最新研究表明[43-45]，利用新型材料透镜可提升图像对比度和空间分辨率，为太赫兹共焦扫描显微成像技术的发展又增添了有利证据。

2006年，Salhi等[46]首次研发了透射式半共焦扫描显微成像系统，其扫描光路示意图如图10-20所示，但是该成像系统因针孔遮挡会造成成像尺寸受限问题。之后，Salhi等[47]在上述成像系统的基础上进行优化，研发了全新的透射式共焦扫描成像系统，该系统发射源是能够产生2.52 THz激光的远红外气体激光器泵浦，系统成像的空间分辨率可达0.26 mm。

2009年，Salhi等[48]又对半共焦扫描显微成像系统进行了升级改造，这次他们通过对探测针孔的尺寸升级使空间分辨率进一步提升，最终实验结果表明，该系统成像分辨率高于普通光学系统。

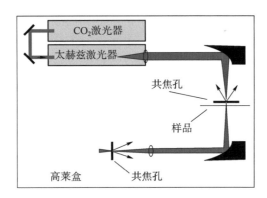

图10-20　Salhi等[47]研发的透射式半共焦扫描显微成像系统扫描光路示意图

2008年，Zinov'ev等[49]提出了一种透射式太赫兹成像系统，该系统采用飞秒激光器发射源，从而激发光电导天线辐射出太赫兹波源，实验证明该装置可有效测得被测样品的太赫兹脉冲波形和频谱。之后，Lim等[50]研制了反射式太赫兹共焦扫描显微成像系统，该系统主要由太赫兹源、透镜、分光片、探测器和铜制针孔等组成，其中太赫兹源波长为0.3 mm，三个透镜的作用分别是准直、物镜和收集，针孔的位置则在收集镜的焦平面处，经理论计算，该系统成像分辨率可达40 μm。2014年，Hwang等[51]为了获取更为充分的太赫兹辐射信息，利用新研制的透射式成像实验装置（图10-21）对活体鼠的皮肤进行观察验证，该装置由自由电子激光脉冲产生2.7 THz波源，实验结果表明，该装置可有效地观察到细胞对于太赫兹辐射的动态反应。

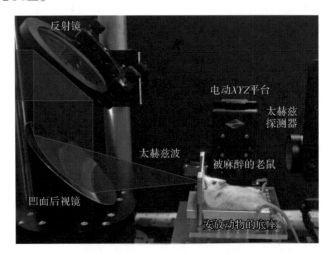

图10-21　Hwang等[51]提出的自由电子激光脉冲的透射式太赫兹成像实验装置

相比之下，国内对太赫兹共焦扫描成像系统的相关研究还属于起步阶段，目前主要有少数研究单位（如电子科技大学、首都师范大学和哈尔滨工业大学等）对此研究方向展开了研究活动。2008年，首都师范大学的张艳东等[52]基于相干探测技术研制了反射式太赫兹共焦扫描显微成像系统，该系统由耿氏振荡器激发0.2 THz的波源进行辐射，针孔尺寸为 2 mm，该装置由于辐射源波长较长且针孔尺寸较大，在成像分辨率方面的结果并不理想。2010 年，哈尔滨工业大学的丁胜晖等[53]为了提升成像分辨率，研制了改进后的透射式共焦扫描显微成像系统，该系统由 SIFIR-50 的 CO_2 泵浦连续太赫兹激光器产生波源辐射，由 P4-42 型的热释电探测器进行探测，除此之外，该装置在针孔设计方面也有一定升级，光源处的针孔尺寸为 1.2 mm，探测针孔尺寸为 0.6 mm。实验表明，该系统能够有效提升图像的横向分辨率，而且实验还证明了该装置对小于 0.25 mm 的微小金属区域也能进行有效成像。2011 年，天津大学的邱志刚等[54]基于 FIRL-100 激发生成 2.52 THz 的辐射源提出了连续扫描的太赫兹成像系统，其采用的是 LiO_3Ta 型热释电探测器，研究结果表明，该系统在横向分辨率方面有所提升，能够达到小于 0.5 mm 的分辨率。

2019 年，Qiu 等[55]基于太赫兹量子阱光电探测器和快速旋转平移平台，提出了一种太赫兹反射式共焦扫描快速成像系统，如图 10-22 所示。该成像系统工作于 4.3 THz，在焦点处采用两个 200 μm 针孔以提高分辨率，可以实现 110 μm 横向分辨率和 320 μm 轴向分辨率的成像效果。通过采用快速连续扫描模式代替传统的步进扫描模式，该系统的三维快速旋转平移平台可以将成像系统的成像时间缩短至 5 s。

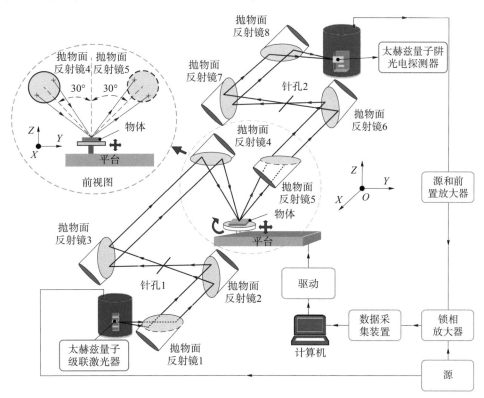

图 10-22 Qiu 等[55]提出的太赫兹反射式共焦扫描快速成像系统

2023 年，Liu 等[56]基于 ABS 材料制备的 3.2 mm 孔径可弯曲镀银空心波导，提出了图 10-23 所示的一种工作于 100 GHz 的太赫兹远场共焦成像系统，实现了 1.12 mm 分辨率的超分辨率高质量成像。得益于 ABS 镀银空心波导的优异性能，该成像系统在波导弯曲的情况下仍然能够实现高分辨率成像。

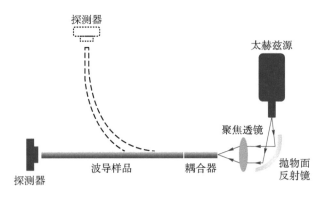

图 10-23　Liu 等[56]提出的太赫兹远场共焦成像系统

10.2.7　太赫兹压缩感知成像技术

压缩感知（compressed sensing，CS）是指利用低于香农采样定理所需的采样点数对信号进行采样，但仍可最大限度地恢复原信号，且不会产生失真，从而有效节约设备采样成本、降低数据存储压力。现阶段，压缩感知成像技术已经建立了完备的理论体系，同时在信号处理、物体成像等实际应用中有着广阔的前景。压缩感知理论的发展与补充也为太赫兹实时成像技术提供了新的研究思路与方向。根据压缩感知理论可知，信号在某个变换域满足一定稀疏性要求时，即可在该区域对信号进行压缩，采样应在恢复信号范围内进行，同时重建也可在相应域进行。压缩感知理论从传统上突破了奈奎斯特采样定律的限制，我们可以利用极小的图像信息值来不失真地恢复原始图像。压缩感知理论的提出，不仅从算法上提高了计算速度和内存资源的利用率，还从系统上简化了光学模块的设计和装调，缩短了成像时间。近年来，压缩感知理论被逐渐应用到太赫兹成像技术中。

2008 年，Chan 等[57]提出了太赫兹波段的压缩感知成像方案，该方案基于透明 PCB 板上选择性覆铜，形成 600 张掩膜板来代替 DMD 设备，实验过程中，利用机械移动平台快速切换掩膜板，对印在 PCB 板上的汉字"光"进行有效成像，成像恢复结果如图 10-24 所示。

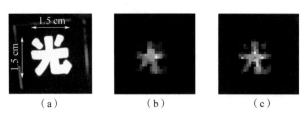

图 10-24　成像字符"光"及其在 300 次和 600 次采样下的恢复图像[57]
(a) 成像目标；(b) 300 次采样下的恢复图像；(c) 600 次采样下的恢复图像

2013 年，Shrekenhamer 等[58]提出了全光调制太赫兹波压缩感知成像系统，该系统成像光路图如图 10-25 所示。该系统将经过 10 倍扩束后的激光覆盖到 DMD（数字显微镜装置）上，经 DMD 调制后的激光被投射到 P 型硅片上，P 型硅片具有传统高阻硅的特性，即硅片上不同位置的透射率会因不同波长波源照射而发生改变。同时，将另一条光路由太赫兹波照射后得到的样本反射波束引导到硅片，基于硅片对空间波有调制作用，所以太赫兹波探测器会捕捉到透过硅片的携带有效信息的波束。

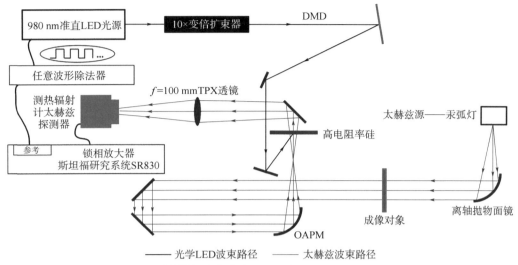

图 10-25　David 等[58]提出的全光调制太赫兹波压缩感知系统成像光路图

2019 年，Saqueb 等[59]提出了一种结合压缩感知算法和双传感器采集技术的太赫兹成像系统，利用稀疏多传感器阵列来加速数据的采集过程。该系统可以在 k 空间中的两个点采集数据，有效减少了所需调制掩膜的数量，在 690 GHz 频点下仅需使用 512 个掩膜图案便可完成金属孔径物体的 64 像素×64 像素图像的重建，而单像素压缩感知成像系统需要 1 024 次测量才能实现类似的成像效果。因此，该研究所提出方法的速度是单像素成像系统的两倍，证明了多传感器采集方法在太赫兹压缩感知成像中的应用潜力。图 10-26 所示为双传感器和单像素压缩感知成像系统的成像效果对比，R 为压缩率、ρ 为相关系数。

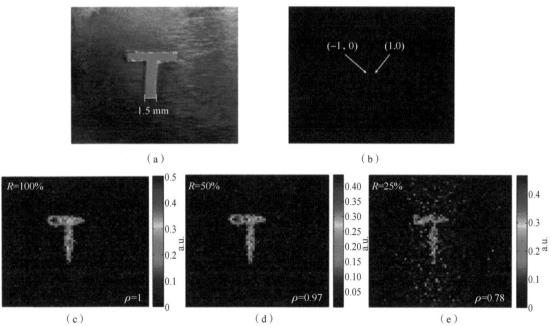

图 10-26　双传感器和单像素压缩感知成像系统的成像效果对比[59]（附彩图）
（a）金属孔径物体；（b）双传感器在 k 空间中的位置；
（c）~（e）双传感器压缩感知成像系统使用 2 048、1 024 和 512 个掩膜图案分别实现的成像效果；

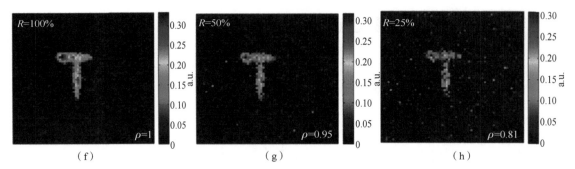

图 10-26 双传感器和单像素压缩感知成像系统的成像效果对比[59]（续）（附彩图）

(f)~(h) 单像素压缩感知成像系统使用 4 096、2 048 和 1 024 个掩膜图案分别实现的成像效果

基于单像素探测器的传统太赫兹成像系统的主要缺点是图像采集时间长，这限制了其在实时成像场景中的应用。压缩感知成像技术可以有效减少图像采集时间，但对于成像掩膜的选择和排序要求较高，在实际应用中需要精心设计高效的重建算法。2022 年，Latha 等[60]系统研究了针对不同压缩率、成像掩膜和优化参数，使用全变差最小化算法重建太赫兹压缩感知图像的效果。研究表明，该算法可以提升嘈杂环境下太赫兹压缩感知成像的效果。

10.2.8 太赫兹被动遥感技术

太赫兹被动遥感技术是通过接收远距离处物体辐射的能量，根据太赫兹指纹谱特性，获得物体成像结果的一种技术[61]。太赫兹被动遥感技术目前在气象、环境监测、天文等领域有着一定应用潜力[62]。例如：用于全天候的气象观测；用于探测大气的气体廓线；用于探测冰云的物理参数。

在太赫兹被动遥感技术方面，美国、欧洲、日本等国家和地区已经取得一系列研究成果，主要应用于温度、湿度、冰云、气体成分和宇宙探测。

1. 温湿度探测

美国自 20 世纪 60 年代开始对国防气象卫星 DMSP 的研制，如图 10-27 所示，并在 1966—1976 年发射了 18 颗 DMSP 卫星，1976 年之后又发射了 19 颗 DMSP 卫星，至今发射了五十多颗。这些卫星搭载了 7 通道线极化被动微波辐射器 SSM/I、5 通道微波总功率辐射器 SSM/T-2、7 通道微波垂直探测器 SSM/T。SSM/I 覆盖了 19.35~85.5 GHz 频带范围内 7 个探测通道[63]，主要用于测量降水、液态水、冰覆盖和海面风速。SSM/T-2 的工作频率范围为 91~183 GHz，主要用于获取大气湿度廓线；SSM/T 的工作频率为 50~60 GHz，主要用于获取大气温度廓线。

自 20 世纪 70 年代以来，美国国家海洋和大气管理局研制并发射了 18 颗 NOAA 系列气象观测卫星，如图 10-28 所示。NOAA-15~NOAA-18 是目前使用得较多的 NOAA 卫星，其搭载了先进的微波探测器 AMSU。AMSU 由 AMSU-A1、AMSU-A2 和 AMSU-B 三部分构成。其中，AMSU-A1 和 AMSU-A2 共同构成 AMSU-A，覆盖了 23.8 GHz、31.4 GHz、50~60 GHz 和 89 GHz 频段的探测通道，主要用于探测地球表面的温度；AMSU-B 覆盖了 89 GHz 和 150 GHz 两个探测通道，以及 183.3 GHz 附近三个通道，主要用于探测水汽，获取海洋的湿度廓线。

图 10-27　DMSP 卫星概念图

图 10-28　NOAA 卫星概念图

MetOp-A 是欧洲首颗极轨气象卫星，于 2009 年 10 月 19 日在哈萨克斯坦通过"联盟"号火箭发射升空。随后，MetOp-B 和 MetOp-C 分别于 2012 年和 2018 年发射。这些卫星搭载了高级微波散射计（advanced scatterometer，ASCAT），工作于 C 波段，可以实现对土壤湿度的监测。最新一代 MetOp-SG 卫星搭载的 MWS 探测器工作为 23.8~229 GHz，可以实现对大气垂直湿度和温度的获取。

2. 冰云探测

美国国家航空航天局（NASA）研制的被动太赫兹波成像器 CoSSIR 的工作频段为 183~874 GHz。它在 2002 年、2006 年和 2007 年分别在佛罗里达卷云试验、哥斯达黎加光环验证试验和 TC-4 试验中进行了测试。结果表明，CoSSIR 探测器的 640 GHz 双极化通道和 874 GHz 通道可用于对冰云粒子的遥感成像。

2007 年 5 月，NASA 研制的星载太赫兹被动冰云探测器冰立方（Ice Cube）成功升空。同年 7 月 17 日，Ice Cube 绘制出全球第一幅 883 GHz 冰云冰水路径云图。不同于传统微波辐射计，Ice Cube 采用冷空间和大气之间的周期性扫描来实现校准。尽管此次 Ice Cube 实验中仍存在探测器噪声变化大等问题，但依然有效地证明了 883 GHz 通道用于冰云探测的有效性。

欧洲下一代极轨气象卫星 MetOp-SG 将搭载太赫兹冰云成像器（ICI），其工作频率为 183~664 GHz，覆盖 11 个探测通道[64]，将有助于测量冰云路径、属性和高度，以及验证冰云模型。

3. 气体成分探测

2001 年，瑞典、法国、芬兰等国联合发射了用于太赫兹波段气体探测的 Odin 卫星。Odin 卫星搭载了太赫兹辐射计 MSR，其工作频率为 480~580 GHz，覆盖 4 个探测通道。通过临边探测技术，MSR 可以获取大气对流层和平流层的气团起源信息。

2004 年，NASA 发射了大气观测卫星 Aura，如图 10-29 所示，搭载了微波临边探测器 MLS。MLS 覆盖了 580 GHz 频段的 4 个探测通道，可用于测量对流层温度和对流层上层成分，包括 OH、HO_2、BrO 等。

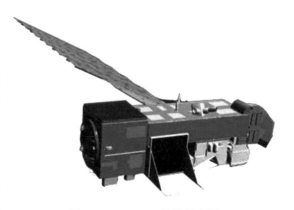

图 10-29　Aura 卫星概念图

2009年，日本宇宙航空研究开发机构（JAXA）研制的超导太赫兹临边探测器（SMILES）成功登陆国际空间站（International Space Station，ISS）。SMILES的工作频率为624.9 GHz、625.72 GHz及649.62 GHz，可用于探测大气微量气体，如O_3、HCl、ClO、HOCl和CH_3CN等。

4. 宇宙深空探测

1998年，NASA发射了亚毫米波天文卫星SWAS，如图10-30所示。SWAS的探测器和望远镜由史密松天体物理台和高达太空飞行中心研制，工作频率范围为487~556 GHz，可用于探测恒星结构和构成星际云的成分。2016年，NASA研制的机载红外天文平台SOFIA进行了第四次飞行试验。SOFIA由阶梯光栅光谱仪、远红外成像光谱仪、红外相机、焦平面成像仪、太赫兹频率接收机和高分辨率机载宽带相机构成，可实现对可见光、红外及太赫兹频率范围星云辐射的探测。

2004年，欧洲航天局（ESA）发射了Rosetta探测器，其探测频率为188 GHz和560 GHz，用于执行彗星探测任务。Rosetta探测器于2014年成功进入彗星轨迹，并着陆于"丘留莫夫-格拉西缅科"彗星表面，完成了对彗尾和彗核中H_2O、CO、CH_3OH和NH_3等化学成分的探测。2009年，ESA发射了Herschel卫星，其携带直径为3.5 m的天文望远镜，用于对宇宙背景进行宽频带探测。[65] Herschel卫星的主要载荷为高分辨率外差光谱仪（HIFI），工作频率范围为0.45~1.9 THz。

国内被动遥感技术的研究始于20世纪80年代，探测频率逐渐由微波向太赫兹波段发展。这些研究成果已经被应用于大气环境探测、深空探测等领域。自2008年以来，我国共发射了7颗"风云三号"极轨气象卫星（"风云三号"A~G星球），如图10-31所示。"风云三号"系列卫星搭载微波湿度计、温度计和成像仪等探测设备[66]。微波湿度计的最大工作频率为183.31 GHz，可用于完成大气水汽分布特性的探测。微波湿度计的工作频率为50~57 GHz，可用于完成对平流层大气温度扰动特性的探测。

图10-30 SWAS卫星概念图

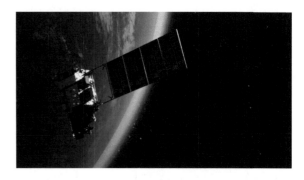

图10-31 "风云三号"气象卫星概念图

目前我国正在研制地球静止轨道（GEO）亚毫米波大气探测仪，采用实孔径毫米波/亚毫米波辐射计载荷方案，工作频率范围为50~425 GHz，可用于对大气温湿度廓线的探测。我国的无源遥感技术发展迅速，在少数领域已经处于国际领先地位。尽管如此，我国的太赫兹无源遥感技术发展仍然存在一些不足之处，主要包括：

（1）太赫兹源的发射功率不足。

（2）太赫兹探测器的灵敏度较低。

（3）太赫兹关键器件的研制与国外存在较大差距，如太赫兹倍频器、混频器和低噪声放大器等具有自主知识产权的太赫兹遥感技术仍待研究。

10.2.9 太赫兹雷达成像技术

与微波、毫米波相比，太赫兹的波长更短、带宽更宽，因此太赫兹雷达具有更强的传载信息能力和抗干扰能力，其探测精度和角分辨率也更高。同时，太赫兹雷达对探测隐身目标（包括形隐身、涂料隐身乃至等离子体隐身）都有较好的效果。由于太赫兹波具有良好的穿透性，因此太赫兹雷达能对沙尘、烟雾等进行投射，并可以全天时、全天候工作。利用太赫兹雷达进行探测和成像具有全天时、分辨率高、多普勒敏感、抗干扰和反隐身等独特优势，具有广阔的应用前景[67]。

太赫兹雷达成像在实现高分辨率高速成像的同时，也带来了较以往微波/毫米波更多需要处理的数据量。例如，经典的 BG 算法随着成像质量的提高，计算复杂度大幅度增加；合成孔径雷达（SAR）和逆合成孔径雷达（ISAR）由于相位校正和运动补偿而计算复杂度增加。这些变化不仅对计算设备的运算能力提出了更高的要求，也为算法的发展带来新的挑战。为了不让计算速度成为限制太赫兹雷达成像技术发展的障碍，近年来压缩感知、数据稀疏等算法在一定程度上提高了太赫兹雷达信号处理的效率。

2015 年，美国喷气推进实验室（JPL）基于硅基 MEMS 工艺构建了一款太赫兹成像雷达系统[68]。该系统配备了八单元阵列的收发机前端，工作频率为 340 GHz，工作带宽为 30 GHz，发射功率为 0.3~0.5 mW，接收机双边噪声温度为 2 000 K，变频损耗为 8 dB。最终，该系统实现了 32 帧/s 的动态成像效果，成像结果如图 10-32 所示。

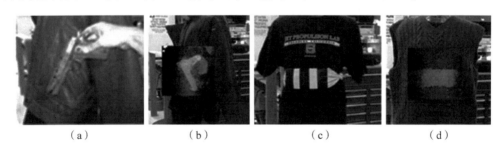

图 10-32 基于八单元收发机阵列 340 GHz 成像系统对衣物下藏匿物体的成像结果
(a) 模拟手枪；(b) 皮夹克；(c) 薄弹带；(d) 厚针织羊毛衫

2018 年，美国圣安德鲁斯大学的研究团队参与了欧盟 CONSORTIS 项目，针对机场对高检测性能、高吞吐量和改善乘客体验的安全性需求，提出了一款工作于 340 GHz 的 16 通道调频连续波雷达[69]。该雷达系统通过高速机械转动装置实现波束扫描，能够以 10 帧/s 的速率实现 1 m³ 感测体积内目标对象的三维成像，成像分辨率可达 1 cm。该成像雷达系统的样机实物和成像效果如图 10-33 所示。

近年来，视频合成孔径雷达（ViSAR）的概念被提出，有助于解决传统合成孔径雷达在低速目标检测和移动目标高分辨率成像等方面的缺陷。ViSAR 能够有效地与各种飞行工具兼

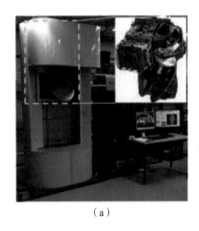 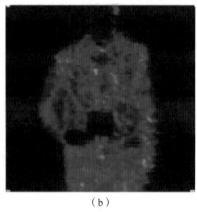

(a)　　　　　　　　　　　　　(b)

图 10 – 33　美国圣安德鲁斯大学 340 GHz 雷达成像系统
(a) 雷达样机；(b) 雷达成像效果

容，实现多种恶劣战场环境下的侦察任务[70]。2012 年，美国国防部高级研究计划局（DARPA）正式启动了 ViSAR 项目计划，旨在研究能够兼容于各种作战平台，提供高帧率、高成像分辨率的 ViSAR 系统，以及提供高精度定位和作战伤亡评估服务。ViSAR 的工作频段为 231.5 ~ 235 GHz，可以有效降低大气衰减对太赫兹辐射的影响，并保证较高的成像帧率。关于 ViSAR 技术的研究具有重要的战略意义。

国内关于太赫兹主动成像雷达系统的研究起步较晚，但进步速度很快。近年来，国内的电子科技大学、中国工程物理研究院等研究机构设计了一些低频段太赫兹成像雷达系统，大大促进了国内相关领域的发展。

2015 年，电子科技大学的研究团队基于固态电路设计了工作于 340 GHz 的太赫兹成像雷达系统[71]。该雷达成像系统采用了逆合成孔径调频连续波技术，工作带宽为 28.8 GHz，发射功率为 5 mW，接收机变频损耗为 10 dB，其结构框图、实物及成像结果如图 10 – 34 所示。

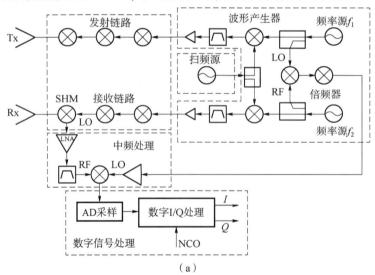

(a)

图 10 – 34　电子科技大学 340 GHz 雷达成像系统
(a) 雷达系统结构框图

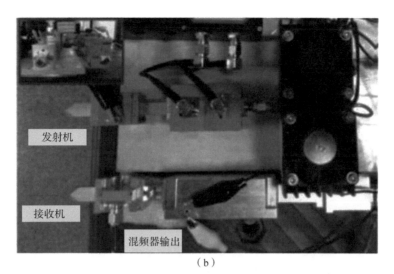

(c)

图 10-34　电子科技大学 340 GHz 雷达成像系统（续）
(b) 雷达前端；(c) 雷达成像效果图

2013 年，中国工程物理研究院的研究团队设计了一款工作于 140 GHz 的太赫兹 ISAR 雷达成像系统[72]，该系统能够在距离目标物 5 m 的位置实现 3 cm 分辨率的成像效果，并以 5 帧/s 的实时成像速率进行成像。2018 年，该研究团队基于 MIMO 阵列设计了一款 340 GHz 的太赫兹雷达成像系统[73]，该系统由 4 个发射单元和 16 个接收单元构成，工作带宽为 16 GHz，发射功率为 0.2 mW，接收机双边带噪声温度为 2 000 ~ 3 000 K。该系统可以在距离目标物 4 m 处实现 4 帧/s 的三维成像效果，成像的视场范围为 0.6 m×2 m，其实物和成像结果如图 10-35 所示。

为了实现对于移动目标物的三维成像，2021 年，中国科学院的研究团队基于单输入多输出阵列设计了工作于 0.2 THz 的干涉逆合成孔径成像雷达，并提出一种提高跟踪精度的组合运动补偿算法[74]。2022 年，国防科技大学的研究团队采用修正牛顿法，改进了太赫兹逆合成孔径雷达运动补偿算法的计算效率和补偿准确性[75]，并利用工作于 0.33 THz 的成像雷达对角反射器的目标散射特性进行了实验验证，证明了该算法相较于传统最大对比度自聚焦算法的优越性。

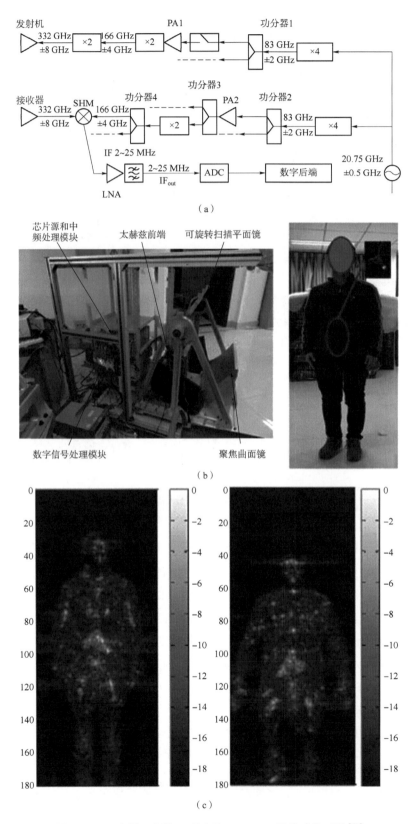

图 10-35 中国工程物理研究院 340 GHz 雷达成像系统[73]
(a) 雷达系统结构框图;(b) 雷达系统实物图;(c) 三维成像效果图

10.3 太赫兹成像应用

10.3.1 无损检测

无损检测通常也叫作无损探伤,是指以不影响被测物体使用性能、不破坏物体内部结构为前提,对被测物体的物理特性、表面或内部特征进行成像监测。无损检测技术是融合了现代各种基础学科于一体的综合技术,主要包括现代基础学科中的电磁、机械、光、声、原子物理及计算机通信等方面,无损检测技术因其不可替代的优势在众多领域都有广泛的应用前景。20 世纪中期,无损检测体系主要由射线(RT)、超声(UT)、磁粉(MT)、渗透(PT)和电磁(ET)五大常规检测手段构成。现阶段,无损检测技术在航天、安全监测、军用等众多领域工业设备的安全可靠性提升方面有着积极作用,在新材料研究方面(尤其是复合材料等方面)也有着重要意义。

从国内外无损检测发展现状来看,太赫兹无损检测技术主要有以下发展趋势:

(1) 目前国内的太赫兹成像设备多在研究阶段,尚不满足物品实际检测要求,因此,设备的实用性、便携性、适应性等都是后续需要考量及研究的重点。

(2) 目前国内在太赫兹无损检测方面多为理论实验和定量研究,而现实应用中以定性分析为主,两者之间可能存在较大的不确定性,因此标准化的太赫兹无损检测发展任重道远。

航空航天技术的发展在很大程度上代表着国家的先进科学技术水平,其中符合各项指标的高性能航空航天材料在航天飞行领域内占据着举足轻重的位置,因此通过对高性能航天材料进行无损检测来判断其各项性能是非常重要的应用环节。太赫兹辐射因其单光子能量低,不易对材料产生破坏作用,同时也能够对各种类型的航空航天材料产生良好的穿透性,所以太赫兹无损检测技术在航空航天领域有着非常重要的作用。

2007 年,周燕等[76]基于连续波太赫兹成像系统成功检测出铝制泡沫面板中的人工预埋缺陷,研究员在泡沫板内部预留了 4 个用锡箔纸做的人工缺陷,如图 10-36(a)所示,从图 10-36(b)中可以清晰地看出经太赫兹系统成像后这 4 个预留缺陷的形状、大小及位置。实验结果证实了太赫兹成像技术在无损检测领域方面有着极其重要的研究价值。

(a) (b)

图 10-36 使用太赫兹波检测燃料箱泡沫面板中的缺陷
(a) 人工缺陷试样;(b) 系统无损检测的图像

脱粘定位是多层结构样品中进行太赫兹无损检测的难点，因为脱粘部分的空气层太薄，难以检测。为了解决这个问题，2017年，Dai等[77]提出了一种利用小波变换来处理太赫兹探测三维数据的无损检测算法，通过小波系数重建测试样本的三维图像。通过该算法，脱粘区域可以被清楚地识别并准确定位。他们对两组带有脱胶层的隔热毡样品进行了分析，实验结果表明三维重建图像与实际样品具有良好的一致性。图10-37所示为两组隔热毡样品的三维成像结果图。

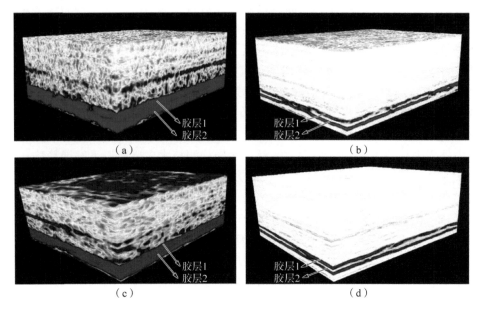

图10-37　两组隔热毡样品的成像结果图
(a) 样品1的原始三维成像结果；(b) 样品1经过小波变换处理后的三维成像结果；
(c) 样品2的原始三维成像结果；(d) 样品2经过小波变换处理后的三维成像结果

纤维增强氧化物-氧化物陶瓷基复合材料（CMC）由于其具备高强度、强韧性和强耐腐蚀性的特点，在飞机涡轮机中得到越来越多的应用。研究和开发CMC材料的无损检测新技术，对于确保其在恶劣的涡轮机燃烧环境中能安全可靠地使用具有十分重要的意义。尽管空气耦合超声、X射线计算机层析和热成像等众所周知的无损检测技术可用于表征材料特性和检测材料缺陷，但由于CMC材料具有较高的孔隙率和较低的热扩散率，这些传统的无损检测方法不适合在制造或维护过程中对CMC材料进行质量检测。太赫兹时域光谱因其对折射率变化的敏感性，以及太赫兹脉冲在聚合物、陶瓷、陶瓷涂层和半导体材料中的高穿透性，成为一种对于层状材料的高效无损检测技术。太赫兹脉冲成像技术可以在短时间内实现对于样品的非接触式成像，非常适合CMC材料的无损检测。2019年，Wu等[78]通过实验证明了使用太赫兹脉冲成像技术用于CMC材料无损检测的可行性，该技术可用于定量检测CMC材料中隐藏的缺陷、剥离或潮湿区域。

10.3.2　公共安全

近年来，公共安全的监控越来越受到各个国家的重视。太赫兹波对绝大多数非极性物质和电介质材料都具有良好的穿透能力；太赫兹辐射的单光子能量较低，可进行无损检测，不会对被测物品产生破坏作用；除此之外，利用太赫兹成像系统可以对物体进行波谱分析。在机场或公共领域进行安检场景中，使用太赫兹成像系统不仅可以对乘客进行非接触和非破坏性的检测，还可以有效探测并识别隐藏的金属刀具、枪支、毒品等危险物品。因此在安全检查领域，太赫兹成像技术作为一种新型的监控手段有着广阔的应用前景与研究价值。

2003 年，Kawase 等[79]利用太赫兹成像技术成功检测出隐藏在信封中的非法药物，如图 10-38 所示，该研究对三种不同的药物进行了无损成像检测，由于这三种药物均为白色，很难通过肉眼进行识别，但是利用不同物质对不同频段太赫兹波吸收不同的特性，基于脉冲太赫兹成像系统对三种药物进行检测，对成像吸收光谱进行简单的数据处理即可获得物质的关键信息，从而能对被测样品进行区分。但是实验中对样品进行太赫兹成像无损检测所需的信息较多，存在分析识别时间较长的问题。

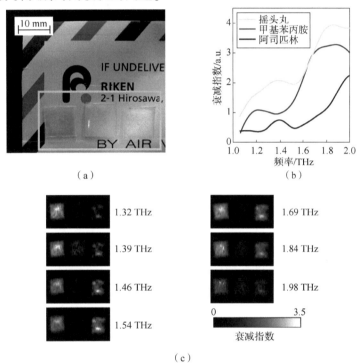

图 10-38　药物样品及其太赫兹吸收图像
(a) 药物样品；(b) 药物吸收光谱；(c) 药物样品的多光谱太赫兹吸收图像

在飞机安检过程中，如果无须从行李箱中取出液体，那么将不仅提升旅客的安检体验，而且可以提高机场的运营效率。2021 年，Baxter 等[80]研究了 100 GHz 太赫兹线扫描仪和基于衰减全反射的太赫兹时域光谱仪对于不同液体样本的识别能力。他们测量了液体样本的太赫兹复介电常数，并将这些数据应用于二维图像的分析，以确定不同体积液体在容器瓶内的位置；通过获得的衰减图像，能够有效地区分高吸收液体和低损耗液体。该研究表明，太赫兹技术可以用于高效地识别不同类型的挥发性液体，对于提高安检过程中的液体检测效率有着重要的实际意义。

在国内，太赫兹成像技术在公共安全领域的研究起步较晚。2008 年，袁宏阳等[81]基于热释电探测器搭建了连续波透射式太赫兹成像系统，并利用该系统对隐藏在信封内的硬币等物体进行成像，如图 10-39 所示。实验结果表明，该太赫兹成像系统可对被测物品进行有效成像。

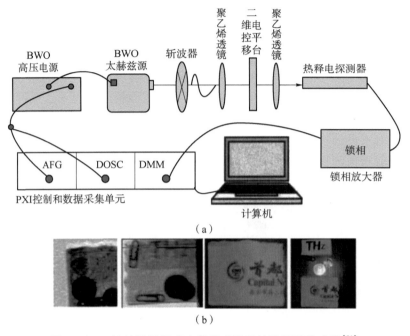

图 10-39 连续波透射式太赫兹成像系统及隐藏物成像[81]
(a) 成像系统原理示意图；(b) 隐藏物成像结果

2010 年，Ding 等[82]提出了工作于 2.52 THz 的透射式扫描成像系统，系统成像原理如图 10-40（a）所示；研究团队利用该系统对多种物体进行了穿透成像实验，并进行了隐藏物成像对比分析，成像结果如图 10-40（b）所示。具体成像原理：太赫兹波经离轴抛物面反射镜聚焦在样品表面，同时通过平移控制台移动样品并进行逐点扫描，将探测器接收到的从样品透过的太赫兹波进行收集与分析，最终呈现样品完整的太赫兹图像。

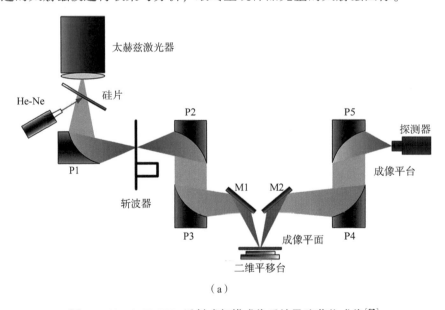

图 10-40 2.52 THz 透射式扫描成像系统及隐藏物成像[82]
(a) 太赫兹透射扫描成像系统原理示意图

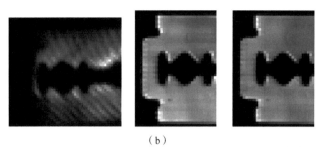

(b)

图 10-40　2.52 THz 透射式扫描成像系统及隐藏物成像[82]（续）

(b) 隐藏物成像结果

被动式太赫兹波成像已成为人体安全检查和场景监控的重要潜在技术。由于人体与隐藏物体的亮度温度差异较小，辐射计的温度灵敏度和空间分辨率一直是难以提高的关键性能指标。因此，在硬件性能给定的情况下，提高检测率具有重要意义。2020 年，Cheng 等[83] 提出了一种基于物理特性利用多极化信息，实现隐藏目标增强成像的方法。该方法通过分析人体和隐藏物体的极化模型和极化特性，融合多幅极化图像后获得完整的极化成像结果，可以有效增强其中人体与隐藏物体的对比度。

在实际的安全检查应用中，对于具有实时视频速率被动式太赫兹成像系统的需求很大。2020 年，Feng 等[84] 提出了一种具有视频速率的被动式太赫兹人体成像系统。如图 10-41 所示，该成像系统主要由扫描模块、准光学镜头、校准模块和一维太赫兹探测器阵列组成。太赫兹波可以通过太赫兹窗口传输到成像器中，并被扫描模块反射，然后通过准光学透镜聚焦在探测器阵列上。通过该成像系统可以获得站在成像仪前方 1.5 m 处的人体太赫兹图像，分辨率为 1.5 cm，帧率为 10 帧/s，还可以发现人体携带的金属、陶瓷、粉末、液体等疑似危险物品。

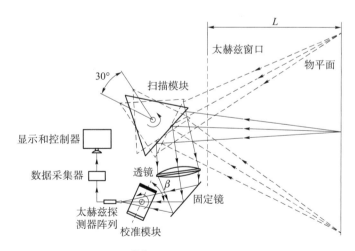

图 10-41　Feng 等[84] 提出的被动式太赫兹人体成像系统

10.3.3　生物医学

太赫兹成像技术在生物医学研究中有着很广泛的应用，目前，基于太赫兹技术对细胞的研究已取得一定的进展。生物大分子（如蛋白质、氨基酸和 DNA 等）的能级基本处于太赫兹频段，且不同的细胞状态对不同频率太赫兹波的响应有所不同，因此，在分子层面利用太赫兹技术可对生物大分子进行检测诊断，为疾病诊疗提供帮助。现阶段，基于太赫兹成像技术因具有对水灵敏度高、对人体无害和空间分辨率高、相比于病理学检查价格便宜等特性，学者利用太赫兹成像技术对癌组织（如皮肤基底细胞癌、宫颈癌、乳腺癌和结肠癌等）、皮肤烧伤组织、角膜组织、脑组织、牙齿组织和骨组织等进行了实验研究。虽然太赫兹技术在生物医学方面的应用还处于实验阶段，但是它已展现出广阔的发展前景。

10.3.4 天文探测

太赫兹成像技术在天文学领域也有着重要地位，尤其是在研究宇宙状态和演化方面具有相当积极的作用。太赫兹频段较为特殊，相较于其他频段，它拥有丰富的分子转动谱线和原子精细结构谱线，科学家可通过对分子或原子谱线进行高分辨率的成像监测分析，因此太赫兹成像技术能作为天文领域等重大科学问题方面的一种研究手段。现阶段，有关太赫兹成像技术方面的太赫兹相干探测器已经在 SOFIA 天文台、地面 APEX 望远镜和 Herschel 空间卫星等实际应用方面展示出其独特优势。

2004 年，NASA 发射了 AURA 卫星。作为美国地面观测系统的重要部分，它配备先进的外差式太赫兹探测器 MLS。该探测器可工作于 5 个不同的太赫兹频段。在其中的 119 GHz、240 GHz 和 640 GHz 频段上，探测器通过耿氏振荡器产生本振源，基于肖特基二极管实现差频转换；而在 2.5 THz 频段上，探测器通过远红外激光器产生本振源。与 UARS 卫星上搭载的探测器相比，AURA 卫星上搭载的探测器可测量更多种大气成分，还能测量云中的含水量、大气温度及高层大气中的污染物质。可工作于太赫兹波段的探测器在宇宙环境探测等方面极大地支持了对臭氧层、大气组分和气候变化关系的研究分析。

2009 年，日本研制的亚毫米临边液氦冷却 SIS 探测器 JEM/SMILES 发射升空，该探测器是首个利用超导外差探测器来进行地球观测的探测器，可以对地球大气成分（如 O_3、$H^{35}Cl$、$H^{37}Cl$、ClO、BrO 及 O_3 同位素）进行观测。相比于美国和欧洲之前发射的 AuraMLS 以及 Odin 探测器，该探测器具有更高的探测灵敏度，这表明太赫兹探测器在大气环境监测中有着深远的积极意义[85]。

氢化氦离子 HeH^+ 在关于宇宙起源的研究中具有无可争议的重要性，但一直以来都很难在星际空间中被明确观测到。2019 年，Guesten 等[86]基于太赫兹超导热电子测辐射热计混频器（HEB），观测到行星状星云 NGC 7027 中波长为 149.1 μm 的 HeH^+ 离子旋转基态跃迁，为揭示宇宙最早期的元素起源过程提供了重要依据。

原子氧是地球中层和低热层大气的主要成分，由于其几乎没有光学活性跃迁，因此难以用遥感技术对其浓度进行测量。传统的间接测量方法基于光化学模型，使用不同仪器的测量结果一致性差。2021 年，Richter 等[87]在 SOFIA 天文台上使用太赫兹频率天文学接收器（GREAT）对原子氧的浓度进行直接测量，得到的测量结果与由卫星观测所建立的大气模型一致，从而证明了太赫兹直接测量法相较于传统光化学模型间接测量法的优越性。

10.3.5 军事应用

在军事领域，太赫兹成像技术也有它独有的一面。例如，宽频太赫兹雷达能够对目标物体进行高分辨率的三维成像，还能从光谱数据中提取出目标物成分的详细信息；在陆、海、空、天、电磁五维战场中，太赫兹都可以对目标物进行对象识别[88]。

太赫兹雷达因其特殊的物理特性，具有突出优势。与红外雷达和激光雷达相比，太赫兹雷达的视野更加宽，有着更强的穿透性，更适应战场上较为复杂的电磁环境；与毫米波雷达相比，太赫兹雷达的频率更高，具有更高的成像分辨率。隐身技术是一种非常具有代表性的隐蔽打击手段，已经被用于飞机、导弹、坦克、舰船等武器。各种反隐身先进技术也广泛应用在现代战争中，如美国诺斯罗普·格鲁门公司研制的 AN/AAR-54 紫外告警系统，可有效地识别隐身武器，在复杂战场环境下为载机提供及时有效的威胁告警[89]，如图 10-42 所示。

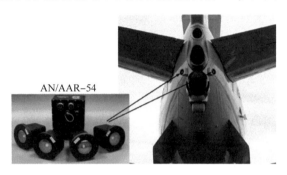

图 10-42　澳大利亚空军"楔尾"预警机配装的 AN/AAR-54 紫外告警系统[89]

目前隐身武器主要通过两种方式实现隐身，一种是通过设计特殊的外形来将雷达探测信号散射，另一种是通过在目标表面涂覆吸波材料来减弱探测到的回波能量[90]。对于通过外形设计而实现隐身的目标而言，其可采用超宽带太赫兹技术，接收携带了隐身飞机信息的回波信号，通过对回波信号的逆合成处理实现反隐身。对采用涂零吸波材料的目标来说，目前的技术条件下隐身材料体系绝大多数是针对常用的雷达频段进行设计，对太赫兹雷达的隐身效果非常有限。由此可见，太赫兹雷达具备优越的反隐身能力。雷达作为战场上探测敌情的"眼睛"，是未来战场上重要的反导反隐身利器，研究新型的反导反隐身雷达是刻不容缓的任务。太赫兹雷达因其频率高、带宽宽、穿透性强、受气动光学效应影响小等特点，可以弥补传统的微波雷达或光学成像的不足，是未来雷达成像探测技术的重要发展方向。但作为新技术，受制于太赫兹辐射源功率和稳定高灵敏度室温探测器件的限制，目前的太赫兹雷达武器在小型化、实用性等方面还存在技术瓶颈。因此，应大力发展太赫兹雷达新体制、新方法，解决空间目标的精确探测、跟踪、识别问题，争取为精确打击和提高反导拦截成功概率提供有效技术手段。

10.4　太赫兹成像技术发展限制因素

太赫兹成像技术虽然在许多方面都具有很大的优势，但也存在局限性，主要体现在以下几方面：

（1）水分子对太赫兹波有很强的吸收作用，因此含水量较高时用太赫兹成像技术可能成像分辨率不够高，尤其是空气中的含水量还会影响探测距离，这就会使太赫兹技术在医学生物组织检测等方面的应用存在一定的限制。

（2）太赫兹探测器对外界温度的变化较为敏感，这就要求成像探测时需要保持环境温度恒定，否则实验结果可能会受到影响。

（3）太赫兹成像技术所需的时间可能较长，就可能对成像质量产生一定影响。针对这一问题，业界通常采用大面积电光晶体与CCD、CMOS相机结合的方式来缩短成像时间，以提高成像质量。

（4）针对反射式太赫兹成像系统，为避免透射与反射太赫兹波产生干涉现象，太赫兹信号应该正入射到样品表面。

（5）现阶段，太赫兹信号存在输出功率低和带宽窄的问题。

（6）在研究太赫兹源时，应考虑到稳定性、高效性、环保性等问题。

（7）太赫兹成像技术并不能有效检测被金属遮挡的样品，这种情况下必须与其他探测技术相结合才能进行成像检测。

目前，我国的太赫兹成像技术并不完备，在关键技术方面还不太成熟，在太赫兹辐射、太赫兹传输、太赫兹调制方式、太赫兹探测等方面都有待提高。

参 考 文 献

[1] HU B B, NUSS M C. Imaging with terahertz waves[J]. Optics letters, 1995, 20(16):1716.

[2] CHARRON D M, AJITO K, KIM J Y, et al. Chemical mapping of pharmaceutical cocrystals using terahertz spectroscopic imaging[J]. Analytical chemistry, 2013, 85(4):1980-1984.

[3] HOOPER J, MITCHELL E, KONEK C, et al. Terahertz optical properties of the high explosive β-HMX[J]. Chemical physics letters, 2009, 467(4/5/6):309-312.

[4] 张存林. 太赫兹感测与成像[M]. 北京：国防工业出版社, 2008.

[5] 胡伟东, 张萌, 穆晨晨, 等. 220 GHz脉冲成像系统设计与应用研究[J]. 现代科学仪器, 2012(6):20-22.

[6] JOHNSON J L, DORNEY T D, MITTLEMAN D M. Enhanced depth resolution in terahertz imaging using phase-shift interferometry[J]. Applied physics letters, 2001, 78(6):835-837.

[7] ZHONG H, REDO-SANCHEZ A, ZHANG X C. Identification and classification of chemicals using terahertz reflective spectroscopic focal-plane imaging system[J]. Optics express, 2006, 14(20):9130.

[8] YASUI T, SAWANAKA K, IHARA A, et al. Real-time terahertz color scanner for moving objects[J]. Optics express, 2008, 16(2):1208.

[9] BLANCHARD F, DOI A, TANAKA T, et al. Real-time terahertz near-field microscope[J]. Optics express, 2011, 19(9):8277.

[10] STANTCHEV R I, LI K, PICKWELL-MACPHERSON E. Rapid imaging of pulsed terahertz radiation with spatial light modulators and neural networks [J]. ACS photonics, 2021, 8(11): 3150-3155.

[11] DI FABRIZIO M, D'ARCO A, MOU S, et al. Performance evaluation of a THz pulsed imaging system: point spread function, broadband THz beam visualization and image reconstruction [J]. Applied sciences, 2021, 11(2): 562.

[12] 谢旭, 钟华, 袁韬, 等. 使用太赫兹技术研究航天飞机失事的原因[J]. 物理, 2003(9):583-584.

[13] KARPOWICZ N, ZHONG H, ZHANG C, et al. Compact continuous-wave subterahertz system for inspection applications[J]. Applied physics letters, 2005, 86(5): 054105.

[14] DOBROIU A, YAMASHITA M, OHSHIMA Y N, et al. Terahertz imaging system based on a backward-wave oscillator[J]. Applied optics, 2004, 43(30): 5637.

[15] SONG H, HWANG S, AN H, et al. Continuous-wave THz vector imaging system utilizing two-tone signal generation and self-mixing detection[J]. Optics express, 2017, 25(17): 20718-20726.

[16] YI L, KANAME R, MIZUNO R, et al. Ultra-wideband frequency modulated continuous wave photonic radar system for three-dimensional terahertz synthetic aperture radar imaging[J]. Journal of lightwave technology, 2022, 40(20): 6719-6728.

[17] NGUYEN K L, JOHNS M L, GLADDEN L F, et al. Three-dimensional imaging with a terahertz quantum cascade laser[J]. Optics express, 2006, 14(6): 2123-2129.

[18] YIN X X, NG B W H, FERGUSON B, et al. Wavelet based local tomographic image using terahertz techniques[J]. Digital signal processing, 2009, 19(4): 750-763.

[19] RECUR B, YOUNUS A, SALORT S, et al. Investigation on reconstruction methods applied to 3D terahertz computed tomography[J]. Optics express, 2011, 19(6): 5105.

[20] OZANYAN K B, WRIGHT P, STRINGER M R, et al. Hard-field THz tomography[J]. IEEE sensors journal, 2011, 11(10): 2507-2513.

[21] ZHOU T, ZHANG R, YAO C, et al. Terahertz three-dimensional imaging based on computed tomography with photonics-based noise source[J]. Chinese physics letters, 2017, 34(8): 084206.

[22] ZHONG F, NIU L, WU W, et al. Dictionary learning-based image reconstruction for terahertz computed tomography[J]. Journal of infrared, millimeter, and terahertz waves, 2021, 42(8): 829-842.

[23] HUNSCHE S, KOCH M, BRENER I, et al. THz near-field imaging[J]. Optics communications, 1998, 150(1/2/3/4/5/6): 22-26.

[24] ZHAN H, MENDIS R, MITTLEMAND M. Superfocusing terahertz waves below $\lambda/250$ using plasmonic parallel-plate waveguides[J]. Optics express, 2010, 18(9): 9643.

[25] GIORDANO M C, VITI L, MITROFANOV O, et al. Phase-sensitive terahertz imaging using room-temperature near-field nanodetectors[J]. Optica, 2018, 5(5): 651.

[26] MITROFANOV O, BRENER I, LUK T S, et al. photoconductive terahertz near-field detector with a hybrid nanoantenna array cavity[J]. ACS photonics, 2015, 2(12): 1763-1768.

[27] MOON K, PARK H, KIM J, et al. Subsurface nanoimaging by broadband terahertz pulse near-field microscopy[J]. Nano letters, 2015, 15(1): 549-552.

[28] 许悦红, 张学迁, 王球, 等. 基于光导微探针的近场/远场可扫描太赫兹光谱技术[J]. 物理学报, 2016, 65(3): 235-246.

[29] MITROFANOV O, VITI L, DARDANIS E, et al. Near-field terahertz probes with room-temperature nanodetectors for subwavelength resolution imaging[J]. Scientific reports, 2017, 7(1): 44240.

[30] ZHOU X, GUO X, SHKURINOV A, et al. Concentric-ring-grating-induced strong terahertz near-field enhancement on a micro-tip[J]. Journal of optics, 2019, 21(10): 105005.

[31] WANG N, ZHANG X, LIANG J, et al. Novel configuration of aperture-type terahertz near-field imaging probe[J]. Journal of physics D: applied physics, 2020, 53(29): 295102.

[32] 曹丙花, 李素珍, 蔡恩泽, 等. 太赫兹成像技术的进展[J]. 光谱学与光谱分析, 2020, 40(9): 2686-2695.

[33] WU Q, HEWITT T D, ZHANG X C. Two-dimensional electro-optic imaging of THz beams[J]. Applied physics letters, 1996, 69(8): 1026-1028.

[34] HATTORI T, SAKAMOTO M. Deformation corrected real-time terahertz imaging[J]. Applied physics letters, 2007, 90(26): 261106.

[35] WERLEY C A, WU Q, LIN K H, et al. Comparison of phase-sensitive imaging techniques for studying terahertz waves in structured $LiNbO_3$[J]. Journal of the Optical Society of America B, 2010, 27(11): 2350.

[36] YASUDA T, KAWADA Y, TOYODA H, et al. Terahertz movies of internal transmission images[J]. Optics express, 2007, 15(23): 15583.

[37] 金伟其, 田莉, 王宏臣, 等. THz焦平面探测器及其成像技术发展综述[J]. 红外技术, 2013, 35(4): 187-194.

[38] LEE A W, HU Q. Real-time, continuous-wave terahertz imaging by use of a microbolometer focal-plane array[J]. Optics letters, 2005, 30(19): 2563.

[39] ODA N, SANO M, SONODA K, et al. Development of terahertz focal plane arrays and handy camera[C]//Conference on Infrared Technology and Applications XXXVII, 2011.

[40] ODA N, LEE A W M, ISHI T, et al. Proposal for real-time terahertz imaging system with palm-size terahertz camera and compact quantum cascade laser[C]//Conference on Terahertz Physics, Devices and Systems VI-Advanced Applications in Industry and Defense, 2012, 8363: 83630A.

[41] SCHUSTER F, COQUILLAT D, VIDELIER H, et al. Broadband terahertz imaging with highly sensitive silicon CMOS detectors[J]. Optics express, 2011, 19(8): 7827-7832.

[42] ESCORCIA I, GRANT J, GOUGH J, et al. CMOS Terahertz metamaterial based 64×64 bolometric detector arrays[C]//42nd International Conference on Infrared, Millimeter, and Terahertz Waves, 2017: 1-2.

[43] ZHENG X, LORDON B, MINGOTAUD A, et al. Terahertz spectroscopy sheds light on real-time exchange kinetics occurring through plasma membrane during photodynamic therapy treatment[J]. Advanced science, 2023, 10(18): 2300589.

[44] WANG Z, LI X, WANG Q, et al. Terahertz super-resolution imaging based on a confocal waveguide and a slider-crank scanning mechanism[J]. Optics express, 2023, 31(12): 19945-19957.

[45] YE X, XUE K, ZHOU Y, et al. Ultra-broadband Moiré-PB doublet lens for multifunctional microscopy[J]. Advanced optical materials, 2024, 12(2): 2301421.

[46] SALHI M, KOCH M. Semi-confocal imaging with a THz gas laser[C]//Conference on Millimeter-Wave and Terahertz Photonics,2006,6194:61940A.

[47] SALHI M A,KOCH M. Confocal THz imaging using a gas laser[C]//The 33rd international Conference on Infrared,Millimeter and Terahertz Waves,2008:1-2.

[48] SALHI M A,PUPEZA I,KOCH M. Confocal THz laser microscope[J]. Journal of infrared, millimeter,and terahertz waves,2010(31):358-366.

[49] ZINOV'EV N N, ANDRIANOV A V, GALLANT A J, et al. Contrast and resolution enhancement in a confocal terahertz video system[J]. JETP letters,2008,88(8):492-495.

[50] LIM M, KIM J, HAN Y, et al. Perturbation analysis of terahertz confocal microscopy[C]//The 33rd International Conference on Infrared, Millimeter and Terahertz Waves, Pasadena, 2008: 1-2.

[51] HWANG Y, AHN J, MUN J, et al. In vivo analysis of THz wave irradiation induced acute inflammatory response in skin by laser-scanning confocal microscopy[J]. Optics express, 2014,22(10):11465.

[52] ZHANG Y, DENG C, SUN W, et al. Terahertz continuous-wave transmission imaging system and its application in security inspections[C]//Conference on Terahertz Photonics,2007, 6840:684010.

[53] 李琦,丁胜晖,姚睿,等.太赫兹共焦扫描显微成像研究进展[J].激光与光电子学进展, 2010,47(8):20-27.

[54] 邸志刚,姚建铨,贾春荣,等.太赫兹成像技术在无损检测中的实验研究[J].激光与红外,2011,41(10):1163-1166.

[55] QIU F C, FU Y Z, WANG C, et al. Fast terahertz reflective confocal scanning imaging with a quantum cascade laser and a photodetector[J]. Applied physics B, 2019, 125(5): 86.

[56] LIU S, XIE G, LI G, et al. Transmission and confocal imaging characteristics of bendable ABS/Ag-coated hollow waveguide at low THz band[J]. IEEE transactions on terahertz science and technology, 2023, 13(3): 193-199.

[57] CHAN W L, CHARAN K, TAKHAR D, et al. A single-pixel terahertz imaging system based on compressed sensing[J]. Applied physics letters,2008,93(12):121105.

[58] SHREKENHAMER D, WATTS C M, PADILLA W J. Terahertz single pixel imaging with an optically controlled dynamic spatial light modulator[J]. Optics express,2013,21(10):12507.

[59] SAQUEB S A N, SERTEL K. Multisensor compressive sensing for high frame-rate imaging system in the THz band[J]. IEEE transactions on terahertz science and technology, 2019, 9 (5): 520-523.

[60] LATHA A M, ESAMPELLY S, DEVI A S N. Terahertz image reconstruction using compressive sensing[C]// The 47th International Conference on Infrared, Millimeter and Terahertz Waves (IRMMW-THz), IEEE, 2022.

[61] 张铱宸,陈珂,杜昊.太赫兹无源遥感技术发展研究[J].中国无线电,2022(4):38-40.

[62] 胡伟东,季金佳,刘瑞婷,等.太赫兹大气遥感技术[J].中国光学,2017,10(5): 656-665.

[63] 姚崇斌,徐红新,赵锋,等. 微波无源遥感有效载荷现状与发展[J]. 上海航天,2018,35(2):1-12.

[64] BERGADA M, LABRIOLA M, GONZALEZ R, et al. The ice cloudimager(ICI) preliminary design and performance[C]//Microwave Radiometry & Remote Sensing of the Environment, 2016.

[65] 梁美彦,任竹云,张存林. 太赫兹空间探测技术研究进展[J]. 激光与光电子学进展,2019,56(18):43-55.

[66] 何锡玉,蔡夕方,朱亚平,等. 我国风云极轨气象卫星及应用进展[J]. 气象科技进展,2021,11(1):34-39.

[67] 王佳颖,张铣宸,周思远,等. 太赫兹雷达技术发展与应用[J]. 中国电子科学研究院学报,2021,16(8):844-850.

[68] RECK T, JUNG-KUBIAK C, SILES J V, et al. A silicon micromachined eight-pixel transceiver array for submillimeter-wave radar[J]. IEEE transactions on terahertz science and technology, 2015, 5(2): 197-206.

[69] ROBERTSON D A, MACFARLANE D G, HUNTER R I, et al. The CONSORTIS 16 channel 340 GHz security imaging radar[C]//Passive and Active Millimeter-Wave Imaging XXI, 2018: 1063409.

[70] 肖忠源,张振华,马晓萌. 视频SAR发展现状研究[J]. 第三届航天电子战略研究论坛论文集(遥测遥控专刊),2017:37-40.

[71] ZHANG B, PI Y, LI J. Terahertz imaging radar with inverse aperture synthesis techniques: system structure, signal processing and experiment results[J]. IEEE sensors journal, 2014, 15(1): 290-299.

[72] CHENG B B, JIANG G, WANG C, et al. Real-time imaging with a 140 GHz inverse synthetic aperture radar[J]. IEEE transactions on terahertz science and technology, 2013, 3(5):594-605.

[73] CHENG B, CUI Z, LU B, et al. 340 GHz 3D imaging radar with 4Tx-16Rx MIMO array[J]. IEEE transactions on terahertz science and technology, 2018, 8(5): 509-519.

[74] LI H, LI C, WU S, et al. Adaptive 3D imaging for moving targets based on a SIMO INISAR imaging system in 0.2 THz band[J]. Remote sensing, 2021, 13(4): 782.

[75] WANG H, YANG Q, WANG H, et al. Precise motion compensation method in terahertz ISAR imaging based on sharpness maximization[J]. Electronics letters, 2022, 58(21): 813-815.

[76] 周燕,牧凯军,张艳东,等. 燃料箱泡沫板的连续太赫兹波无损检测[J]. 无损检测,2007(5):266-267.

[77] DAI B, WANG P, WANG T Y, et al. Improved terahertz nondestructive detection of debonds locating in layered structures based on wavelet transform[J]. Composite structures, 2017, 168: 562-568.

[78] WU D, HAUDE C, BURGER R, et al. Application of terahertz time domain spectroscopy for NDT of oxide-oxide ceramic matrix composites[J]. Infrared physics & technology, 2019,

102:102995.

[79] KAWASE K,OGAWA Y,WATANABE Y,et al. Non-destructive terahertz imaging of illicit drugs using spectral fingerprints[J]. Optics express,2003,11(20):2549.

[80] BAXTER H W, WORRALL A A, PANG J, et al. Volatile liquid detection by terahertz technologies [J]. Frontiers in physics, 2021, 9: 639151.

[81] 袁宏阳,葛新浩,焦月英,等.基于BWO连续太赫兹波成像系统的无损检测[J].应用光学,2008(6):912-916.

[82] DING S H, LI Q, YAO R, et al. High-resolution terahertz reflective imaging and image restoration[J]. Applied optics,2010,49(36):6834.

[83] CHENG Y, WANG Y, NIU Y, et al. Concealed object enhancement using multi-polarization information for passive millimeter and terahertz wave security screening [J]. Optics express, 2020, 28(5): 6350-6366.

[84] FENG H, AN D, TU H, et al. A passive video-rate terahertz human body imager with realtime calibration for security applications [J]. Applied physics B, 2020, 126(8): 143.

[85] KASAI Y J,BARON P,OCHIAI S,et al. JEM/SMILES observation capability[C]//Sensors, Systems,and Next-generation Satellites XIII,2009:74740S-1.

[86] GUSTEN R, WIESEMEYER H, NEUFELD D, et al. Astrophysical detection of the helium hydride ion HeH$^+$[J]. Nature, 2019, 568(7752): 357-359.

[87] RICHTER H, BUCHBENDER C, GÜSTEN R, et al. Direct measurements of atomic oxygen in the mesosphere and lower thermosphere using terahertz heterodyne spectroscopy [J]. Communications earth & environment, 2021, 2(1): 19.

[88] 张博淮,郭凯.太赫兹技术在军事应用领域内的发展与潜力[J].航空兵器,2022,29(5):28-34.

[89] 陈黎,段鹏飞,袁成.隐身空空导弹发展现状及关键技术研究[J].航空兵器,2022,29(1):14-21.

[90] 杨秀凯.雷达反隐身技术研究[J].电脑知识与技术,2021,17(36):155-156.

第 11 章
太赫兹生物医学

生物医学是包含纳米技术、医学影像及基因芯片等领域的前沿交叉学科，生物医学涉及医学微生物学、临床应用、组织病理学等领域[1]。生物医药与生命科学密切相关，对人类可持续发展具有重大意义，所以在生物医学领域进行深入的研究与探讨是非常有意义的。随着现代社会的发展，人们对疾病的诊断要求日益提高，红外光谱、X 射线、MRI 等常规诊断手段都存在诊断效率低下、诊断能力有限等缺陷。近年来，学术界对太赫兹辐射的研究引起了生物医学领域的广泛关注。首先，太赫兹辐射具有高透性，能够有效穿透生物组织，并且因为其具备低能性而不会对生物组织造成电离伤害，在获得生物组织内部轮廓信息的同时能够保证安全。其次，组成生物体的糖类、蛋白质、核酸和脂质等有机大分子的振动和旋转频率都在太赫兹频段，表现出的指纹谱特性十分有利于在太赫兹成像中分析生物体的结构特性和组成成分[2]。除此之外，太赫兹辐射具有相干特性且带宽宽，在进行生物医学成像时能表现出高信噪比、高时空分辨率、高灵敏度和高速率等优势。这些优势将极有可能推动生物医学研究发生革命性进展[3-5]。

太赫兹技术目前在生物医药领域的应用[1,6-7]主要有：①获取生物分子的太赫兹谱图，并利用光谱特性对其进行分类和识别；②应用太赫兹成像技术获取肿瘤及其他组织的影像资料，为下一步诊疗做好准备；③太赫兹的生物效应研究，这主要是针对太赫兹波对人体的组织及细胞的作用进行研究。

11.1 太赫兹波的生物医学特性

近年来，随着太赫兹波产生和探测技术的不断成熟，太赫兹技术在生物医学领域逐渐得到关注。太赫兹波由于其独特的电磁特性，在生物组织检测、病灶诊断和药品监测等方面展现出巨大的应用潜力。太赫兹波谱技术和成像技术已经成为学术界的研究热点。太赫兹波的生物医学特性是研究太赫兹生物医学应用的理论基础。

11.1.1 太赫兹频段生物组织的介电特性

如图 11-1 所示，当太赫兹波照射于生物组织，会发生反射、吸收、透射和散射现象[8]。反射、吸收和透射特性取决于生物组织的介电常数特性，而散射特性取决于生物组织的形态和尺寸。生物组织在太赫兹频段的介电常数模型是研究太赫兹波与生物组织相互作用的关键。

生物组织太赫兹频段的介电常数具有显著的色散特性。1912 年，荷兰物理学家 Debye[9]

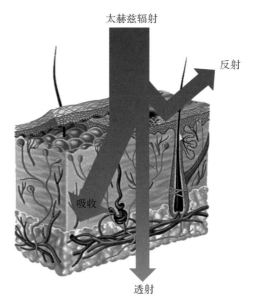

图 11-1 太赫兹波与生物组织相互作用（附彩图）

提出德拜模型,以分析固体的低温热学性质。目前,德拜模型可用于描述介质的弛豫现象。在低频电磁波频段条件（$f < 0.1$ THz）下,一阶德拜模型方程可以很好地描述电介质的单一弛豫现象。当电磁频率提升到太赫兹频段（$f > 0.1$ THz）,电介质表现出多次弛豫现象,此时需要用二阶德拜模型方程来描述电介质的复介电常数:

$$\varepsilon = \varepsilon_\infty + \frac{\varepsilon_s - \varepsilon_2}{1 + j\omega\tau_1} + \frac{\varepsilon_2 - \varepsilon_\infty}{1 + j\omega\tau_2} \qquad (11-1)$$

式中, ε_∞ ——高频极限下的介电常数;

ε_s ——静态介电常数;

ε_2 ——中间频率下的介电常数;

ω ——角频率;

τ_1, τ_2 ——慢弛豫时间和快弛豫时间。

对于水分含量较高的生物组织,则需要在二阶德拜模型方程的基础上增加电导率项[10]:

$$\varepsilon = \varepsilon_\infty + \frac{\varepsilon_s - \varepsilon_2}{1 + j\omega\tau_1} + \frac{\varepsilon_2 - \varepsilon_\infty}{1 + j\omega\tau_2} + \frac{\delta}{j\omega\varepsilon_0} \qquad (11-2)$$

式中, δ ——相对介电常数;

ε_0 ——真空介电常数。

对于水分含量较低、具有复杂结构的生物组织,二阶德拜模型方程不能完全正确地描述色散特性,此时需要用 Cole-Cole（C-C）公式描述生物组织的介电常数[11]:

$$\varepsilon = \varepsilon_\infty + \frac{\varepsilon_s - \varepsilon_2}{1 + (j\omega\tau_1)^{1-\alpha_1}} + \frac{\varepsilon_2 - \varepsilon_\infty}{1 + (j\omega\tau_2)^{1-\alpha_2}} + \frac{\delta}{j\omega\varepsilon_0} \qquad (11-3)$$

式中, α_1, α_2 ——1 阶和 2 阶色散展宽的色散分布。

对于水分含量特别低的聚合物等复杂生物组织,需要考虑由生物介质的无序性质引起的多次弛豫过程和非对称时域响应,此时需要用 Havriliak-Negami（H-N）公式描述生物组织的介电常数[12]:

$$\varepsilon = \varepsilon_\infty + \sum_{n=1}^{N} \frac{\Delta \varepsilon_n}{[1 + (j\omega\tau_n)^{\alpha_n}]^{\beta_n}} + \frac{\delta}{j\omega\varepsilon_0} \qquad (11-4)$$

式中，N——弛豫过程的次数；

$\Delta\varepsilon_n, \tau_n$——$n$ 次弛豫过程引起的介电增量和对应的弛豫时间；

α_n, β_n——弛豫时间分布相关的形状参数。

表 11-1 和表 11-2 所示分别为人体血液成分的二阶德拜模型介电参数、皮肤组织的 H-N 模型介电参数[13-14]。

表 11-1 人体血液成分的二阶德拜模型介电参数

血液成分	ε_∞	ε_s	ε_2	τ_1/ps	τ_2/ps
血浆	1.7	78.8	3.6	8.0	0.1
全血	2.1	130.0	3.8	14.4	0.1
血细胞	3.4	2.5	23.8	410.8	1.8
血凝块	2.2	130	3.7	16.1	0.1

表 11-2 人体皮肤组织的 H-N 模型介电参数

皮肤组织	ε_∞	$\Delta\varepsilon_1$	$\Delta\varepsilon_2$	δ	τ_1/ps	τ_2/ns	α_1	α_2	β_1	β_2
角质层	2.4	12.22	—	0.035	15.9	—	1	—	1	—
表皮	3	89.61	—	0.01	15.9	—	0.95	—	0.96	—
真皮	4	5.96	380.4	0.1	1.6	159	0.92	0.97	0.8	0.99
皮脂	2.5	1.14	9.8	0.035	2.3	15.9	1	0.89	0.78	0.90

11.1.2 太赫兹波的生物学效应

1. 热效应

太赫兹波的生物学热效应是指当太赫兹波照射于生物组织时，生物组织将吸收的能量转换为热能，最终导致生物组织的温度升高。水作为生物系统的重要组成部分，参与众多生命进程。水也是大部分生物体中占比最多的成分，如哺乳动物身体中含有超过 60% 的水分。当太赫兹波照射生物组织时，不可避免地会与水产生相互作用。一个水分子由两个氢原子和一个氧原子组成，水分子与其他分子通过氢键相互作用，形成四面体结构。氢键在太赫兹波的照射下发生共振，水分子经历对称伸展、非对称伸展、弯曲、自由振动和旋转等过程，最终表现出对太赫兹波的吸收作用。水分子吸收的辐射能会不断转换为热能，热能积累会导致生物组织的温度升高。太赫兹频段的升温效应与其他电磁波段（如微波或射频）中的热效应有所区别，因为太赫兹辐射的能量相对较低，穿透生物组织的深度有限，主要集中在表面和浅层组织。

太赫兹波的生物学热效应既与生物组织的结构和特性有关，也与太赫兹波的辐射参数相关。不同生物组织对于太赫兹辐射的热敏程度不同。水分子对太赫兹波的吸收强度会随着温度的升高而增大。不同功率条件下，太赫兹波对于生物组织产生的影响也不同，如一些生物组织会在高功率太赫兹波的照射下发生形态改变、凋亡和凝固等反应。

2. 非热效应

太赫兹生物学的非热效应指的是太赫兹辐射与生物体相互作用时,除了热效应外产生的其他生物学效应。太赫兹生物学的非热效应可能涉及多个层面,包括细胞水平、生物分子和生物体整体。

太赫兹辐射可能影响细胞的代谢、增殖和凋亡等生物学过程。Clothier 等[15]研究了 1~3 THz 频率太赫兹波对人体皮肤角质层细胞活性和分化的影响。Perera 等[16]观察到当照射于 PC12 细胞的太赫兹辐射电场强度超过 10^5 V/cm 时,PC12 细胞的细胞膜通透性会发生变化。

此外,太赫兹辐射与 DNA、RNA 和蛋白质等生物分子之间的相互作用也受到了关注,太赫兹辐射可能导致分子结构变化。Titova 等[17]通过实验观察到暴露于高强度的皮秒太赫兹脉冲下,人体皮肤组织会发生 DNA 双链断裂的现象,受暴露皮肤中的多个重要肿瘤抑制蛋白含量会增多。Romanenko 等[18]认为太赫兹辐射可能对基因表达的稳定性和蛋白质之间的相互作用等产生影响。Alexandrov 等[19]认为特定的太赫兹辐射暴露会导致 DNA 双链的动态分离,影响 DNA 的动态稳定性。

太赫兹辐射对神经元和神经系统的影响可能引起神经元的兴奋性变化,从而对神经传递产生一定影响。这使得太赫兹技术在神经科学研究和神经调控方面有着潜在的应用。Vernier 等[20]在进行皮秒太赫兹脉冲电穿孔技术的研究中发现,太赫兹脉冲暴露会引发大鼠海马神经元产生动作电位。Tan 等[21]的研究表明,太赫兹辐射会引起初级海马、小脑和脑干神经元及 MN9D 和 PC12 细胞发生显著的神经递质变化。

尽管已经有一些关于太赫兹辐射的非热效应的研究,但这个领域仍然面临许多挑战,包括缺乏全面的机制解释、实验结果的一致性,以及对潜在风险的深入了解。因此,太赫兹生物学的非热效应有待更多的深入研究,以全面了解太赫兹辐射与生物体相互作用的生物学影响。

11.2 太赫兹生物医学应用场景

11.2.1 在上皮组织癌症诊断中的应用

当人体上皮组织发生病变时,损伤部位的水分含量会发生改变。由于太赫兹辐射很容易被水分吸收,因此利用该特性可以高效地诊断病灶位置。具体来说,在医疗检测过程中,首先将太赫兹辐射照射于人体组织,然后利用太赫兹探测器对透射信号进行收集。太赫兹辐射可以穿透水分含量较低的脂肪组织,而被水分含量较高的上皮细胞吸收。通过对透射信号进行计算分析,再利用成像算法,可以获取能有效地反映各部位的水分变化情况的深度图像。病变组织和正常组织的水分含量不同。医生通过观察该差异性,便可快速确定患者的病灶位置和病变性质。传统的皮肤诊断往往需要通过对患者层层去皮实现,患者不得不承受一定的痛苦。该方案在降低患者痛苦的同时,提高了诊断的效率,目前已经在皮肤癌等皮肤病的诊断中得到应用且效果良好[22-25],如图 11-2 所示。

11.2.2 在离体组织与血液诊断中的应用

2008 年,Kirichuk 等[26]提出了利用太赫兹辐射治疗心绞痛。该想法的依据是 NO 能有效吸收太赫兹辐射,因此太赫兹辐射能够改进血液的流变参数。在实验中,他们将异舒吉

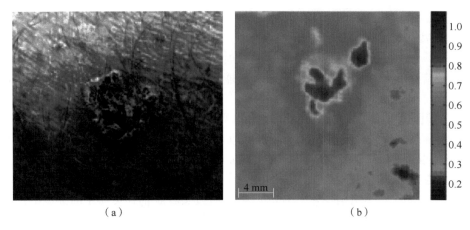

图 11-2 结节性基底细胞癌的体内测量
(a) 癌变的临床照片;(b) 太赫兹成像结果

(抗心绞痛药,属于硝酸盐类)注入心绞痛患者的血液。对其中一组血液使用太赫兹辐射(频率为 0.24 THz,功率为 1 mW/cm^2,辐射时间为 15 min)治疗;对另一组血液不进行干涉,将其作为对照组。该实验的最终结果是:太赫兹辐射使得心绞痛患者的血液黏度下降,红细胞的活力增强,有利于心绞痛的治疗。这证明了太赫兹辐射在医疗治愈方面的应用潜力。然而,尽管太赫兹辐射具有低能性,但用于治疗中人体能够承受的极限仍然有待研究。2010 年,Dalzell 等[27]从理论和实验两个角度,研究了生物组织承受太赫兹辐射的损伤阈值。他们以新鲜猪肉组织和蛋白组织作为研究对象,首先对研究对象进行太赫兹辐射(频率为 1.89 THz,功率为 189.92 mW/cm^2)照射。经过 1 小时辐射后,他们利用 Arrhenius 损伤模型对研究对象进行损伤评估。实验结果表明,辐射过程中,蛋白组织的温度上升了 10~12 ℃ 并出现了肉眼可见的凝结,而猪肉组织并没有受到明显的损害。与此同时,他们还研究了鹿皮组织对太赫兹辐射的短时(2 s)损害阈值,测定结果为 7.16 W/cm^2。该研究对于后续评估人体组织对太赫兹辐射的损伤阈值提供了重要参考。

组织蛋白质的太赫兹光谱指纹特性特别突出,因此太赫兹辐射非常适合用于与蛋白质异常相关的疾病的诊断。众多研究显示,通过辨别组织样本的太赫兹光谱,能够有效地分辨出患有炎症和肿瘤的组织[28-32]。2011 年,Miura 等[31]利用太赫兹成像技术对带有转移性癌变的肝组织进行成像。图 11-3(a)所示为所测肝组织的光学图像,①区为正常的肝组织区域,②区为转移性癌变区域;图 11-3(b)所示为所测肝组织的太赫兹成像结果,①区(红色)对应正常的肝组织区域,②区(红、橙、黄混合色)对应转移性癌变区域,③区(绿色)对应肝脏中的血管区域。

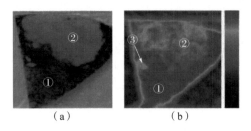

图 11-3 带有转移性癌变肝组织的太赫兹成像[31] (附彩图)
(a) 带有转型性癌变的肝组织;(b) 太赫兹成像结果

11.2.3 太赫兹技术用于药品质量控制

对药品进行高效率和有效地检测,是生物医疗中的重要环节。近年来,研究者对太赫兹成像和光谱技术在生物医药中的应用展开研究,研究领域包括药品离线检测和在线检测、多晶型药品的鉴别和定量分析、固态药品受外界环境影响的分析等。利用太赫兹光谱技术不仅能够判断药品的成分是否符合设计规定、测定有效成分的含量,还能够检测药品中的同分异构体的比例,判断药品的多态性和结晶型[33-34]。相关研究通过太赫兹成像技术,发现某些药物的固相形态会随环境温度的改变而发生显著变化[35]。除此之外,利用太赫兹成像技术的无损检测能力可实现对药品包衣的质量进行评估,如图 11-4 所示,图中的尺寸单位为mm。药品包衣的均匀完整性关系到药品的医疗效果,是药品质量的重要衡量标准。通过对包衣的厚度和密度进行测定,就能够有效地检测药品的达标率[36-38]。

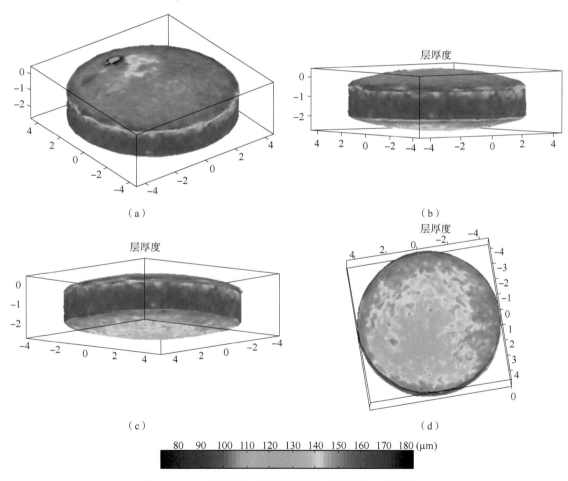

图 11-4 包衣药品的太赫兹三维成像结果(附彩图)

11.2.4 眼角膜等组织的诊断

人体眼角膜中的水分含量会对视力产生重要影响,因此可通过测定眼角膜中的含水量,对人眼视力进行诊断和检测。由于太赫兹辐射对水浓度的变化非常敏感,因此适用于测定人体眼角膜中的水分含量。相关研究结果表明,将反射式太赫兹成像技术运用于测量人体眼角膜水合程度时,太赫兹辐射的反射率会随着眼角膜含水量的增加而增加[39-40],可通过对反射率进行分析计算来获取成像结果。图11-5所示为离体眼角膜的太赫兹成像结果。该技术不仅有望应用于对人体眼角膜疾病的诊断,还有望应用于对屈光手术中的患者进行实时检测。

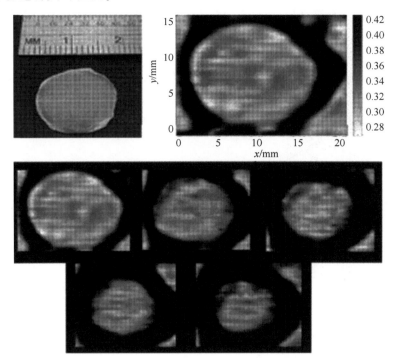

图11-5　离体角膜的太赫兹成像结果

11.2.5　牙齿与骨骼组织诊断

除了用于人体软组织的诊断和治疗,太赫兹辐射还可以应用于诸如牙齿、骨头等人体硬组织的诊断和检测。而且,由于硬组织中水分的含量很低,对太赫兹辐射的吸收较少,因此将太赫兹辐射应用于人体硬组织检测的门槛更低。

太赫兹成像技术有望弥补X射线诊断和医生肉眼诊断在龋齿治疗中的不足。太赫兹辐射不仅能对X射线难以探测的早期矿物质含量减少不明显的龋齿进行高清晰度三维成像,还能够有效区分牙质和牙釉质[41-42]。根据成像结果,医生就能高效地判断龋齿的位置和牙齿受损的程度。图11-6所示为欧盟THz-BRIDGE计划中相关实验获得的人体牙齿太赫兹成像结果。

图11-6　牙齿成像检测结果

将太赫兹辐射应用于人体骨组织的诊断中同样奏效。太赫兹成像技术能够帮助医生更高效地寻找骨骼中疾病的准确位置和产生疾病的原因[43-48]。由于太赫兹辐射具有相关性,因此通过对太赫兹探测器接收的电场信号进行分析计算,能够得出宽频带范围内人体骨骼对太赫兹辐射的折射率、吸收率等参数信息,从而推算出 X 射线探测不能获得的人体骨骼密度的分布特性,如图 11-7 所示。除此之外,很多科研工作使用太赫兹成像技术对人体软骨组织展开研究。2014 年,刘盛纲院士的研究团队通过太赫兹成像实验,发现软骨组织对于太赫兹辐射的吸收率会随深度的增加而减少,从而证明了软骨组织的水分含量会随深度的增加而降低,这与先前采用破坏性生化实验获取的结果吻合[49]。

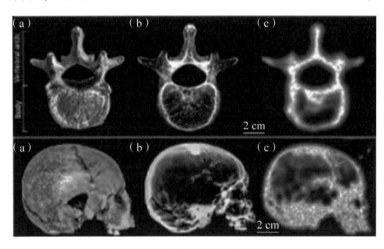

图 11-7 太赫兹断层扫描成像

2018 年,中国科学院的研究团队利用太赫兹时域光谱技术,对人体软骨组织中的硫酸软骨素含量进行了研究[50]。实验结果表明,太赫兹时域光谱对于硫酸软骨素含量的变化非常敏感。该技术有潜力成为一种新型的关节软骨健康状况临床评估方法。

11.2.6 在蛋白质分子检测中的应用

由于蛋白质分子的集体振动和扭转模式位于太赫兹频率范围内,因此太赫兹光谱技术可用于表征蛋白质的变性,并且具有非接触、无标记、实时性和非破坏性等优势。2022 年,Zhang 等[51]提出了一种反射式太赫兹时域极化光谱传感方法,并使用柔性扭曲的双层超表面薄膜作为传感器,实现了蛋白质水溶液的热变性感测、浓度感测和类型识别,如图 11-8 所示,在实验过程中测试了三种蛋白质,包括牛血清白蛋白、乳清蛋白、卵清蛋白。实验结果表明,对于热变性传感,所提出方法的检测灵敏度可达 6.30 dB/%,检测准确度为 0.77%;对于浓度传感,检测灵敏度和检测精度分别可达 52.9 dB·mL/g 和 3.6×10^{-5} g/mL。此外,圆极化光谱的差异性可以反映不同蛋白质的类型。

太赫兹散射型扫描近场光学显微技术在蛋白质分子检测中同样具有应用潜力。2020 年,Yang 等[52]提出了基于石墨烯介质的太赫兹散射型扫描近场光学显微镜,显微镜的结构如图 11-9 所示。他们通过优化光热探针的轴长度增强散射的太赫兹波近场信号的强度,完成了对于约为几纳米大小的单个免疫球蛋白和铁蛋白分子的成像。

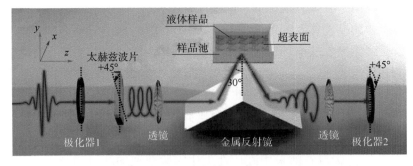

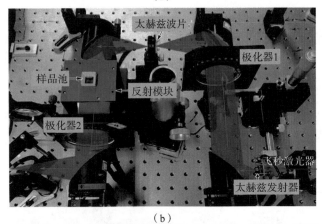

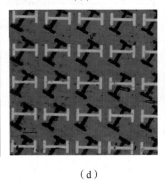 

图 11 - 8　Zhang 等[51]提出的反射式太赫兹时域极化光谱传感实验

(a) 实验配置示意图；(b) 实验装置的太赫兹光路照片；(c) 扭曲的双层超表面示意图；
(d) 超表面的显微照片；(e) 具有柔性 PI 基板的双层超表面照片；(f) 牛血清白蛋白溶液随温度改变的变化过程

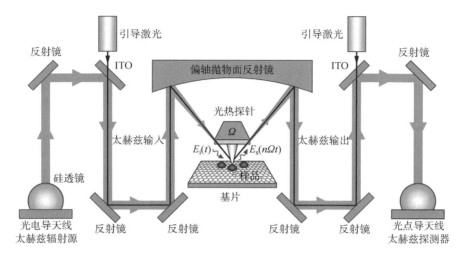

图 11-9　Yang 等[52]提出的基于石墨烯介质的太赫兹散射型扫描近场光学显微镜结构图

11.2.7　在生物液体检测中的应用

太赫兹微流控芯片是一种结合了太赫兹技术和微流控技术的芯片。微流控技术涉及对微小流体流动的控制，通常在微米尺度上进行。微流控芯片通常由微通道、微阀门、微泵等微结构组成，用于实现对微小液滴或生物样品的精确操控。太赫兹微流控芯片旨在利用太赫兹辐射对微流体中的物质进行敏感检测和分析。这种芯片可以包括集成的太赫兹辐射源、探测器和微流控结构，使得能在微小尺度上进行太赫兹辐射的传感和分析。

2018 年，Serita 等[53]提出了一种用于液体溶液定量分析的太赫兹非线性光学晶体，如图 11-10 所示。组成该非线性光学晶体的太赫兹微流控芯片由辐射源、微通道和探测阵列构成。通过向该装置中滴入少量的体液，便能够实现癌症、糖尿病等疾病的快速检测。该装置可以有效减轻患者因诊断方式所受的痛苦。

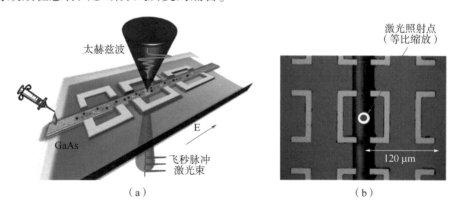

图 11-10　Serita 等[53]提出微流控太赫兹芯片
(a) 微流控实验装置的结构示意图；(b) 微流控芯片的光学显微图像

2023 年，Xu 等[54]将太赫兹分裂谐振环超材料和微流控芯片结合，如图 11-11 所示，使得微流控芯片在太赫兹频谱中的多个频点发生谐振，并且能够选择性地捕获生物液体中微粒的尺寸特性，该芯片展现出的对于无标记微粒子捕获和检测策略在生物感知领域中具有重要应用潜力。

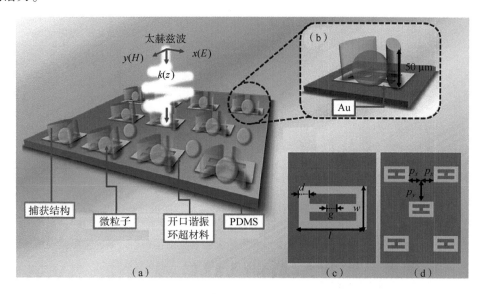

图 11-11　Xu 等[54]提出的太赫兹微流控芯片
(a) 阵列结构示意图；(b) 单元结构示意图；(c) 分裂谐振环结构示意图；(d) 分裂谐振环的排布示意图

11.3　太赫兹生物医学超表面应用实例

11.3.1　太赫兹超表面分子传感的应用背景

分子的特征模式与生物大分子的特征吸收指纹几乎完全位于太赫兹和中红外波段，通过捕捉生物分子的特征吸收指纹图谱，可以得到关于生物系统组成和动力学的独特信息。这种方法具有固有的化学特异性，可以实现无标记、无创和实时检测，在环境监测、安全防御、化学分析和医学诊断等领域有着重要应用，在此区间内的无标记分子传感显得尤为重要。然而，在太赫兹和中红外波段内，微米量级的光波长与纳米量级的分子之间的尺度失配，导致入射光波与分子之间的相互作用极其微弱，使得传统太赫兹与红外光谱技术对痕量分子的检测灵敏度低，极大地限制了该技术的发展。近年来，超材料和超表面技术在化学传感领域得到了广泛应用，可以在相当宽的频率范围内实现特定的电磁响应，实现特定频点区域的近场大幅度增强与窄的光谱响应[55]。作为太赫兹技术的重要应用，超材料在生化传感领域具有诸多优势。一方面，超材料所产生的谐共振模式对其微环境变化非常敏感，利用这一特点，可通过施加在超材料表面样品的折射率不同来实现样品检测，多种折射率型传感器被提出[56]。另一方面，当谐振频率与吸收指纹在光谱上重叠时，由于谐振频率处电场强度的极大增强，可以显著提高分子和谐振器之间的耦合，因而可以从谐振频率或强度的变化中提取分子指纹，从而实现对特定分子的化学特异性光学检测[57]。这称为表面增强红外吸收（surface enhanced infrared absorption，SEIRA）光谱技术。SEIRA 光谱技术可以提高样品的灵敏度和检测限，对分析低浓度或低吸收率的样品尤为有效。

尽管可将超表面设计为在任何波长区域提供电磁响应，但其共振频率在制造时通常是固定的。在宽光谱上持续的近场增强有利于解决这个问题。Altug 等[58]展示了基于成像的分子条形码和像素化介电超表面，并通过简单地调整几何参数来集成一系列高 Q 谐振，从而实现化学特异性的宽带红外检测。此外，该团队还设计了角度多路复用的全介质超表面，通过控制光的入射角可以调谐共振频率。超表面特性的动态控制已被研究用于多功能和小型化传感器设备。

除了介电、声子和金属基 SEIRA 的研究外，用于太赫兹传感的材料也在迅速增加。特别是二维（2D）材料（尤其是石墨烯）为基于 SEIRA 的生化传感研究注入了活力[59]。2D 材料具有引人注目的电子特性和光学特性，有望解决太赫兹领域的许多迫切问题。这些材料通常被描述为具有层状晶体结构，其中每一层由通过强层内离子键或共价键结合在一起的原子组成，而层间相互作用则通过较弱的范德华力实现。不同类型的 2D 材料已被广泛研究和开发，包括过渡金属硫族化合物（TMDCs，如 MoS_2 和 WS_2）、2D 元素（如黑磷（BP）、MXene），以及半金属（如 $TaIrTe_4$、$PtTe_2$）。此外，由于 2D 材料表面缺乏悬垂键，因此它们特别适合与其他 2D 材料及其他结构（如量子点和纳米线）集成。此外，它们的层相关特性使得电带结构可调谐。这些因素意味着采用 2D 材料就可以利用几乎无限的状态空间来设计光电器件，为满足光子学和光电子学应用需求提供思路[60]。

石墨烯是一种新兴的 2D 材料，具有出色的电子性能和光学性能。与传统的等离子体材料相比，它的损耗要小得多，并且支持在太赫兹频域具有极端空间限制的表面等离子体[61]。尽管入射光与石墨烯的单个原子片之间的相互作用效率低下，但石墨烯纳米结构的周期阵列表现出的等离激元共振具有显著更大的 Q 值。此外，窄线宽可以提供所需的光谱选择性。石墨烯具有二维和半金属性质，可实现电学可调性。因此，石墨烯的表面电导率可以通过施加偏置电压轻松控制，有望在宽光谱范围内选择性地检测各种分子[62]。

本团队在这项工作中，设计了一个作用于太赫兹频域，由石墨烯圆盘阵列组成的频率捷变超材料传感器，这种结构简单、易于制造的传感器在太赫兹波段的宽带化学识别和成分分析领域有着潜在的应用价值。我们通过引入像素的基本概念，利用单个单元的谐振模式随石墨烯费米能级变化而变化的特性，将特定元像素分配给多个频率点，从而在空间信号和光谱信号之间建立一对多映射。对于指定的谐振模式，它的近单位响应是干净的，额外的损耗很微小，可以忽略。我们进一步用反射光强计算吸收信号，评估其检测分子特征吸收的能力，表明这种超材料传感器可以在没有宽带扫描和频率分析的情况下实现高灵敏度的分子检测。此外，由于结构单元的高度对称性，本团队设计的传感器具有极化和入射角均不敏感的优良性质。最后，我们还测试了所设计的结构作为折射率传感器应用时的性能。结果表明，当分析物的特征指纹不处于设计的频带范围中时，该传感器也可以用作折射率型传感器进行工作，实现多功能复用。

11.3.2　石墨烯基频率捷变超材料传感器的设计方法及工作原理

石墨烯基频率捷变超材料传感器的结构和工作原理如图 11-12 所示。它采用 TOPAS 基板，由上半径为 r 和周期为 P 的石墨烯纳米盘阵列组成。电场沿 x 方向。选择 TOPAS 作

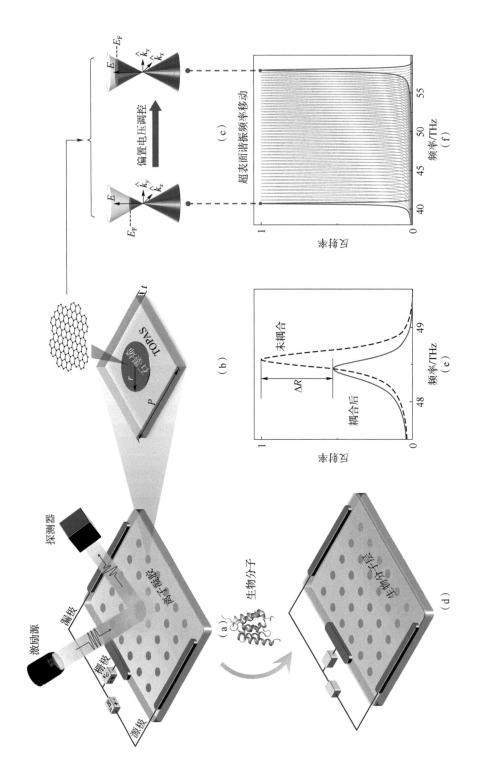

图 11-12 石墨烯基频率捷变超材料传感器结构及工作原理（附彩图）

(a) 石墨烯频率捷变超材料传感器示意图；(b) 晶胞的几何参数；(c) 偏置电压调控石墨烯费米能级变化；
(d) 通过涂覆生物层进行分子检测的示意图；(e) 耦合作用导致谐振线形显著衰减；(f) 通过调谐石墨烯的费米能级来调制谐振频率

为基底是因为它具有低吸收、耐腐蚀和稳定的折射率等卓越性能[63]。TOPAS 的厚度 t 为 100 nm。

石墨烯纳米盘的制造可以通过以下工艺进行操作[64]：

第 1 步，采用化学气相沉积法（chemical vapor deposition，CVD）生长均匀的高质量石墨烯原子单层。

第 2 步，通过原子层沉积（atomic layer deposition，ALD）将生长后的石墨烯转移到 TOPAS 基体上。

第 3 步，利用电子束光刻（e-beam lithography，EBL）和反应离子刻蚀（reactive ion etching，RIE）形成图案。

通过在所设计的超材料传感器上覆盖一层薄薄的离子凝胶，来实现对石墨烯费米能级的连续驱动（图 11-12（c）），并将金电极作为源极、漏极和栅极触点施加到其上。在太赫兹波段，低吸收率、高电容密度的离子凝胶对整体吸收光谱的影响微乎其微，在仿真中可以忽略不计[65]。图 11-12（d）显示了通过用指定厚度的生物层覆盖超表面来检测生物分子。应用生物层后的电磁响应可由反射率获得。由于超表面和分子之间的耦合，谐振线形状显著衰减，这是太赫兹波段生物大分子的振动和转动能级与超表面的谐振频率相重叠后的结果，如图 11-12（e）所示。因此，我们可以通过分析谐振谱线变化，对生物分子结构、物理特性等进行分析与鉴定。

利用石墨烯的电学可调性，我们通过调整偏置电压，实现了太赫兹波段化学特异性检测的连续宽带光谱覆盖。石墨烯的费米能级 EF 与外加偏置电压之间的关系由下式表示：

$$E_F = \hbar v_F \sqrt{\frac{\pi \varepsilon_0 \varepsilon_d V_g}{eh}} \tag{11-5}$$

式中，$\hbar$——约化普朗克常量；

v_F——费米速度，$v_F = 10^6$ m/s；

ε_0——真空介电常数；

ε_d——离子凝胶的相对介电常数；

V_g——栅极偏置电压；

e——电子电荷；

h——离子凝胶的厚度。

为便于分析，在此将石墨烯认为是一个独立的单原子平面，与环境充分隔离，并将其电导率模型通过表面电导率表示。石墨烯的表面电导率用带内和带间贡献的总和来描述，可以写为

$$\sigma_s = -i\frac{2e^2 k_B T}{\pi \hbar^2 (\omega - i\tau^{-1})} \log\left[2\cosh\frac{E_F}{2k_B T}\right] + \frac{e^2}{4\hbar}\left[H(\omega/2) - \frac{4\omega i}{\pi}\int_0^\infty \frac{H(\varepsilon) - H(\omega/2)}{\omega^2 - 4\varepsilon^2}d\varepsilon\right] \tag{11-6}$$

式中，k_B——玻尔兹曼常量；

ω——入射波的角频率；

T——温度，$T = 300$ K；

τ——电子的弛豫时间。

函数 $H(\varepsilon)$ 由下式给出：

$$H(\varepsilon) = \frac{\sinh\dfrac{\hbar\varepsilon}{k_B T}}{\cosh\dfrac{E_F}{k_B T} + \cosh\dfrac{\hbar\varepsilon}{k_B T}} \tag{11-7}$$

弛豫时间 τ 的计算式为

$$\tau = \frac{\mu E_F}{e v_F^2} \tag{11-8}$$

式中，μ——载流子的迁移速度，石墨烯的介电常数可以表示为

$$\varepsilon_g = 1 + \frac{\sigma_s}{\varepsilon_0 t_g \omega} i \tag{11-9}$$

式中，t_g——石墨烯的厚度，$t_g = 1$ nm。

根据式（11-6），石墨烯的电导率可以通过改变费米能级来控制，从而产生有规律的谐振频率蓝移，如图 11-12（f）所示。传感器的分辨率取决于费米能级的最小步长。与金属或介电纳米结构同一尺寸参数下通常只产生单一谐振相比，由于石墨烯超表面的可调性，所设计的传感器无须集成多个器件即可实现所需的太赫兹波段的宽光谱覆盖范围。

我们使用基于有限元法的 CST 频域求解器分析模拟所设计超表面的电磁响应。对于石墨烯圆盘阵列构成的超表面，在衬底厚度固定的情况下，其谐振模式主要由填充因子 $2r/P$ 和弛豫时间控制[66]。由式（11-8）可知，在费米能级 E_F 不变时，弛豫时间 τ 取决于载流子的迁移速度 μ。图 11-13（a）展示了迁移速度从 $1\,m^2/(V \cdot s)$ 到 $20\,m^2/(V \cdot s)$，所设计的超表面所产生的谐振响应变化。可以看到，随着迁移速度加快，谐振的强度和 Q 因子都升高，进而提高了器件的性能。迁移速度在实验能力范围内可达 $20\,m^2/(V \cdot s)$，并可通过施加配体等方式进一步提高[67]。在本项工作中，μ 被设置为 $10\,m^2/(V \cdot s)$。此外，进一步分析填充因子从 0.2 到 0.6 的谐振响应变化，如图 11-13（b）所示。可以看到，较低的填充因子将导致较高的 Q 因子，这表现为更窄的谐振，但会导致器件尺寸增大和谐振强度降低，而较高的填充因子会导致谐振线宽变大、降低光谱分辨率。所以填充因子的大小应该根据器件要求进行合适选取，在此取 $2r/P = 0.4$。图 11-13（c）（d）展示了在入射光沿 x 轴极化的情况下，费米能级 $E_F = 0.4$ eV 时，在谐振频率处单个单元的近场电场强度振幅分布。可以观察到，在入射电场的激发下，在石墨烯圆盘两侧产生了强烈的偶极谐振。石墨烯基频率捷变超材料传感器所展现的电场显著增强和强近场限制，对太赫兹波段的生物大分子的超灵敏检测十分有利。

在实践中，电场的极化方向和入射角所引起的误差可能影响传感性能，而设计的超材料传感器具有优异的极化不敏感度和入射角稳定性。以 $E_F = 0.4$ eV 为例，极化角变化和入射角变化对传感器反射率的影响如图 11-14 所示。可以发现，由于结构的高度对称性，反射光谱在极化角 0～90°范围内保持恒定。此外，在入射角 0～45°范围内，反射光谱也保持相对稳定。这种良好的入射角独立性是由于石墨烯局部表面等离子体的强近场限制。因此，所设计的结构不需要精确的入射角和极化角，从而为实际应用提供了便利。

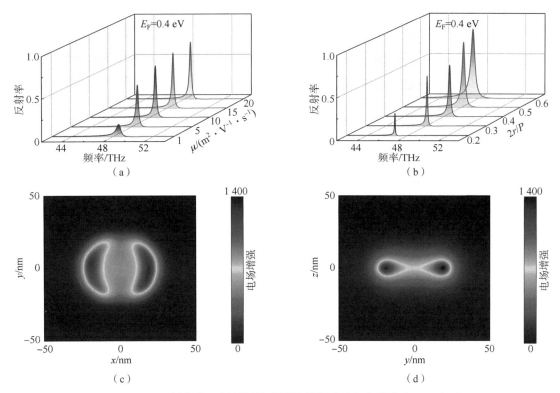

图 11-13 不同参数下超材料传感器的谐振响应与场强分布（附彩图）
(a) 不同载流子迁移率超表面的谐振变化；(b) 不同填充因子超表面的谐振变化；
(c) 单元表面的电场分布；(d) 单元横截面的电场分布

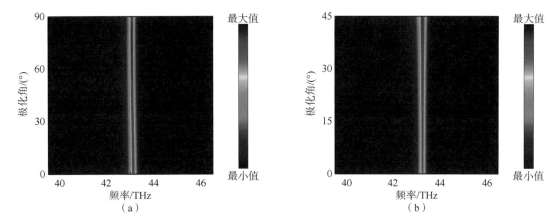

图 11-14 所设计的超材料传感器的偏振角与入射角稳定性（附彩图）
(a) 极化角变化对传感器反射率的影响；(b) 入射角变化对传感器反射率的影响

11.3.3 石墨烯基频率捷变超材料传感器的化学传感应用

1. 指纹传感和无光谱仪检测操作

许多生物大分子在太赫兹频段显示出特定的旋转振动模式，这些振动模式形成了它们独特的太赫兹指纹。对于超材料传感器而言，可以通过获得目标指纹波段的宽光谱来识别和检测生物分子。在此，以 2.5 meV 的步长将石墨烯的费米能级从 0.3 eV 调整到 0.72 eV，以获得一系列高 Q 谐振，从超表面的相应归一化反射光谱形成所需的连续宽带光谱覆盖，如图 11-15（a）所示。这些参数的设计原则是以足够的分辨率覆盖目标波段。从反射光谱中可以看到，对于指定的谐振模式，近单位响应非常干净，没有额外的损耗。我们将每个谐振响应分配给指定的像素，并将响应结果集中排列，形成条形码矩阵，用于可视化超材料传感器的响应，如图 11-15（b）所示。

接下来，通过在超材料传感器表面覆盖一层厚度为 2.5 nm 的 A/G 蛋白来展示痕量分子指纹检测的能力，这个数值接近单层蛋白质分子厚度。蛋白质位于太赫兹波段的主要振动指纹是酰胺 I 带和 II 带，它们与酰胺官能团中的 C═O 伸缩和 N—H 变形/C—N 伸缩模式有关。A/G 蛋白的介电常数 ε_2 可以由洛伦兹色散模型表示[61]：

$$\varepsilon_2(\omega) = \varepsilon_b + \sum_{k=1}^{2} \frac{S_k^2}{\omega_k^2 - \omega^2 - i\gamma_k \omega} \quad (11-10)$$

式中，ε_b——A/G 蛋白的非色散背景介电常数，$\varepsilon_b = 2.08$；

ω_1, ω_2——蛋白质的共振频率（波数），$\omega_1 = 50.04$ THz，$\omega_2 = 45.96$ THz；

$S_1, S_2, \gamma_1, \gamma_2$——每个振荡器的阻尼常数，$S_1 = 6.39$ THz，$S_2 = 6$ THz，$\gamma_1 = 2.154$ THz，$\gamma_2 = 3.03$ THz。

此外，不同含量的 A/G 蛋白的有效介电常数 ε_{eff} 可以根据等效介质理论表示为

$$\varepsilon_{eff} = f \cdot \varepsilon_b + (1-f) \quad (11-11)$$

式中，f——比例系数，在这里代表 A/G 蛋白的含量。

然后，计算 10% 单层 A/G 蛋白质物理涂覆后的反射光谱。这些光谱均被归一化为没有物理涂覆时谐振的峰值反射率值，如图 11-15（c）所示。由于所提供的共振的线宽比酰胺 I 和 II 的特征吸收带窄得多，因此可以从归一化反射光谱的包络中清楚地观察到吸收特征。为了量化 A/G 蛋白的吸收特征，吸光度信号的计算公式为 $A = -\lg(R_s/R_0)$，其中 R_0 和 R_s 分别是 A/G 蛋白物理吸附前后的峰值反射率包络。我们通过模拟在金表面叠加相同参数的 A/G 蛋白的反射光谱来模拟标准红外反射吸收光谱（IR reflection - absorption spectroscopy，IRRAS），然后将其与 A/G 蛋白涂覆后超材料传感器的吸光度信号进行比较，如图 11-15（d）所示。可以看出，该吸收信号与 A/G 蛋白的特征吸收带吻合较好，与 IRRAS 测量相比，所设计的超材料传感器提供由于石墨烯表面等离子体所提供的显著近场增强，吸收信号高出 10^9 倍。这是因为，石墨烯纳米结构中激发的等离子体可以提供强烈集中的电磁近场增强。高达 500 mOD（光密度）的高吸光度信号大大超过了以前超表面的性能（100% A/G 蛋白，150 mOD）[68]。此外，需要注意的是，通过改变晶胞的几何参数和集成多个器件，可以拓宽所提结构的工作频段，以覆盖更大的光谱区域。

无光谱仪检测通常是指在没有光谱仪的情况下，通过其他方法（或设备）来检测样品的光谱特征或特定波长的光吸收、发射等现象，其凭借便捷性已广泛用于实际传感应用[69]。我们通过对反射光谱进行积分来获得反射强度，从而模拟了目标太赫兹波段无宽带光谱仪的操作。图 11-16 所示为 $E_F = 0.5$ eV 时，A/G 蛋白涂覆前后的归一化反射光谱的积分结果。在此定义综合吸光度为 $A_1 = -\lg(I_s/I_0)$，并将其从 0 到 100 重新缩放。这些值在可视条形码

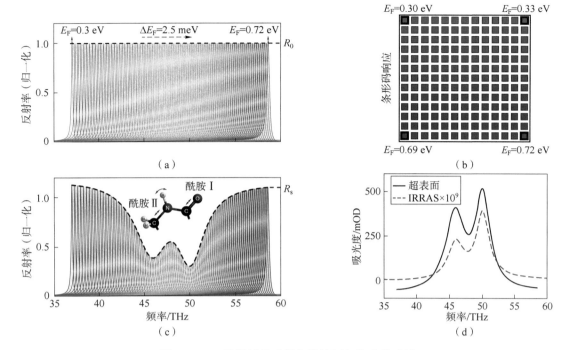

图 11-15　超材料传感器指纹检测与像素化设计

(a) 调谐费米能级形成的归一化反射光谱，R_0 表示峰值反射率振幅的包络线（虚线）；
(b) 可视化条形码响应矩阵；(c) 蛋白质涂覆后的归一化光谱；
(d) 蛋白质吸收指纹（实线）与独立的 IRRAS 测量结果相比较（虚线）

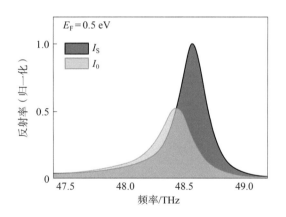

图 11-16　由反射率信号积分的反射光强度，以模拟无宽带光谱仪操作

矩阵中转换为强度。图 11-17 所示，可以清楚地看到特征酰胺 Ⅰ 带和 Ⅱ 带的光谱位置和相对强度分布。即使 A/G 蛋白含量降低到 1%，条码矩阵也具有良好的显示能力。图 11-18 显示了 A/G 蛋白含量为 1%~10% 的综合吸光度曲线，可以看出，蛋白质含量高的曲线与特征吸收带之间存在轻微的频移。然而，与吸收带的线宽相比，它可以忽略不计，并且随着 A/G 蛋白含量的降低，积分吸光度可以更准确地表征特征吸收带。因此，本项工作中设计的石墨烯基频率捷变超材料传感器仅使用宽带探测器和光源即可对痕量物质进行高灵敏度分子指纹检测。

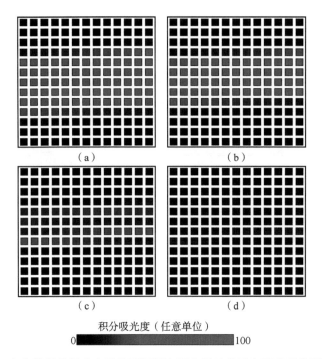

图 11-17　由光谱积分强度表示的不同蛋白质含量的分子条形码吸收图（附彩图）

（a）10% A/G 蛋白；（b）5%50A/G 蛋白；（c）2% A/G 蛋白；（d）1% A/G 蛋白

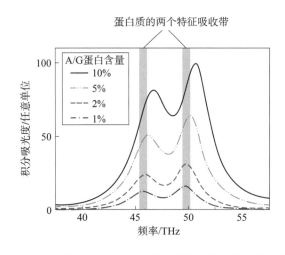

图 11-18　由积分吸光度表示的不同蛋白质含量的特征吸收

2. 石墨烯基频率捷变超表面的折射率传感应用

在前面的仿真模拟中，可以明显注意到在吸附待测物质后，由于环境相对介电常数发生了变化，谐振频率出现了明显的偏移，这表明所提出的传感器同时具有折射率传感的能力。折射率传感中的主要性能指标有品质因子 Q、灵敏度 S、品质因数 FOM，一般来说，其数值越高，意味着传感器的性能越好。计算公式如下：

$$Q = \frac{f_0}{\text{FWHM}} \tag{11-12}$$

$$S = \frac{\Delta f}{\Delta n} \quad (11-13)$$

$$\mathrm{FOM} = \frac{S}{\mathrm{FWHM}} \quad (11-14)$$

式中，f_0——共振频率；

FWHM——共振的最大半峰宽；

Δn，Δf——待测物质折射率的变化数值和对应变化前后共振频率的偏移量。

DNA、RNA 和氨基酸等生物分子的折射率通常在 1.0~2.0 之间变化。因此我们模拟了分析物折射率变化时的反射光谱，如图 11-19（a）所示。设置分析物的厚度为 5 nm，费米能级为 0.6 eV。可以看出，随着折射率增加，谐振强度略有变化，而谐振频率则呈现明显的红移。图 11-19（b）显示了传感器谐振频移的线性拟合结果，灵敏度 S 为 9.78 THz/RIU。此外，该器件还提供大于 160 的 Q 值和大于 33 的 FOM 值，如图 11-19（c）所示。高 Q、S 和 FOM 表明，该传感器能够实现对不同折射率分析物的超灵敏检测。在液相检测中，当同一分析物具有不同的物理参数（如浓度和温度）时，其色散特性是不同的[70]。因此，待测介质的损耗角正切值也是检测的重要指标之一，此处以折射率等于 1.5 为例，模拟在工作频率下不同损耗角正切值时的反射光谱，如图 11-19（d）所示。可以看出，随着损耗角正切值

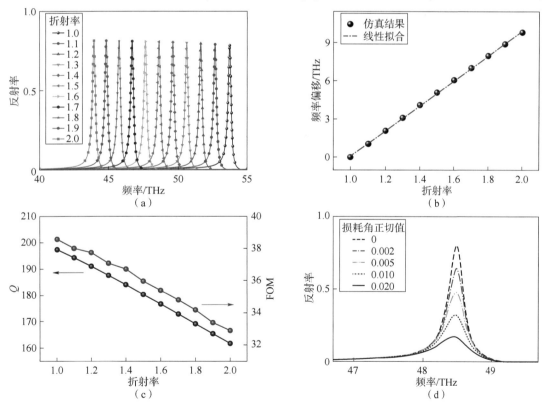

图 11-19 超材料传感器的折射率传感性能（附彩图）

(a) 分析物折射率对反射光谱的影响；(b) 折射率与频移的线性拟合；
(c) 折射率变化对 Q 和 FOM 的影响；(d) 分析物损耗角正切值对传感器的影响

的增加，反射强度和 Q 值减小，因此传感器可以根据 Q 值和反射强度的变化来区分分析物的损耗角正切值。此外，由于石墨烯的可调特性，该器件实际上可以在宽带上实现上述性能。这表明，当分析物的特征吸收指纹不在设计频段内时，该传感器也可以用作折射率传感器，从而实现功能多路复用。

11.3.4 总结与展望

总之，太赫兹超表面（THz-MS）生物传感器是一种融合了太赫兹时域光谱和超表面技术的新型生物传感器，可用于检测生物分子和细胞。相较于传统的生物传感策略，它不需要使用标记物或标签来识别目标分子或细胞，从而可避免标记过程可能引入的干扰或污染。传感器操作过程中无须接触样品，因此对样品无损伤，适用于对生物样品进行非侵入性的检测和分析。而且，它可以在短时间内完成对生物样品的分析，提高了检测效率。此外，应用太赫兹超表面进行生物传感的操作相对简单，不需要复杂的准备步骤或专业技能，这使得其在实验室和临床等环境中易于应用和操作[56]。

太赫兹技术在生物医学领域的应用前景广阔。未来，随着技术的成熟和成本的降低，太赫兹生物医学技术有望在疾病早期检测、实时监测和精准医疗等方面发挥重要作用。随着研究的深入和技术的突破，太赫兹技术将在更多领域展现其独特的魅力和潜力，有望成为推动科学发展和技术创新的关键力量，让我们共同期待太赫兹技术带来的无限可能。希望本书能为读者提供一定的太赫兹技术知识，激发更多关于太赫兹应用的灵感，为推动这一领域的发展贡献力量。

参 考 文 献

[1] 陈小婉,蒋林华.太赫兹技术在生物医学中的应用[J].激光生物学报,2020,29(2):97-105.

[2] 冯华,李飞,陈图南.太赫兹波生物医学研究的现状与未来[J].太赫兹科学与电子信息学报,2013,11(6):827-835.

[3] SUN Y,FISCHER B M,PICKWELL-MACPHERSON E. Effects of formalin fixing on the terahertz properties of biological tissues[J]. Journal of biomedical optics,2009,14(6):064017.

[4] WILMINK G J,IBEY B L,TONGUE T,et al. Development of a compact terahertz time-domain spectrometer for the measurement of the optical properties of biological tissues[J]. Journal of biomedical optics,2011,16(4):047006.

[5] TEWARI P,TAYLOR Z D,BENNETT D,et al. Terahertz imaging of biological tissues[J]. Studies in health technology informatics,2011,163:653-657.

[6] NING K,CHEN T. Big data for biomedical research:current status and prospective[J]. Chinese Science Bulletin,2015,60(5/6):534-546.

[7] 何明霞,陈涛.太赫兹科学技术在生物医学中的应用研究[J].电子测量与仪器学报,2012,26(6):471-483.

[8] 徐德刚,王与烨,钟凯,等.光学太赫兹辐射源及其生物医学应用[M].上海:华东理工大学

出版社,2021.

[9] DEBYE P. The theory of specific warmth[J]. Annalen der physik,1912,39(14):789-839.

[10] GABRIEL C,GABRIEL S,CORTHOUT E. The dielectric properties of biological tissues:Ⅰ. Literature survey[J]. Physics in medicine and biology,1996,41(11):2231-2249.

[11] GABRIEL S,LAU R W,GABRIEL C. The dielectric properties of biological tissues:Ⅲ. Parametric models for the dielectric spectrum of tissues[J]. Physics in medicine and biology, 1996,41(11):2271-2293.

[12] HAVRILIAK S, NEGAMI S. A complex plane representation of dielectric and mechanical relaxation processes in some polymers[J]. Polymer,1967,8:161-210.

[13] REID C B,REESE G,GIBSON A P,et al. Terahertz time-domain spectroscopy of human blood[J]. IEEE transactions on terahertz science and technology,2013,3(4):363-367.

[14] PIRO G,BIA P,BOGGIA G,et al. Terahertz electromagnetic field propagation in human tissues:a study on communication capabilities[J]. Nano communication networks,2016,10: 51-59.

[15] CLOTHIER R H,BOURNE N. Effects of THz exposure on human primary keratinocyte differentiation and viability[J]. Journal of biological physics,2003,29(2/3):179-185.

[16] PERERA P,APPADOO D,CHEESEMAN S,et al. PC 12 pheochromocytoma cell response to super high frequency terahertz radiation from synchrotron source[J]. Cancers, 2019, 11 (2):162.

[17] TITOVA L V,AYESHESHIM A K,GOLUBOV A,et al. Intense THz pulses cause H2AX phosphorylation and activate DNA damage response in human skin tissue[J]. Biomedical optics express,2013,4(4):559-568.

[18] ROMANENKO S,BEGLEY R,HARVEY A R,et al. The interaction between electromagnetic fields at megahertz,gigahertz and terahertz frequencies with cells,tissues and organisms:risks and potential[J]. Journal of the Royal Society Interface,2017,14(137):20170585.

[19] ALEXANDROV B S,GELEV V,BISHOP A R,et al. DNA breathing dynamics in the presence of a terahertz field[J]. Physics letters A,2010,374(10):1214-1217.

[20] VERNIER P T,LEVINE Z A,HO M C,et al. Picosecond and terahertz perturbation of interfacial water andelectropermeabilization of biological membranes[J]. The journal of membrane biology,2015,248(5):837-847.

[21] TAN S Z,TAN P C,LUO L Q,et al. Exposure effects of terahertz waves on primary neurons and neuron-like cells under nonthermal conditions[J]. Biomedical and environmental science,2019,32(10):739-754.

[22] PICKWELL E,COLE B E,FITZGERALD A J,et al. In vivo study of human skin using pulsed terahertz radiation[J]. Physics in medicine and biology,2004,49(9):1595-1607.

[23] WOODWARD R M,COLE B E,WALLACE V P,et al. Terahertz pulse imaging in reflection geometry of human skin cancer and skin tissue[J]. Physics in medicine and biology,2002,47 (21):3853-3863.

[24] WOODWARDR M,COLE B,WALLACE V P,et al. Terahertz pulse imaging of in-vitro basal

cell carcinoma samples[C]//Technical Digest. Summaries of papers presented at the Conference on Lasers and Electro - Optics Postconference Technical Digest(IEEE Cat. No. 01CH37170),IEEE,2001:329 - 330.

[25] WALLACEV P,FITZGERALD A J,SHANKAR S,et al. Terahertz pulsed imaging of basal cell carcinoma ex vivo and in vivo[J]. British journal of dermatology,2004,151(2):424 - 432.

[26] KIRICHUK V F, ANDRONOV E V, MAMONTOVA N V, et al. Use of terahertz electromagnetic radiation for correction of blood rheology parameters in patients with unstable angina under conditions of treatment with isoket,an no donor[J]. Bulletin of experimental biology and medicine,2008,146(3):293 - 296.

[27] DALZELLD R,MCQUADE J,VINCELETTE R,et al. Damage thresholds for terahertz radiation [C]//SPIE Photonics West,2010.

[28] SY S,HUANG S Y,XIANG Y. Terahertz spectroscopy of liver cirrhosis: investigating the origin of contrast[J]. Physics in medicine and biology,2010,55(24):7587 - 7596.

[29] ZHANG C H,ZHAO G F,JIN B B,et al. Terahertz imaging on subcutaneous tissues and liver inflamed by liver cancer cells[J]. Terahertz science and technology,2012,5(3):114 - 123.

[30] ENATSU T,KITAHARA H,TAKANO K,et al. Terahertz spectroscopic imaging of paraffin - embedded liver cancer samples[C]//2007 Joint 32nd International Conference on Infrared and Millimeter Waves and the 15th International Conference on Terahertz Electronics,IEEE, 2007:557 - 558.

[31] MIURA Y, KAMATAKI A, UZUKI M, et al. Terahertz - wave spectroscopy for precise histopathological imaging of tumor and non - tumor lesions in paraffin sections[J]. The Tohoku journal of experimental medicine,2011,223(4):291 - 296.

[32] OH S J,HUH Y M,KIM S H,et al. Terahertz pulse imaging of fresh brain tumor[C]//2011 International Conference on Infrared,Millimeter,and Terahertz Waves,IEEE,2011:1 - 2.

[33] ZEITLER J A, TADAY P F, NEWNHAM D A, et al. Terahertz pulsed spectroscopy and imaging in the pharmaceutical setting:a review[J]. Journal of pharmacy and pharmacology, 2007,59(2):209 - 223.

[34] STRACHAN C J,TADAY P F,NEWNHAM D A,et al. Using terahertz pulsed spectroscopy to quantify pharmaceutical polymorphism and crystallinity[J]. Journal of pharmaceutical sciences,2005,94(4):837 - 846.

[35] ZEITLER J A,NEWNHAM D A,TADAY P F,et al. Temperature dependent terahertz pulsed spectroscopy of carbamazepine[J]. Thermochimica acta,2005,436(1/2):71 - 77.

[36] HO L,MÜLLER R,RÖMER M,et al. Analysis of sustained - release tablet film coats using terahertz pulsed imaging[J]. Journal of controlled release,2007,119(3):253 - 261.

[37] PALERMO R,COGDILL R P,SHORT S M,et al. Density mapping and chemical component calibration development of four - component compacts via terahertz pulsed imaging[J]. Journal of pharmaceutical and biomedical analysis,2008,46(1):36 - 44.

[38] HAASER M,NAELAPÄÄ K,GORDON K C,et al. Evaluating the effect of coating equipment on tablet film quality using terahertz pulsed imaging[J]. European journal of pharmaceutics and biopharmaceutics,2013,85(3):1095 - 1102.

[39] BENNETT D B,TAYLOR Z D,TEWARI P,et al. Terahertz sensing in corneal tissues[J]. Journal of biomedical optics,2011,16(5):057003.

[40] BENNETT D,TAYLOR Z,TEWARI P,et al Assessment of corneal hydration sensing in the terahertz band:in vivo results at 100 GHz[J]. Journal of biomedical optics,2012,17:8.

[41] PICKWELL E,WALLACE V P,COLE B E,et al. Using terahertz pulsed imaging to measure enamel demineralisation in teeth[C]//2006 Joint 31st International Conference on Infrared Millimeter Waves and 14th International Conference on Teraherz Electronics,IEEE,2006:578-578.

[42] SUN Y. A promising diagnostic method:terahertz pulsed imaging and spectroscopy[J]. World journal of radiology,2011,3(3):55.

[43] BESSOU M,DUDAY H,CAUMES J P,et al. Advantage of terahertz radiation versus X-ray to detect hidden organic materials in sealed vessels[J]. Optics communications,2012,285(21/22):4175-4179.

[44] BESSOU M,CHASSAGNE B,CAUMES J P,et al. Three-dimensional terahertz computed tomography of human bones[J]. Applied optics,2012,51(28):6738.

[45] STRINGER M R,LUND D N,FOULDS A P,et al. The analysis of human cortical bone by terahertz time-domain spectroscopy[J]. Physics in medicine and biology,2005,50(14):3211-3219.

[46] KAN W C,LEE W S,CHEUNG W H,et al. Terahertz pulsed imaging of knee cartilage[J]. Biomedical optics express,2010,1(3):967-974.

[47] JUNG E,CHOI H J,LIM M,et al. Quantitative analysis of water distribution in human articular cartilage using terahertz time-domain spectroscopy[J]. Biomedical optics express,2012,3(5):1110.

[48] ÖHRSTRÖM L,BITZER A,WALTHER M,et al. Technical note:terahertz imaging of ancient mummies and bone[J]. American journal of physical anthropology,2010,142(3):497-500.

[49] 周俊,刘盛纲.太赫兹生物医学应用的研究进展[J].现代应用物理,2014,5(2):85-97.

[50] SHI C,MA Y,ZHANG J,et al. Terahertz time-domain spectroscopy of chondroitin sulfate[J]. Biomedical optics express,2018,9(3):1350-1359.

[51] ZHANG Z,FAN F,SHI W,et al. Terahertz circular polarization sensing for protein denaturation based on a twisted dual-layer metasurface[J]. Biomedical optics express,2022,13(1):209-221.

[52] YANG Z,TANG D,HU J,et al. Near-field nanoscopic terahertz imaging of single proteins[J]. Small,2021,17(3):2005814.

[53] SERITA K,MATSUDA E,OKADA K,et al. Terahertz microfluidic chips sensitivity-enhanced with a few arrays of meta-atoms[J]. APL photonics,2018,3(5):051603.

[54] XU X,ZHENG D,LIN Y S. Electric split-ring metamaterial based microfluidic chip with multi-resonances for microparticle trapping and chemical sensing applications[J]. Journal of colloid and interface science,2023,642:462-469.

[55] AURELIANJ,ANDREAS T,LUCCA K,et al. Metasurface-enhanced infrared spectroscopy:an abundance of materials and functionalities[J]. Advanced materials,2022,35(34):e2110163.

[56] ZHANG Z Q, ZHAO R, CONG M Y, et al. Developments of terahertz metasurface biosensors: a literature review[J]. Nanotechnology reviews, 2024, 13(1): 20230182.

[57] WANG Q, CHEN Y Z, MAO J X, et al. Metasurface-assisted terahertz sensing[J]. Sensors, 2023, 23(13): 5902.

[58] ALTUG H, TITTL A, LEITIS A, et al. Imaging-based molecular barcoding with pixelated dielectric metasurfaces[J]. Science, 2018, 360(6393): 1105-1109.

[59] NAIK G V, SHALAEV V M, BOLTASSEVA A. Alternative plasmonic materials: beyond gold and silver[J]. Advanced materials, 2013, 25(24): 3264-3294.

[60] ELBANNA A, JIANG H, FU Q D, et al. 2D Material infrared photonics and plasmonics[J]. ACS nano, 2023, 17(5): 4134-4179.

[61] DANIEL R, ODETA L, DAVIDE J, et al. Mid-infrared plasmonic biosensing with graphene[J]. Science, 2015, 349(6244): 165-168.

[62] TONY L, PHAEDON A. Graphene plasmonics for terahertz to mid-infrared applications[J]. ACS nano, 2014, 8(2): 1086-101.

[63] CUNNINGHAM D P, VALDES N N, VALLEJO A F, et al. Broadband terahertz characterization of the refractive index and absorption of some important polymeric and organic electro-optic materials[J]. Journal of applied physics, 2011, 109(4): 043505.

[64] TAO W, FRANK H, ANDREAS H. Evolution of graphene patterning: from dimension regulation to molecular engineering[J]. Advanced materials, 2021, 33(45): e2104060.

[65] WU C C, GUO X D, DUAN Y, et al. Ultrasensitive mid-infrared biosensing in aqueous solutions with graphene plasmons[J]. Advanced materials, 2022, 34(27): e2110525.

[66] BARZEGAR-PARIZI S, REJAEI B, KHAVASI A, et al. Analytical circuit model for periodic arrays of graphene disks[J]. IEEE journal of quantum electronics: a publication of the IEEE quantum electronics and applications society, 2015, 51(9): 7000507.

[67] HWANG E H, ADAM S, SARMA S. Carrier transport in two-dimensional graphene layers[J]. Physical review letters, 2007, 98(18): 186806.

[68] WANG H G, ZHENG F F, XU Y H, et al. Recent progress in terahertz biosensors based on artificial electromagnetic subwavelength structure[J]. Trends in analytical chemistry, 2023, 158: 115888.

[69] ALTUG H, OH S H, MAIER S A, et al. Advances and applications of nanophotonic biosensors[J]. Nature nanotechnology, 2022, 17(1): 5-16.

[70] WANG R D, XU L, HUANG L J, et al. Ultrasensitive terahertz biodetection enabled by quasi-BIC-based metasensors[J]. Small, 2023, 19(35): e2301165.

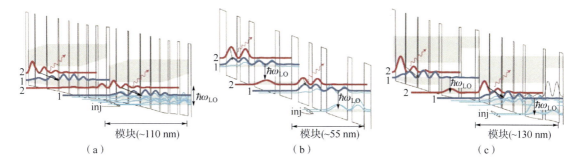

图 2-25 THz QCL 有源区能带结构及电子输运示意图
（a）束缚态向连续态跃迁结构；（b）共振声子结构；（c）混合结构

图 3-9 集成平面四臂天线和硅衬底的零偏置肖特基二极管

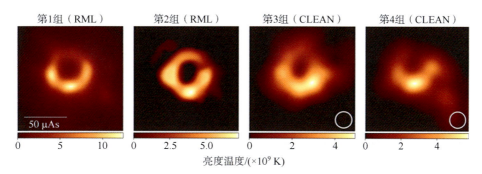

图 3-23 人类第一张黑洞照片

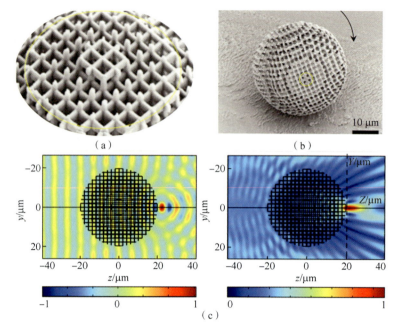

图 4-87 非线性畸变校正制作的龙勃透镜结构

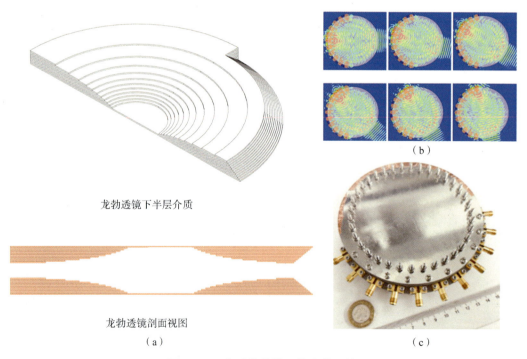

图 4-89 介质堆叠的二维龙勃透镜

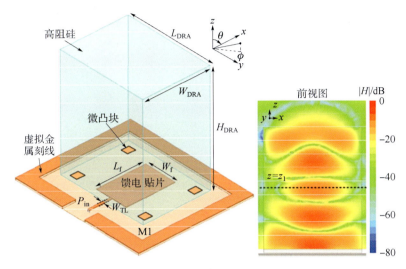

图 4-92 太赫兹介质谐振天线

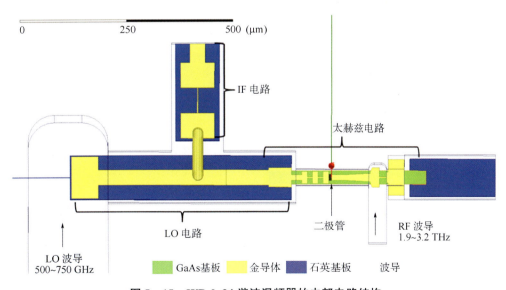

图 5-15 WR 0.34 谐波混频器的内部电路结构

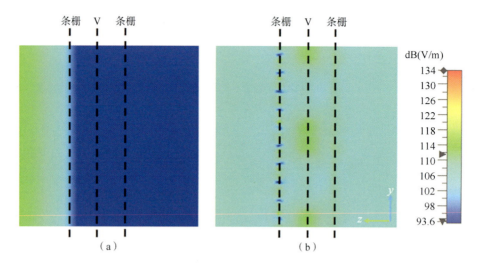

图 6-19　基于 V 形谐振器和条栅复合结构的极化转换器的电场分布
(a) x 极化方向入射；(b) y 极化方向入射

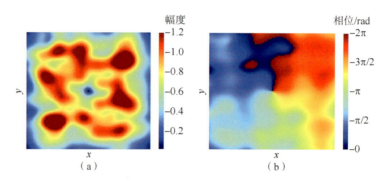

图 6-27　方环形太赫兹涡旋波超表面在与传输方向垂直截面处的电场分布
(a) 幅度分布；(b) 相位分布

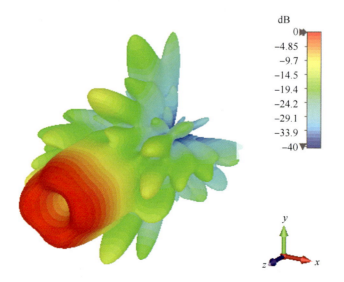

图 6-29　方环形太赫兹涡旋波超表面的三维归一化远场方向图

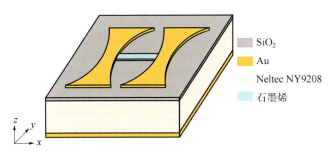

图6-33 Zeng等设计的石墨烯可调谐超宽带线-圆极化超材料转换器

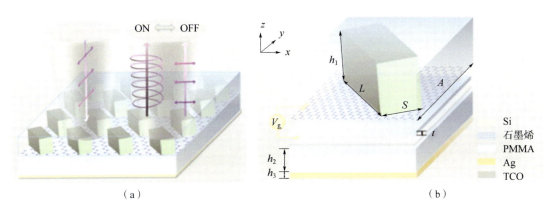

（a） （b）

图6-34 Guan等设计的介质-石墨烯极化转换超材料单元
（a）超表面结构示意图；（b）超表面单元结构示意图

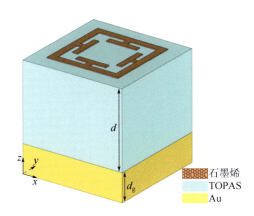

图6-35 Xu等设计的单层方形石墨烯环超材料吸波器

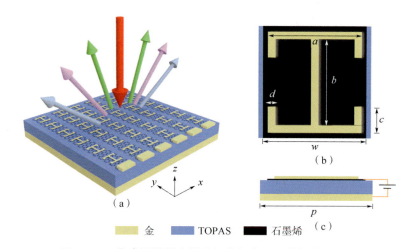

图 6-36 集成石墨烯太赫兹智能超表面及其超单元结构

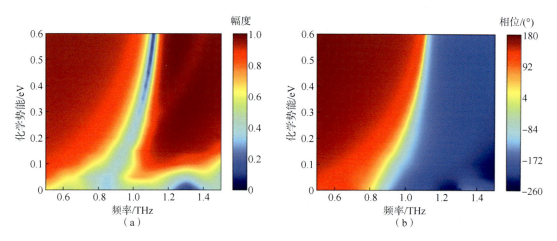

图 6-37 超单元反射特性热力图
(a) 反射幅度；(b) 反射相位

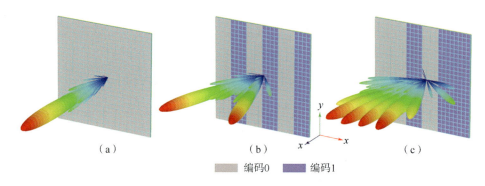

图 6-42 编码超表面排布方式及散射远场图
(a) 单波束反射超表面；(b) 双波束反射超表面；(c) 四波束反射超表面

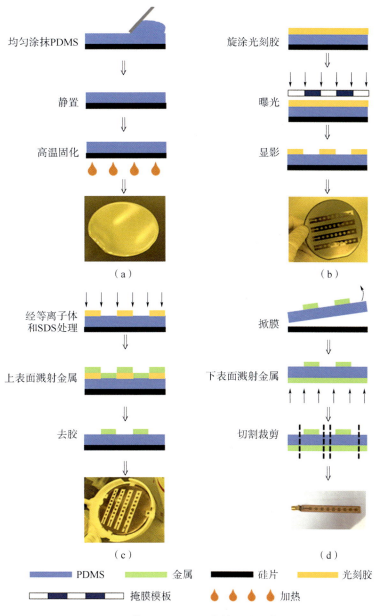

图 7-30 基于 MEMS 工艺的天线制备工序
(a) 材料沉积；(b) 光刻；(c) 刻蚀；(d) 封装

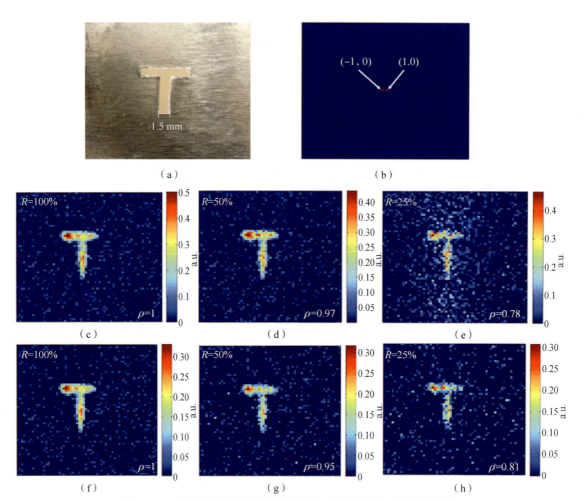

图 10-26 双传感器和单像素压缩感知成像系统的成像效果对比

(a) 金属孔径物体；(b) 双传感器在 k 空间中的位置；
(c)~(e) 双传感器压缩感知成像系统使用 2 048、1 024 和 512 个掩膜图案分别实现的成像效果；
(f)~(h) 单像素压缩感知成像系统使用 4 096、2 048 和 1 024 个掩膜图案分别实现的成像效果

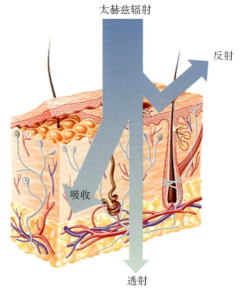

图 11-1 太赫兹波与生物组织相互作用

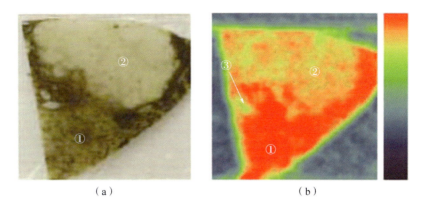

图11-3 带有转移性癌变肝组织的太赫兹成像
(a) 带有转型性癌变的肝组织；(b) 太赫兹成像结果

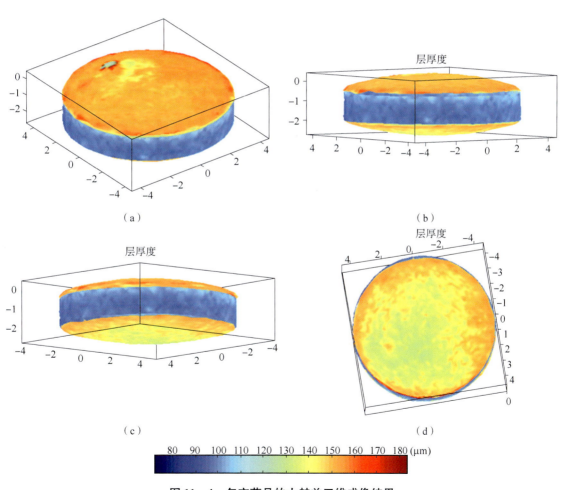

图11-4 包衣药品的太赫兹三维成像结果

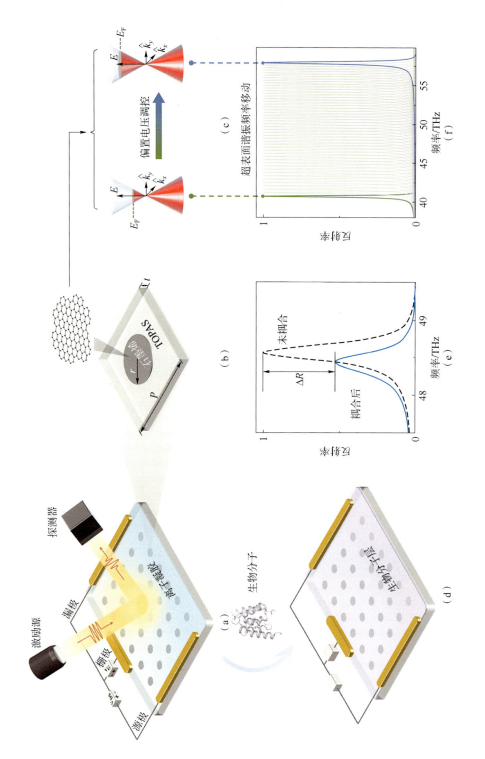

图 11-12 石墨烯基频率捷变超材料传感器结构及工作原理

(a) 石墨烯频率捷变超材料传感器示意图；(b) 晶胞的几何参数；(c) 偏置电压调控的石墨烯费米能级变化；(d) 通过涂覆生物层进行分子检测的示意图；(e) 耦合作用导致谐振线形显著衰减；(f) 通过调谐石墨烯的费米能级来调制谐振频率

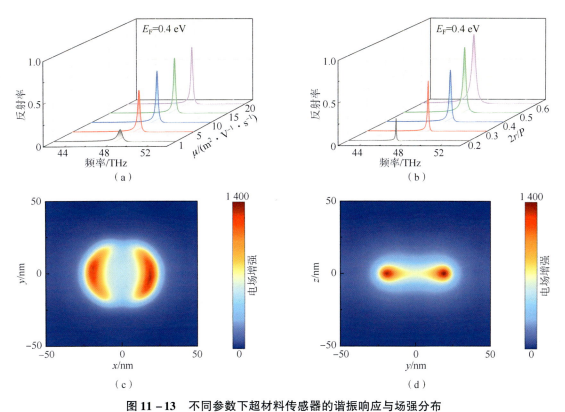

图 11-13 不同参数下超材料传感器的谐振响应与场强分布
(a) 不同载流子迁移率超表面的谐振变化;(b) 不同填充因子超表面的谐振变化;
(c) 单元表面的电场分布;(d) 单元横截面的电场分布

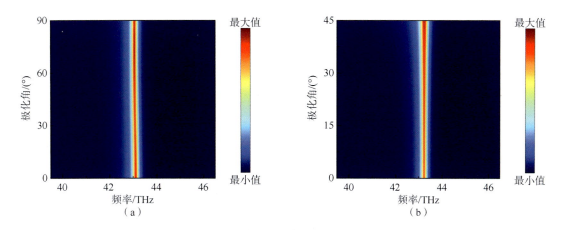

图 11-14 所设计的超材料传感器的偏振角与入射角稳定性
(a) 极化角变化对传感器反射率的影响;(b) 入射角变化对传感器反射率的影响

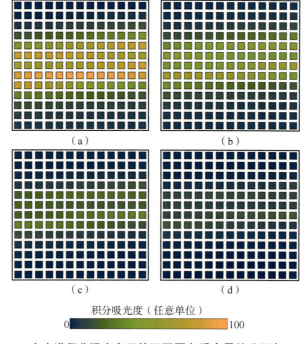

图 11-17 由光谱积分强度表示的不同蛋白质含量的分子条形码吸收图
(a) 10% A/G 蛋白；(b) 5%50A/G 蛋白；(c) 2% A/G 蛋白；(d) 1% A/G 蛋白

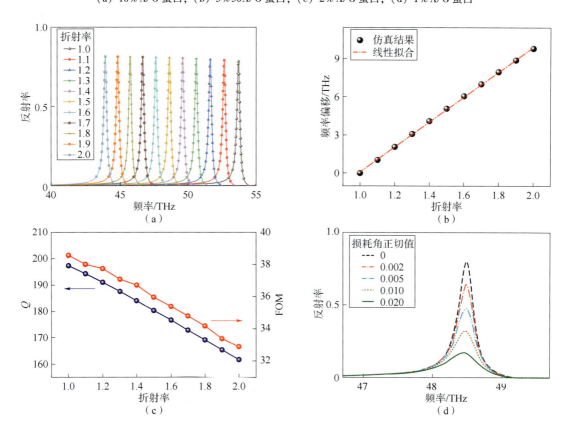

图 11-19 超材料传感器的折射率传感性能
(a) 分析物折射率对反射光谱的影响；(b) 折射率与频移的线性拟合；
(c) 折射率变化对 Q 和 FOM 的影响；(d) 分析物损耗角正切值对传感器的影响